학년별 **학습 구성**

"교과서 모든 단원을 빠짐없이 수록하여 **수학 기초 실력**과 **연산 실력**을 동시에 향상"

수학 영역	**1학년** | 1~2학기	**2학년** | 1~2학기	**3학년** | 1~2학기
수와 연산	• 한 자리 수 • 두 자리 수 • 덧셈과 뺄셈	• 세 자리 수 • 네 자리 수 • 덧셈과 뺄셈 • 곱셈 • 곱셈구구	• 세 자리 수의 덧셈과 뺄셈 • 곱셈 • 나눗셈 • 분수 • 소수
변화와 관계	• 규칙 찾기	• 규칙 찾기	
도형과 측정	• 여러 가지 모양 • 길이, 무게, 넓이, 들이 비교하기 • 시계 보기	• 여러 가지 도형 • 시각과 시간 • 길이 재기(cm, m)	• 평면도형, 원 • 시각과 시간 • 길이, 들이, 무게
자료와 가능성		• 분류하기 • 표와 그래프	• 그림그래프

나의 목표와 다짐을 적어 주세요.

큐브 연산
초등 수학 **1·1**

3단원

2주	1일차	2일차	3일차	4일차	5일차	이번 주 스스로 평가
	10회 042~045쪽	11회 046~049쪽	12~13회 050~053쪽	14회 056~059쪽	15회 060~063쪽	매우 잘함 / 보통 / 노력 요함
	월 일	월 일	월 일	월 일	월 일	

이번 주 스스로 평가	5일차	4일차	3일차	2일차	1일차	3주
매우 잘함 / 보통 / 노력 요함	20회 080~083쪽	19회 076~079쪽	18회 072~075쪽	17회 068~071쪽	16회 064~067쪽	
	월 일	월 일	월 일	월 일	월 일	

총정리

6주	1일차	2일차	3일차	4일차	5일차	이번 주 스스로 평가
	36회 140~143쪽	37회 144~147쪽	38회 148~151쪽	39~40회 152~155쪽	41회 156~158쪽	매우 잘함 / 보통 / 노력 요함
	월 일	월 일	월 일	월 일	월 일	

학습 진도표

사용 설명서

1. 공부할 날짜를 빈칸에 적습니다.
2. 한 주가 끝나면 스스로 평가합니다.

1주

	1일차 (1단원)	2일차	3일차	4일차	5일차 (2단원)	이번 주 스스로 평가
학습 내용	01~02회 008~015쪽	03~04회 016~023쪽	05~06회 024~031쪽	07~08회 032~035쪽	09회 038~041쪽	매우 잘함 / 보통 / 노력 요함
날짜	월 일	월 일	월 일	월 일	월 일	

4주

	1일차	2일차	3일차	4일차	5일차 (4단원)	이번 주 스스로 평가
학습 내용	21회 084~087쪽	22회 088~091쪽	23회 092~095쪽	24~25회 096~099쪽	26~27회 102~109쪽	매우 잘함 / 보통 / 노력 요함
날짜	월 일	월 일	월 일	월 일	월 일	

5주

	1일차	2일차	3일차 (5단원)	4일차	5일차	이번 주 스스로 평가
학습 내용	28~29회 110~117쪽	30~31회 118~121쪽	32~33회 124~131쪽	34회 132~135쪽	35회 136~139쪽	매우 잘함 / 보통 / 노력 요함
날짜	월 일	월 일	월 일	월 일	월 일	

수학은 **수와 연산 영역이 모든 영역의 문제를 푸는 데 연계**되기 때문에
모든 단원에서 연산 학습을 해야 완벽한 수학 기초 실력을 쌓을 수 있습니다.
특히 초등 수학은 **연산 능력이 바탕인 수학 개념이 많기 때문에**
모든 단원의 개념을 기초로 연산 실력을 다져야 합니다.

큐브 연산

4학년 | 1~2학기	5학년 | 1~2학기	6학년 | 1~2학기
• 큰 수 • 곱셈과 나눗셈 • 분수의 덧셈과 뺄셈 • 소수의 덧셈과 뺄셈	• 약수와 배수 • 수의 범위와 어림하기 • 자연수의 혼합 계산 • 약분과 통분 • 분수의 덧셈과 뺄셈 • 분수의 곱셈, 소수의 곱셈	• 분수의 나눗셈 • 소수의 나눗셈
• 규칙 찾기	• 규칙과 대응	• 비와 비율 • 비례식과 비례배분
• 각도 • 평면도형의 이동 • 수직과 평행 • 삼각형, 사각형, 다각형	• 합동과 대칭 • 직육면체와 정육면체 • 다각형의 둘레와 넓이	• 각기둥과 각뿔 • 원기둥, 원뿔, 구 • 원주율과 원의 넓이 • 직육면체와 정육면체의 겉넓이와 부피
• 막대그래프 • 꺾은선그래프	• 평균 • 가능성	• 띠그래프 • 원그래프

큐브 연산

초등 수학

1·1

구성과 특징

1 전 단원 연산 학습을 수학 교과서의 단원별 개념 순서에 맞게 구성

큐브 연산

교과서 개념 순서에 맞춰 모든 단원의 연산 학습을 해야
기초 실력과 연산 실력이 동시에 향상돼요.

수와 연산
도형과 측정
큐브 연산
변화와 관계
자료와 가능성

2 하루 4쪽, 4단계 연산 유형으로 체계적인 연산 학습

큐브 연산

개념 → 연습 → 적용 → 완성 체계적인 4단계 구성으로
연산 실력을 효과적으로 키울 수 있어요.

개념 연습
적용 완성

3 연산 실수를 방지하는 TIP과 문제 제공

큐브 연산

학생들이 자주 실수하는 부분을 콕 짚고 실수하기
쉬운 문제를 집중해서 풀어 보면서 실수를 방지해요.

실수 콕! 17~22번 문제

3	
셋째	

아래쪽은 '셋째'에 있는 1개에만 색칠해야 해.

하루 4쪽 4단계 학습

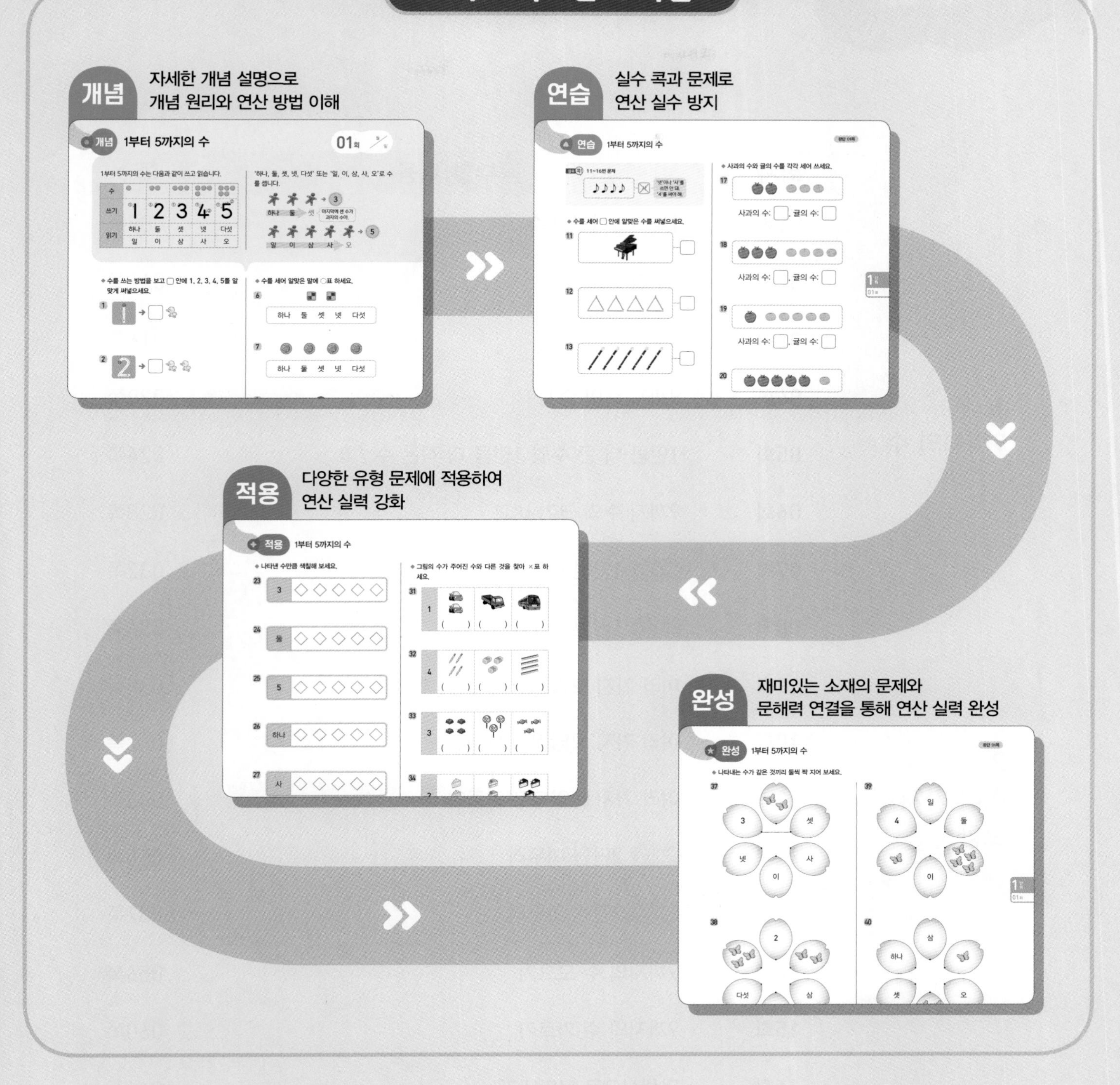

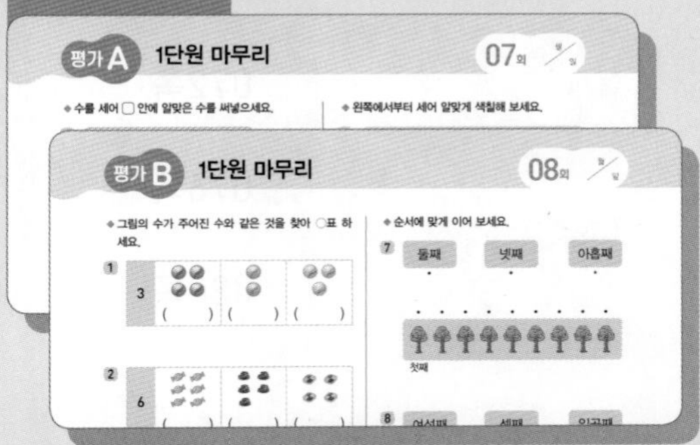

1~5단원 총정리

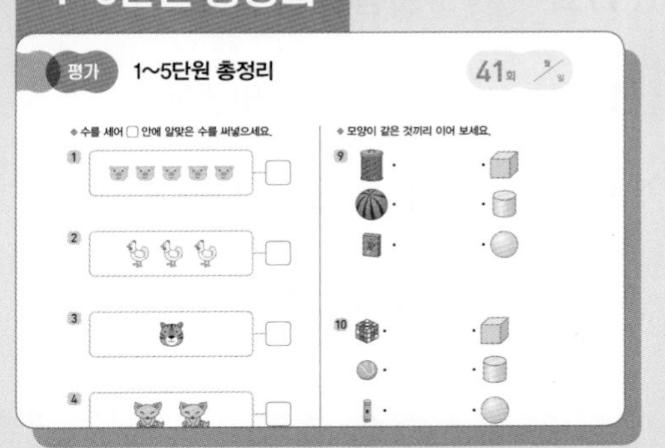

단원별 평가와 전 단원 평가를 통해
연산 실력 점검

차례

1 9까지의 수

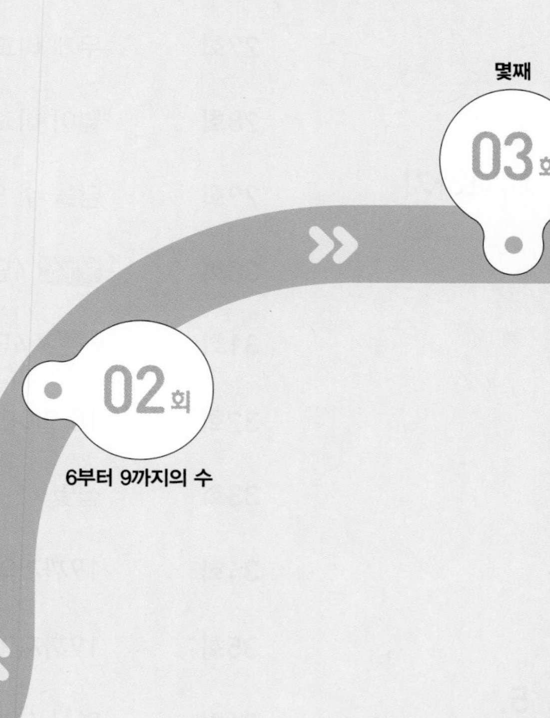

학습을 끝낸 후
색칠하세요.

01회
1부터 5까지의 수

이전에 배운 내용

[누리과정]
물건의 수 세기

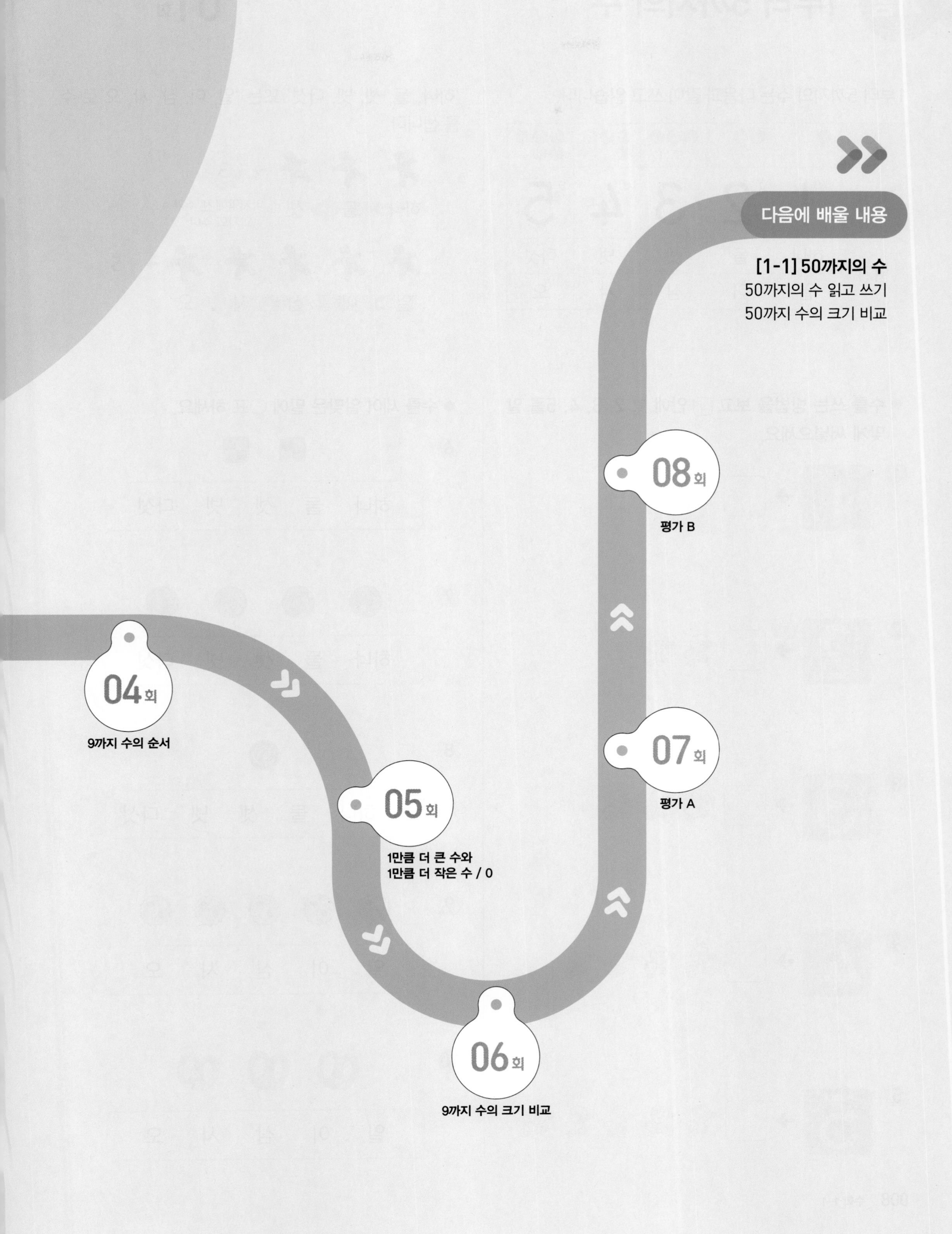
다음에 배울 내용
[1-1] 50까지의 수
50까지의 수 읽고 쓰기
50까지 수의 크기 비교
08회
평가 B
07회
평가 A
04회
9까지 수의 순서
05회
1만큼 더 큰 수와
1만큼 더 작은 수 / 0
06회
9까지 수의 크기 비교

개념 1부터 5까지의 수

01회 월 일

1부터 5까지의 수는 다음과 같이 쓰고 읽습니다.

수	●	●●	●●●	●●●●	●●●●●
쓰기	1	2	3	4	5
읽기	하나	둘	셋	넷	다섯
	일	이	삼	사	오

'하나, 둘, 셋, 넷, 다섯' 또는 '일, 이, 삼, 사, 오'로 수를 셉니다.

◆ 수를 쓰는 방법을 보고 ▢ 안에 1, 2, 3, 4, 5를 알맞게 써넣으세요.

1 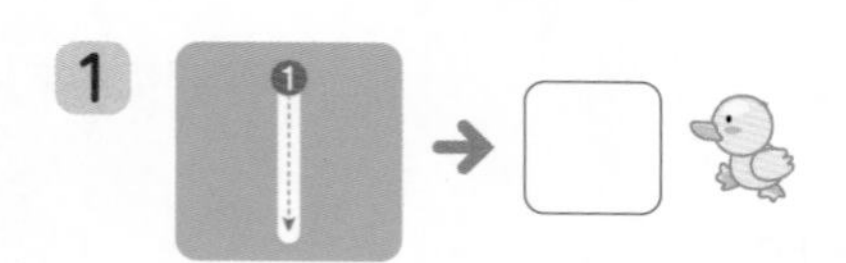

2 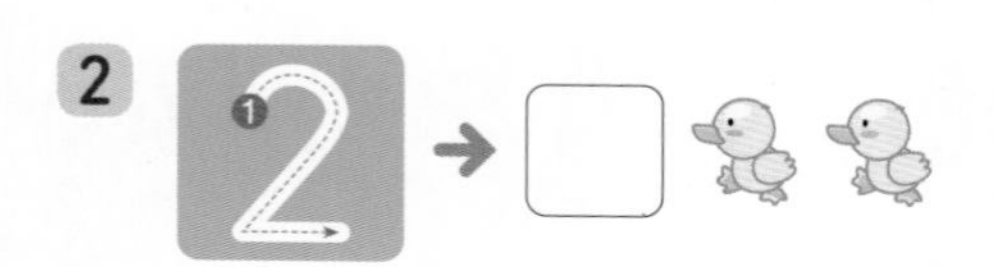

3 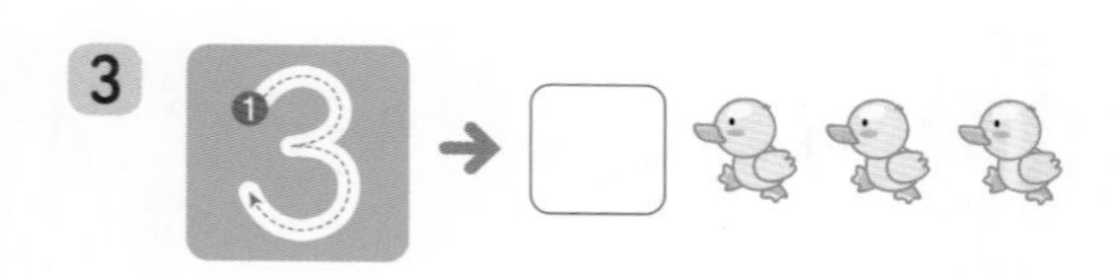

4 

5 

◆ 수를 세어 알맞은 말에 ○표 하세요.

6 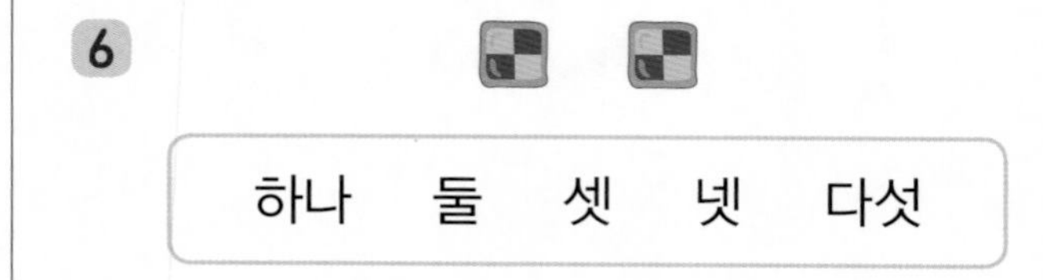

하나 둘 셋 넷 다섯

7 

하나 둘 셋 넷 다섯

8 

하나 둘 셋 넷 다섯

9 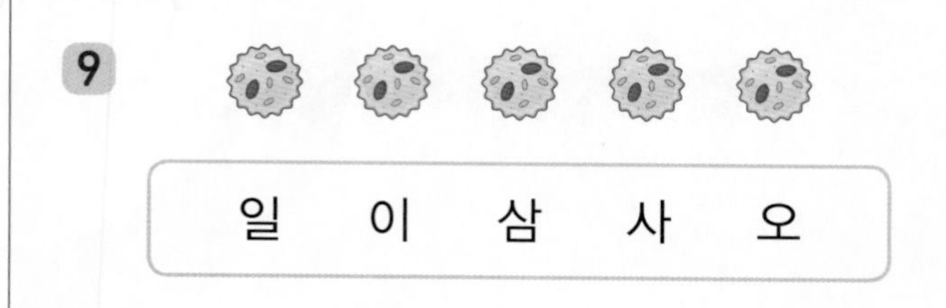

일 이 삼 사 오

10 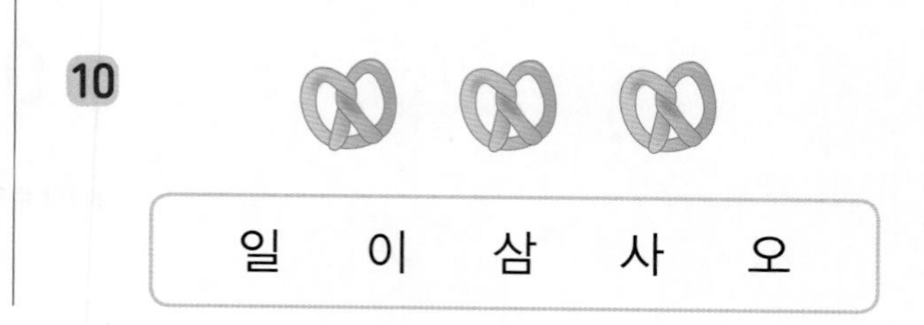

일 이 삼 사 오

연습 1부터 5까지의 수

실수 콕! 11~16번 문제

◆ 수를 세어 ☐ 안에 알맞은 수를 써넣으세요.

11

12

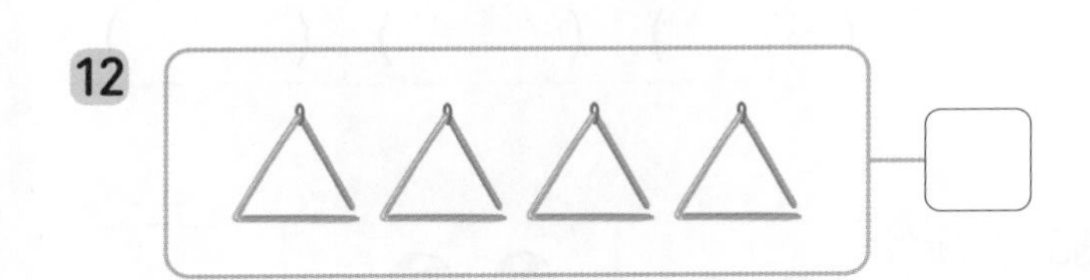

13

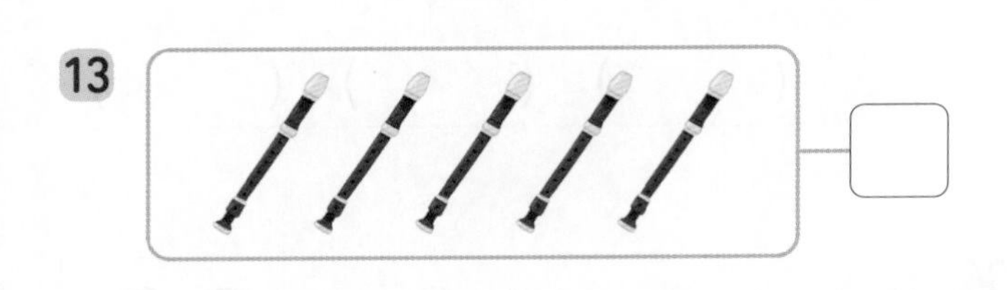

14

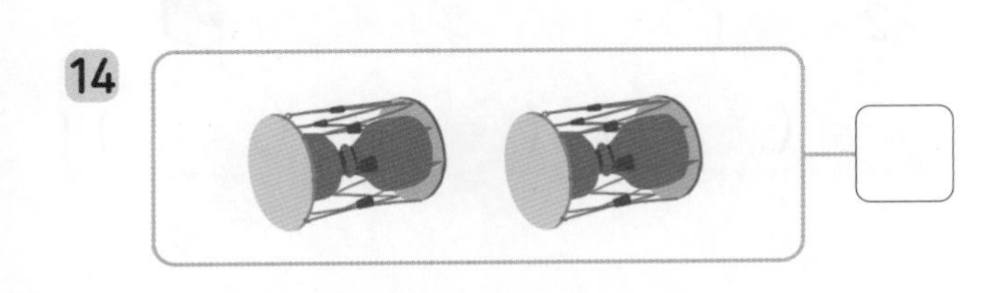

15

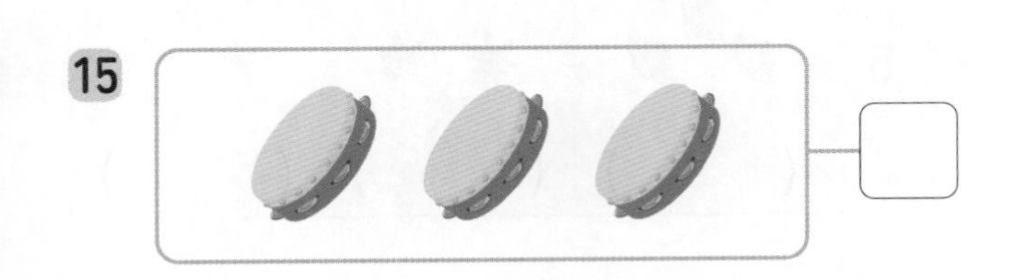

16

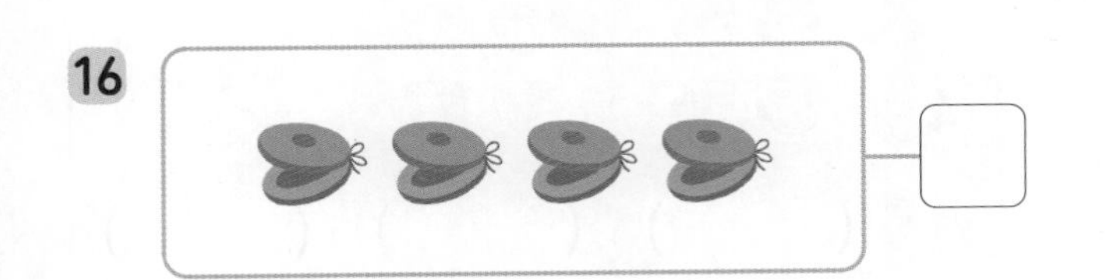

◆ 사과의 수와 귤의 수를 각각 세어 쓰세요.

17

사과의 수: ☐, 귤의 수: ☐

18

사과의 수: ☐, 귤의 수: ☐

19

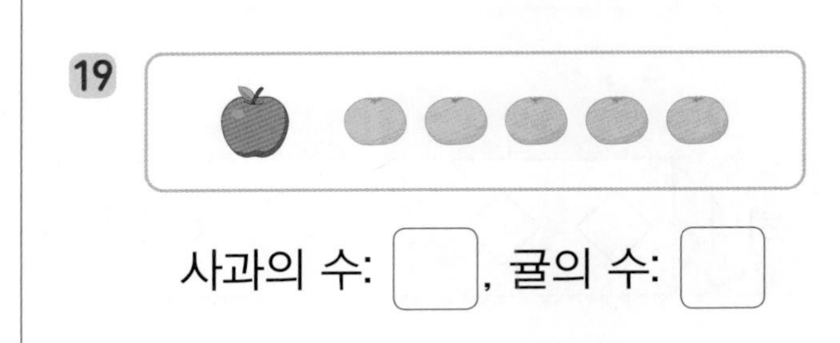

사과의 수: ☐, 귤의 수: ☐

20

사과의 수: ☐, 귤의 수: ☐

21

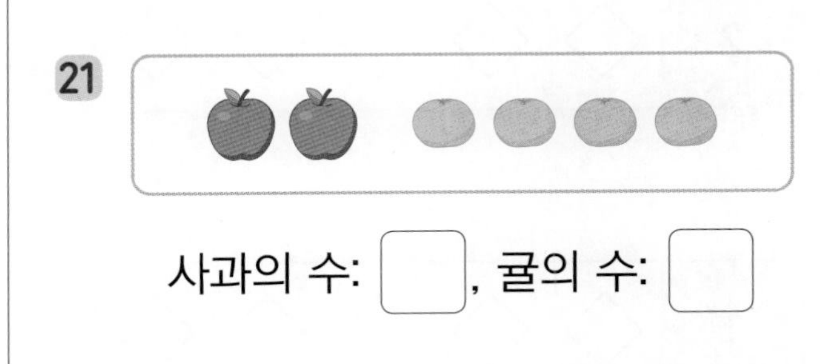

사과의 수: ☐, 귤의 수: ☐

22

사과의 수: ☐, 귤의 수: ☐

◆ 나타낸 수만큼 색칠해 보세요.

23
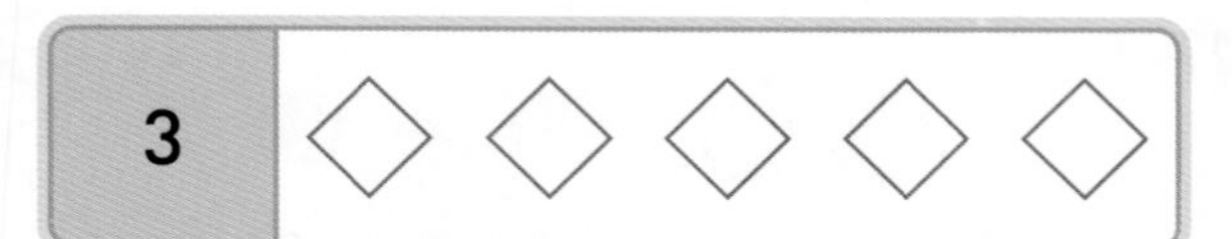

24
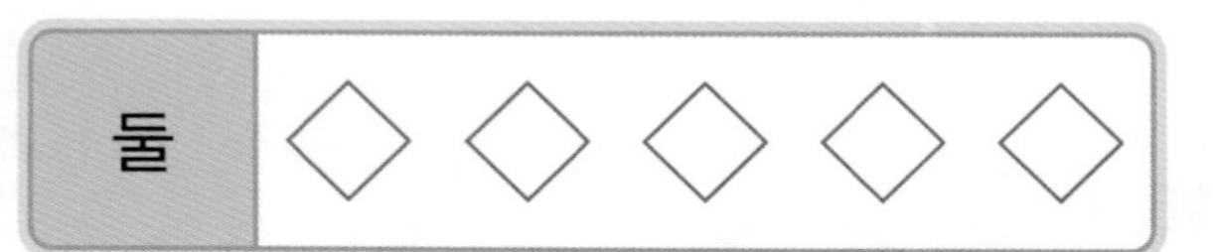

25
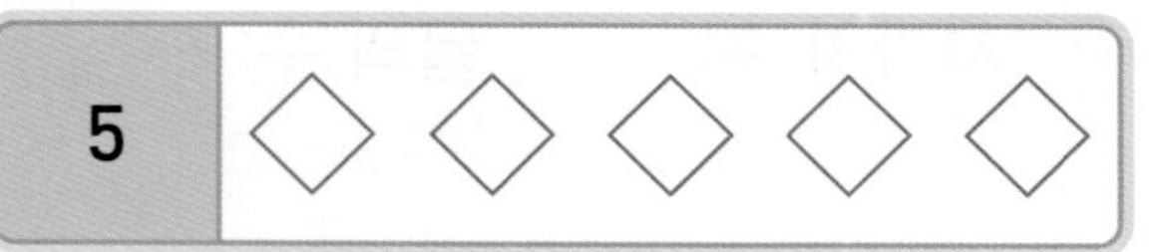

26
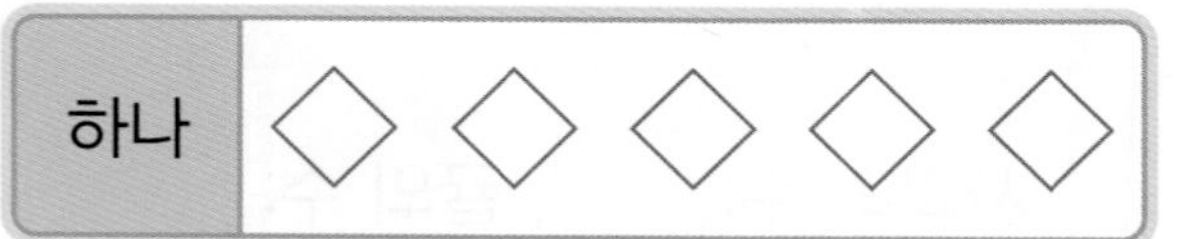

27
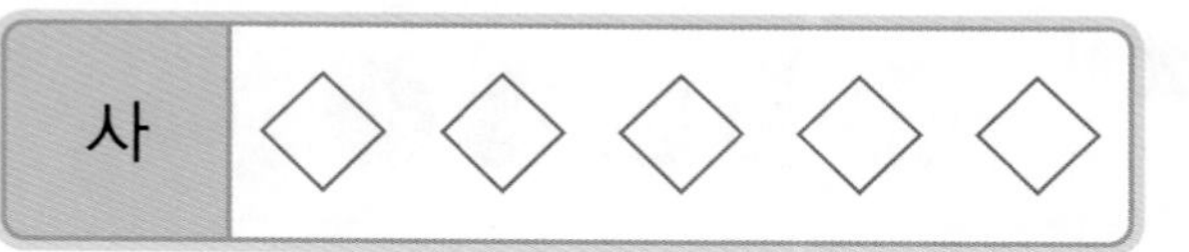

28
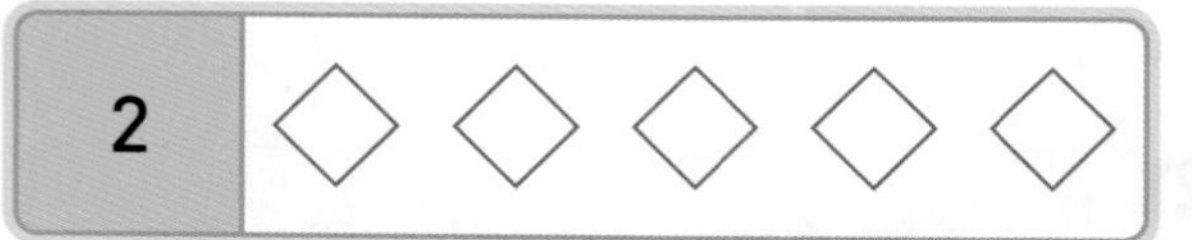

29
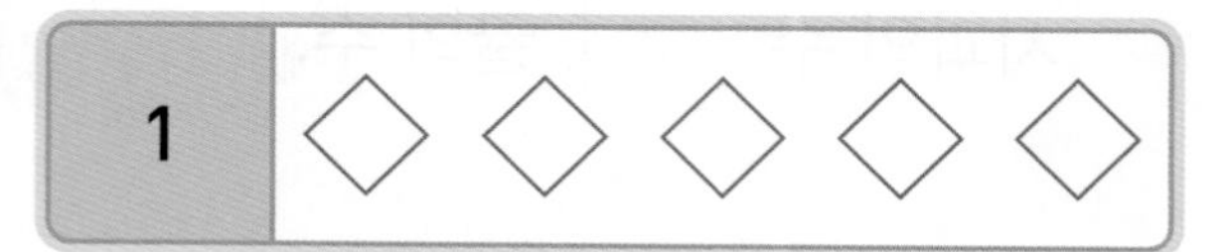

30
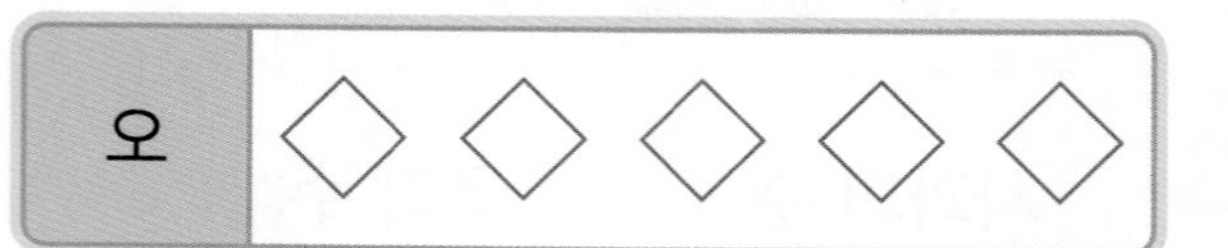

◆ 그림의 수가 주어진 수와 다른 것을 찾아 ×표 하세요.

31
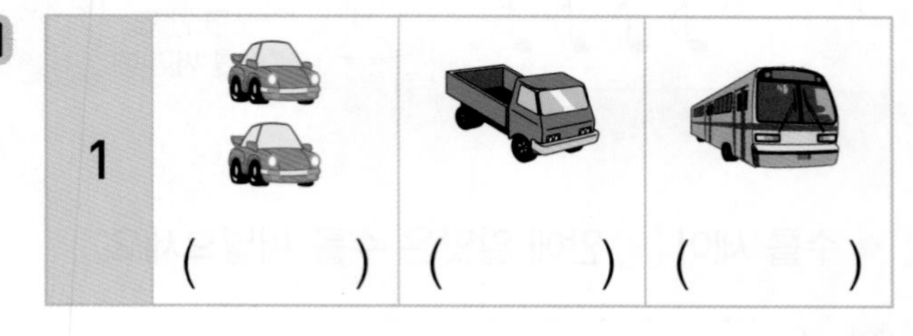

32
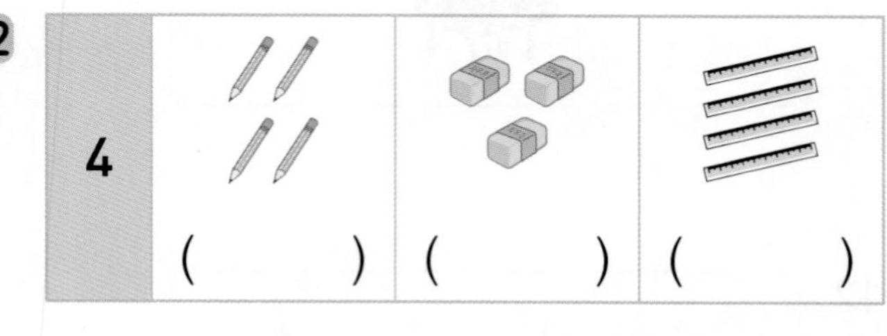

33
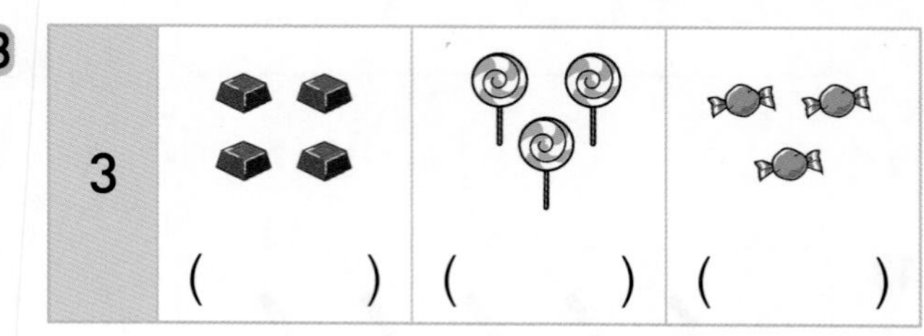

34
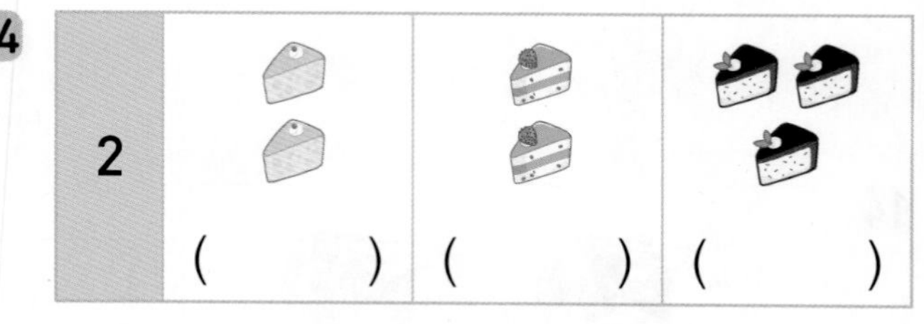

35
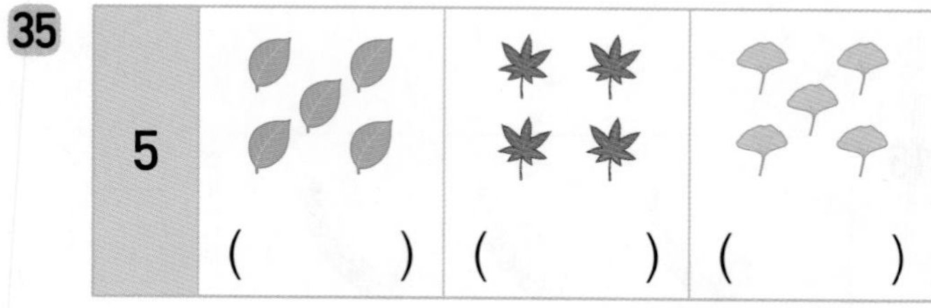

36

정답 01쪽

★ 완성 1부터 5까지의 수

◆ 나타내는 수가 같은 것끼리 둘씩 짝 지어 보세요.

37

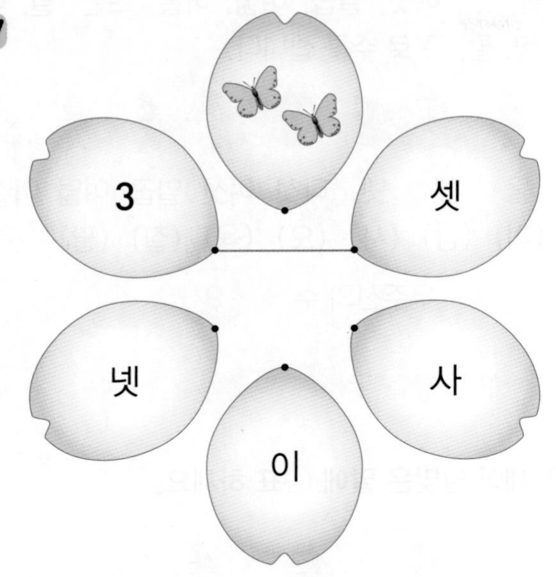

38

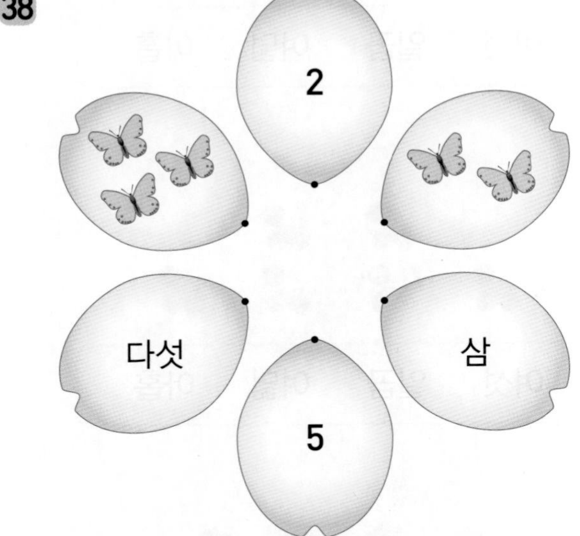

39

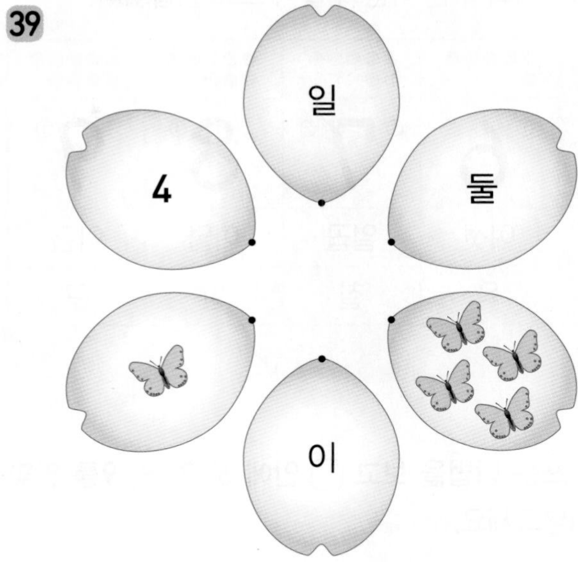

40

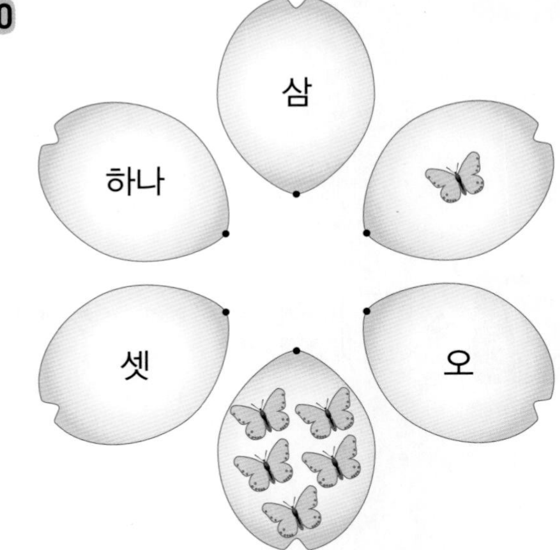

연산 + 문해력

41 윤지와 현우가 가위바위보를 하였습니다. 현우가 펼친 손가락의 수를 세어 쓰세요.

윤지 현우

풀이 현우가 낸 것: (가위 , 바위 , 보)

→ 현우가 펼친 손가락의 수: □

답 현우가 펼친 손가락의 수는 □ 입니다.

6부터 9까지의 수

6부터 9까지의 수는 다음과 같이 쓰고 읽습니다.

수	●●●●● ●	●●●●● ●●	●●●●● ●●●	●●●●● ●●●●
쓰기	6	7	8	9
읽기	여섯	일곱	여덟	아홉
	육	칠	팔	구

'하나, 둘, ..., 여섯, 일곱, 여덟, 아홉' 또는 '일, 이, ..., 육, 칠, 팔, 구'로 수를 셉니다.

하나 (일) 둘 (이) 셋 (삼) 넷 (사) 다섯 (오) 여섯 (육) 일곱 (칠) 여덟 (팔) 아홉 (구)

우주선의 수 → 9

◆ 수를 쓰는 방법을 보고 ▢ 안에 6, 7, 8, 9를 알맞게 써넣으세요.

1

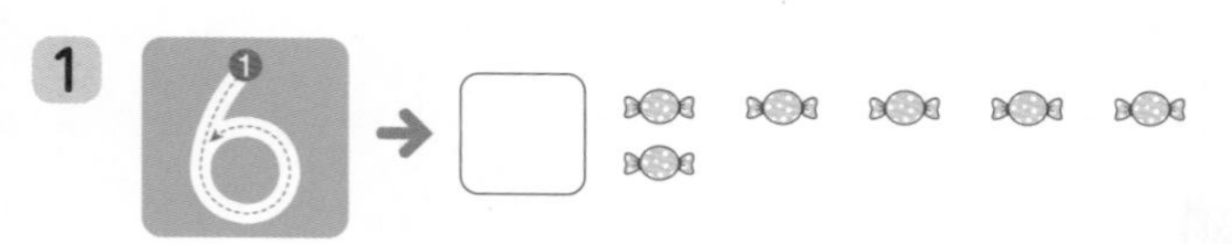

2

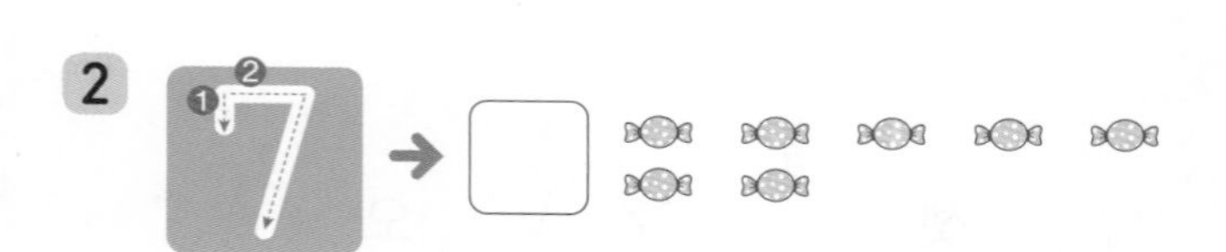

3

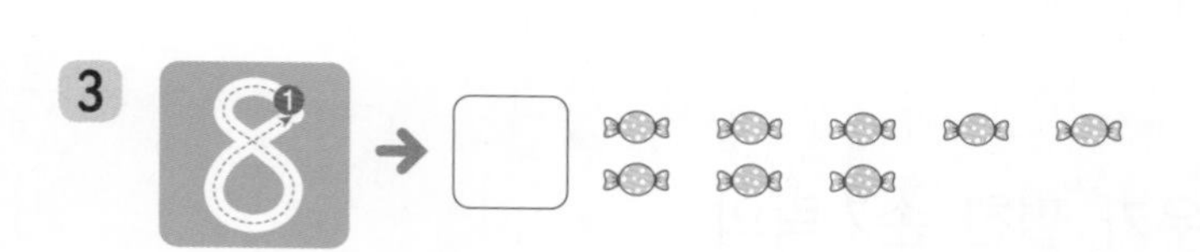

4

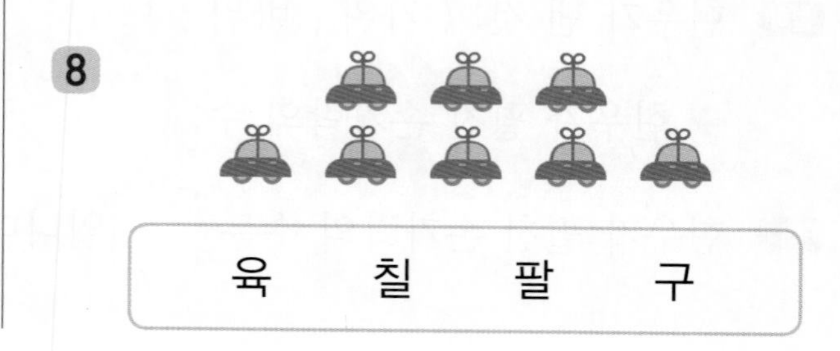

◆ 수를 세어 알맞은 말에 ○표 하세요.

5

여섯 일곱 여덟 아홉

6

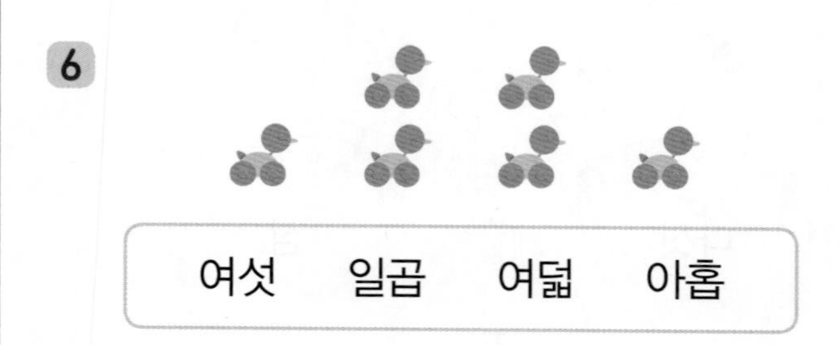

여섯 일곱 여덟 아홉

7

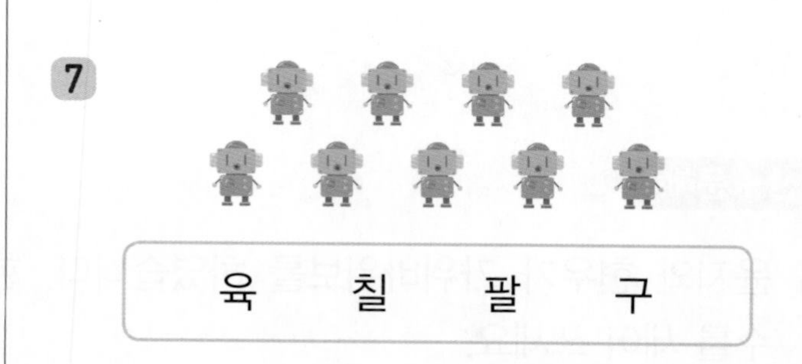

육 칠 팔 구

8

육 칠 팔 구

연습 6부터 9까지의 수

정답 01쪽

실수 콕! 9~14번 문제

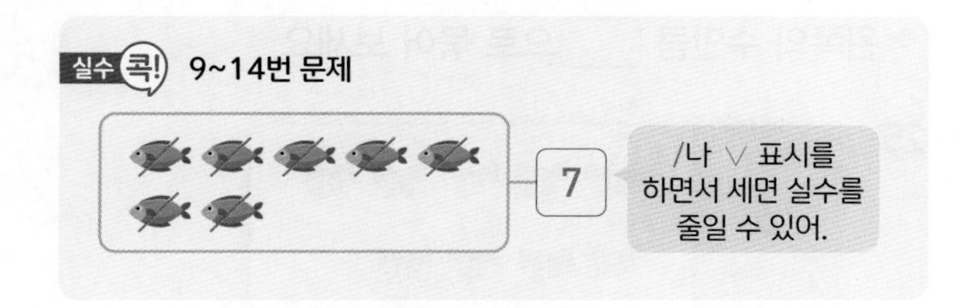

◆ 수를 세어 □ 안에 알맞은 수를 써넣으세요.

9
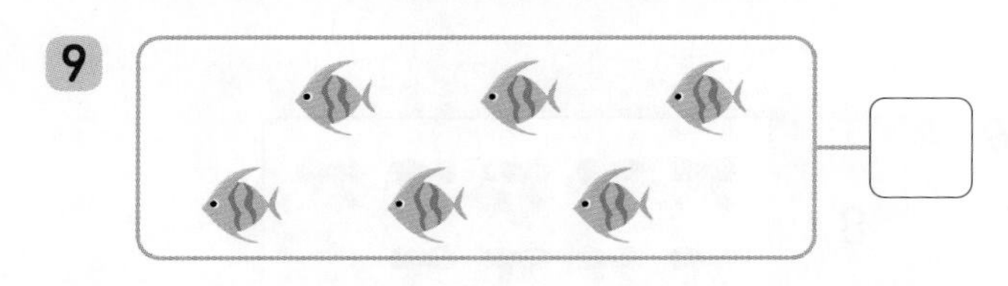

10
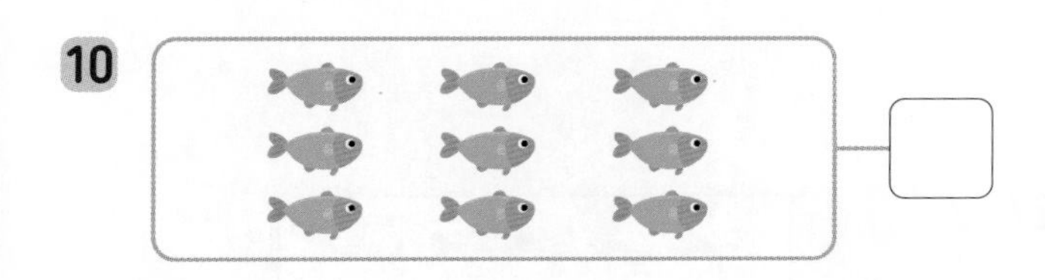

11

12

13

14
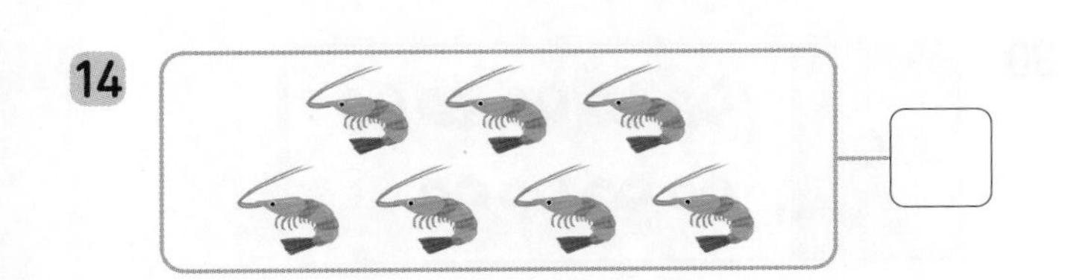

◆ 수를 세어 두 가지 방법으로 읽어 보세요.

15
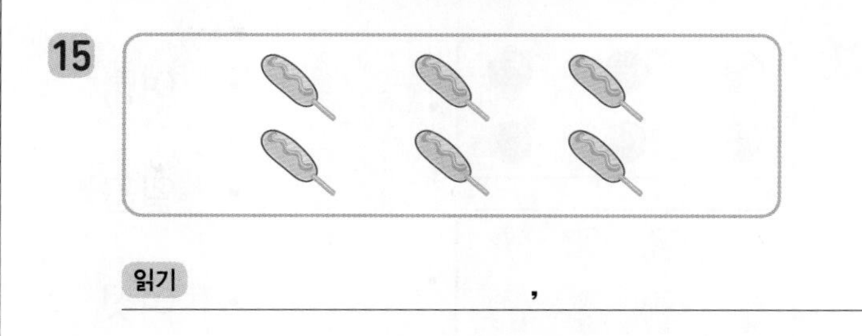

읽기 ,

16
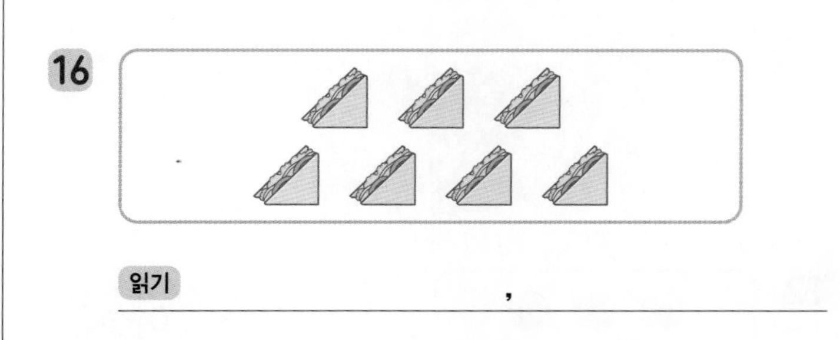

읽기 ,

17
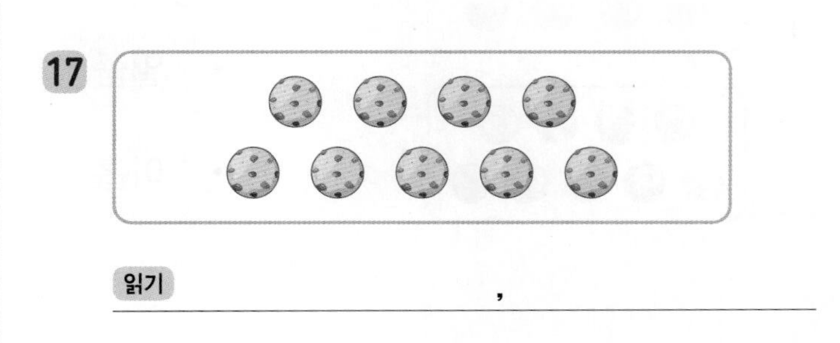

읽기 ,

18
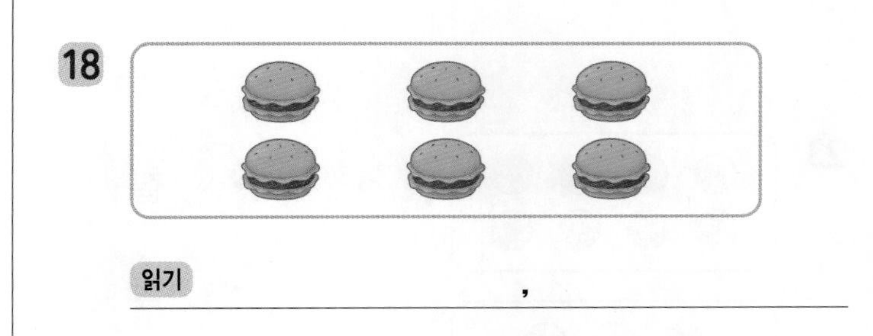

읽기 ,

19
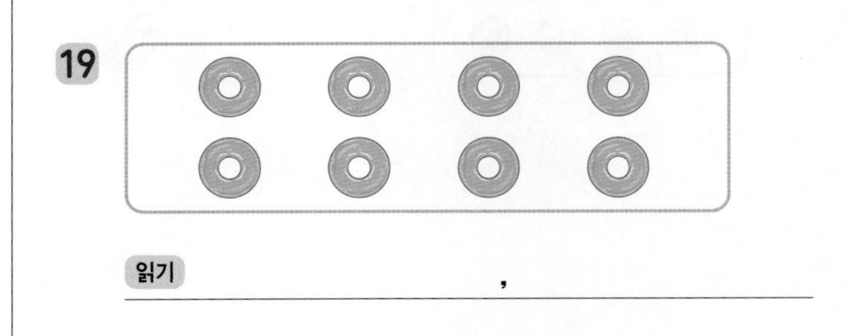

읽기 ,

20
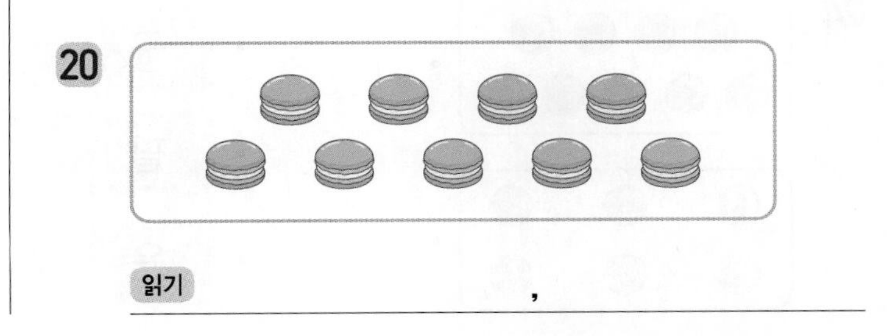

읽기 ,

1 단원 02회

적용 6부터 9까지의 수

◆ 관계있는 것끼리 이어 보세요.

21

여덟

일곱

여섯

22

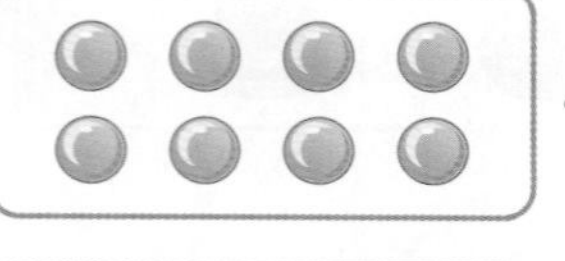

여섯

일곱

아홉

23

칠

팔

구

24

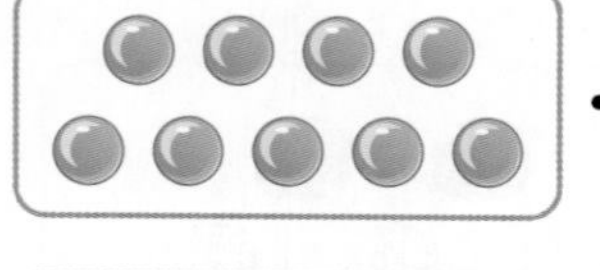

구

팔

육

◆ 왼쪽의 수만큼 ☐으로 묶어 보세요.

25 6

26 8

27 7

28 9

29 8

30 6

★ 완성 6부터 9까지의 수

◆ 집에 적힌 수만큼 풍선을 색칠해 보세요.

31

33

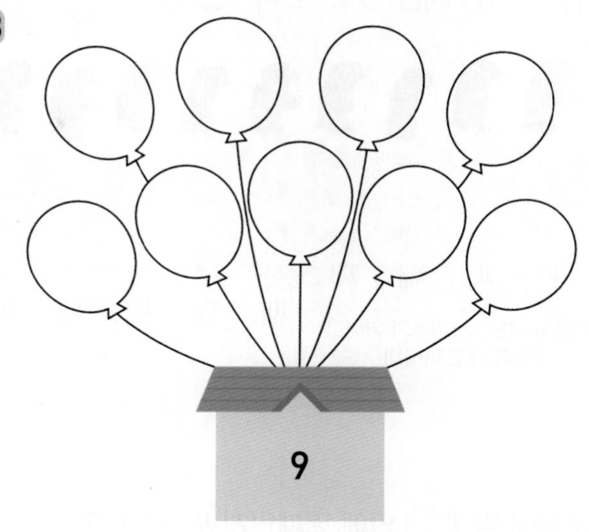

32

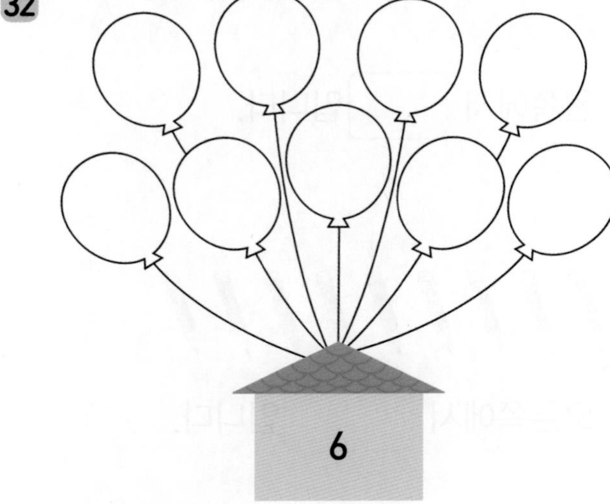

34

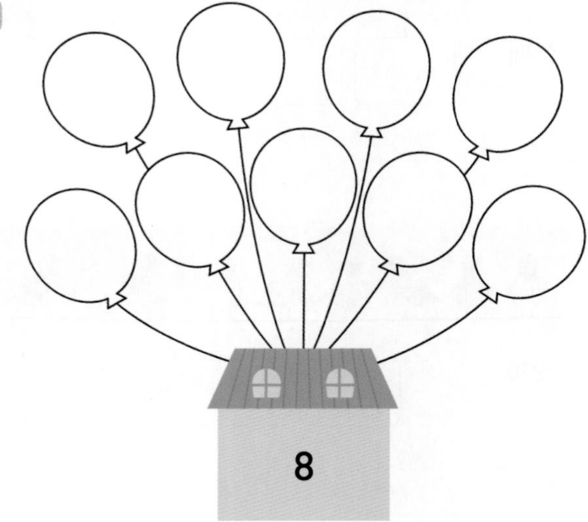

연산＋문해력

35 오른쪽과 같이 민하의 나이만큼 케이크에 초를 꽂았습니다. 민하의 나이는 몇 살일까요?

풀이 민하의 나이는 초의 수와 같습니다.

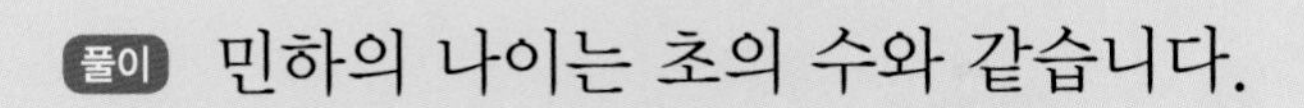

→ 케이크에 꽂힌 초의 수 : □개

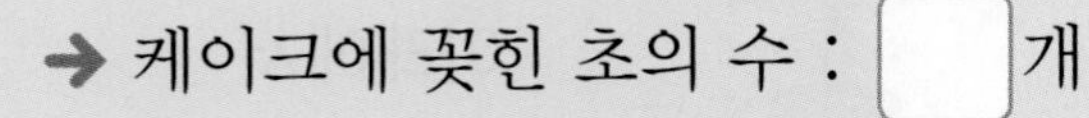

답 민하의 나이는 □살입니다.

개념 몇째

순서를 나타낼 때는 '몇째'로 나타냅니다.

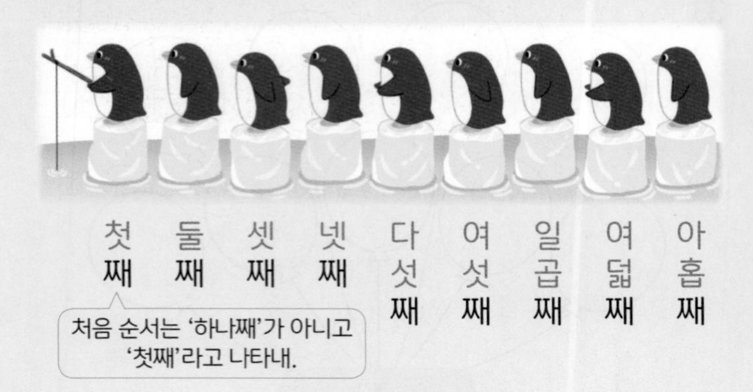

시작하는 위치에 따라 순서가 달라질 수 있습니다.

◆ 순서에 맞게 ☐ 안에 몇째인지 써넣으세요.

1

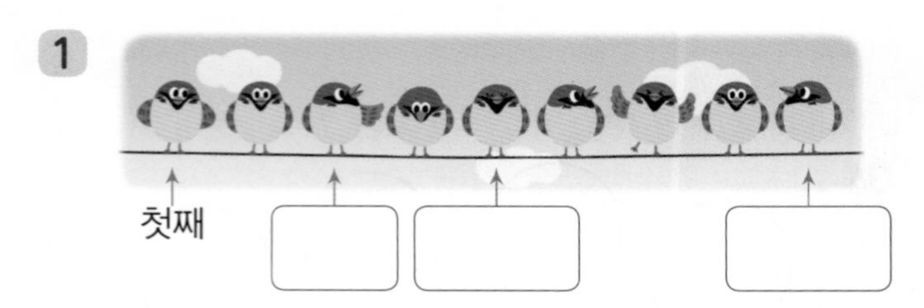

2

3

4

◆ 화살표가 가리키는 순서에 맞게 ☐ 안에 몇째인지 써넣으세요.

5

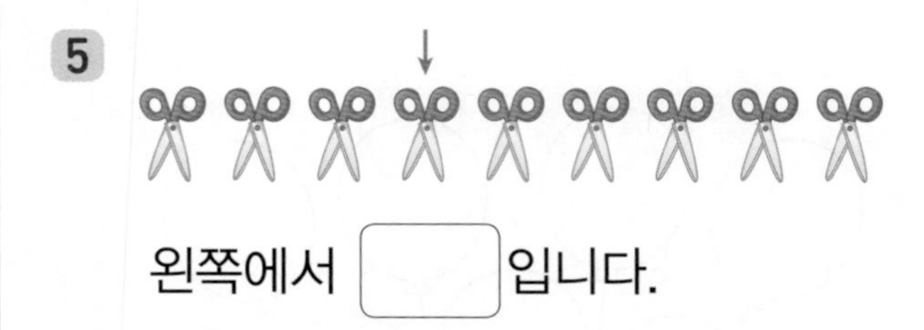

왼쪽에서 ☐ 입니다.

6

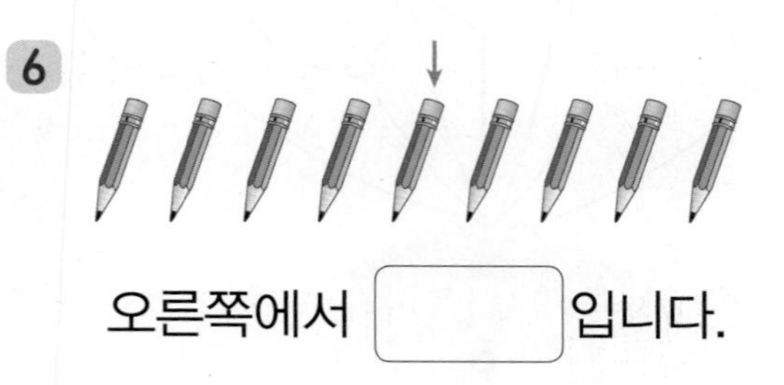

오른쪽에서 ☐ 입니다.

7

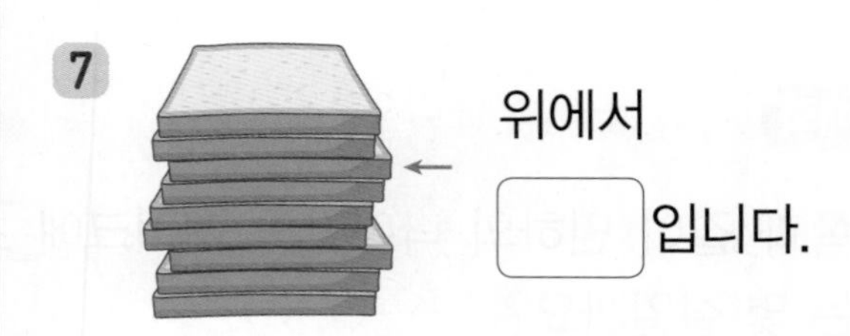

위에서 ☐ 입니다.

8

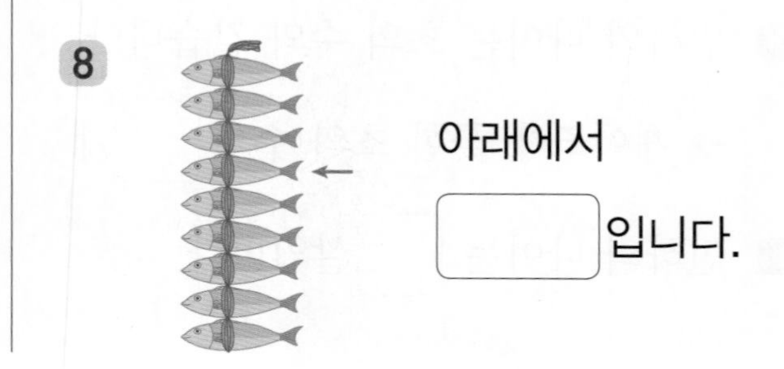

아래에서 ☐ 입니다.

정답 02쪽

실수 콕! 17~22번 문제

3	□□□□□□□□□
셋째	☒☒○□□□□□□

아래쪽은 '셋째'에 있는 1개에만 색칠해야 해.

◆ 순서에 맞게 빈칸에 알맞은 말을 써넣으세요.

9 첫째 - 둘째 - [ ] - [ ]

10 넷째 - [ ] - 여섯째 - [ ]

11 다섯째 - [ ] - [ ] - 여덟째

12 [ ] - 둘째 - 셋째 - [ ]

13 [ ] - 일곱째 - [ ] - 아홉째

14

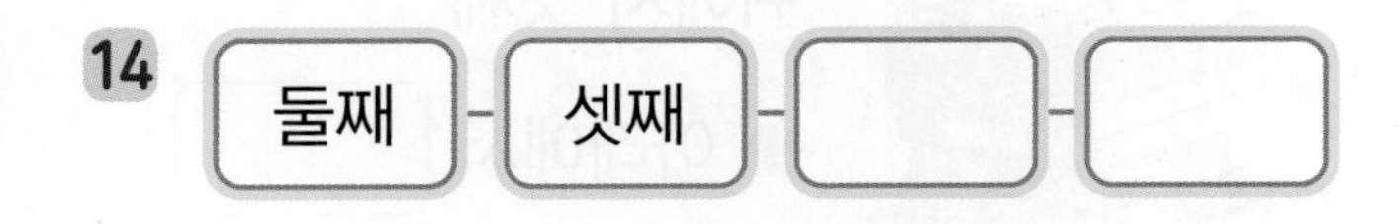

둘째 - 셋째 - [ ] - [ ]

15 [ ] - [ ] - 일곱째 - 여덟째

16 [ ] - 넷째 - 다섯째 - [ ]

◆ 왼쪽에서부터 세어 알맞게 색칠해 보세요.

17

2	◇◇◇◇◇◇◇◇◇
둘째	◇◇◇◇◇◇◇◇◇

18

5	♡♡♡♡♡♡♡♡♡
다섯째	♡♡♡♡♡♡♡♡♡

19

8	○○○○○○○○○
여덟째	○○○○○○○○○

20

4	☆☆☆☆☆☆☆☆☆
넷째	☆☆☆☆☆☆☆☆☆

21

6	△△△△△△△△△
여섯째	△△△△△△△△△

22

7	⬠⬠⬠⬠⬠⬠⬠⬠⬠
일곱째	⬠⬠⬠⬠⬠⬠⬠⬠⬠

적용 몇째

◆ 순서에 맞게 이어 보세요.

23 둘째 다섯째 여덟째

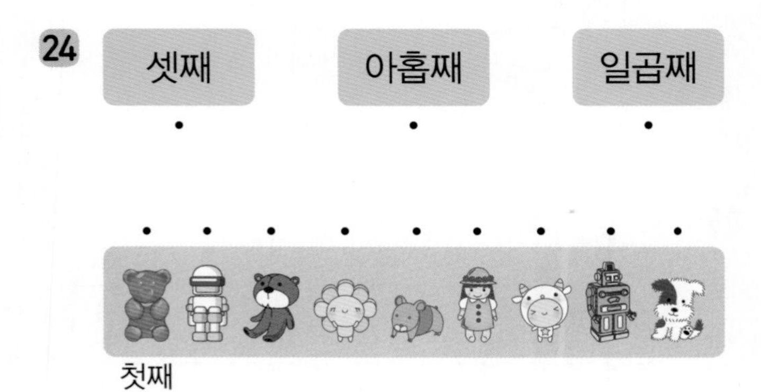

첫째

24 셋째 아홉째 일곱째

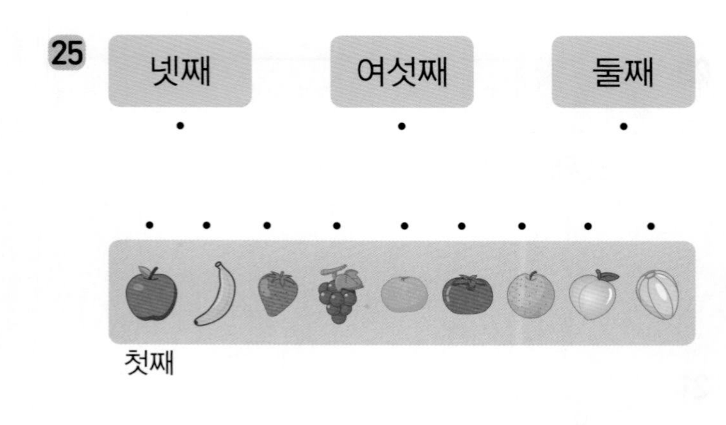

첫째

25 넷째 여섯째 둘째

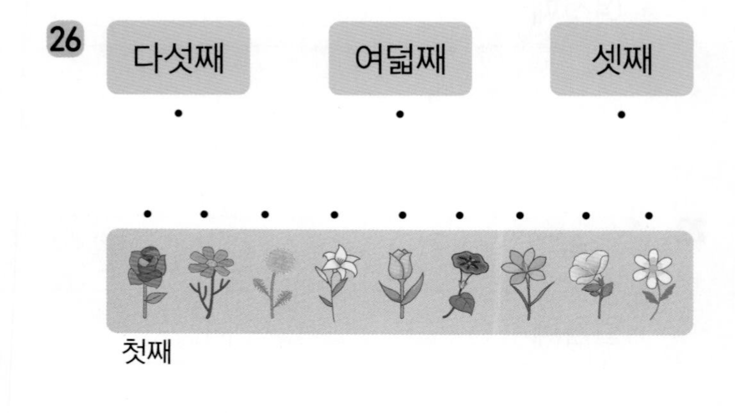

첫째

26 다섯째 여덟째 셋째

첫째

◆ 기준에 따라 몇째인지 ▢ 안에 알맞은 말을 써넣으세요.

27

왼쪽에서 다섯째

→ 오른쪽에서 ▢

28

왼쪽에서 여섯째

→ 오른쪽에서 ▢

29

왼쪽에서 일곱째

→ 오른쪽에서 ▢

30

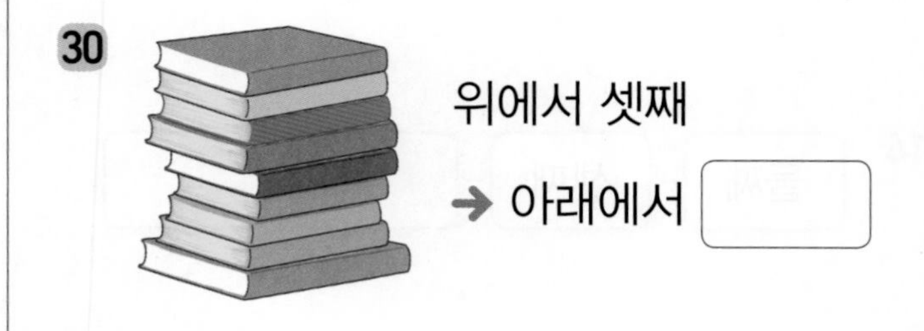

위에서 셋째

→ 아래에서 ▢

31

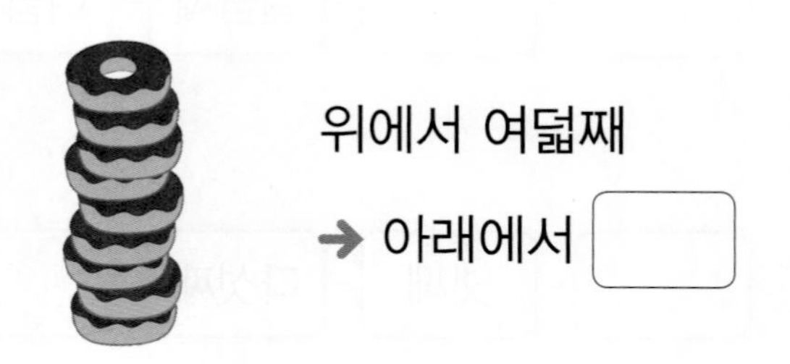

위에서 여덟째

→ 아래에서 ▢

★ 완성 몇째

◆ 수를 순서대로 이어 보세요.

32

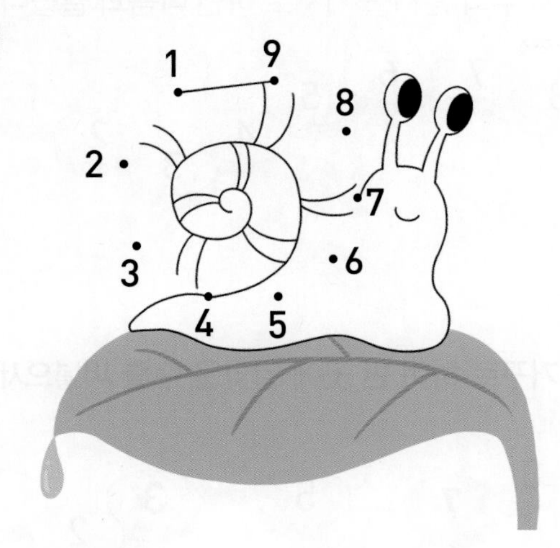

34

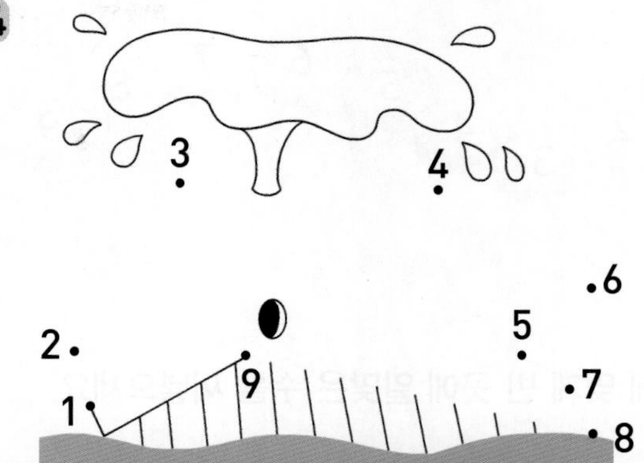

33

35

7
3
2
4
1
5
6
8
9

1 단원 03회

연산 + 문해력

36 다음과 같이 계산대에 사람들이 줄을 서 있습니다. 내가 계산대에 줄을 선다면 몇째가 될까요?

풀이 현재 가장 마지막에 서 있는 사람의 순서: ☐

→ 그다음 순서: ☐

답 내가 계산대에 줄을 선다면 ☐ 가 됩니다.

9까지 수의 순서

1부터 9까지의 수를 순서대로 쓰면 다음과 같습니다.

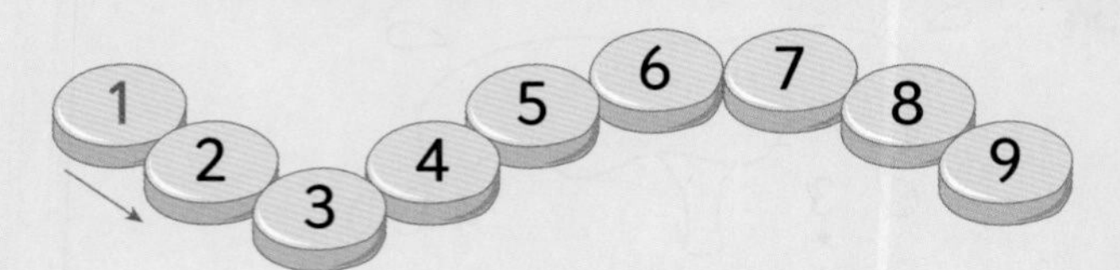

1부터 9까지 수의 순서를 거꾸로 하면 다음과 같습니다.

◆ 순서에 맞게 빈 곳에 알맞은 수를 써넣으세요.

1

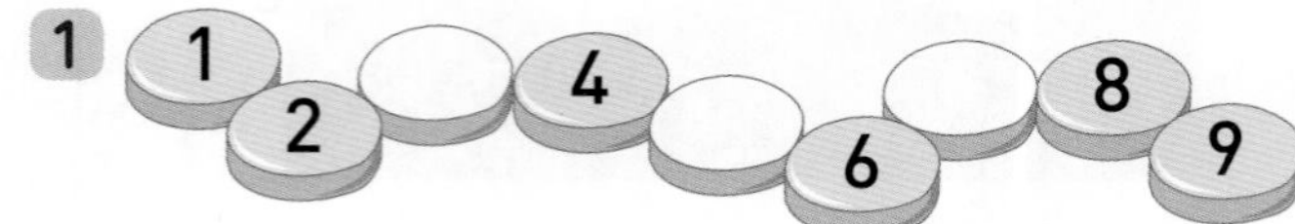

2

3

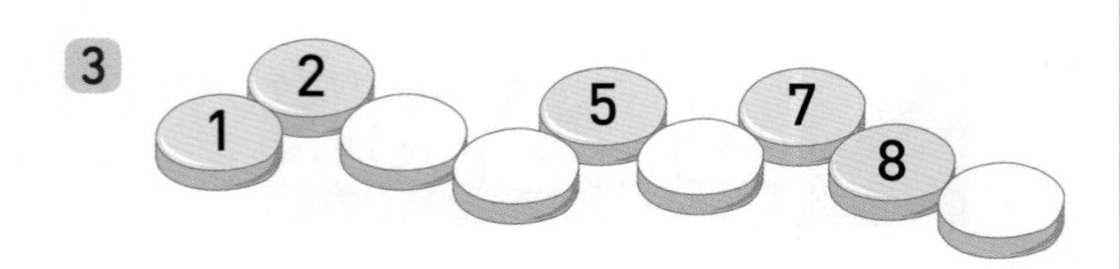

4

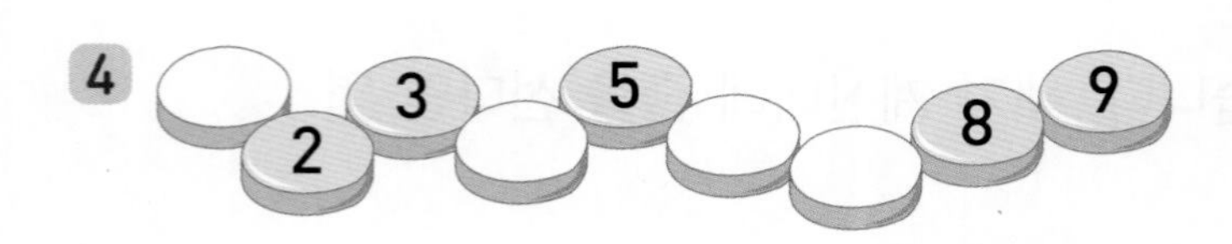

5

6

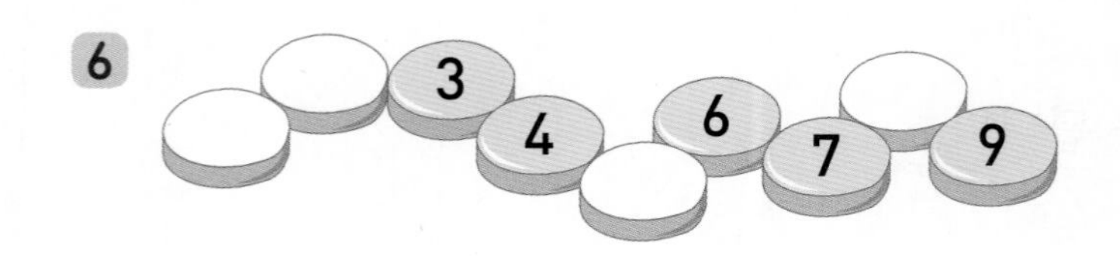

◆ 순서를 거꾸로 하여 빈 곳에 알맞은 수를 써넣으세요.

7

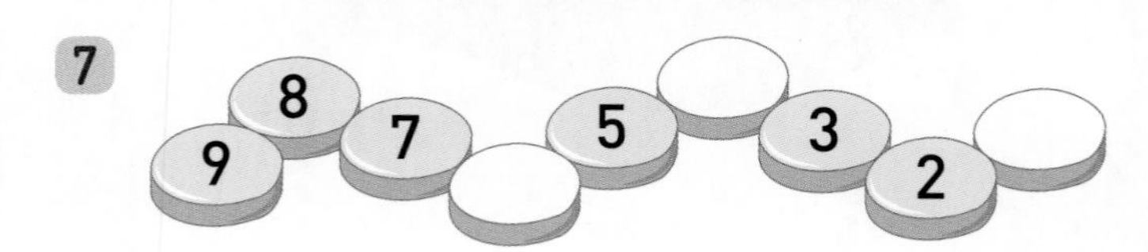

8

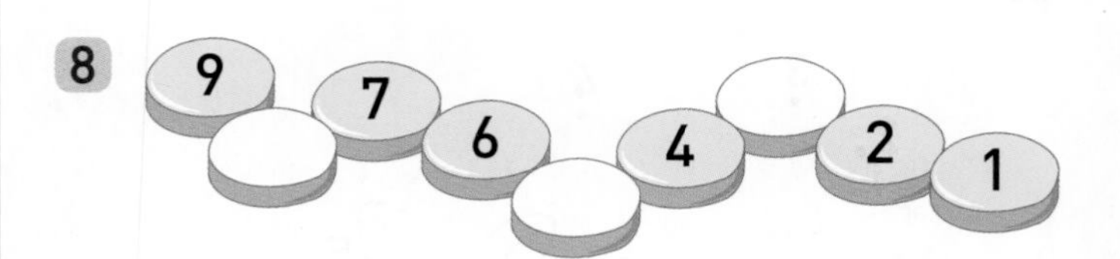

9

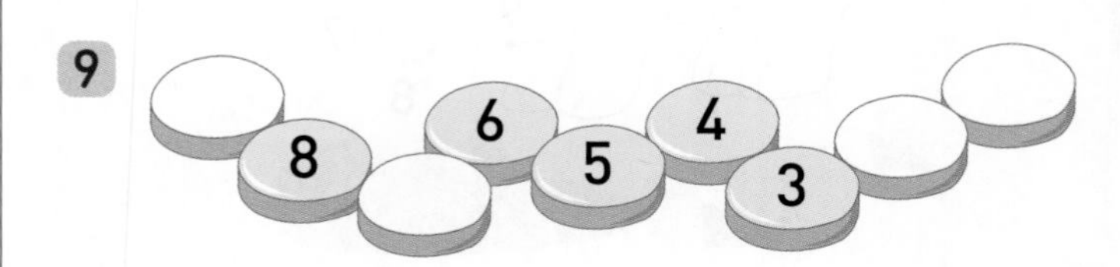

10

11

12

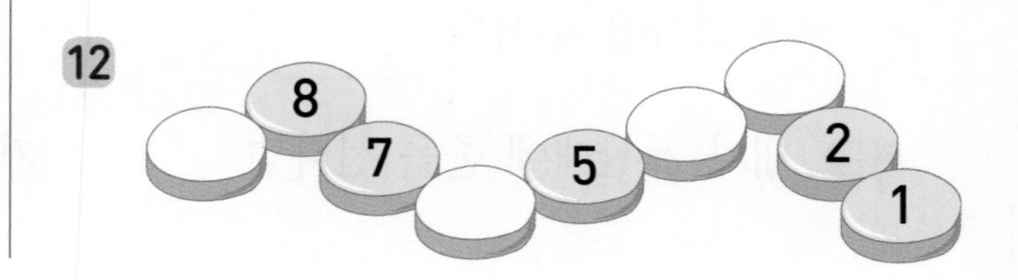

9까지 수의 순서

정답 04쪽

20~27번 문제

수의 순서가 거꾸로 되어 있는 것을 조심해!

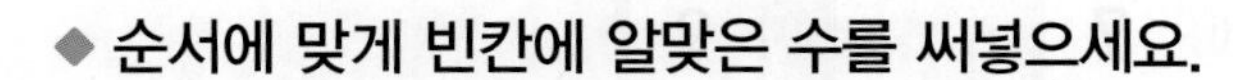

◆ 순서에 맞게 빈칸에 알맞은 수를 써넣으세요.

13

14

15

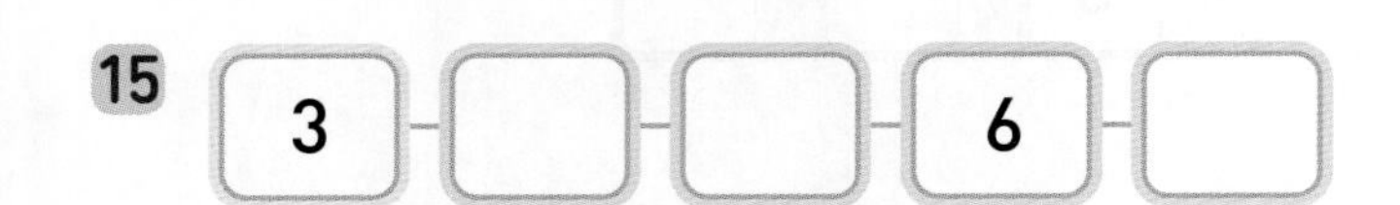

16

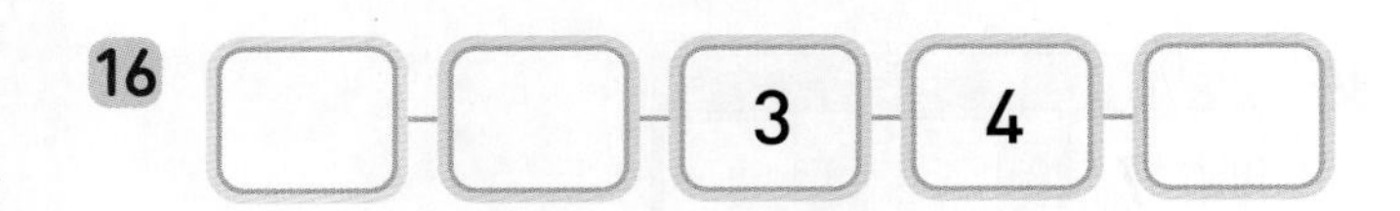

17

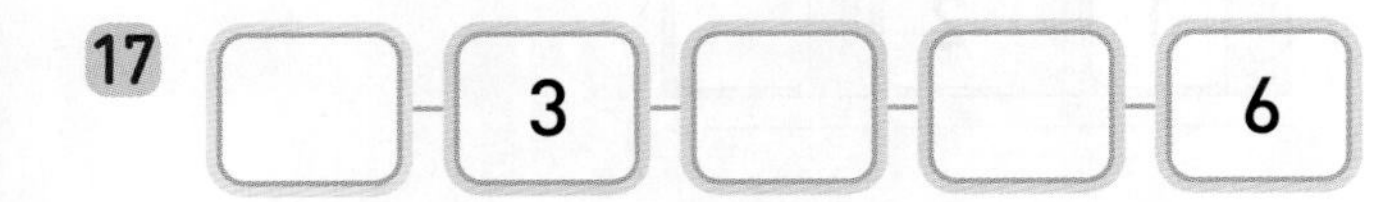

18

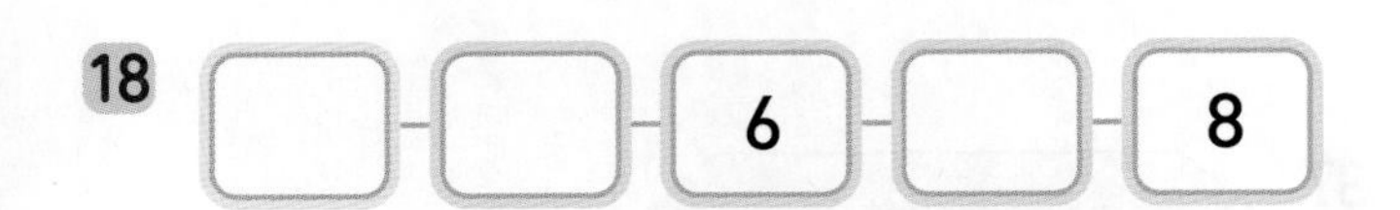

19

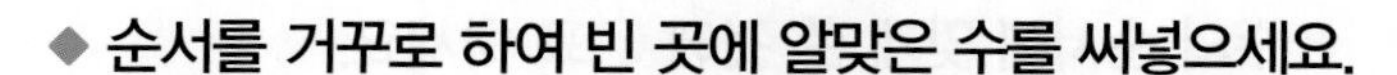

◆ 순서를 거꾸로 하여 빈 곳에 알맞은 수를 써넣으세요.

20

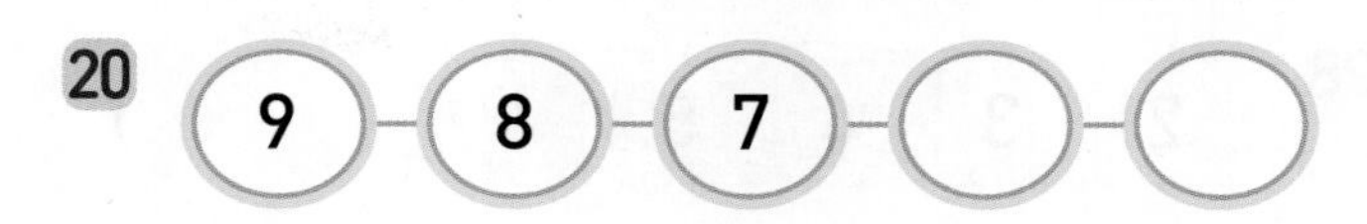

21

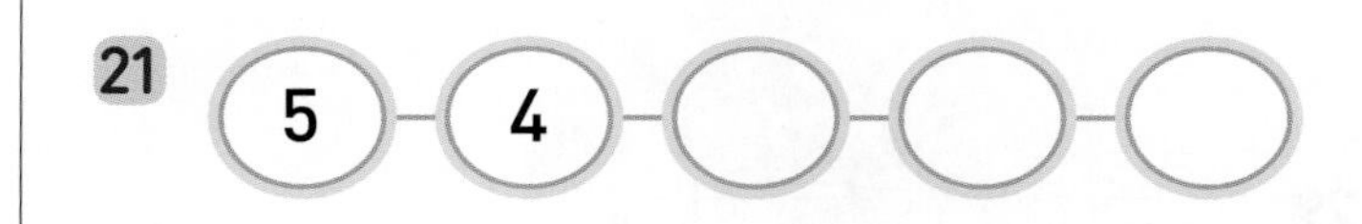

22

23

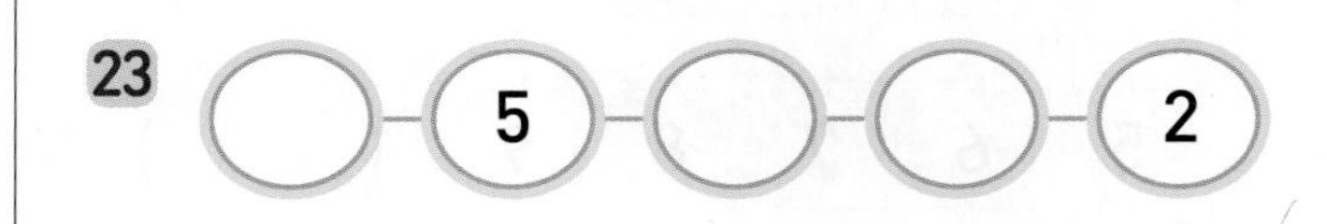

24

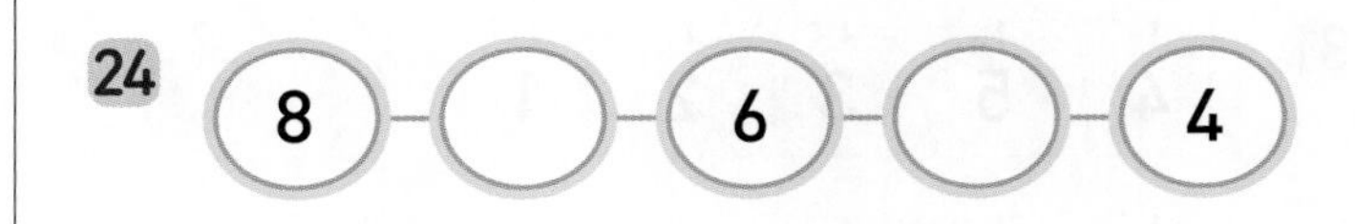

25

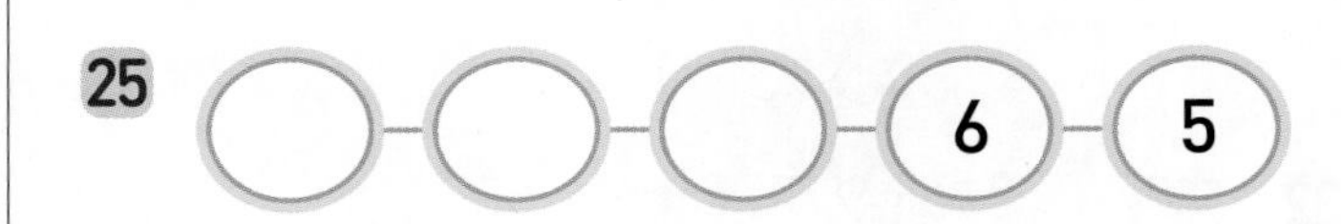

26

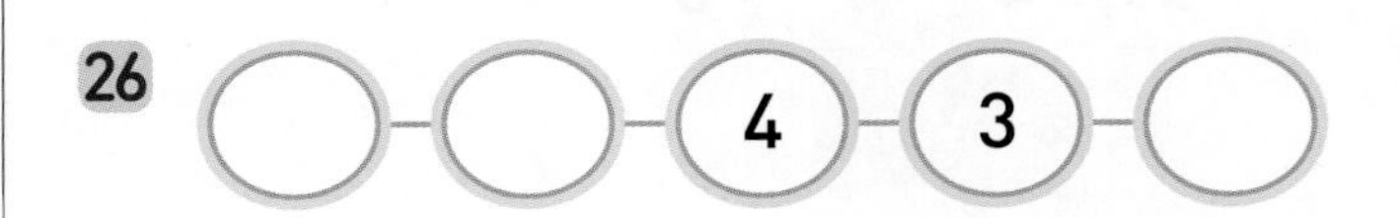

27

적용 9까지 수의 순서

◆ 수의 순서에 맞게 쓴 것에 ○표 하세요.

28

2 3 4 5 6 (　　　)

4 5 6 8 7 (　　　)

29

3 5 4 6 7 (　　　)

4 5 6 7 8 (　　　)

30

1 2 4 3 5 (　　　)

5 6 7 8 9 (　　　)

31

4 5 3 2 1 (　　　)

3 4 5 6 7 (　　　)

32

1 2 3 4 5 (　　　)

5 4 7 8 9 (　　　)

33

3 5 8 7 6 (　　　)

2 3 4 5 6 (　　　)

◆ 수의 순서에 맞게 빈칸에 알맞은 수를 써넣으세요.

34

1	2	
	5	
7		9

35

1	4	
2		8
3		

36

7		
4		6
1	2	

37

	4	1
	5	2
9		

★ 완성 9까지 수의 순서

정답 04쪽

◆ 수를 순서대로 이어 유령이 지나간 길을 나타내세요.

38

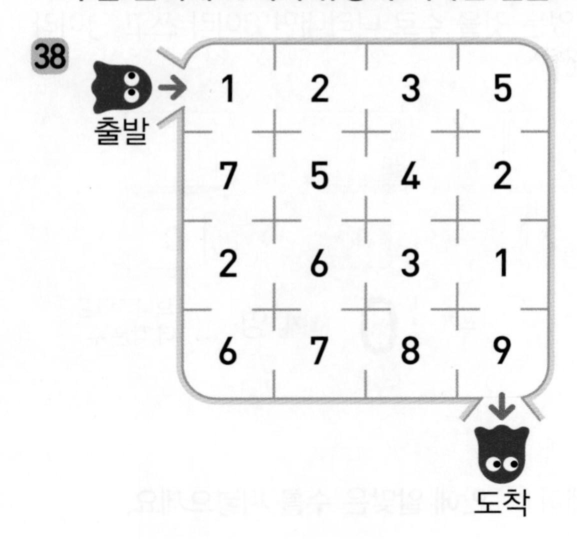

40

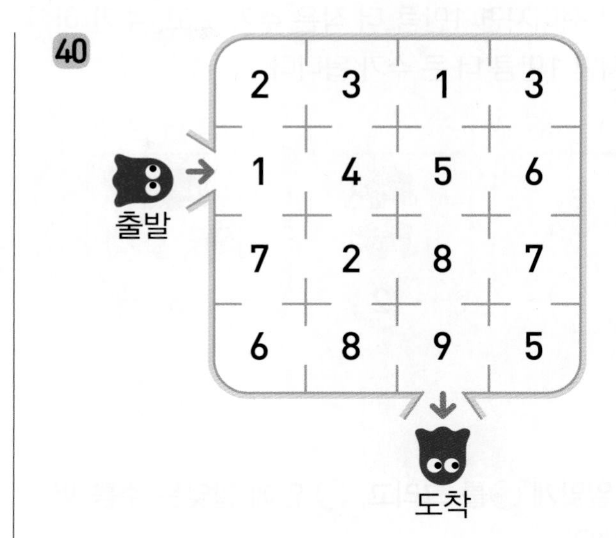

39

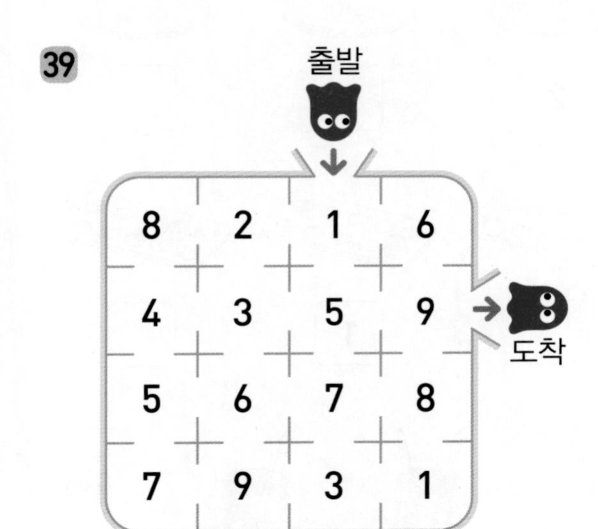

41

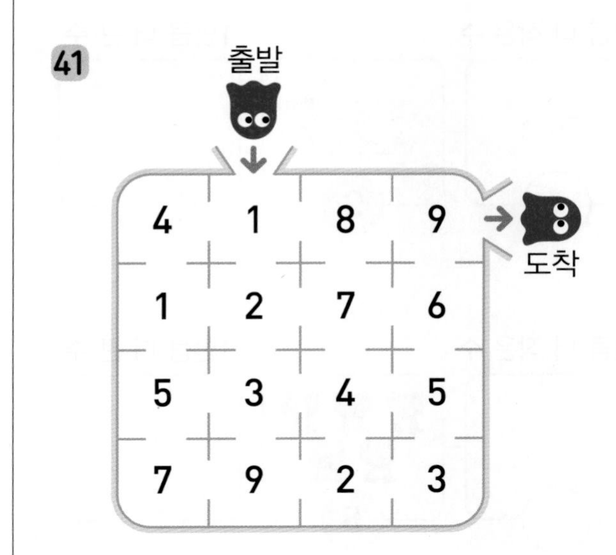

1 단원 04회

연산 + 문해력

42 친구들이 수의 순서에 맞게 나란히 서 있습니다. 현아가 들고 있는 수는 얼마일까요?

풀이 수를 순서대로 쓰면 4, ☐, 6, ☐, ☐입니다.

답 현아가 들고 있는 수는 ☐입니다.

1만큼 더 큰 수와 1만큼 더 작은 수 / 0

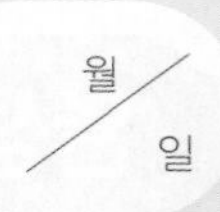

수가 하나 적어지면 1만큼 더 작은 수가 되고, 수가 하나 많아지면 1만큼 더 큰 수가 됩니다.

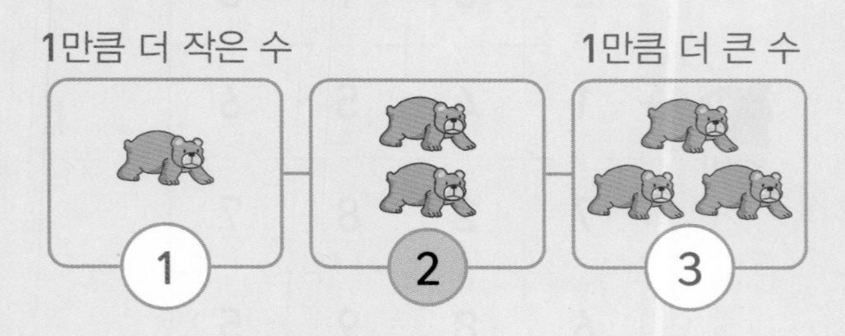

아무것도 없는 것을 수로 나타내면 0이라 쓰고 영이라고 읽습니다.

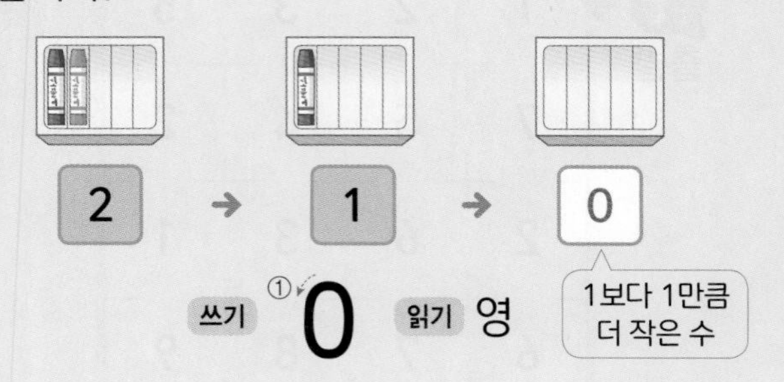

◆ 수에 알맞게 ○를 그리고, ○ 안에 알맞은 수를 써넣으세요.

1 1만큼 더 작은 수 / 1만큼 더 큰 수

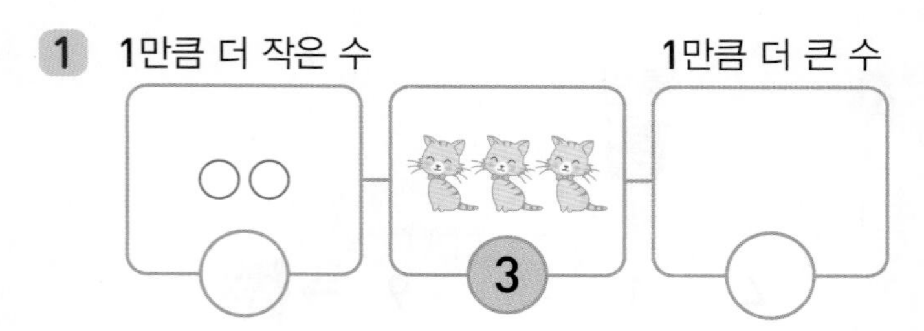

2 1만큼 더 작은 수 / 1만큼 더 큰 수

3 1만큼 더 작은 수 / 1만큼 더 큰 수

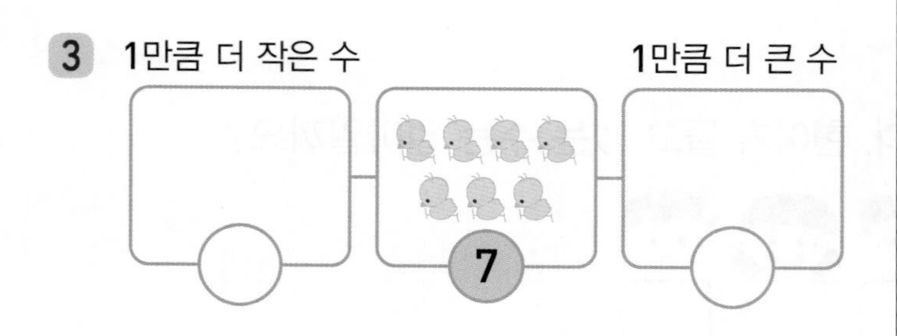

4 1만큼 더 작은 수 / 1만큼 더 큰 수

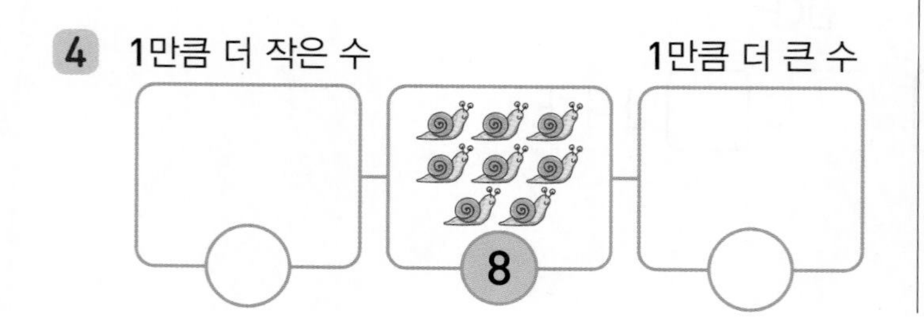

◆ 수를 세어 □ 안에 알맞은 수를 써넣으세요.

5

6

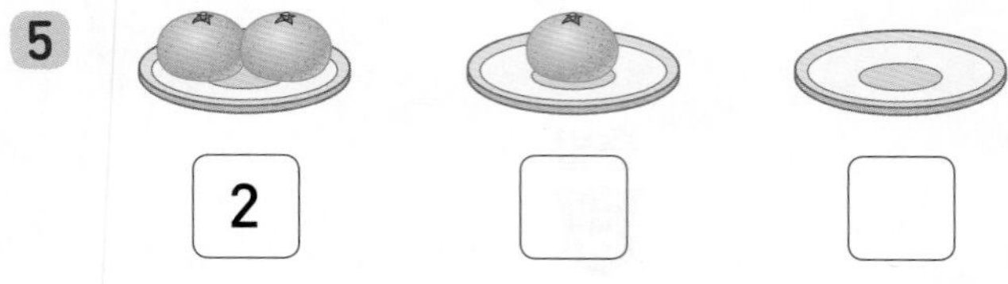

7

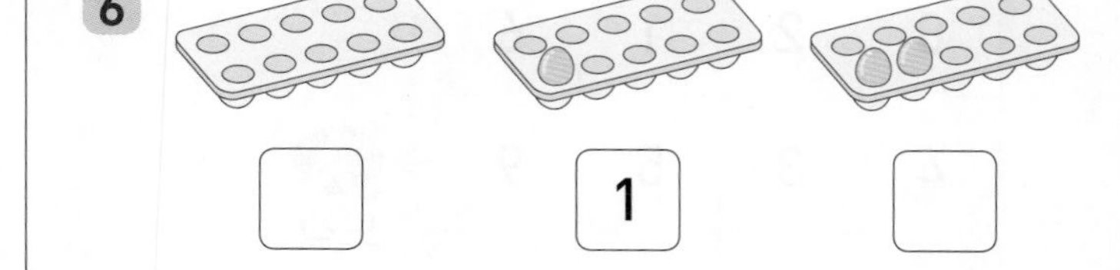

8

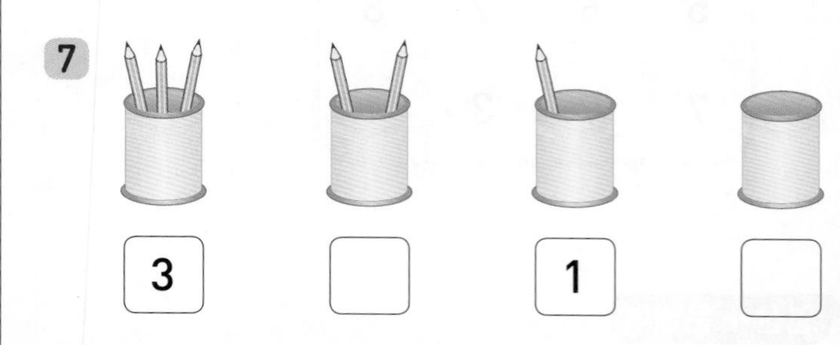

9

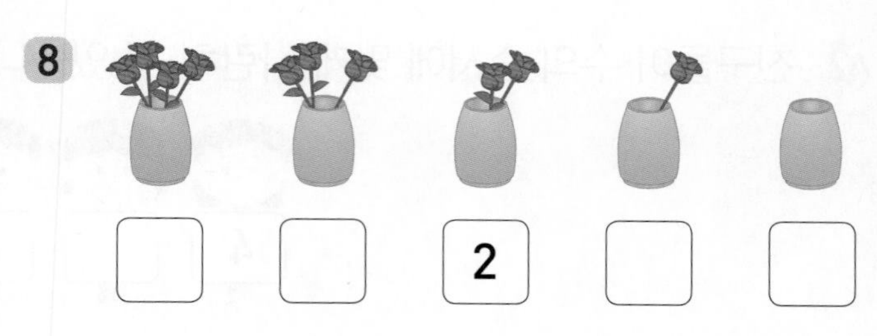
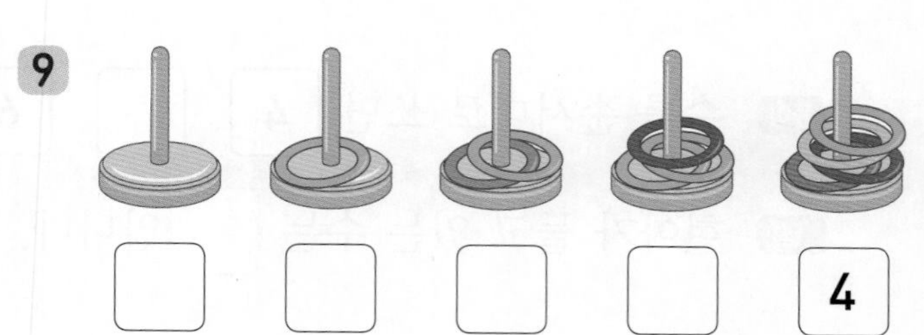

연습 1만큼 더 큰 수와 1만큼 더 작은 수 / 0

정답 04쪽

◆ 의 수를 보고 안에 알맞은 수를 써넣으세요.

10

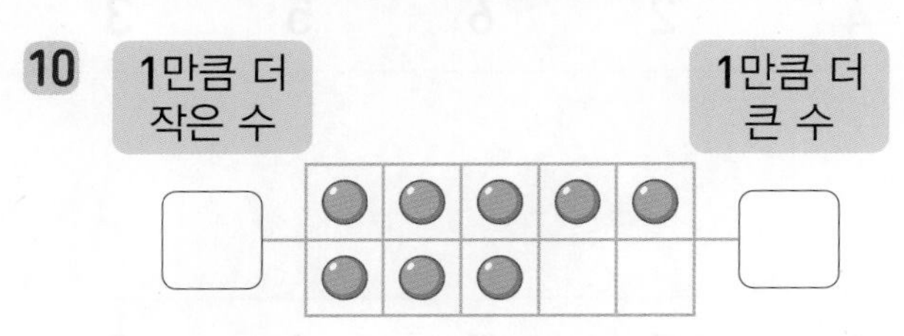

11

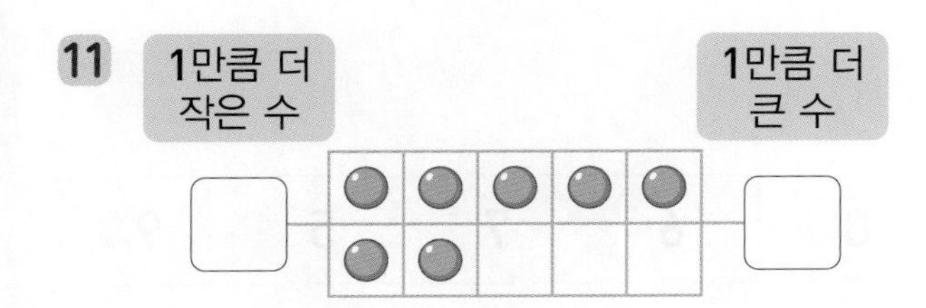

12

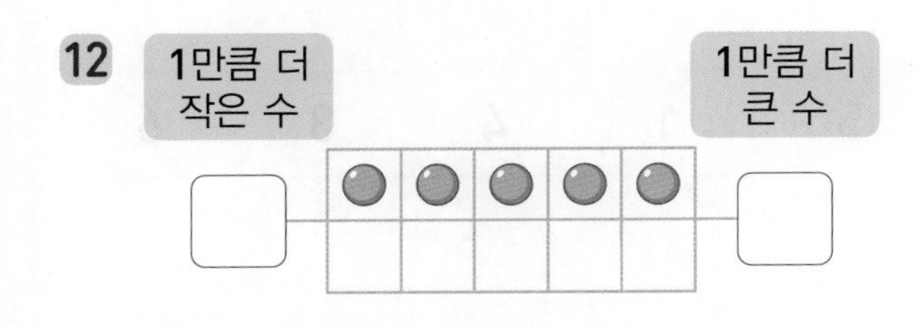

13

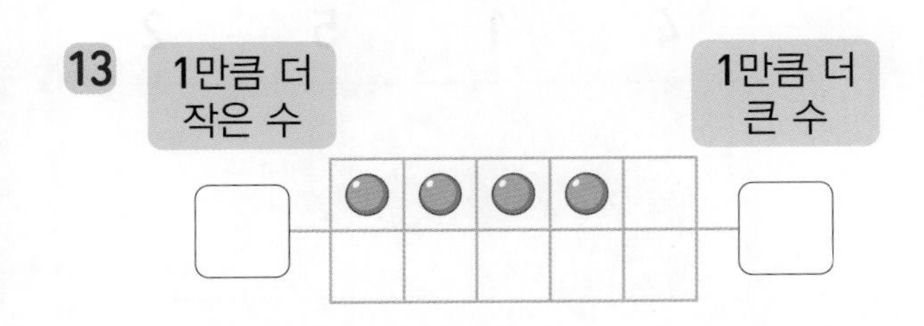

14

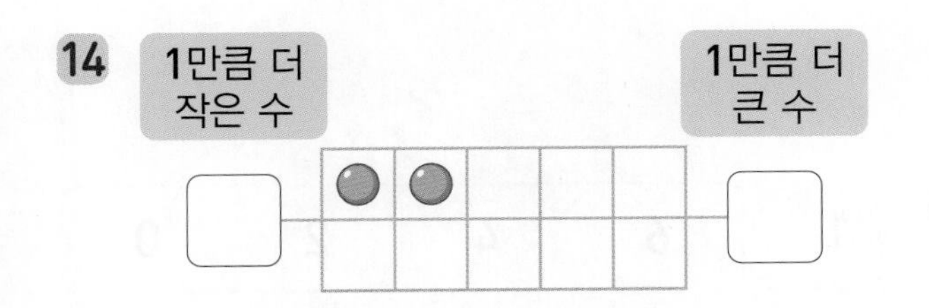

◆ 빈칸에 알맞은 수를 써넣으세요.

15 1만큼 더 작은 수 1만큼 더 큰 수

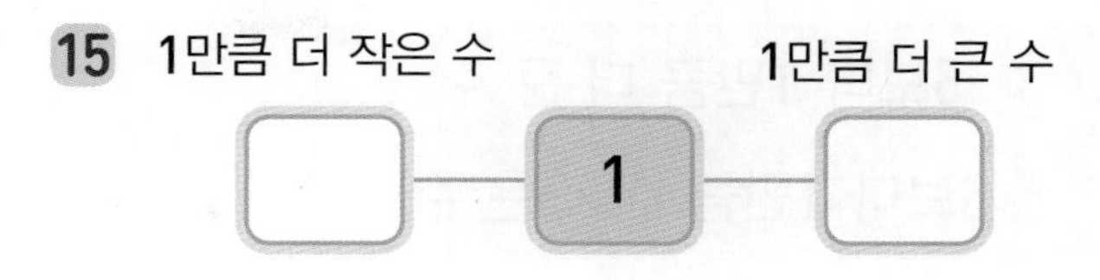

16 1만큼 더 작은 수 1만큼 더 큰 수

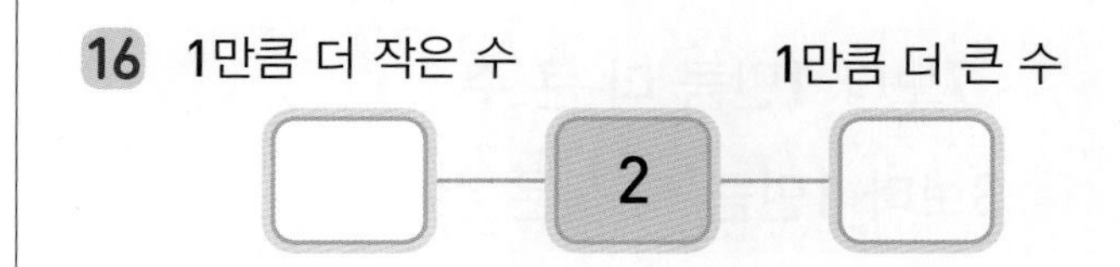

17 1만큼 더 작은 수 1만큼 더 큰 수

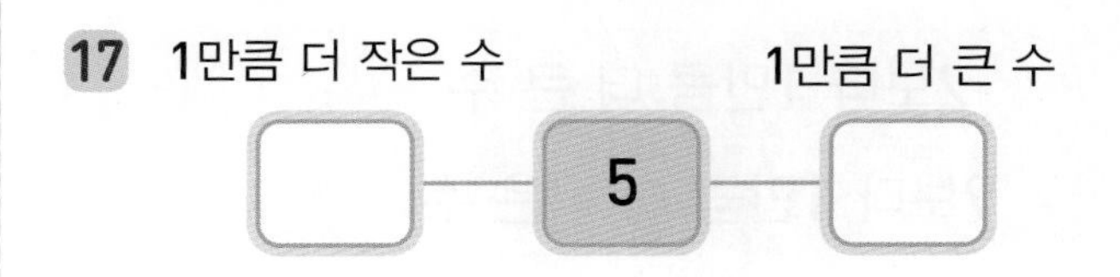

18 1만큼 더 작은 수 1만큼 더 큰 수

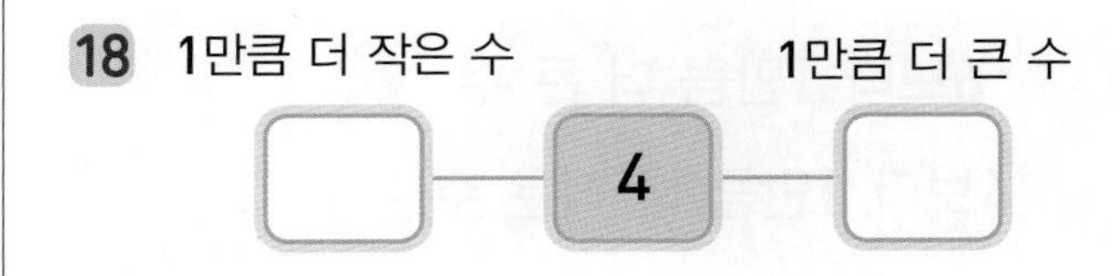

19 1만큼 더 작은 수 1만큼 더 큰 수

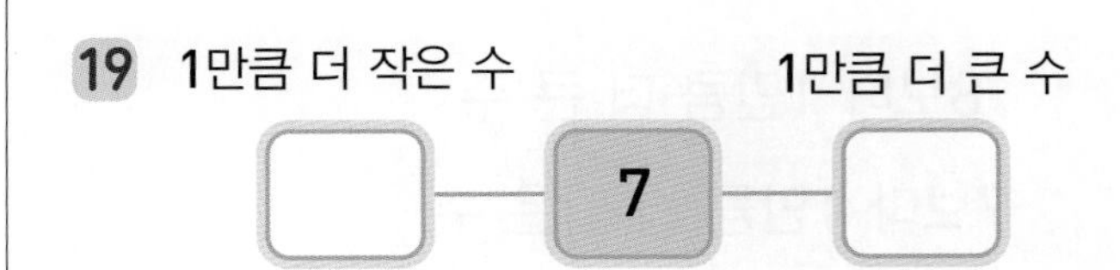

20 1만큼 더 작은 수 1만큼 더 큰 수

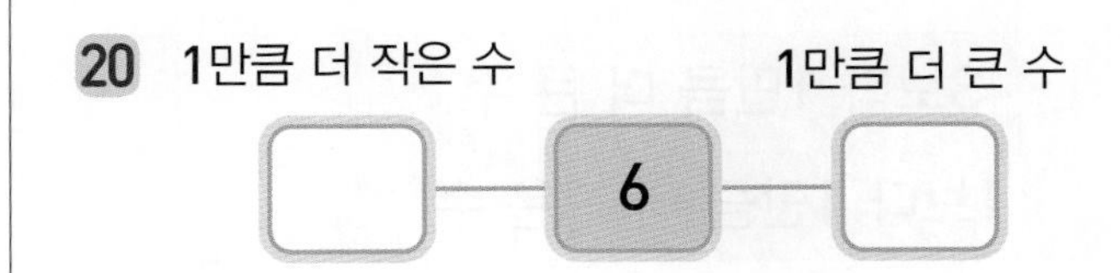

21 1만큼 더 작은 수 1만큼 더 큰 수

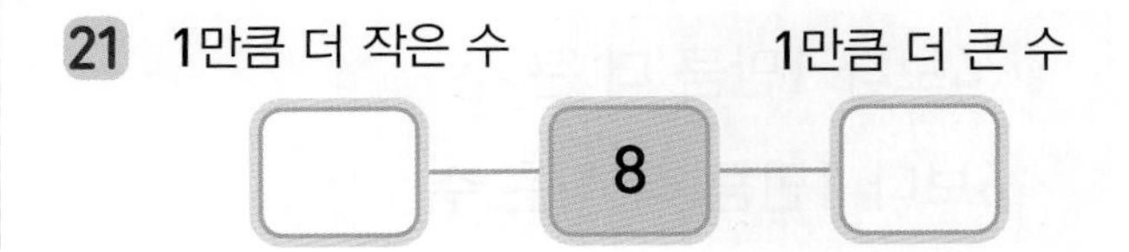

적용 1만큼 더 큰 수와 1만큼 더 작은 수 / 0

◆ 설명에 알맞은 수를 빈칸에 써넣으세요.

22

5보다 1만큼 더 큰 수	
8보다 1만큼 더 작은 수	

23

7보다 1만큼 더 큰 수	
3보다 1만큼 더 작은 수	

24

2보다 1만큼 더 큰 수	
9보다 1만큼 더 작은 수	

25

6보다 1만큼 더 큰 수	
4보다 1만큼 더 작은 수	

26

8보다 1만큼 더 큰 수	
7보다 1만큼 더 작은 수	

27

3보다 1만큼 더 큰 수	
1보다 1만큼 더 작은 수	

28

4보다 1만큼 더 큰 수	
6보다 1만큼 더 작은 수	

◆ 안의 수보다 1만큼 더 큰 수에 ○표, 1만큼 더 작은 수에 △표 하세요.

29 2 — 3 5 1 0

30 4 — 2 6 5 3

31 6 — 5 7 4 2

32 8 — 6 7 5 9

33 5 — 1 4 3 6

34 3 — 4 1 5 2

35 7 — 9 8 6 5

36 1 — 6 4 2 0

정답 05쪽

완성 1만큼 더 큰 수와 1만큼 더 작은 수 / 0

◆ 자물쇠의 비밀번호를 구해 빈칸에 써넣으세요.

37

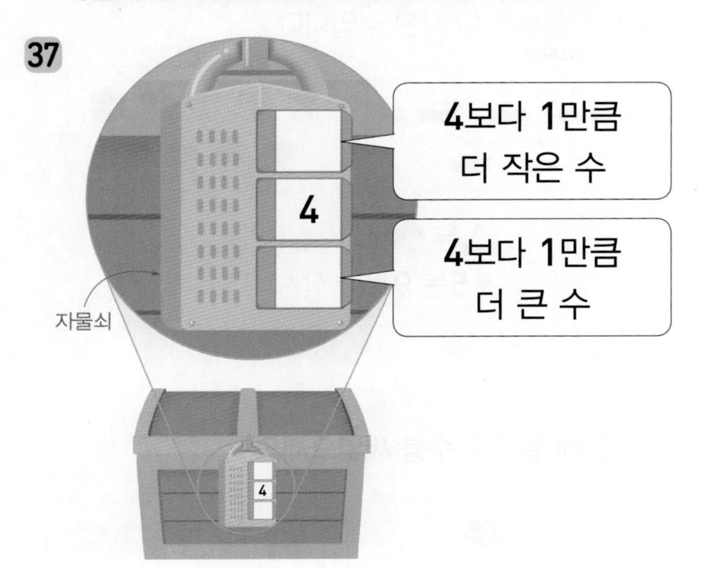

39

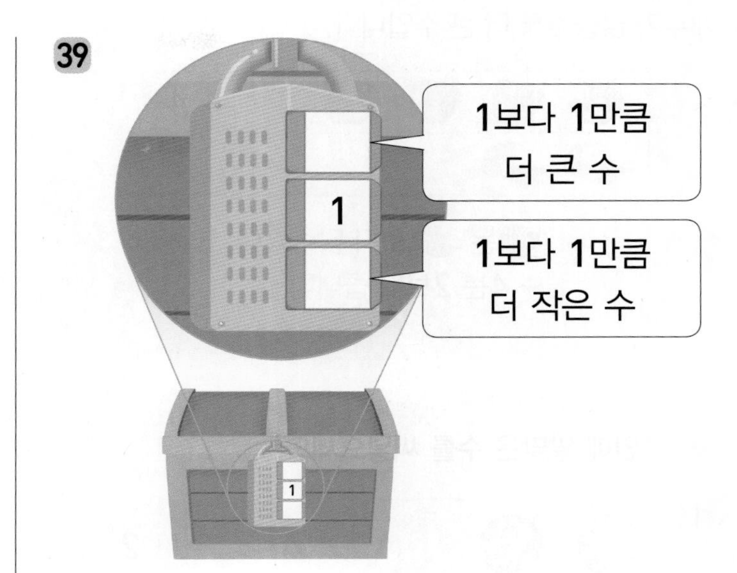

38

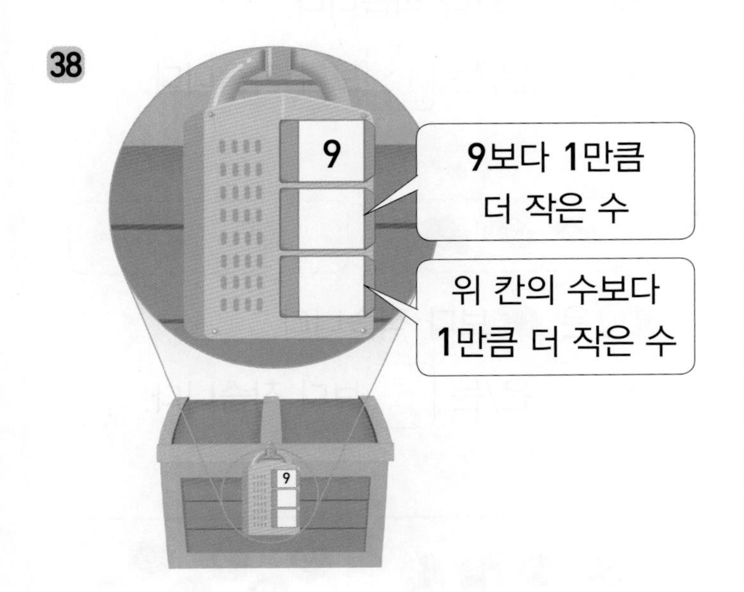

40

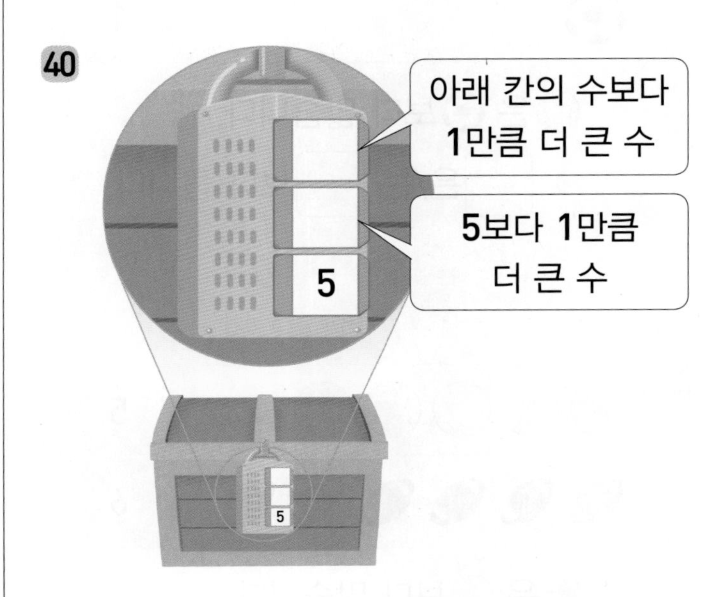

연산 + 문해력

41 수아는 6층보다 1층 더 낮은 층에 살고, 현수는 6층보다 1층 더 높은 층에 삽니다. 수아와 현수는 각각 몇 층에 사나요?

풀이 • 수아: 6보다 1만큼 더 작은 수 → ☐

• 현수: 6보다 1만큼 더 큰 수 → ☐

답 수아는 ☐층, 현수는 ☐층에 삽니다.

개념 9까지 수의 크기 비교

06회 월 / 일

개수가 많을수록 더 큰 수입니다.

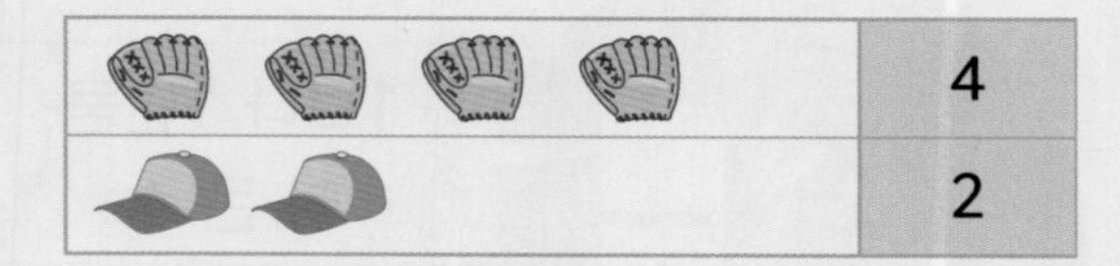

는 보다 많습니다.
→ 4는 2보다 큽니다.

개수가 적을수록 더 작은 수입니다.

는 보다 적습니다.
→ 5는 9보다 작습니다.

◆ ☐ 안에 알맞은 수를 써넣으세요.

1

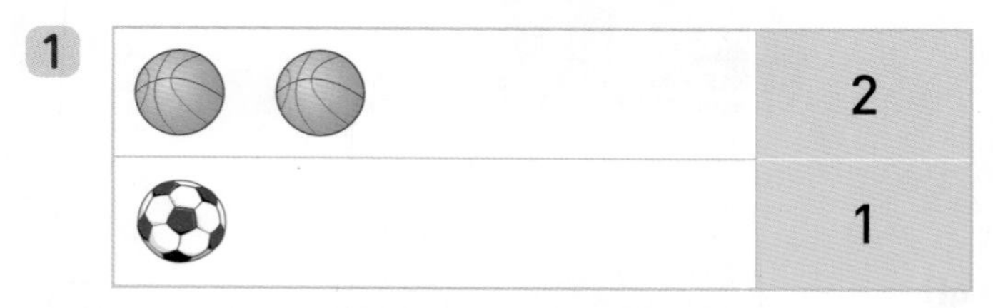

은 보다 많습니다.
→ ☐ 은/는 ☐ 보다 큽니다.

2

은 보다 많습니다.
→ ☐ 은/는 ☐ 보다 큽니다.

3

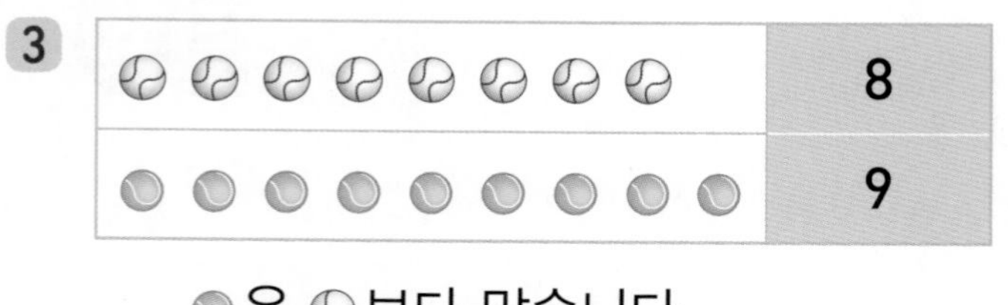

은 보다 많습니다.
→ ☐ 은/는 ☐ 보다 큽니다.

◆ ☐ 안에 알맞은 수를 써넣으세요.

4

은 보다 적습니다.
→ ☐ 은/는 ☐ 보다 작습니다.

5

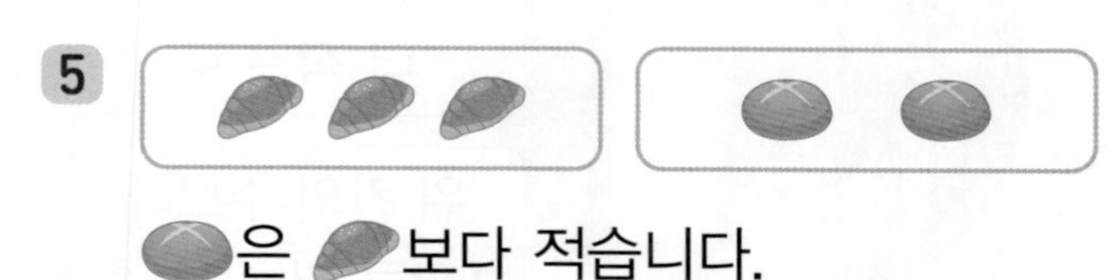

은 보다 적습니다.
→ ☐ 은/는 ☐ 보다 작습니다.

6

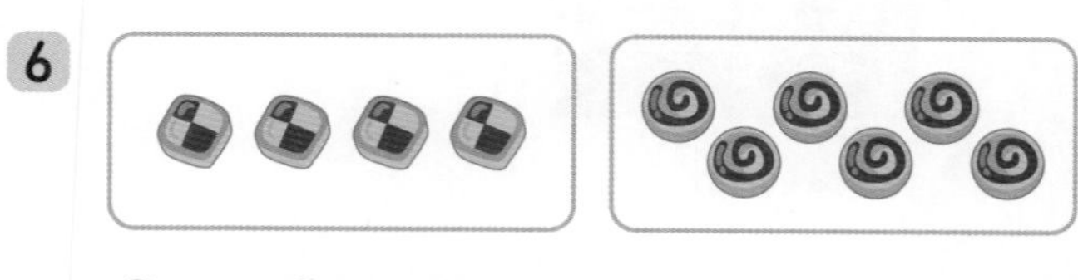

는 보다 적습니다.
→ ☐ 은/는 ☐ 보다 작습니다.

7

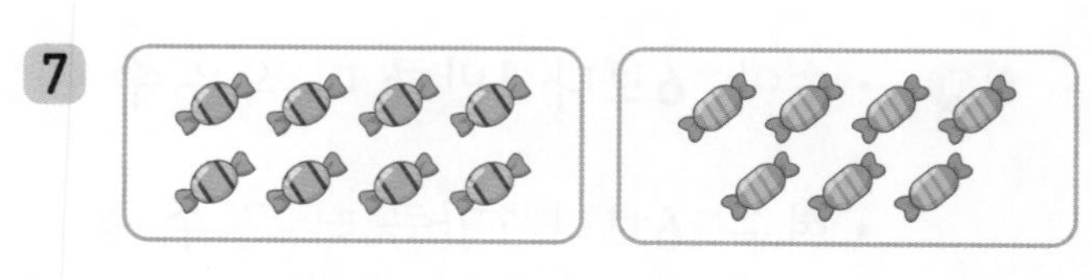

은 보다 적습니다.
→ ☐ 은 ☐ 보다 작습니다.

연습 9까지 수의 크기 비교

정답 05쪽

실수 콕! 8~15번 문제

수를 순서대로 쓴 게 아니야! 무조건 오른쪽 수가 더 크다고 생각하면 안 돼.

◆ 더 큰 수에 ○표 하세요.

8 ① 1 3 ②  1 7

9 ① 2 3 ②  2 0

10 ① 3 6 ②  3 0

11 ① 5 7 ②  5 4

12 ① 6 4 ②  6 7

13 ① 7 3 ②  7 2

14 ① 8 5 ②  8 9

15 ① 9 4 ②  9 2

◆ 더 작은 수에 △표 하세요.

16 ① 1 0 ②  1 6

17 ① 3 1 ②  3 7

18 ① 4 0 ②  4 5

19 ① 5 8 ② 5 3

20 ① 6 3 ②  6 9

21 ① 7 8 ②  7 9

22 ① 8 3 ②  8 4

23 ① 9 3 ② 9 5

1 단원 06회

적용 9까지 수의 크기 비교

◆ 가장 큰 수에 ○표, 가장 작은 수에 △표 하세요.

24 | 6 3 4

25 | 2 9 5

26 | 1 7 8

27 | 2 0 5

28 | 6 9 8 1

29 | 4 5 3 7

30 | 8 1 6 2

31 | 0 4 9 3

◆ 주어진 수를 작은 수부터 차례로 쓰세요.

32 | 1 7 2

→ □, □, □

33 | 9 0 3

→ □, □, □

34 | 6 8 4

→ □, □, □

35 | 3 7 0 2

→ □, □, □, □

36 | 5 4 8 6

→ □, □, □, □

37 | 2 9 7 4

→ □, □, □, □

★ 완성 9까지 수의 크기 비교

정답 05쪽

◆ ⬡ 안의 두 수 중 더 큰 수에 ○표 하고, 돼지가 더 큰 수를 따라 내려갔을 때 먹게 되는 간식은 무엇인지 구하세요.

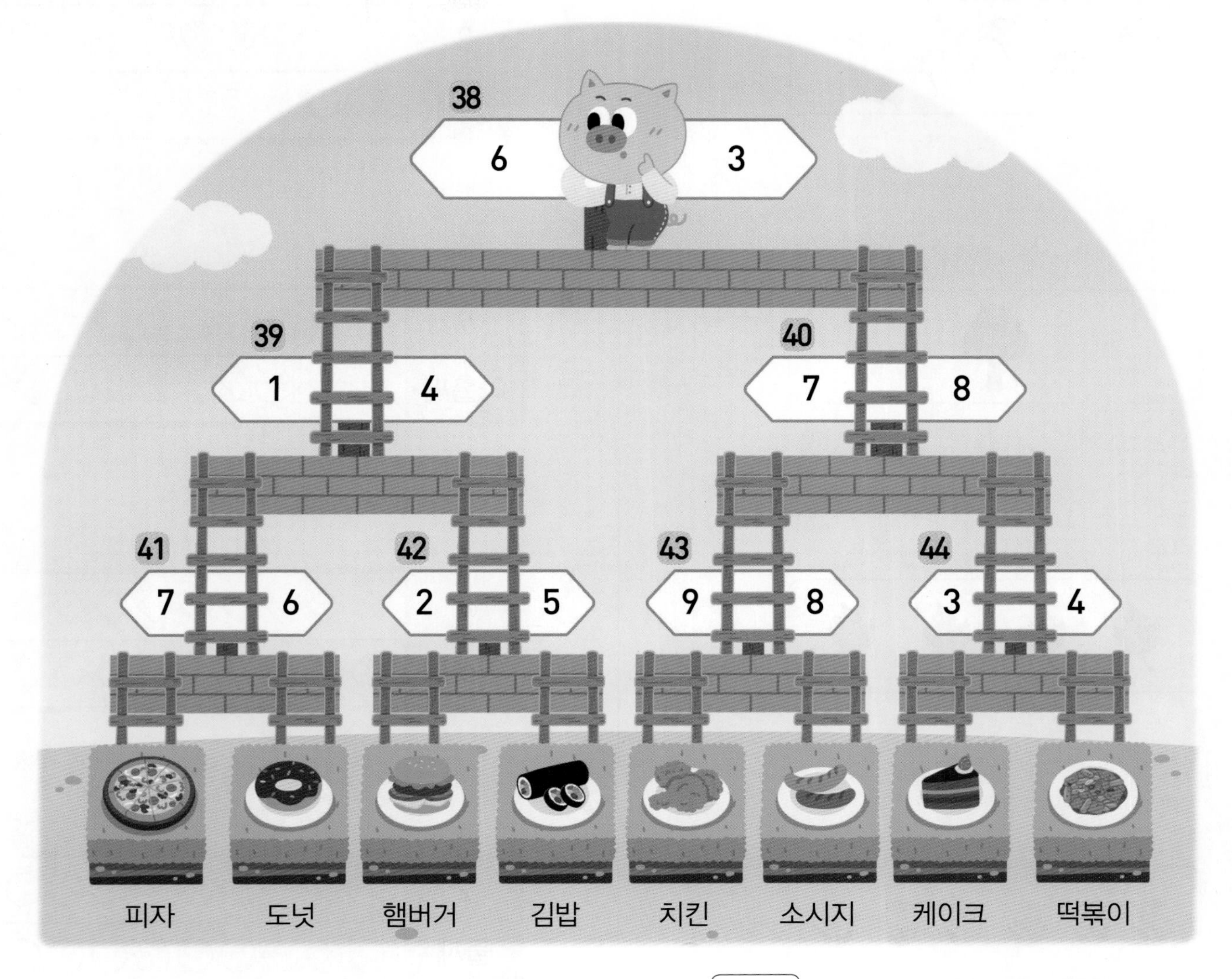

45 먹게 되는 간식: ☐

연산 + 문해력

46 자두를 민아는 7개, 태호는 3개 먹었습니다. 자두를 더 많이 먹은 사람은 누구인가요?

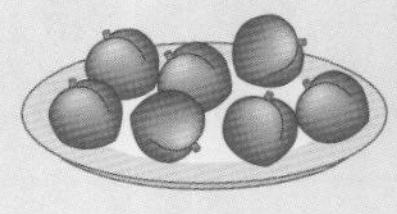

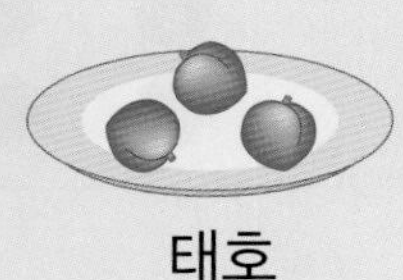

풀이 민아가 먹은 자두 수: ☐, 태호가 먹은 자두 수: ☐

→ ☐은 ☐보다 큽니다.

답 자두를 더 많이 먹은 사람은 ☐입니다.

1단원 마무리

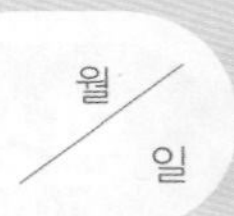

◆ 수를 세어 ▢ 안에 알맞은 수를 써넣으세요.

1

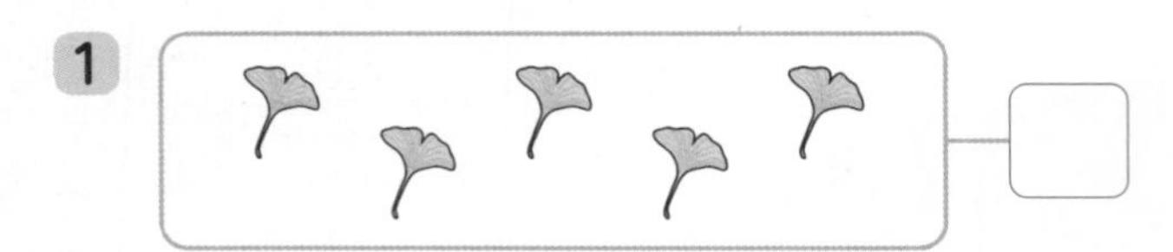

2

3

4

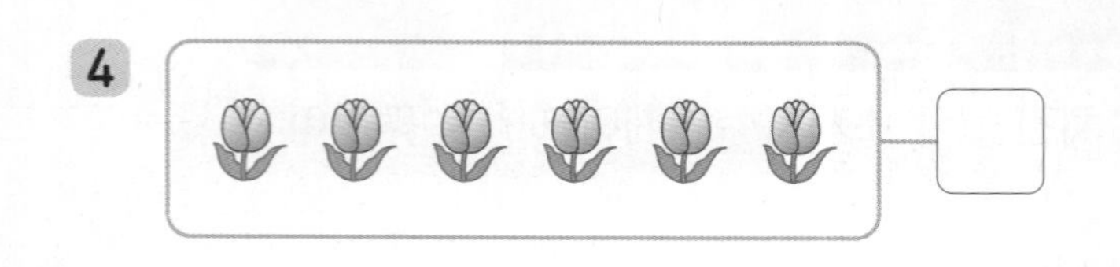

5

6

◆ 왼쪽에서부터 세어 알맞게 색칠해 보세요.

7

8

9

6

여섯째

10

11

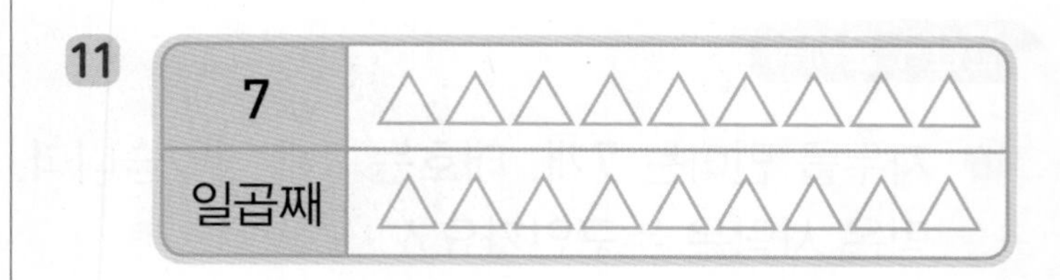

12

4

넷째

◆ 순서에 맞게 빈칸에 알맞은 수를 써넣으세요.

13 3 - 4 - □ - □ - □

14 5 - □ - 7 - □ - □

15 2 - □ - □ - □ - 6

16 4 - □ - □ - 7 - □

17 1 - □ - 3 - □ - □

18 □ - □ - 4 - □ - 6

19 □ - □ - 7 - 8 - □

20 □ - 1 - 2 - □ - □

◆ 더 큰 수에 ○표 하세요.

21 ① 1 | 0　② 1 | 4

22 ① 5 | 6　② 5 | 9

23 ① 2 | 5　② 2 | 1

24 ① 6 | 2　② 6 | 8

25 ① 8 | 1　② 8 | 9

26 ① 4 | 7　② 4 | 3

27 ① 3 | 5　② 3 | 9

28 ① 7 | 4　② 7 | 8

◆ 그림의 수가 주어진 수와 같은 것을 찾아 ○표 하세요.

1
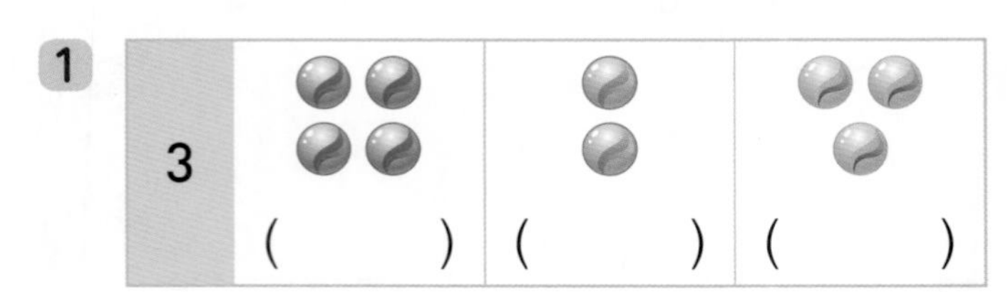

2
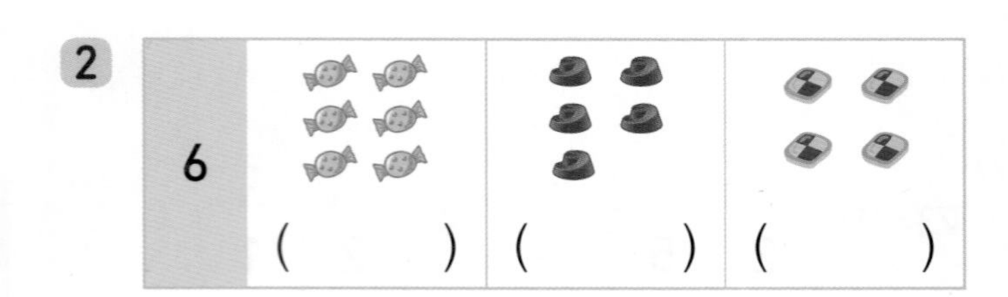

3
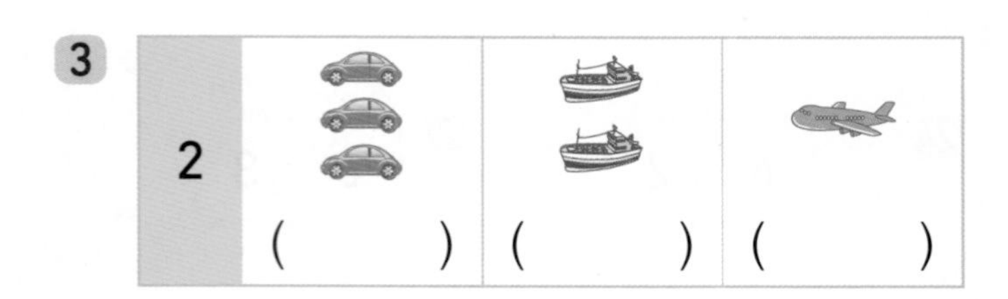

4
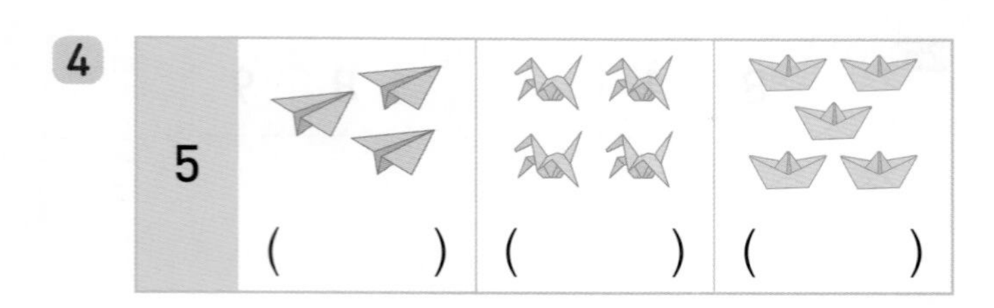

5
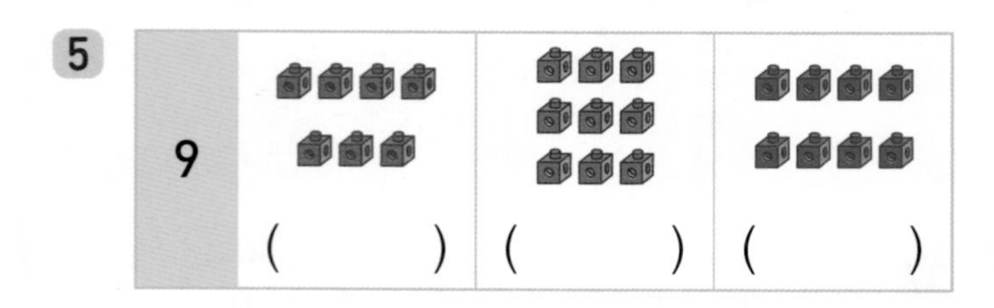

6
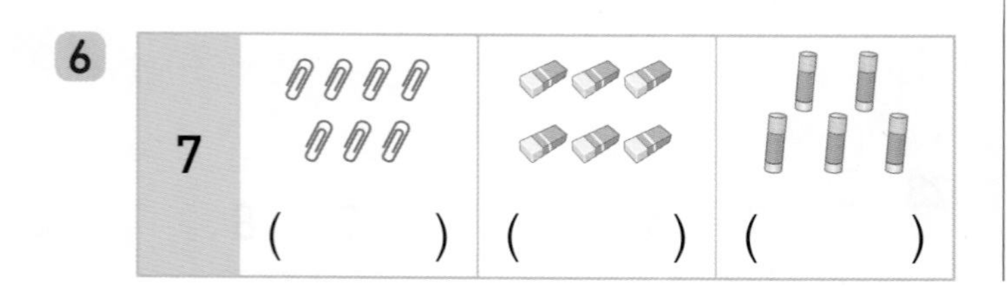

◆ 순서에 맞게 이어 보세요.

7
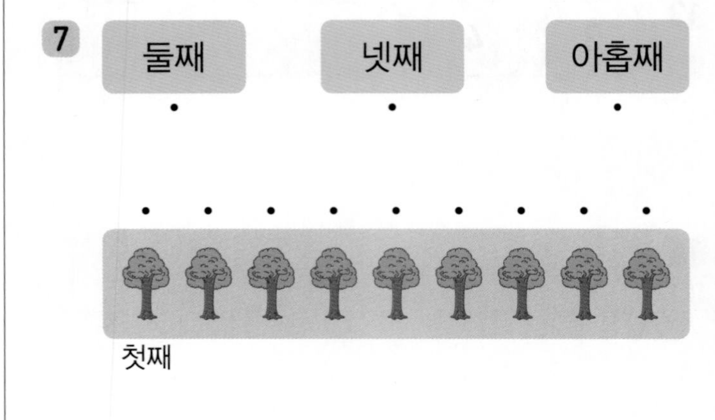

8
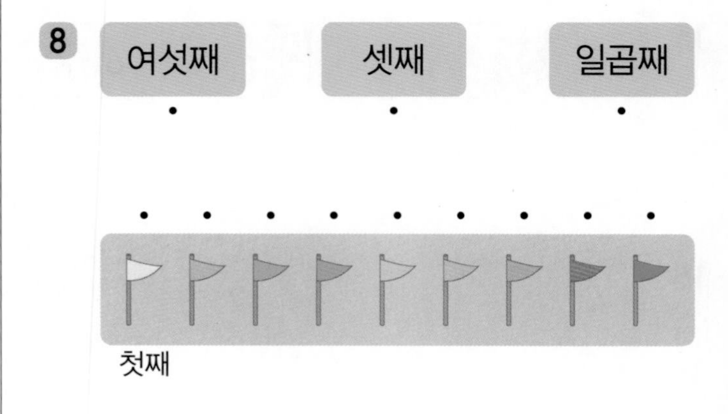

9
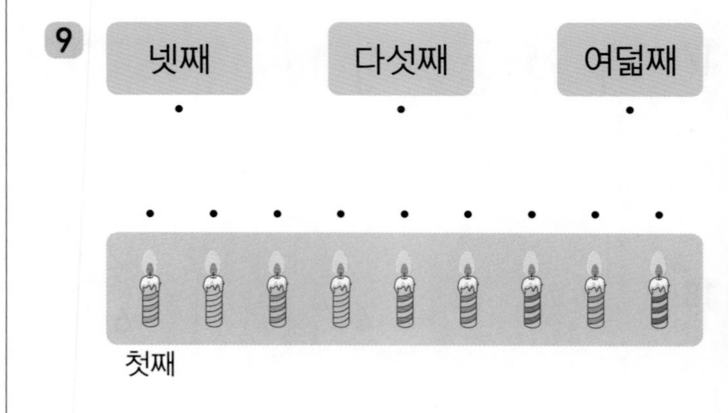

10
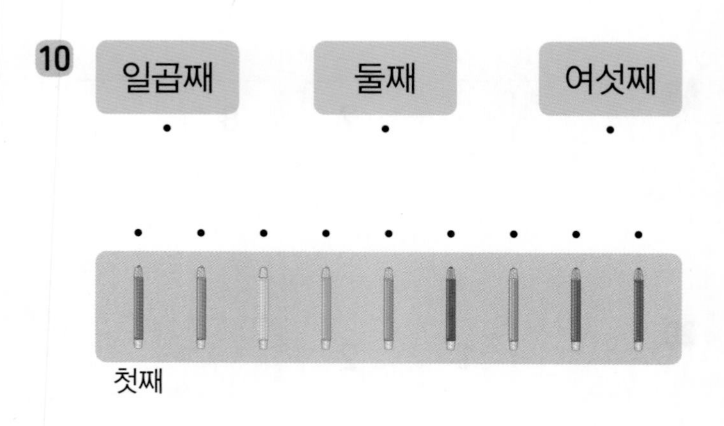

◆ ▢ 안의 수보다 1만큼 더 큰 수에 ○표, 1만큼 더 작은 수에 △표 하세요.

11

12

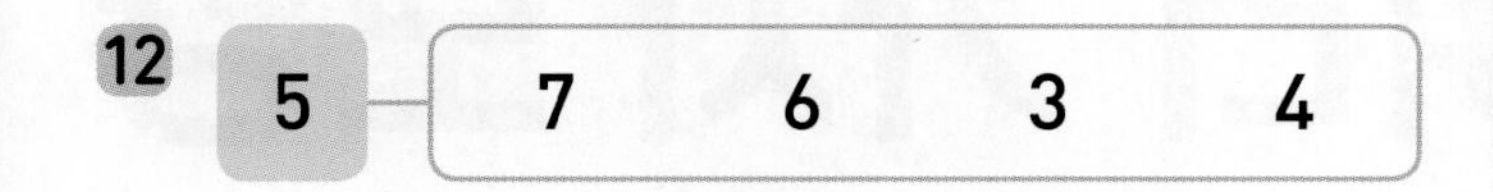

13

14

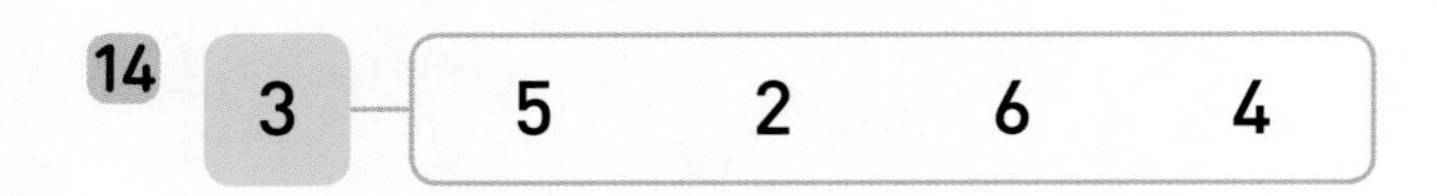

15

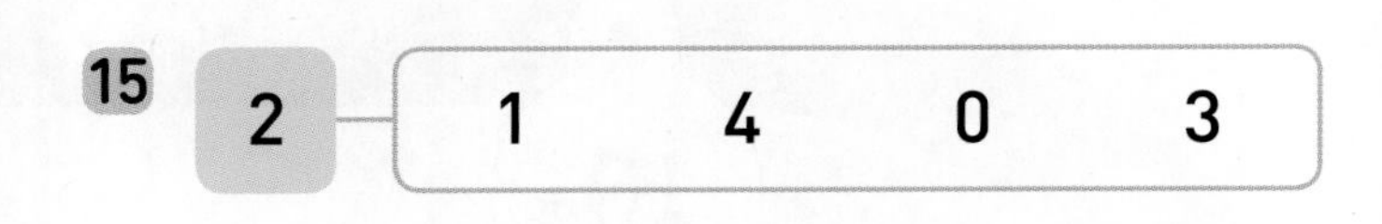

16

17

18

4 — 5 6 2 3

◆ 주어진 수를 큰 수부터 차례로 쓰세요.

19

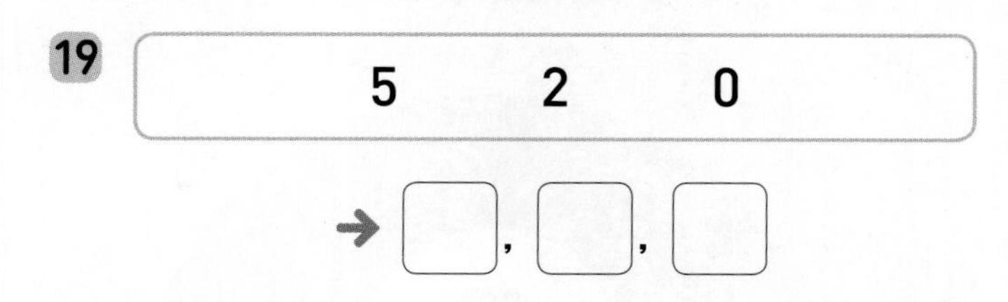

20

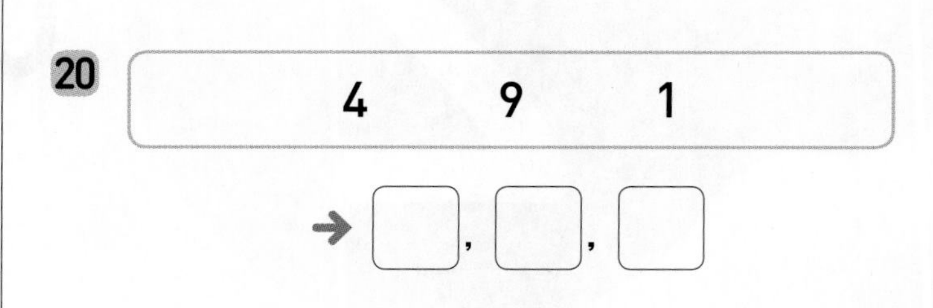

21

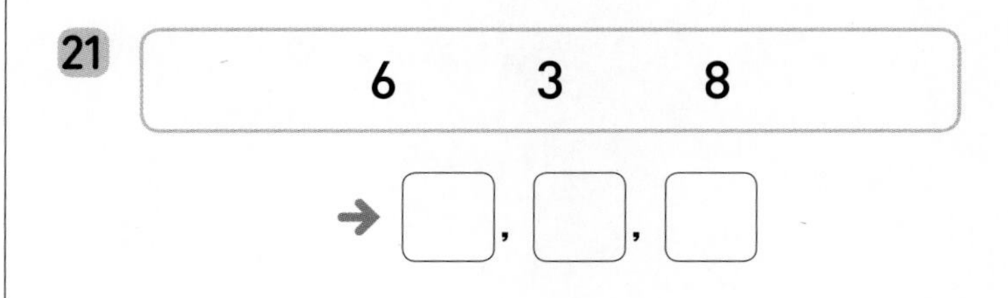

22

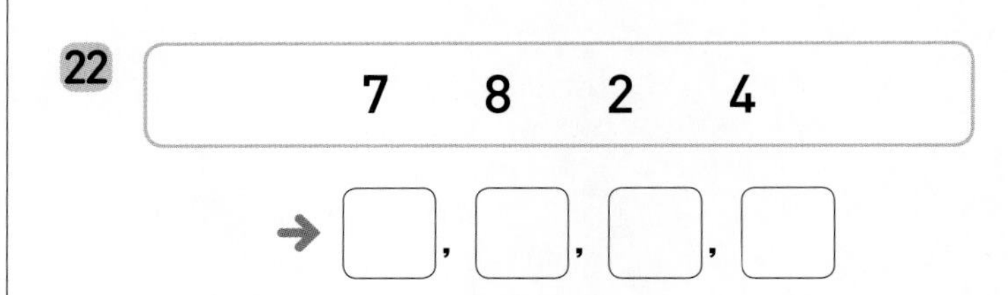

23

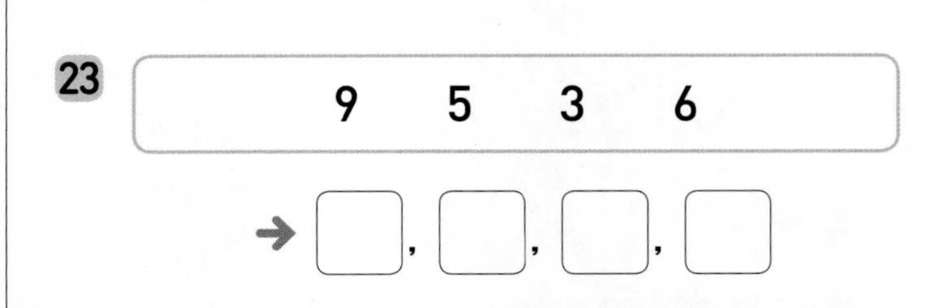

24

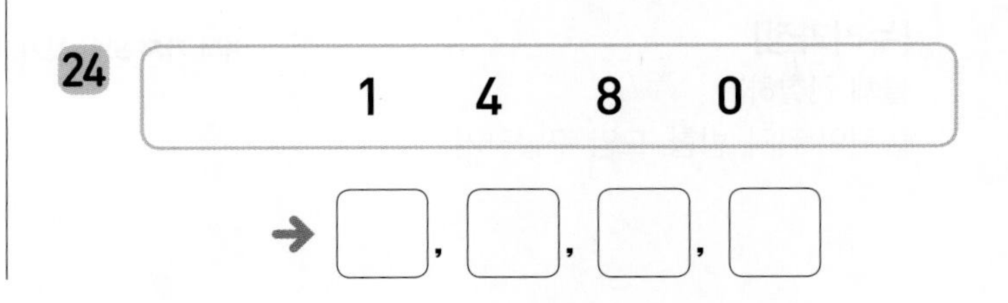

2 여러 가지 모양

10회

여러 가지 모양 알아보기

학습을 끝낸 후 색칠하세요.

이전에 배운 내용

[누리과정]

물체 관찰하기

물체의 위치, 방향, 모양 구별하기

09회

여러 가지 모양 찾기

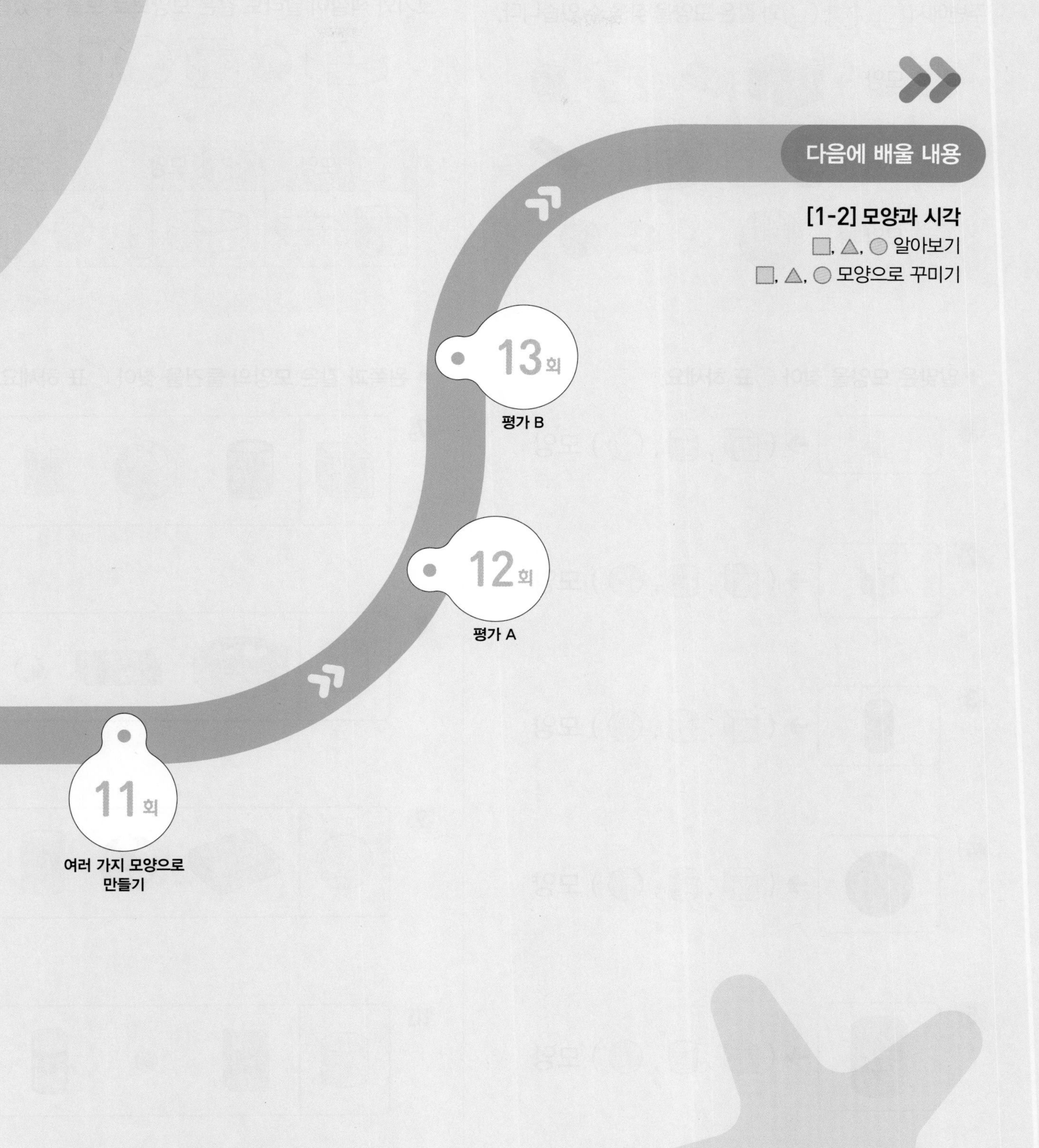
다음에 배울 내용
[1-2] 모양과 시각
□, △, ○ 알아보기
□, △, ○ 모양으로 꾸미기
13회
평가 B
12회
평가 A
11회
여러 가지 모양으로 만들기

여러 가지 모양 찾기

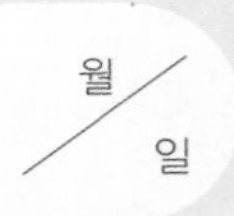

주변에서 ▢, ▢, ○과 같은 모양을 찾을 수 있습니다.

크기와 색깔이 달라도 같은 모양으로 모을 수 있습니다.

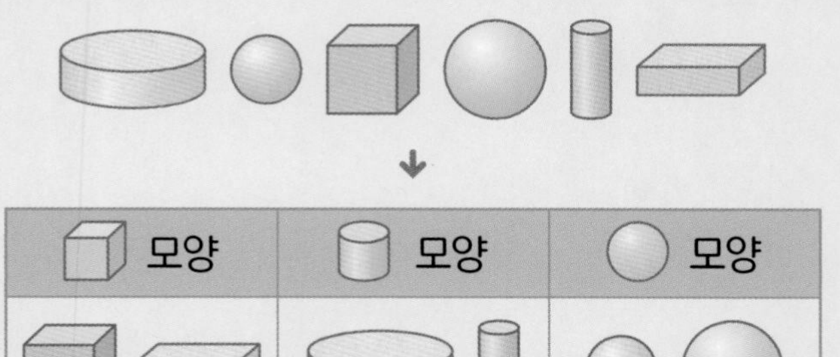

◆ 알맞은 모양을 찾아 ○표 하세요.

1

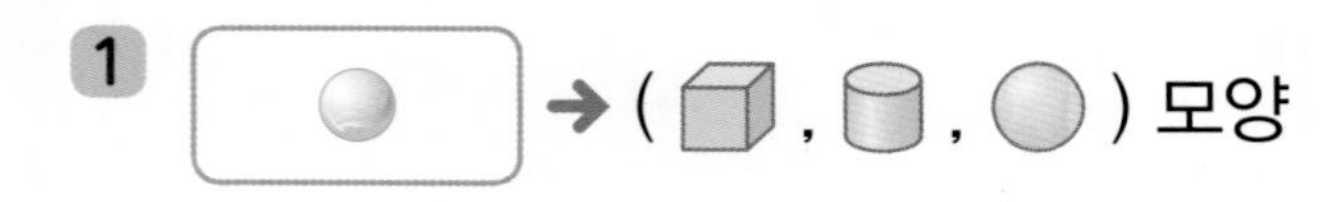

2

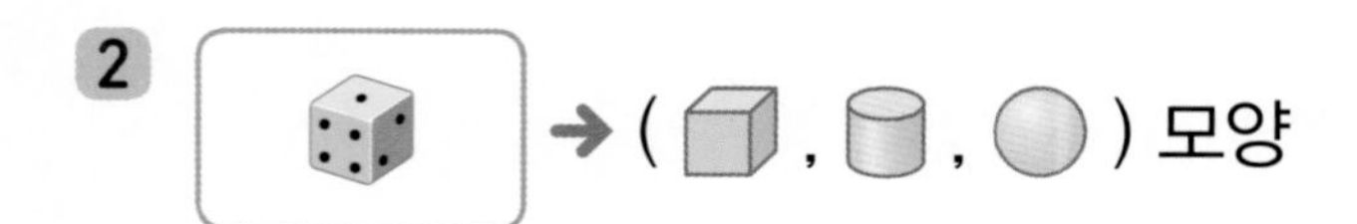

3

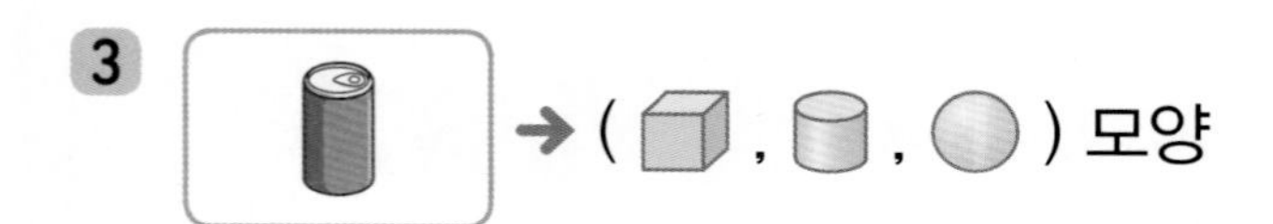

4

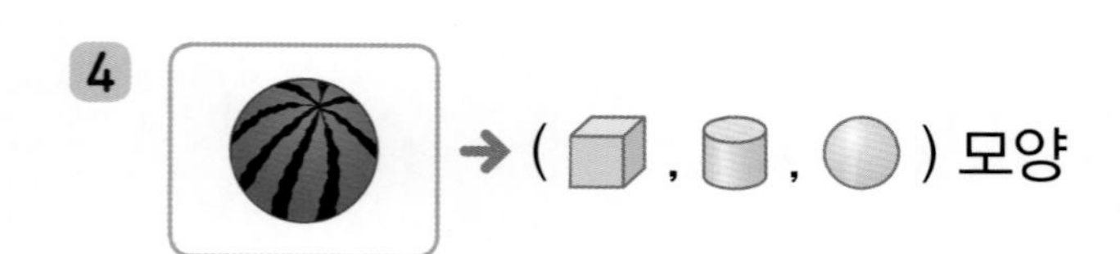

5

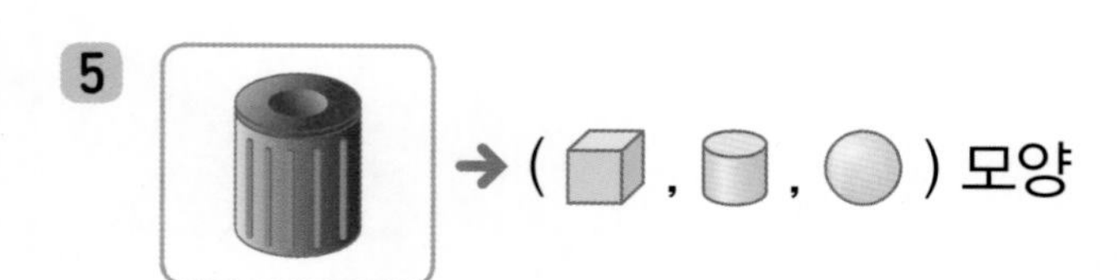

6

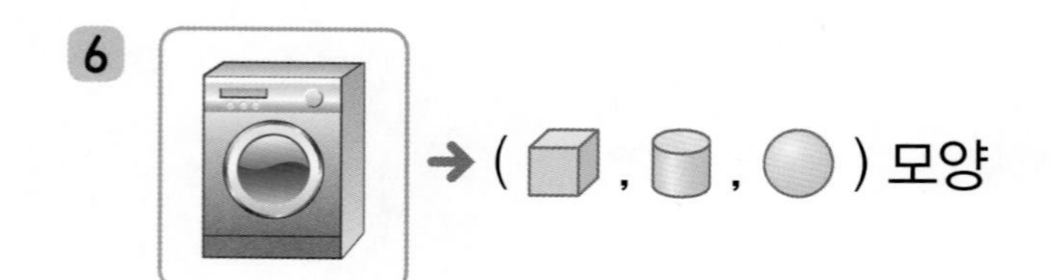

◆ 왼쪽과 같은 모양의 물건을 찾아 ○표 하세요.

7

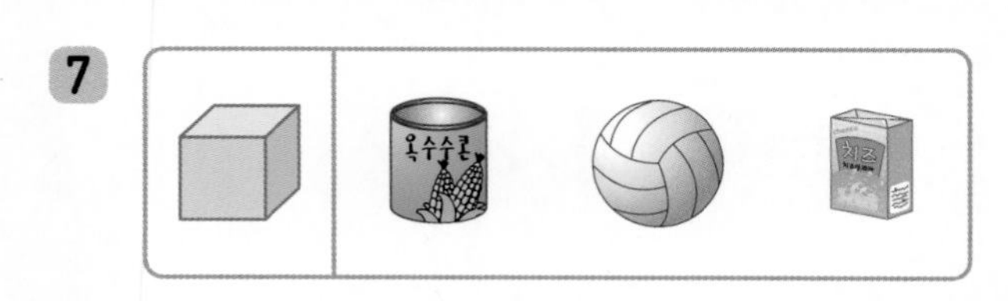

8

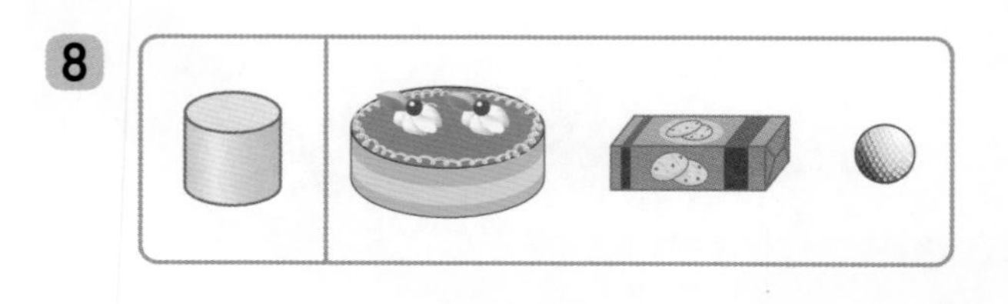

9

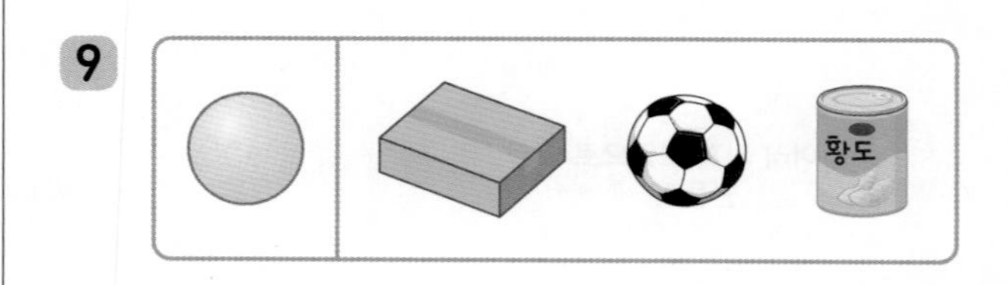

10

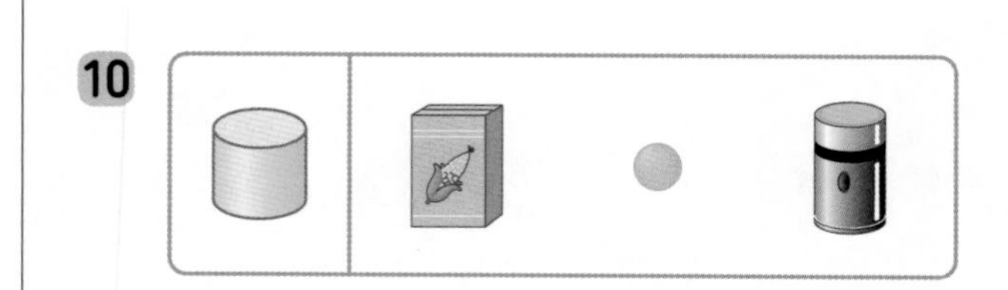

11

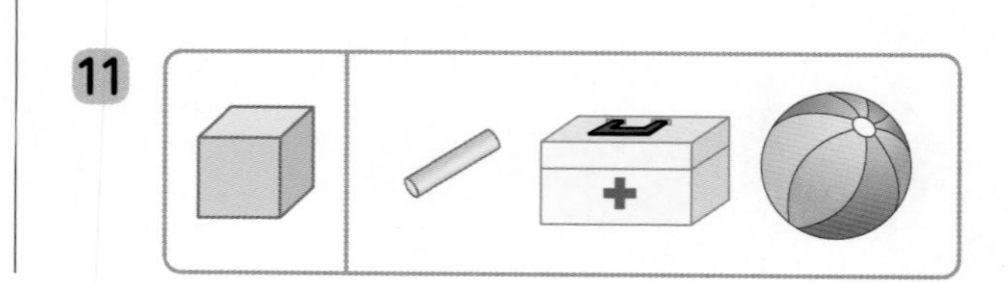

정답 07쪽

연습 여러 가지 모양 찾기

◆ 모양이 다른 하나를 찾아 △표 하세요.

12

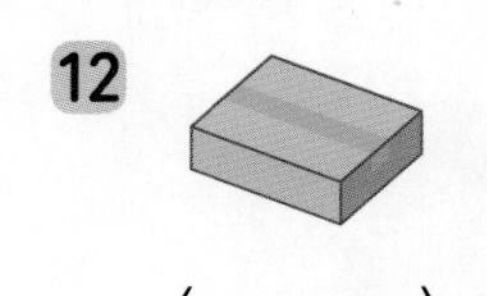 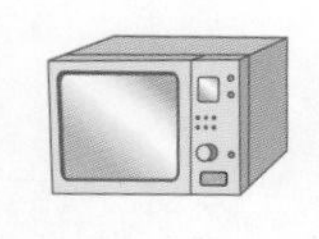 

 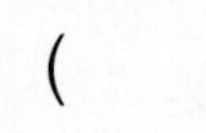 

( ) ( ) ( )

13

( ) ( ) ( )

14

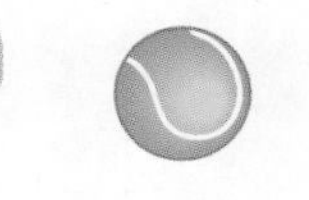  

( ) ( ) ( )

15

  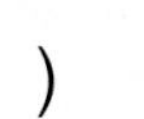 

( ) ( ) ( )

16

( ) ( ) ( )

17

 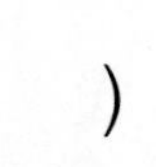 

( ) ( ) ( )

18

( ) ( ) ( )

◆ 같은 모양끼리 모인 쪽에 ○표 하세요.

19

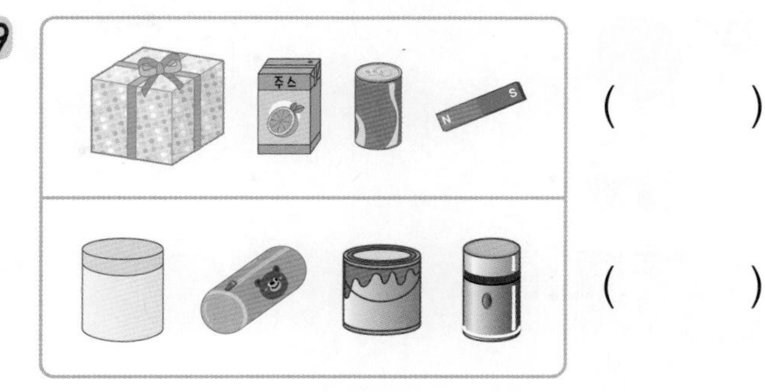

( )

( )

20

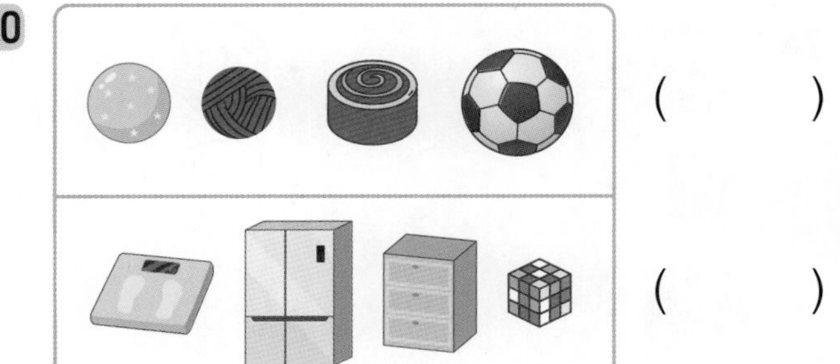

( )

( )

21

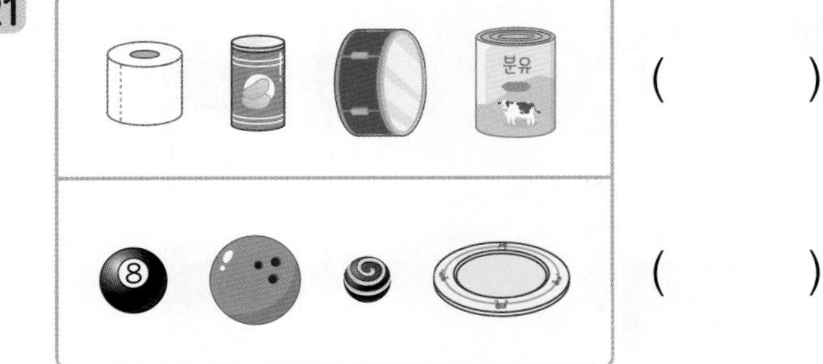

( )

( )

22

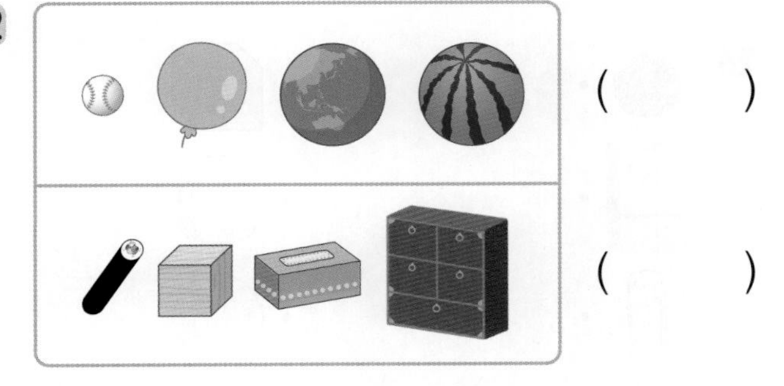

( )

( )

적용 여러 가지 모양 찾기

◆ 모양이 같은 것끼리 이어 보세요.

23

 • • 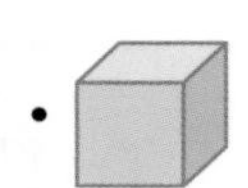

 • • 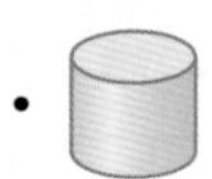

 • • 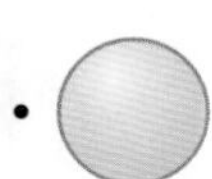

24

• • 

• • 

 • • 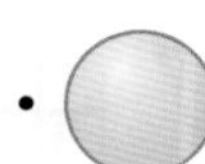

25

 • • 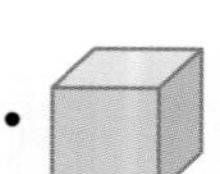

 • • 

 • • 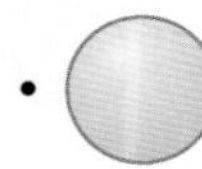

26

 • • 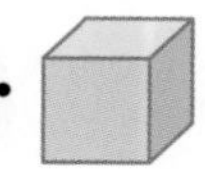

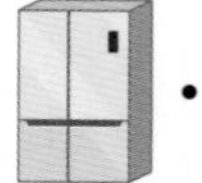 • • 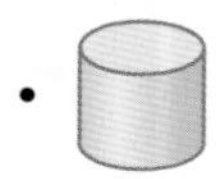

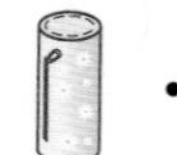 • • 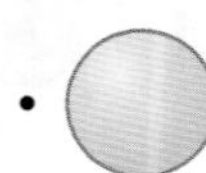

◆ 그림에서 찾을 수 있는 모양을 모두 찾아 ○표 하세요.

27

(, ,)

28

(, ,)

29

(, ,)

30

(, ,)

여러 가지 모양 찾기

정답 07쪽

◆ 색칠된 곳에 있는 모양과 같은 모양이 있는 곳을 모두 찾아 색칠해 보세요.

31

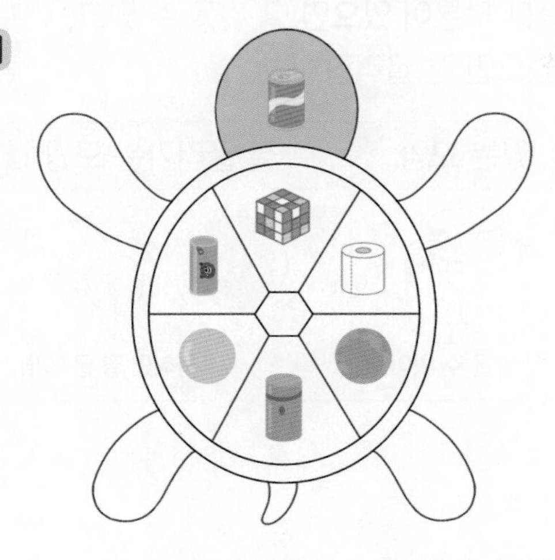

33

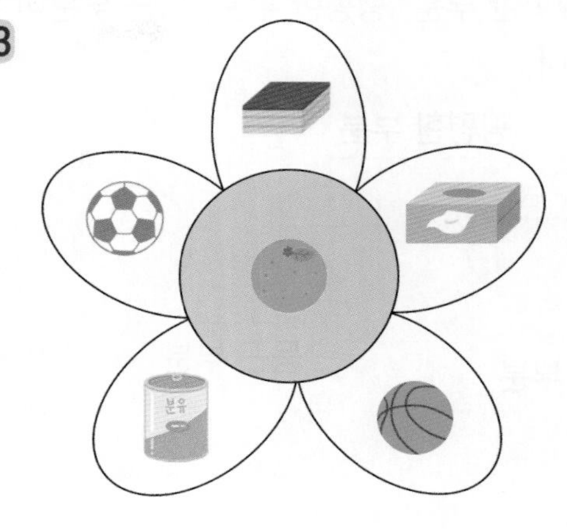

32

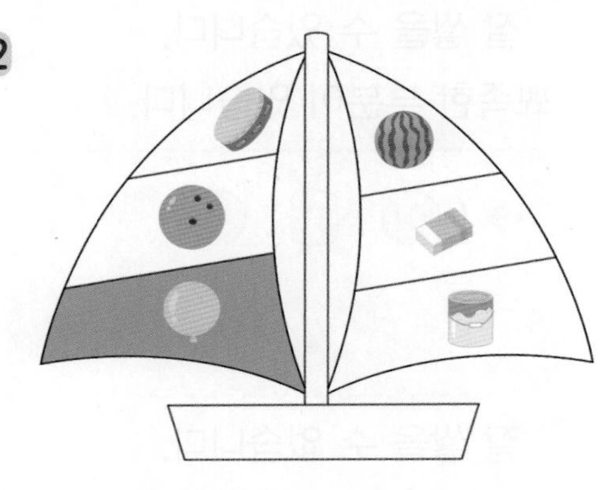

34

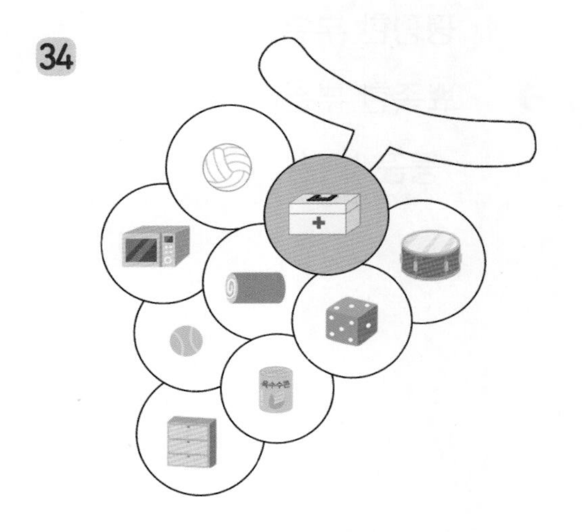

연산 + 문해력

35 서아, 준수, 민재가 케이크를 가지고 왔습니다. 모양이 다른 케이크를 가지고 온 사람은 누구인가요?

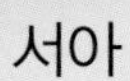

서아

준수

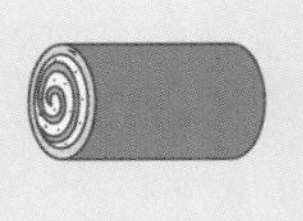

민재

풀이

서아의 케이크	준수의 케이크	민재의 케이크
(, ,) 모양	(, ,) 모양	(, ,) 모양

답 모양이 다른 케이크를 가지고 온 사람은  입니다.

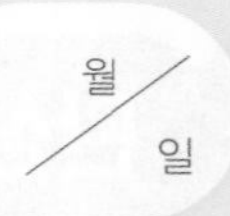

여러 가지 모양 알아보기

각 모양에서 뾰족한 부분, 평평한 부분, 둥근 부분이 있는지 알아봅니다.

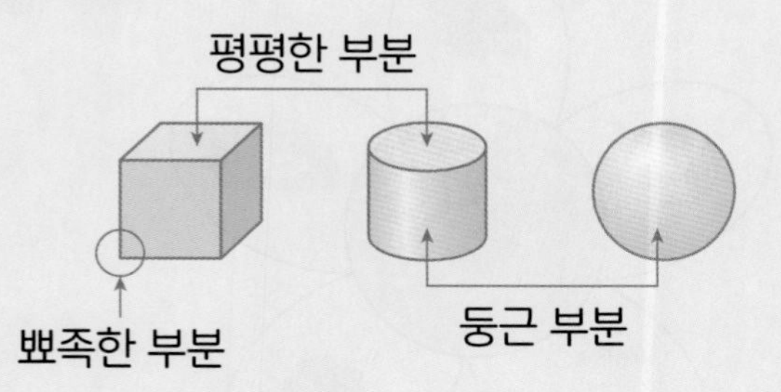

위아래로 평평한 부분이 있으면 잘 쌓을 수 있고, 둥근 부분이 있으면 잘 굴러갑니다.

잘 쌓을 수 있는 모양	잘 굴러가는 모양
세우면 잘 쌓을 수 있어.	눕히면 잘 굴러가.

◆ 주어진 모양에 있으면 ○표, 없으면 ×표 하세요.

1 (구 모양) →

평평한 부분	
뾰족한 부분	
둥근 부분	

2 (상자 모양) →

평평한 부분	
뾰족한 부분	
둥근 부분	

3 (원기둥 모양) →

평평한 부분	
뾰족한 부분	
둥근 부분	

◆ 설명에 알맞은 모양에 ○표 하세요.

4
잘 쌓을 수 있습니다.
뾰족한 부분이 있습니다.

→ (▢ , ⌸ , ○)

5
잘 쌓을 수 없습니다.
어느 방향으로도 잘 굴러갑니다.

→ (▢ , ⌸ , ○)

6
세우면 잘 쌓을 수 있습니다.
눕히면 잘 굴러갑니다.

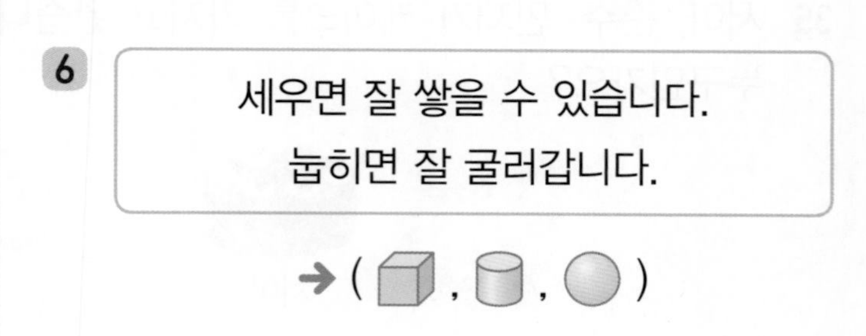

→ (▢ , ⌸ , ○)

7
쌓아서 정리하기 쉽습니다.
잘 굴러가지 않습니다.

→ (▢ , ⌸ , ○)

정답 07쪽

연습 여러 가지 모양 알아보기

◆ 상자 안에 들어 있는 모양으로 알맞은 것에 ○표 하세요.

8

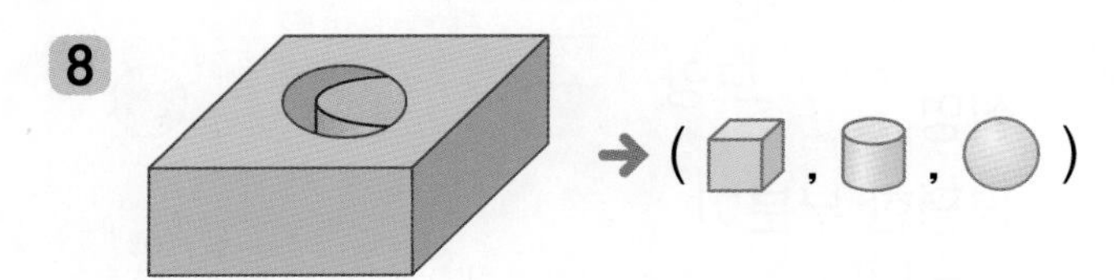

9

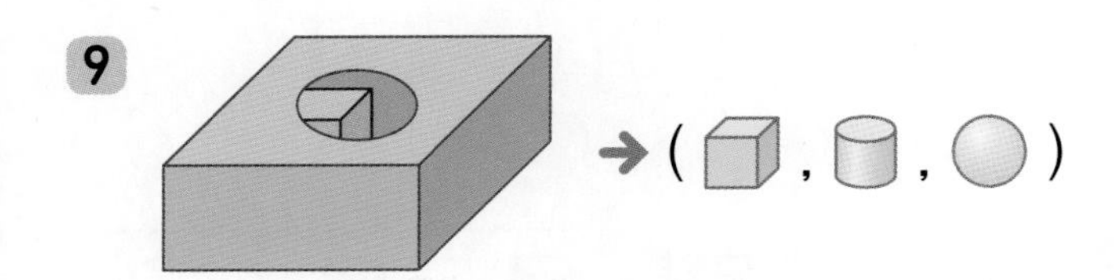

10

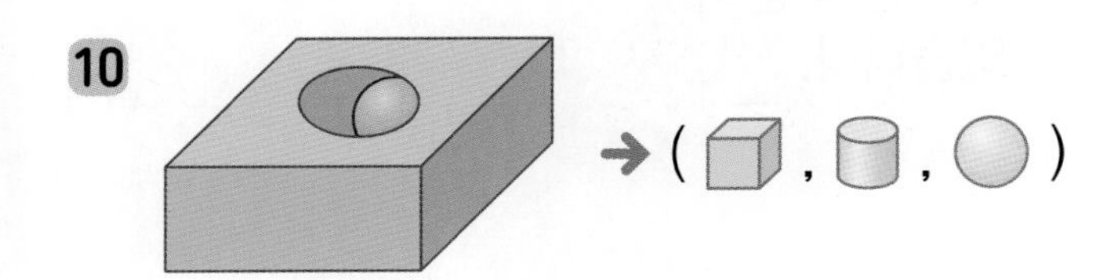

11

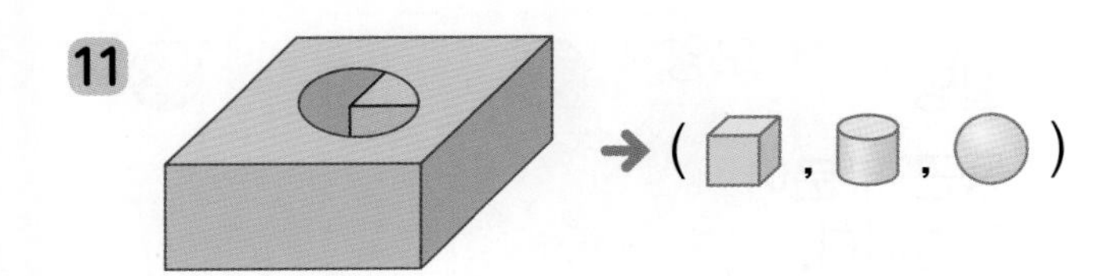

12

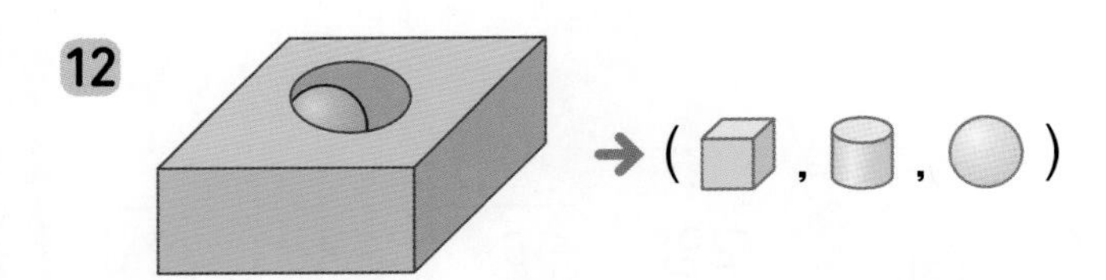

13

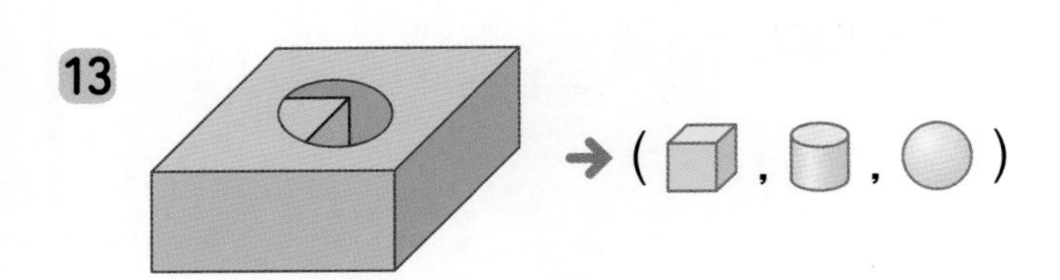

14

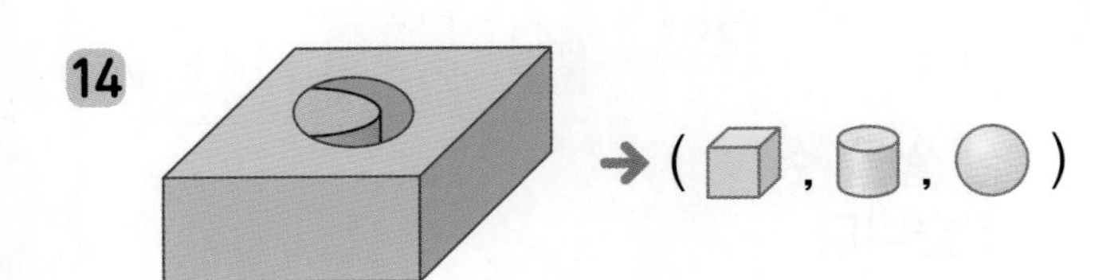

◆ 설명하는 모양의 물건을 찾아 ○표 하세요.

15 뾰족한 부분이 있습니다.

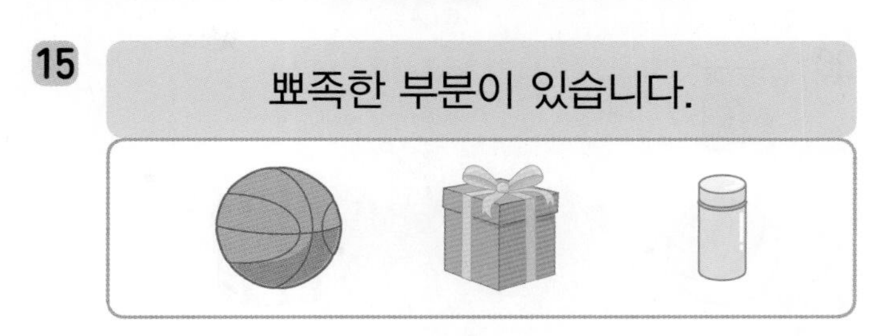

16 모든 부분이 둥급니다.

17 잘 쌓을 수 없습니다.

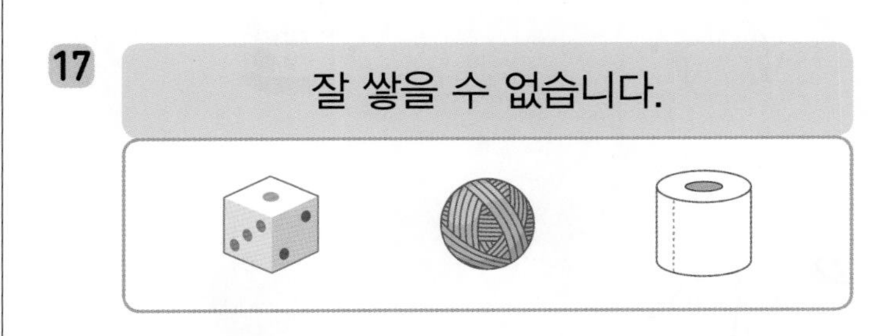

18 잘 굴러가지 않습니다.

19 잘 쌓을 수 있고 잘 굴릴 수도 있습니다.

적용 여러 가지 모양 알아보기

◆ 보이는 모양과 같은 모양의 물건을 찾아 이어 보세요.

20

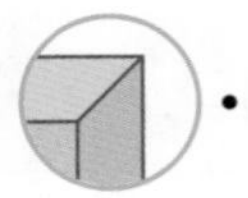 • • 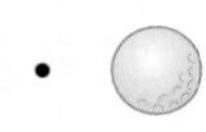

 • • 

 • • 

21

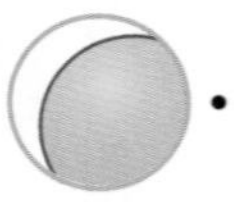 • • 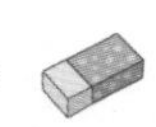

 • • 

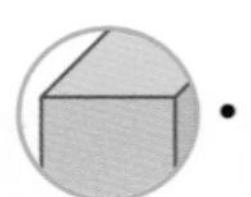 • • 

22

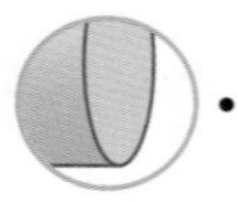 • • 

 • • 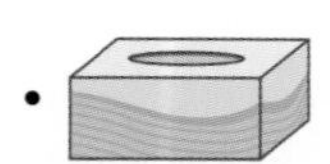

 • • 

23

 • • 

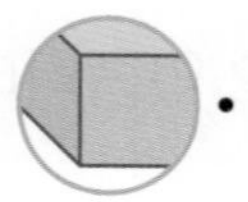 • • 

 • • 

◆ 설명에 알맞은 모양에는 ○표, 알맞지 않은 모양에는 ×표 하세요.

24

설명 \ 모양			
평평한 부분이 있습니다.			

25

설명 \ 모양			
뾰족한 부분이 없습니다.			

26

설명 \ 모양			
둥근 부분이 있습니다.			

27

설명 \ 모양			
잘 굴러가지 않습니다.			

28

설명 \ 모양			
잘 쌓을 수 있습니다.			

정답 08쪽

★ 완성 여러 가지 모양 알아보기

◆ 모자 속에 보이는 모양과 같은 모양의 물건이 계속해서 나오는 마법 모자가 3개 있습니다. (　　) 안의 물건들이 어떤 모자에서 나온 것인지 □ 안에 알맞은 기호를 써넣으세요. (나온 순서는 상관없습니다.)

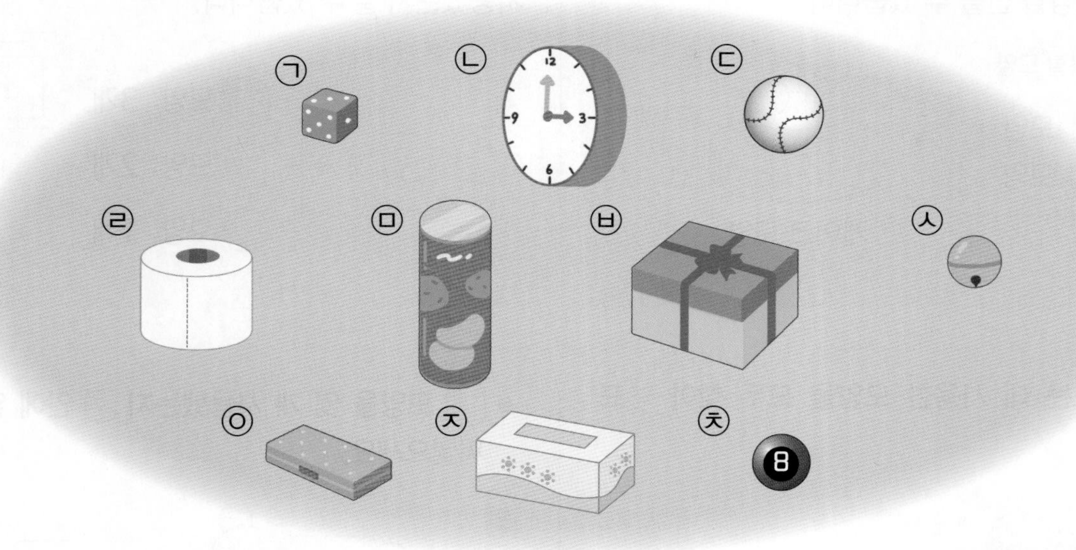

29

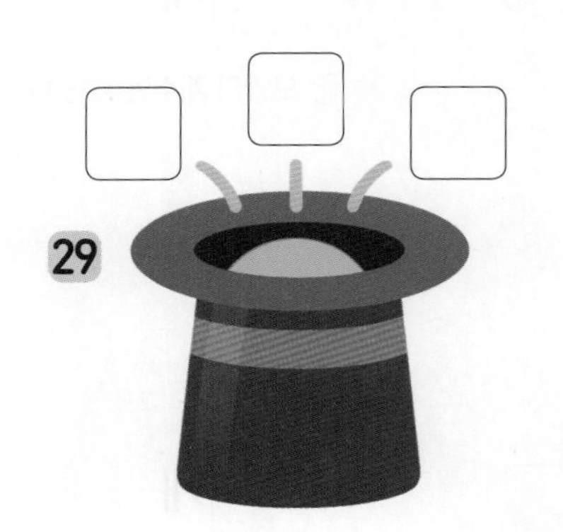

30

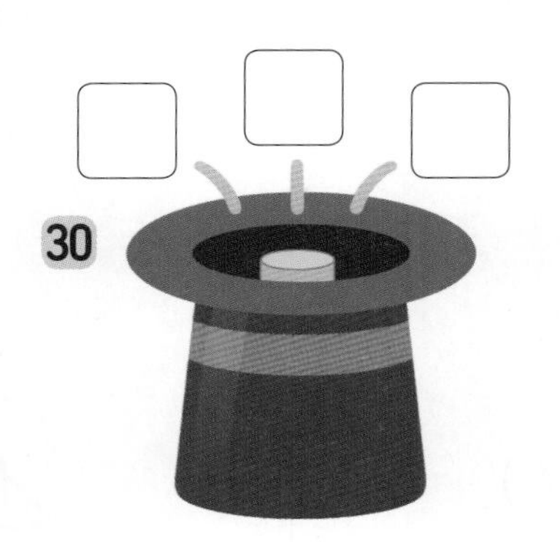

31

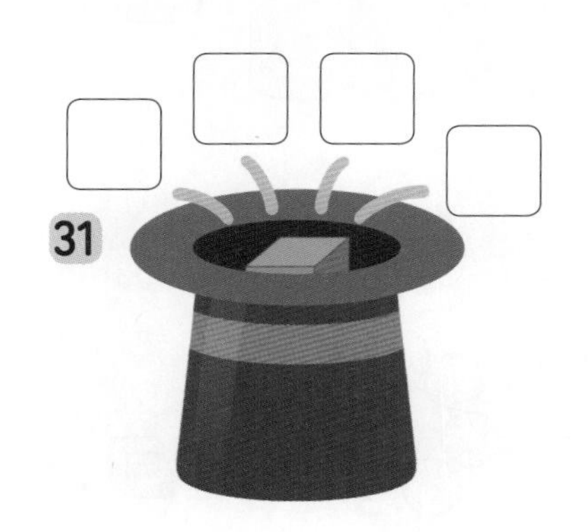

연산+문해력

32 상자 안의 모양과 다른 모양을 찾아 기호를 쓰세요.

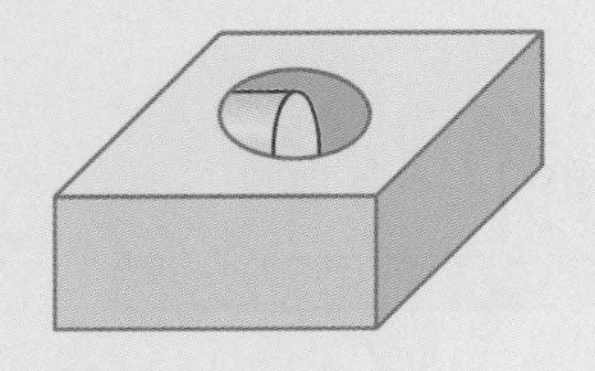

풀이 상자 안의 모양: (, ,) 모양 →

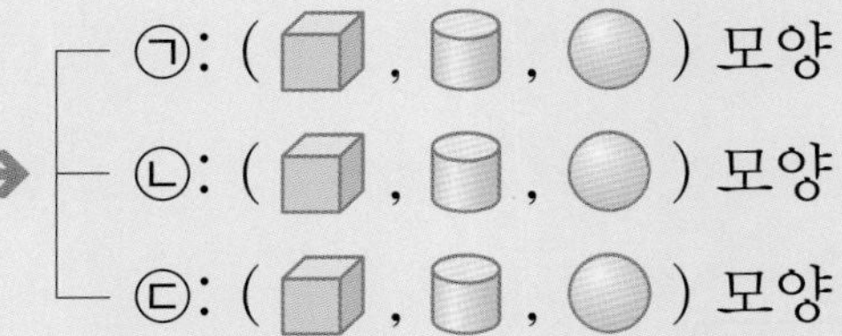

답 상자 안의 모양과 다른 모양의 기호를 쓰면 □ 입니다.

개념 여러 가지 모양으로 만들기

▢, ▢, ◯ 모양을 모두 사용하거나 일부만 사용하여 여러 가지 모양을 만들 수 있습니다.

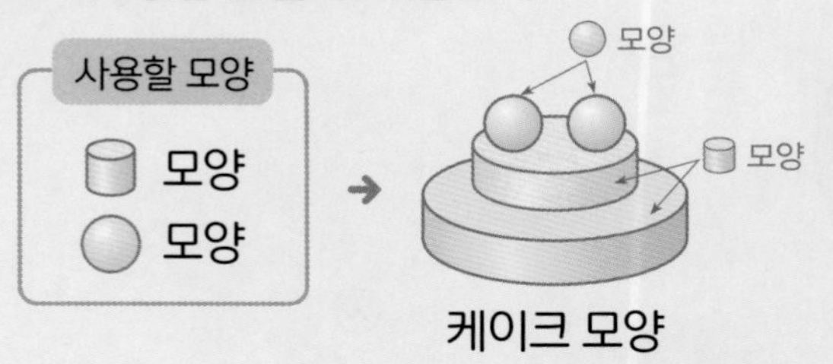

만든 모양을 보고 ▢, ▢, ◯ 모양을 각각 몇 개씩 사용했는지 알 수 있습니다.

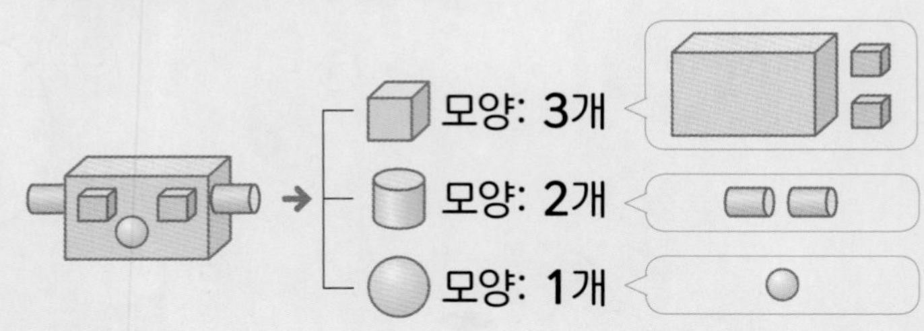

◆ 모양을 만드는 데 사용한 모양을 모두 찾아 ○표 하세요.

1 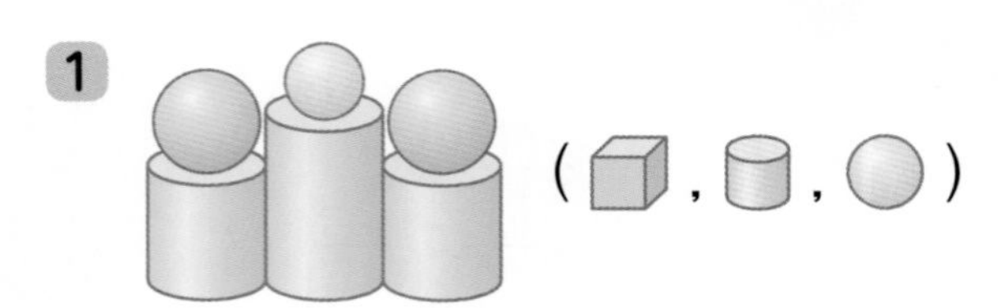
(▢ , ▢ , ◯)

2 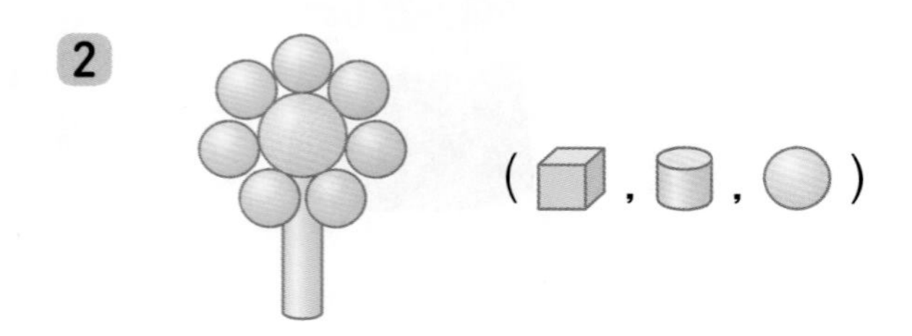
(▢ , ▢ , ◯)

3 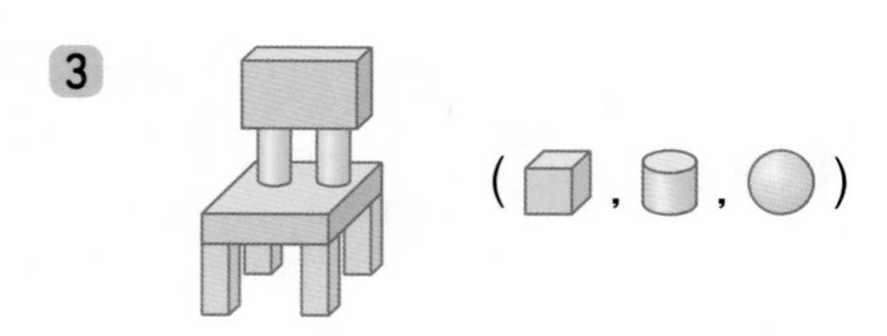
(▢ , ▢ , ◯)

4 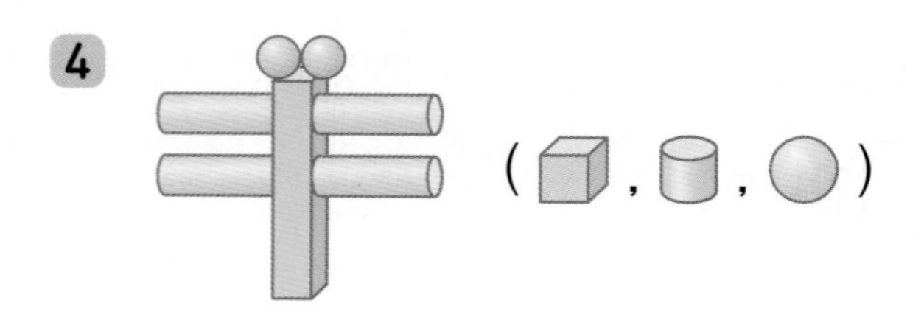
(▢ , ▢ , ◯)

◆ ▢ 모양을 몇 개 사용했는지 ▢ 안에 알맞은 수를 써넣으세요.

5 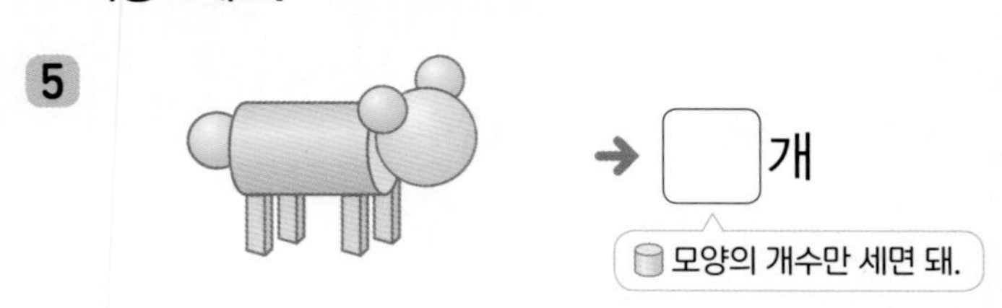
→ ▢개

▢ 모양의 개수만 세면 돼.

6 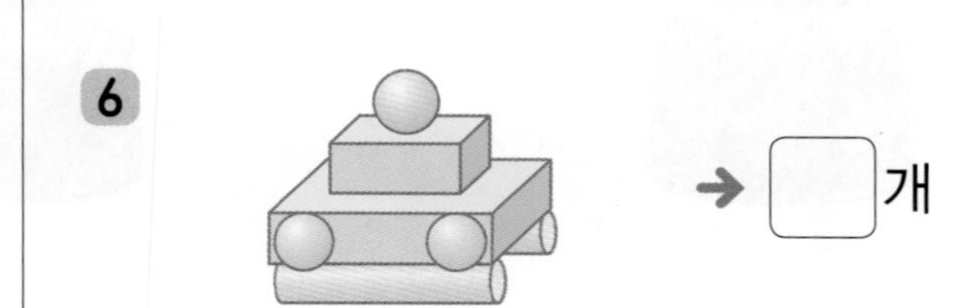
→ ▢개

7 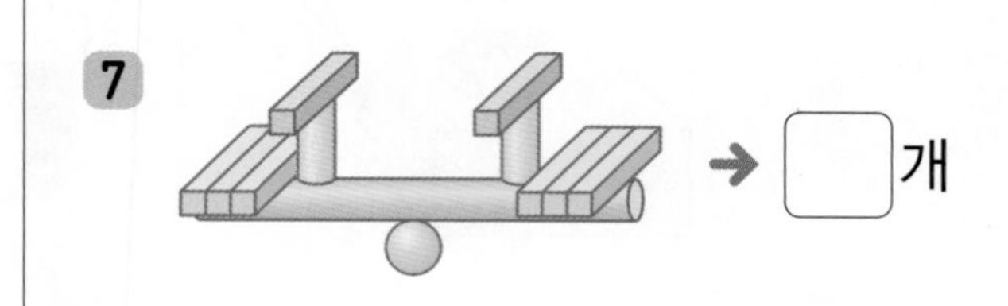
→ ▢개

8 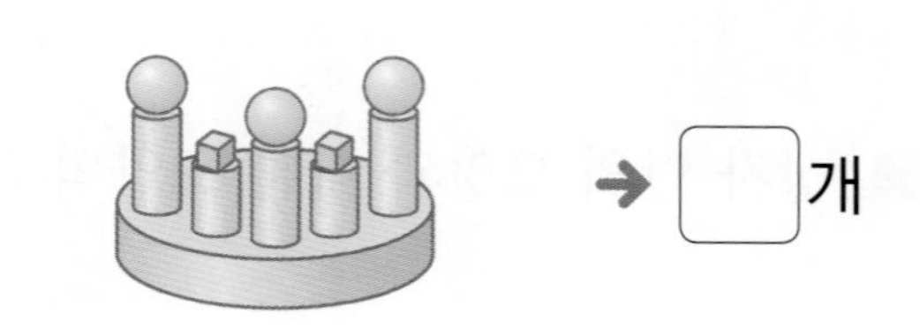
→ ▢개

연습 여러 가지 모양으로 만들기

정답 08쪽

◆ 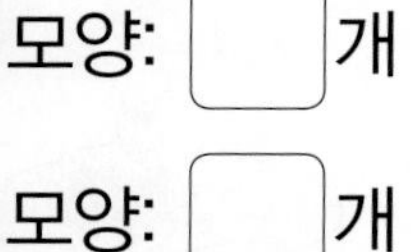 모양을 몇 개 사용했는지 세어 ▢ 안에 알맞은 수를 써넣으세요.

9

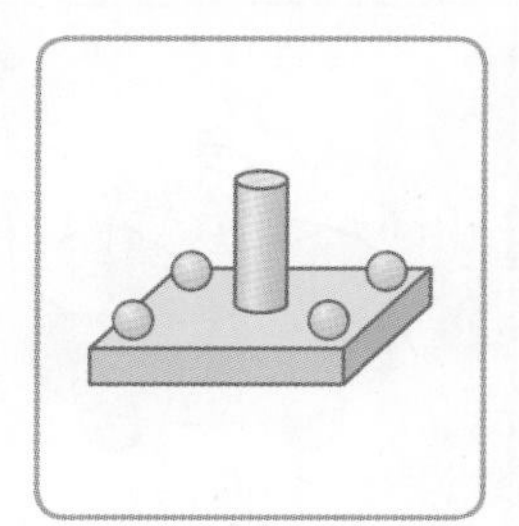

모양: ▢개
모양: ▢개
모양: ▢개

10

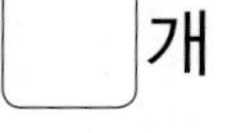 모양: ▢개

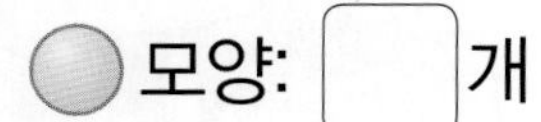 모양: ▢개
모양: ▢개

11

 모양: ▢개

 모양: ▢개
모양: ▢개

12

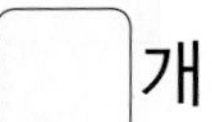 모양: ▢개

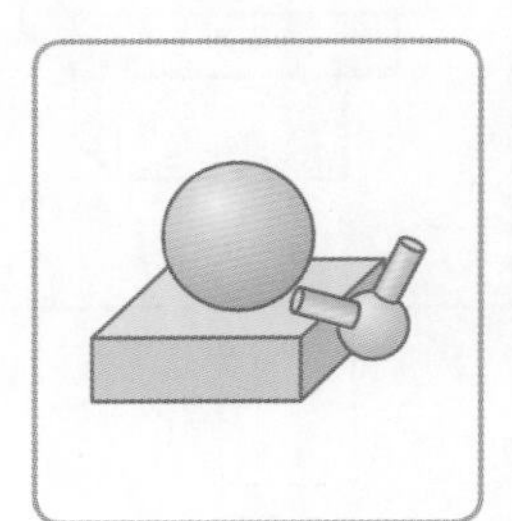

 모양: ▢개
모양: ▢개

13

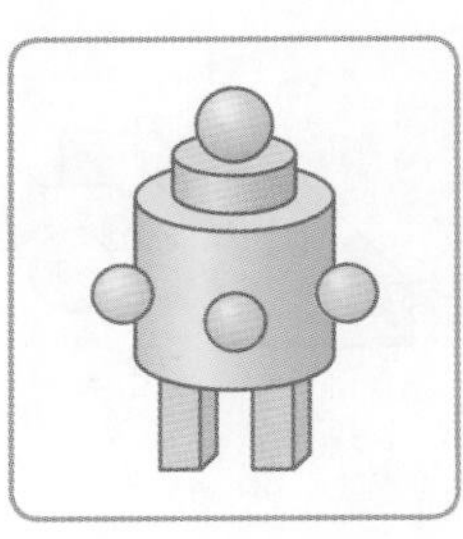

모양: ▢개
모양: ▢개
모양: ▢개

◆ 주어진 두 가지 모양만 사용하여 만든 것에 ○표 하세요.

14

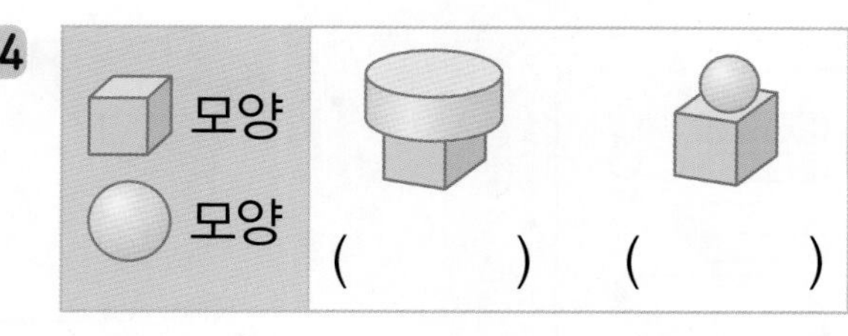

( ) ( )

15

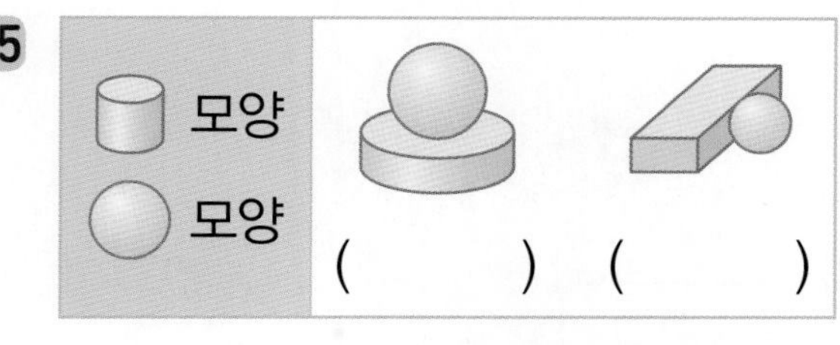

( ) ( )

16

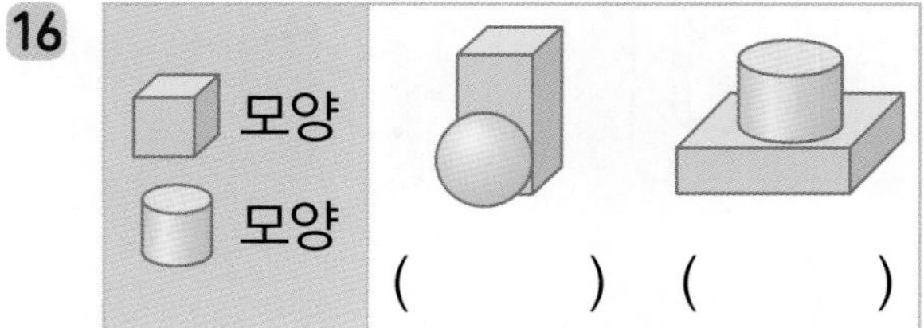

( ) ( )

17

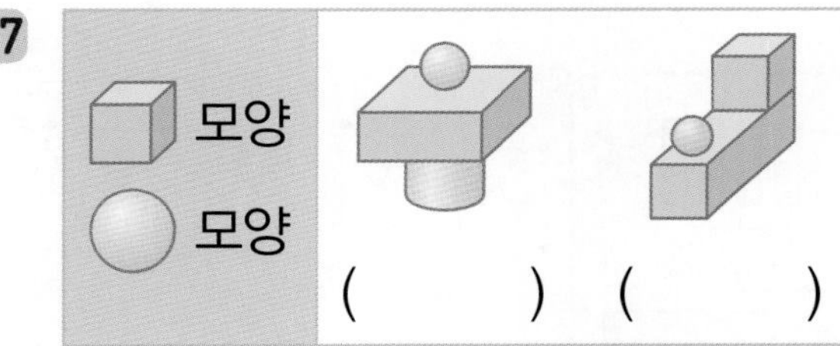

( ) ( )

18

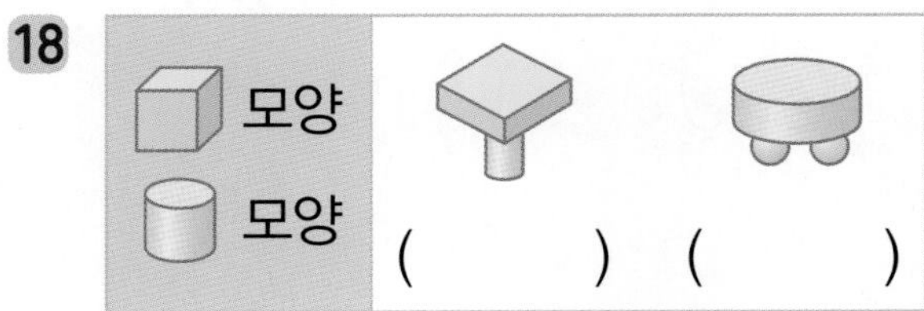

( ) ( )

19

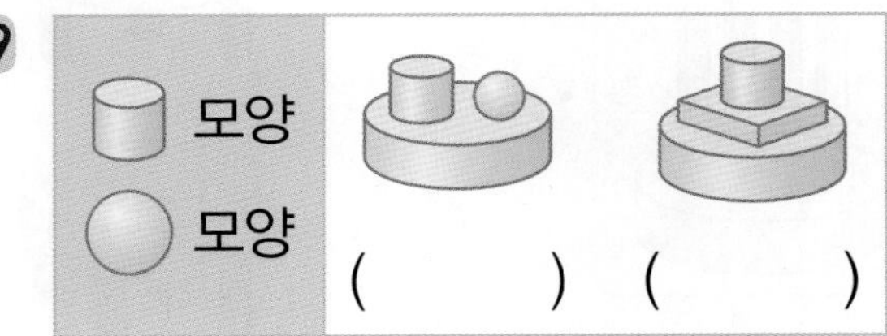

( ) ( )

적용 여러 가지 모양으로 만들기

◆ 주어진 모양을 모두 사용하여 만든 모양을 찾아 이어 보세요.

20

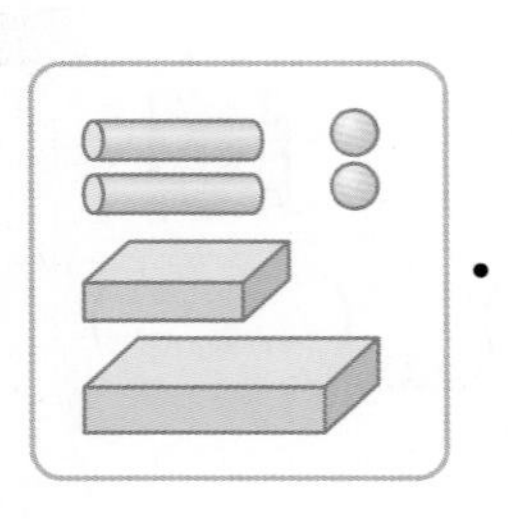

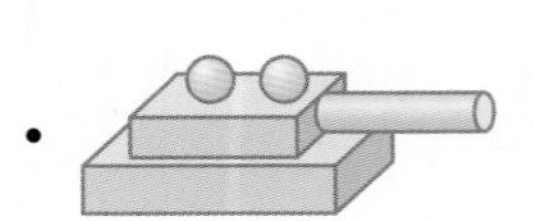

21

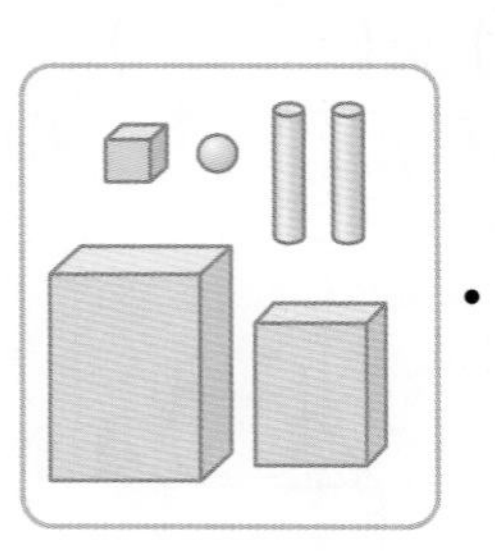

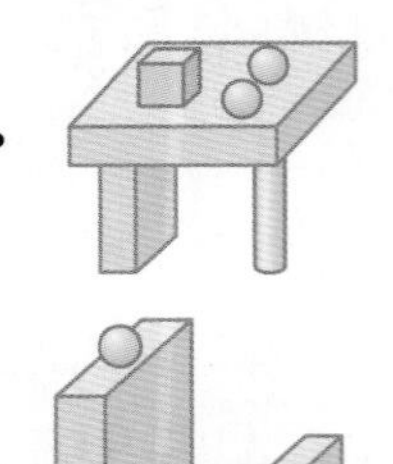

22

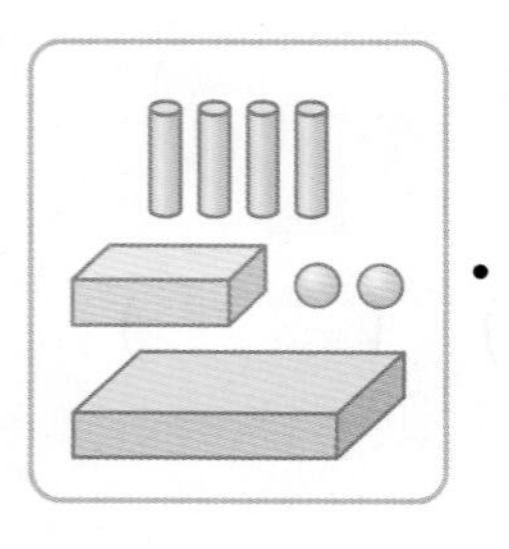

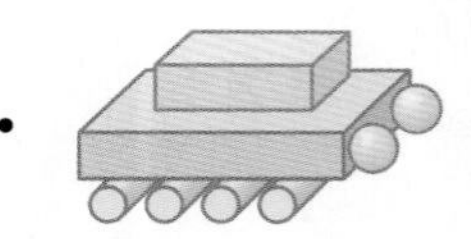

23

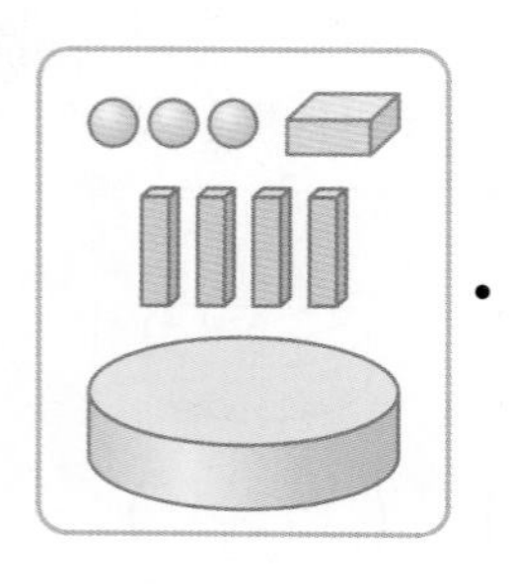

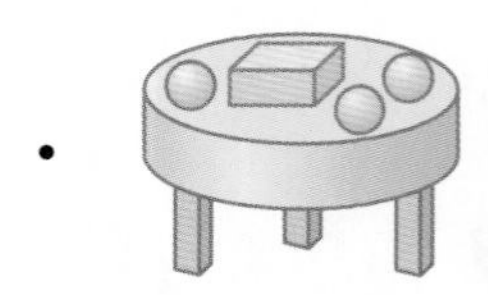

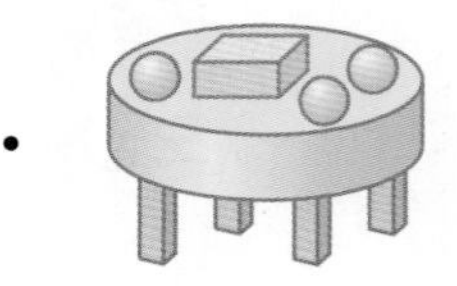

◆ 서로 다른 부분을 모두 찾아 오른쪽 그림에 ○표 하세요.

24

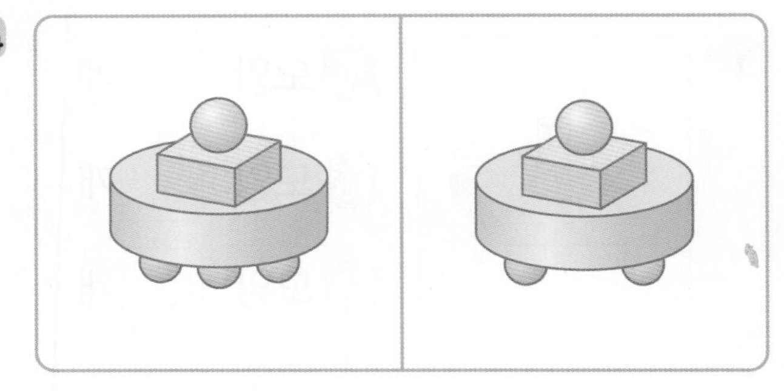

25

26

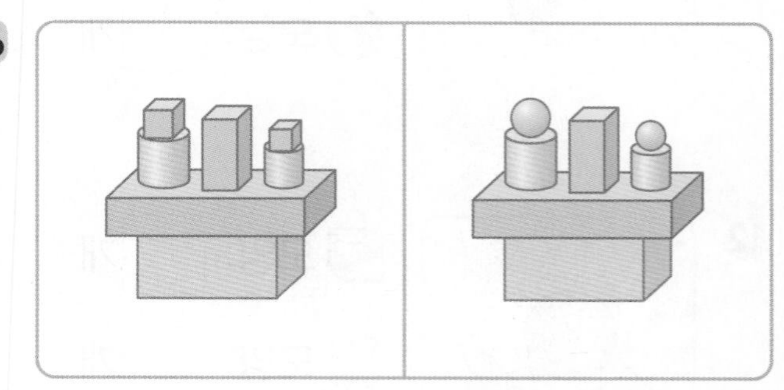

27

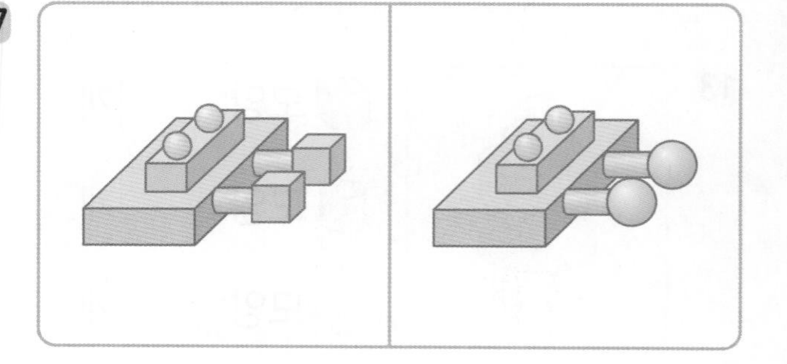

★ 완성 여러 가지 모양으로 만들기

정답 08쪽

◆ 각 마을을 꾸미는 데 사용하지 않은 모양을 찾아 ○표 하세요.

28

(, ,) 모양 없는 마을

29

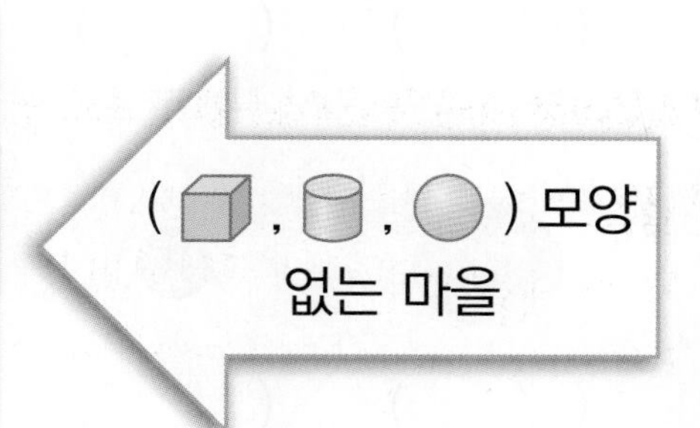

30

연산 + 문해력

31 윤정이가 재활용품을 사용하여 오른쪽과 같은 모양을 만들었습니다. 가장 적게 사용한 모양을 찾아 ○표 하세요.

풀이

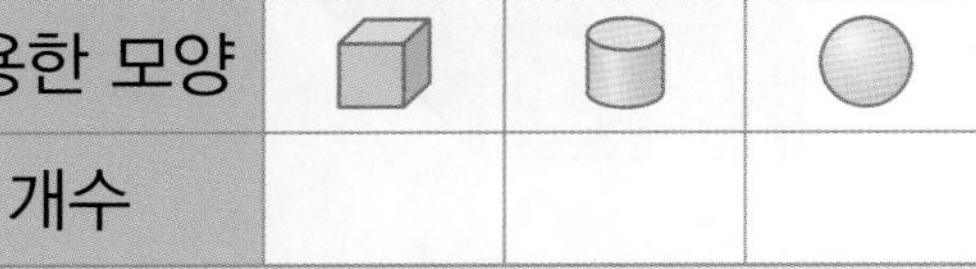

사용한 모양			
개수			

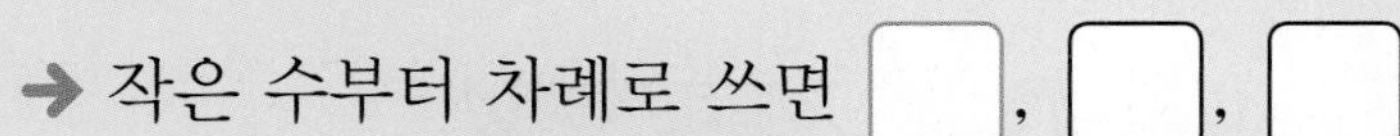

→ 작은 수부터 차례로 쓰면 □, □, □

답 가장 적게 사용한 모양은 (, ,) 모양입니다.

2단원 11회

◆ 모양이 다른 하나를 찾아 △표 하세요.

1  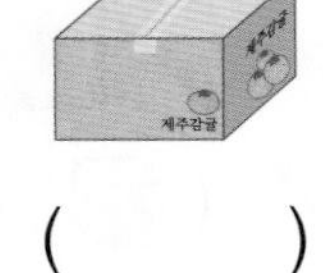 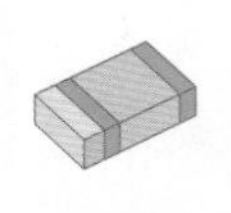

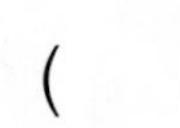

( ) ( ) ( )

2   

   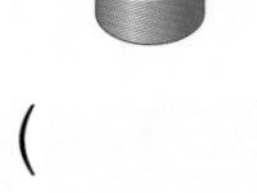

( ) ( ) ( )

3 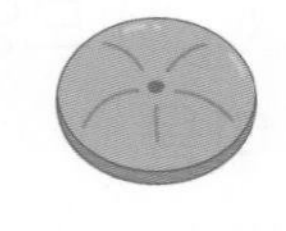 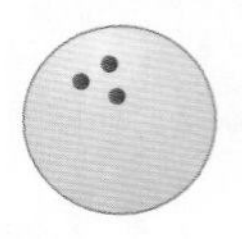

( ) ( ) ( )

4 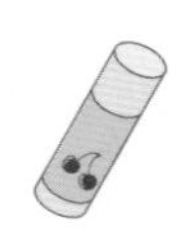  

( ) ( ) ( )

5  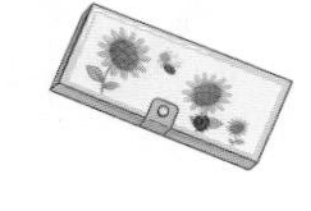 

( ) ( ) ( )

6   

( ) ( ) ( )

7   

( ) ( ) ( )

◆ 상자 안에 들어 있는 모양으로 알맞은 것에 ○표 하세요.

8 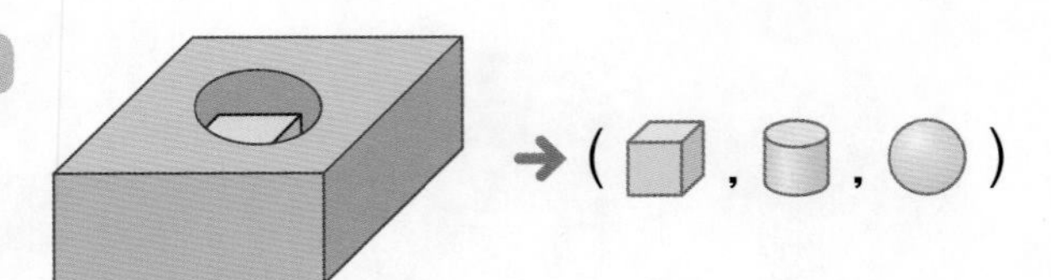

→ (□, □, ○)

9 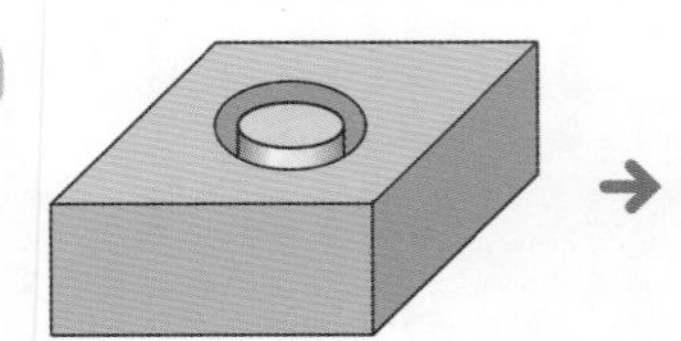 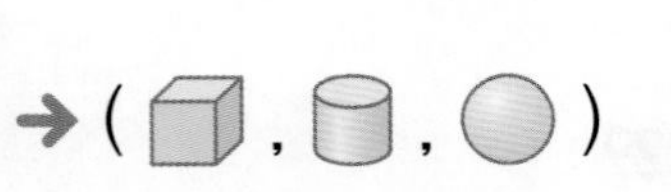

→ (□, □, ○)

10 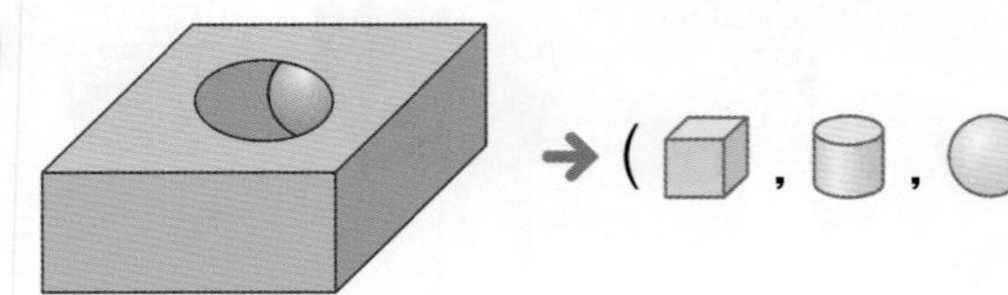

→ (□, □, ○)

11 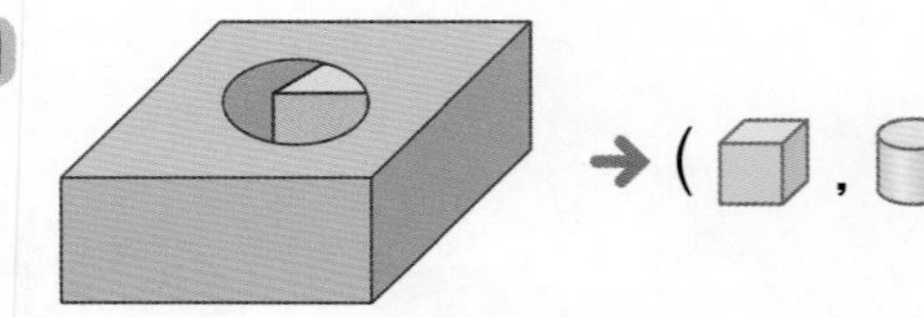

→ (□, □, ○)

12 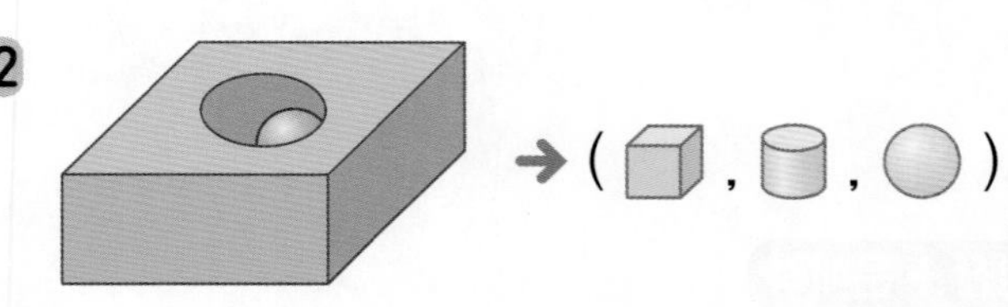

→ (□, □, ○)

13 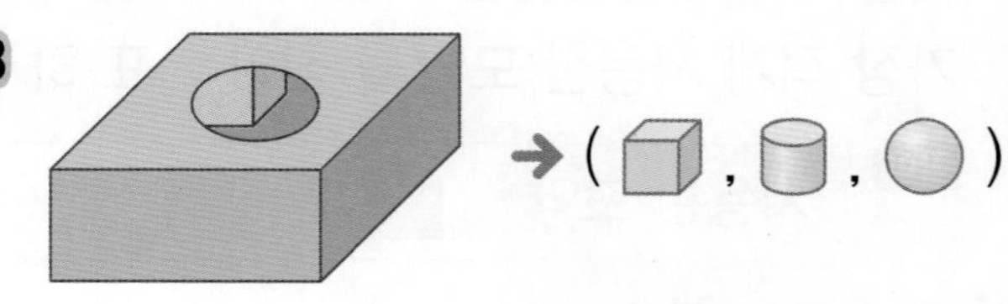

→ (□, □, ○)

14 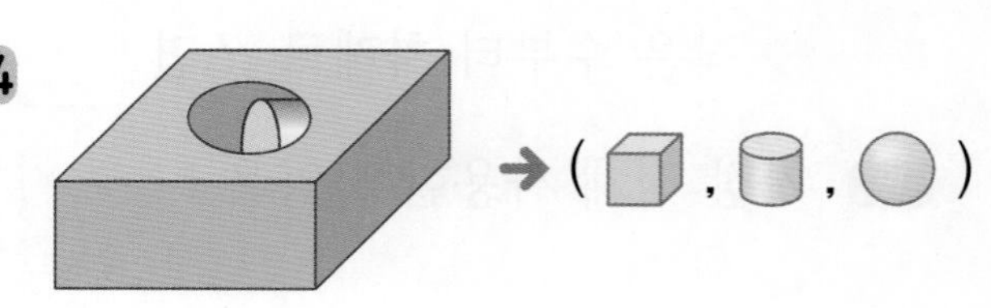

→ (□, □, ○)

◆ 설명하는 모양의 물건을 찾아 ○표 하세요.

15 평평한 부분이 없습니다.

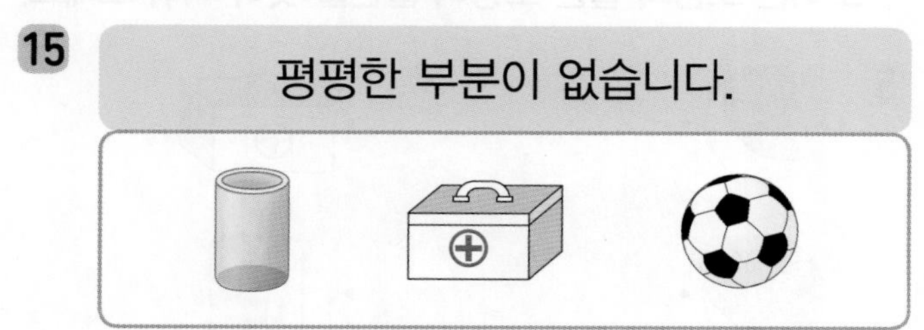

16 둥근 부분이 없습니다.

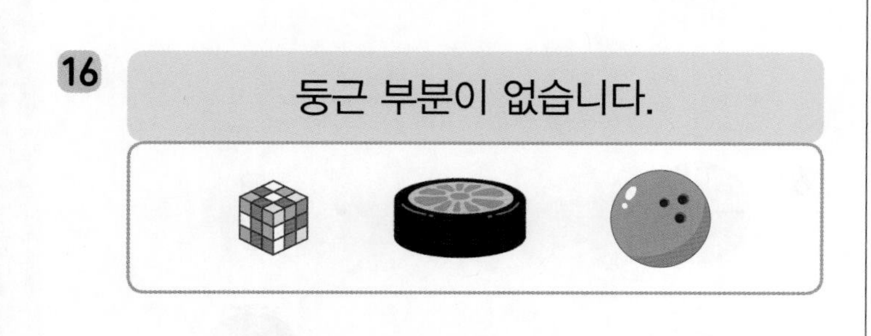

17 뾰족한 부분이 있습니다.

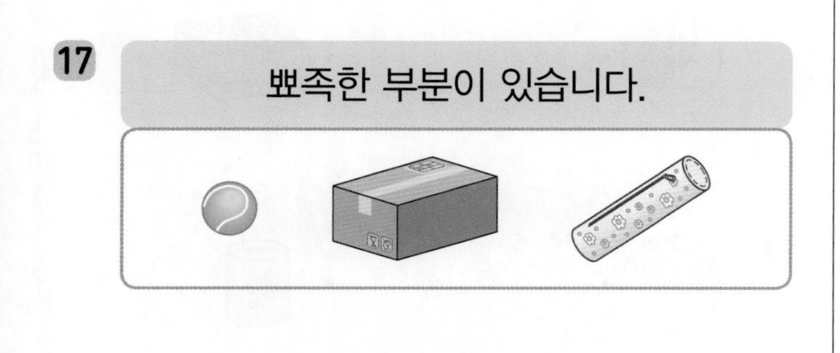

18 잘 쌓을 수 없지만 잘 굴러갑니다.

19 평평한 부분이 있고 잘 굴러갑니다.

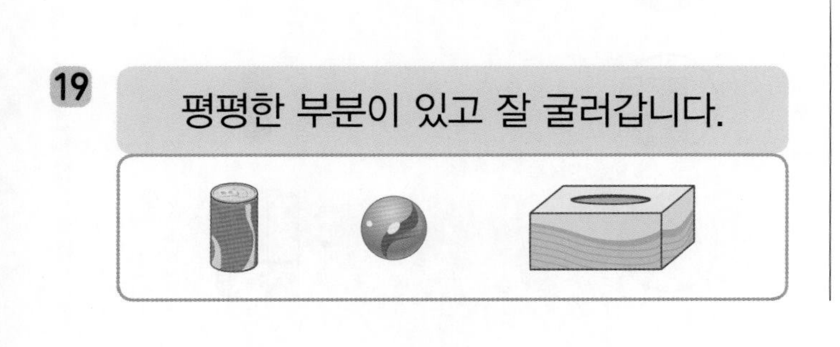

◆ 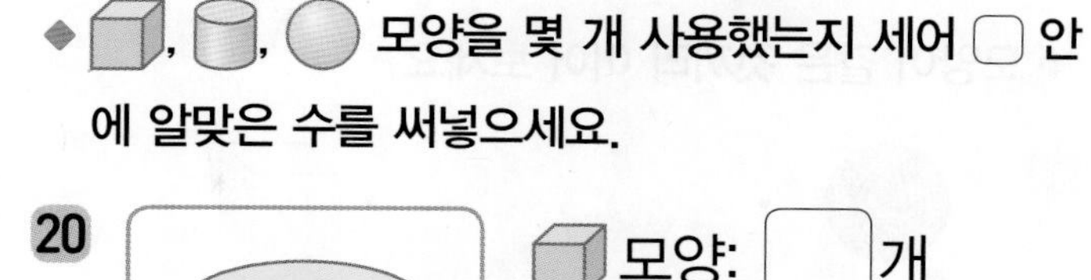 모양을 몇 개 사용했는지 세어 □ 안에 알맞은 수를 써넣으세요.

20

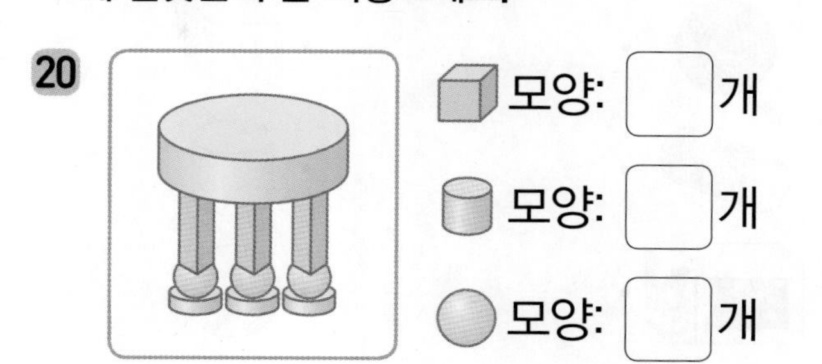

21

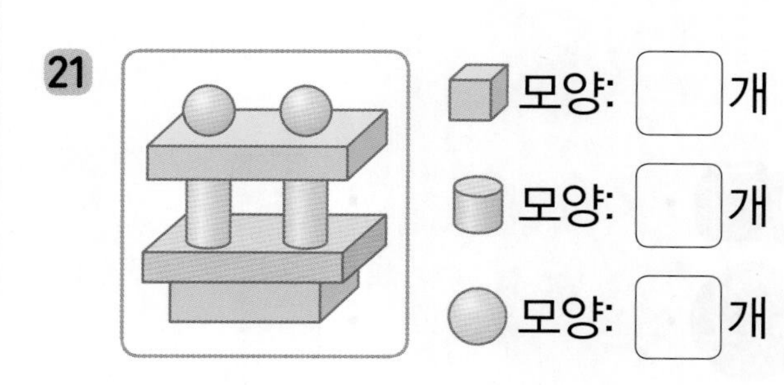

22

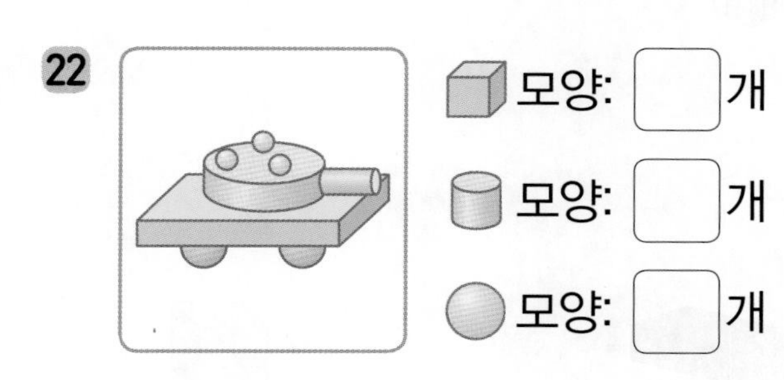

23

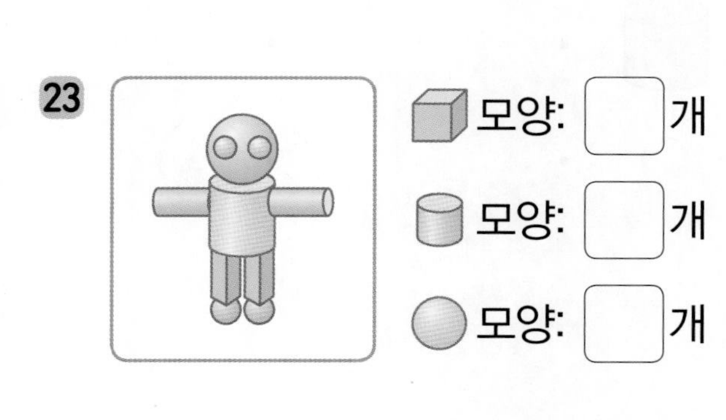

24

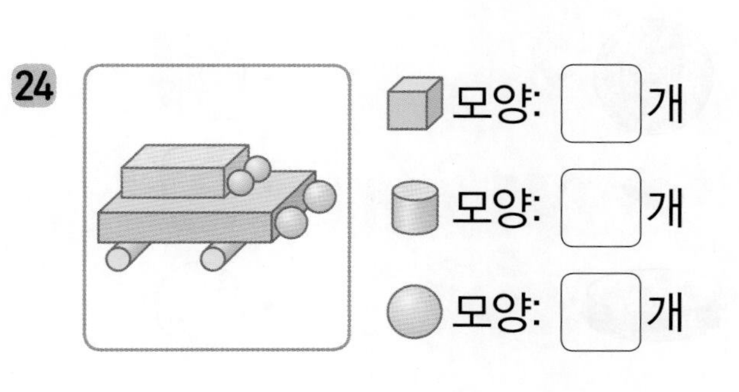

평가 B 2단원 마무리

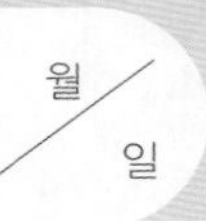
13회 월 / 일

◆ 모양이 같은 것끼리 이어 보세요.

1

 • • 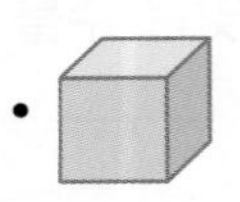

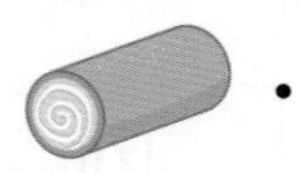 • • 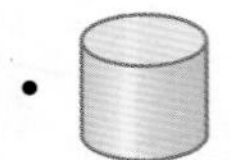

 • • 

2

 • • 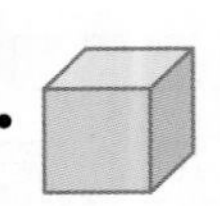

 • • 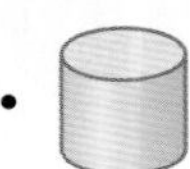

 • • 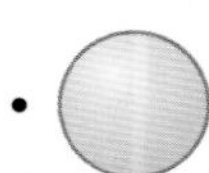

3

 • • 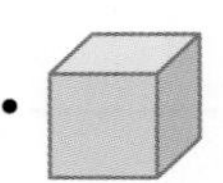

 • • 

 • • 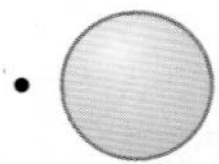

4

 • • 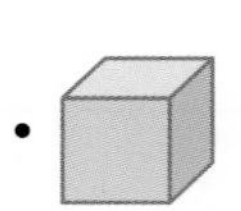

 • • 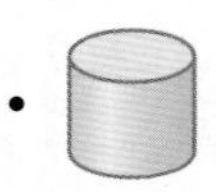

 • • 

◆ 보이는 모양과 같은 모양의 물건을 찾아 이어 보세요.

5

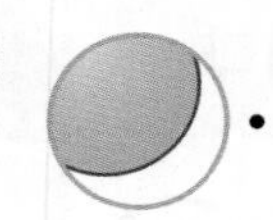 • • 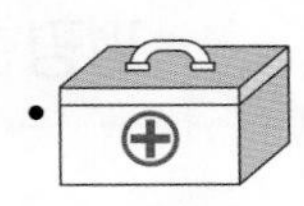

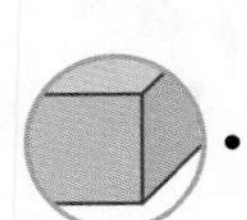 • • 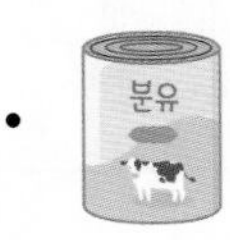

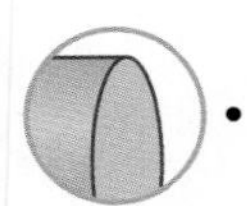 • • 

6

 • • 

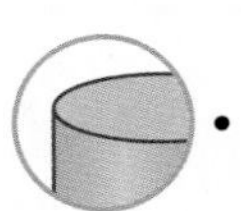 • • 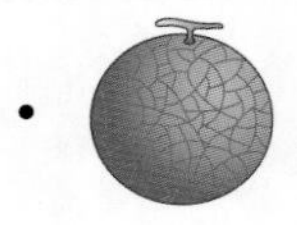

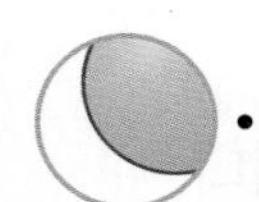 • • 

7

 • • 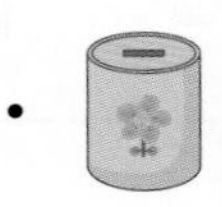

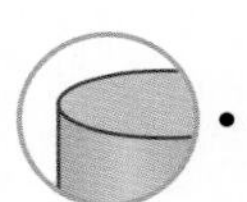 • • 

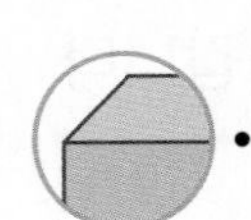 • • 

8

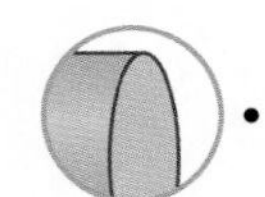 • • 

 • • 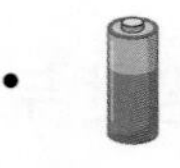

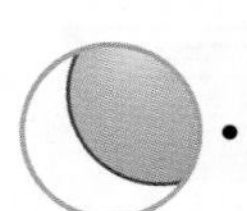 • • 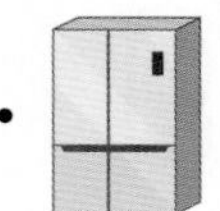

◆ 주어진 모양을 모두 사용하여 만든 모양을 찾아 이어 보세요.

9

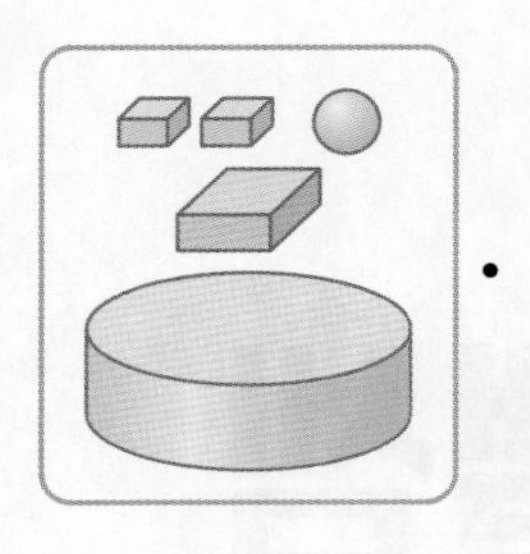

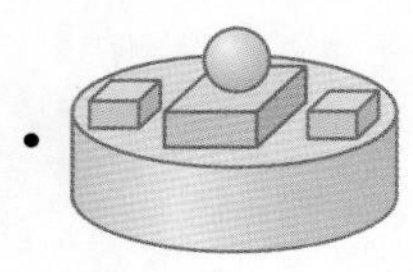

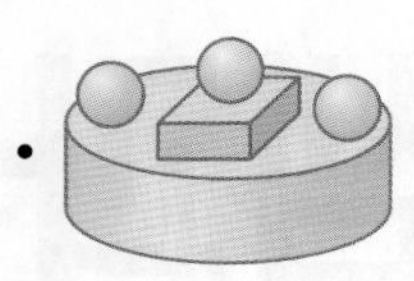

10

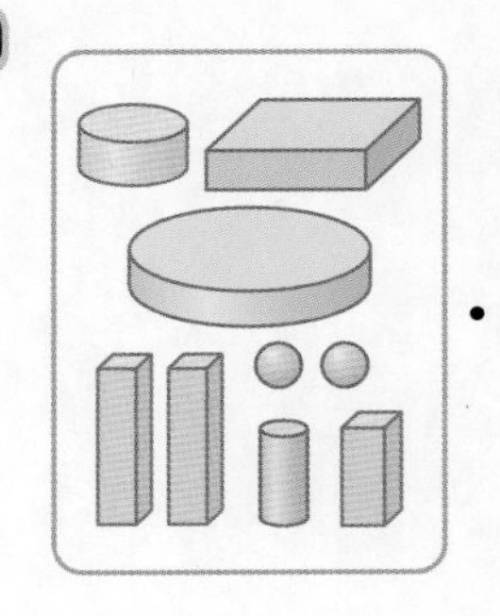

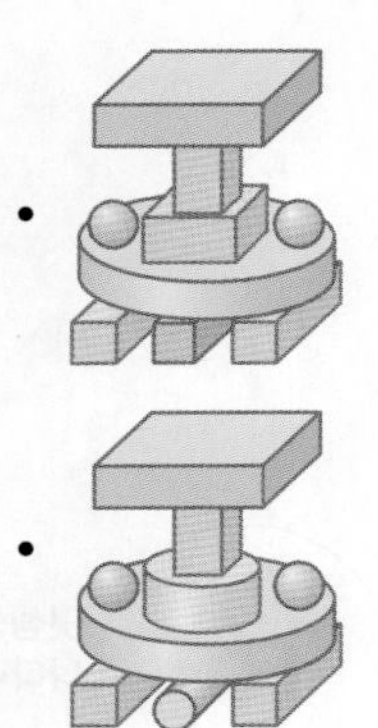

11

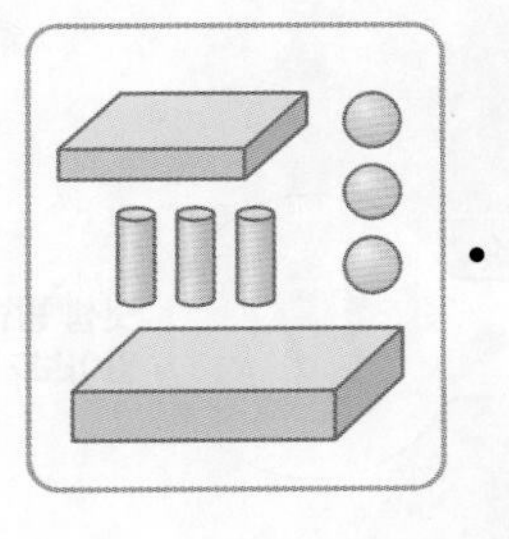

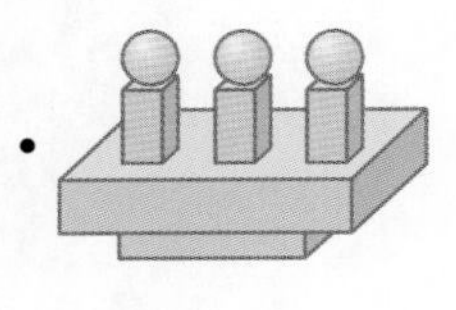

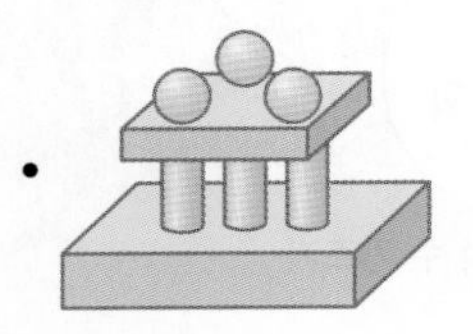

12

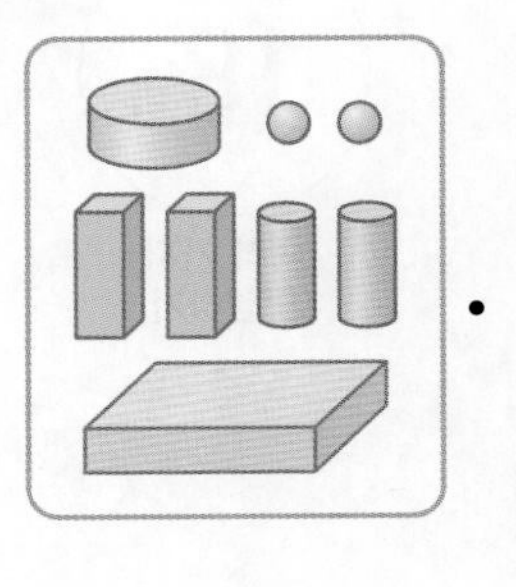

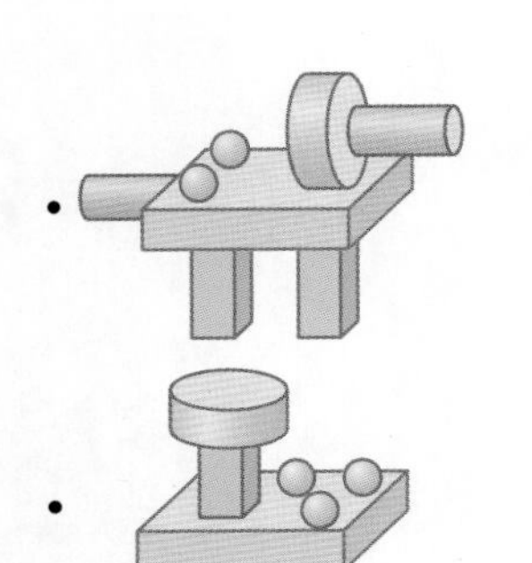

◆ 서로 다른 부분을 모두 찾아 오른쪽 그림에 ○표 하세요.

13

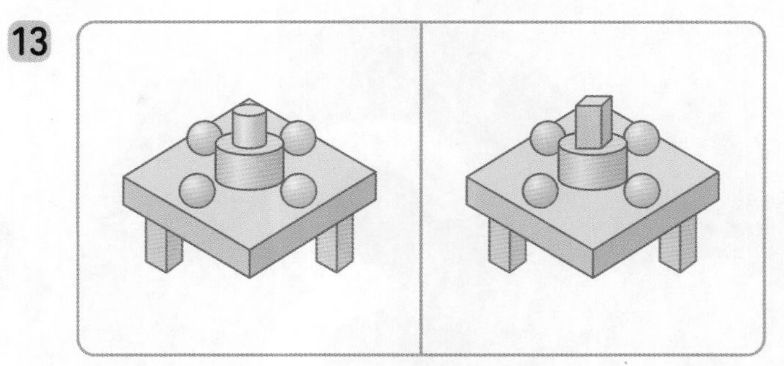

14

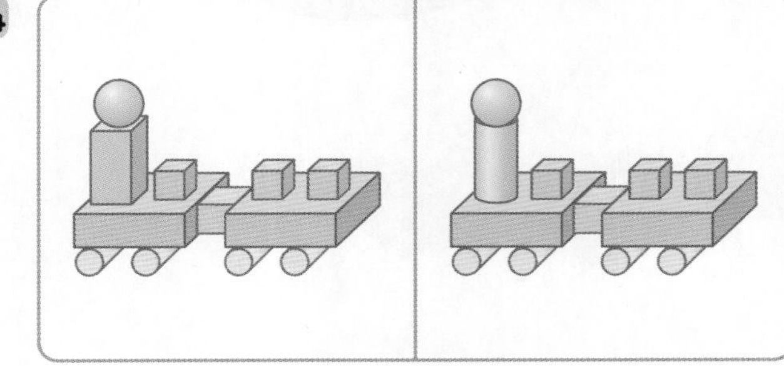

15

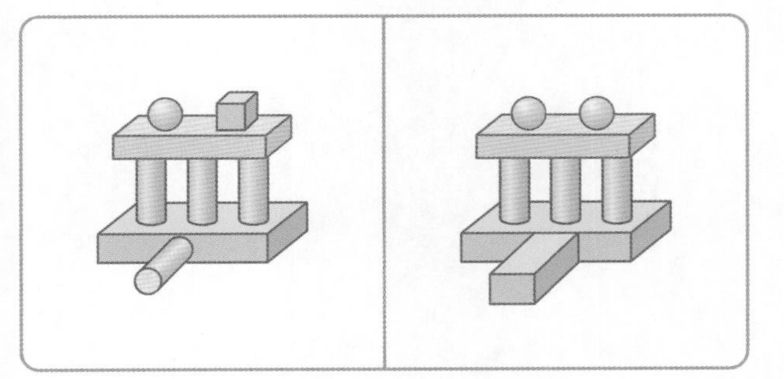

16

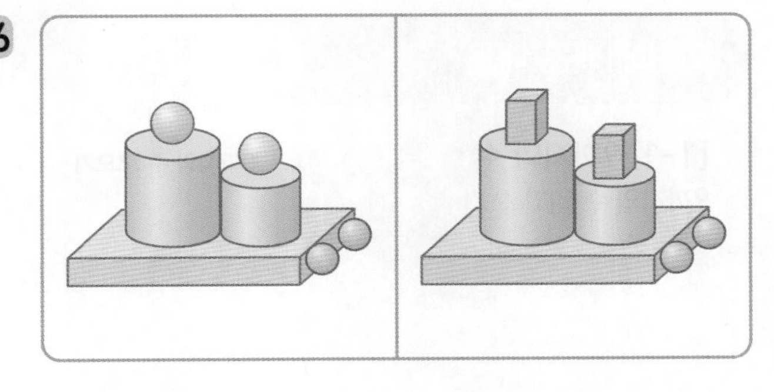

3 덧셈과 뺄셈

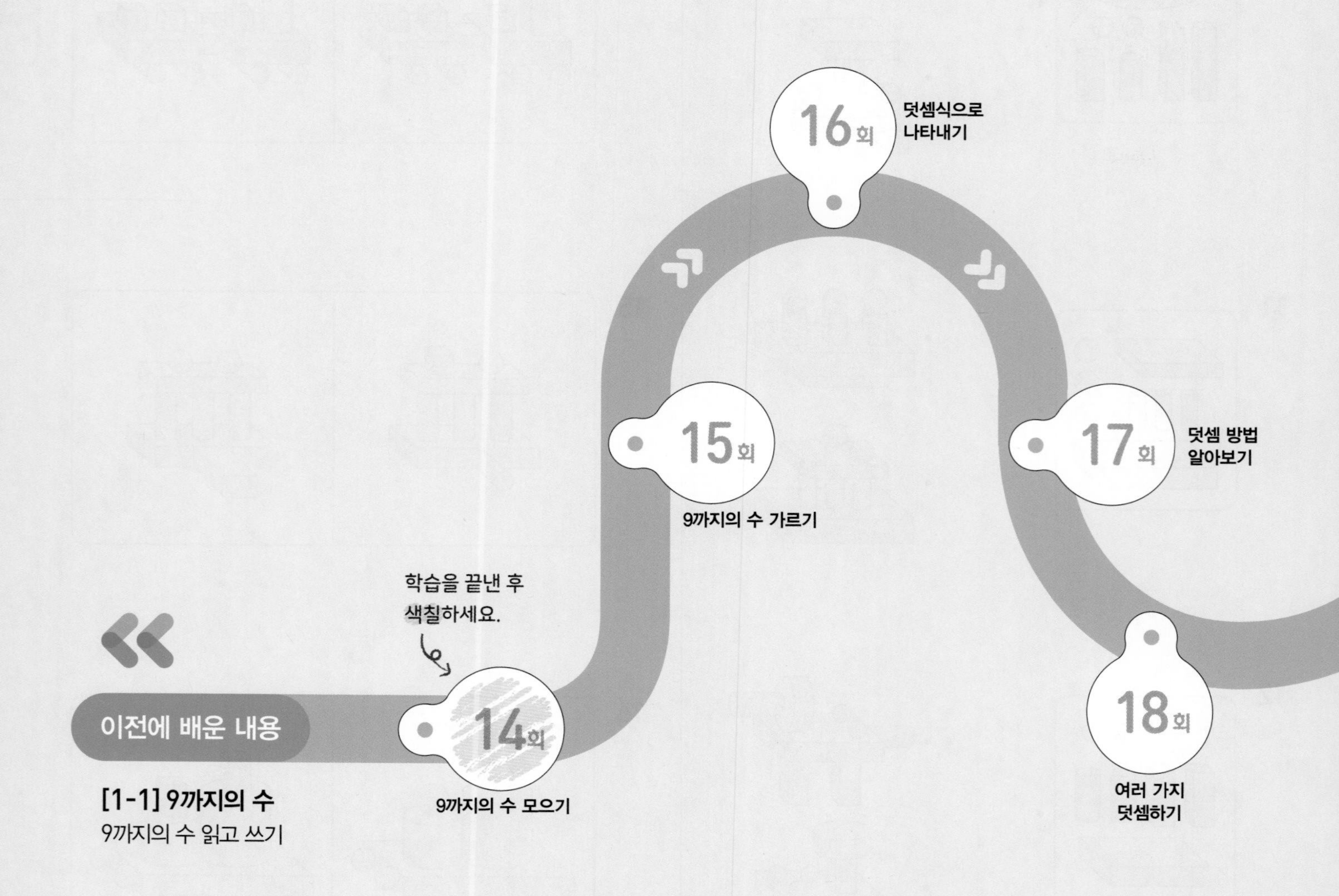

[1-1] 9까지의 수
9까지의 수 읽고 쓰기

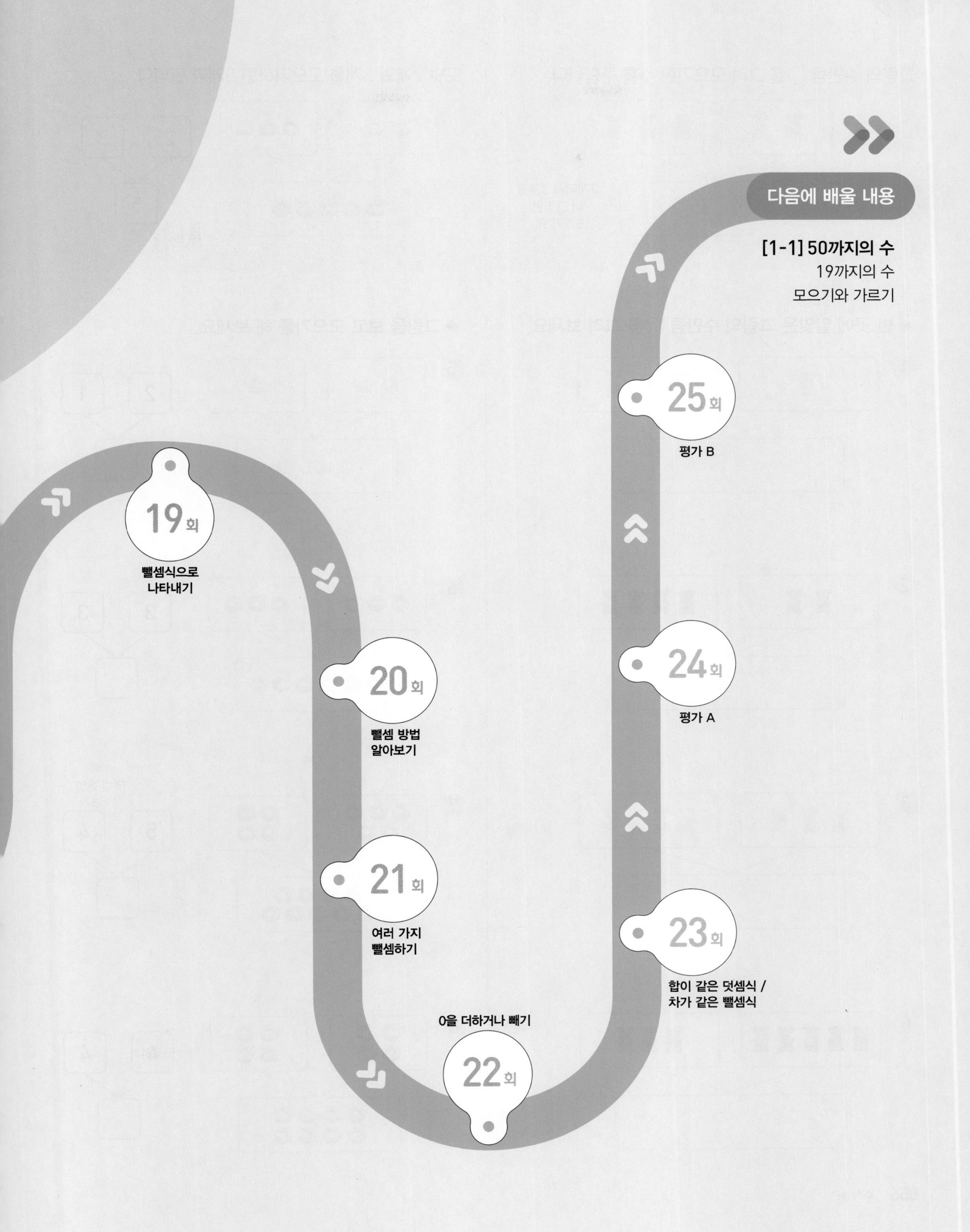
다음에 배울 내용
[1-1] 50까지의 수
19까지의 수
모으기와 가르기
19회
뺄셈식으로
나타내기
20회
뺄셈 방법
알아보기
21회
여러 가지
뺄셈하기
0을 더하거나 빼기
22회
23회
합이 같은 덧셈식 /
차가 같은 뺄셈식
24회
평가 A
25회
평가 B

개념 9까지의 수 모으기

그림의 수만큼 ◯를 그려 모으기한 수를 구합니다.

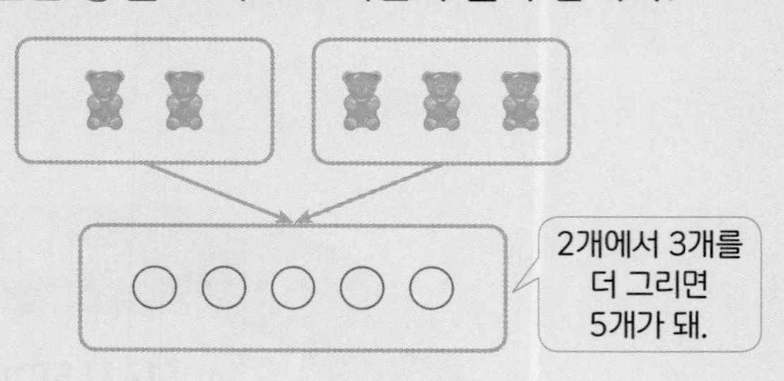

도넛 2개와 3개를 모으기하면 5개가 됩니다.

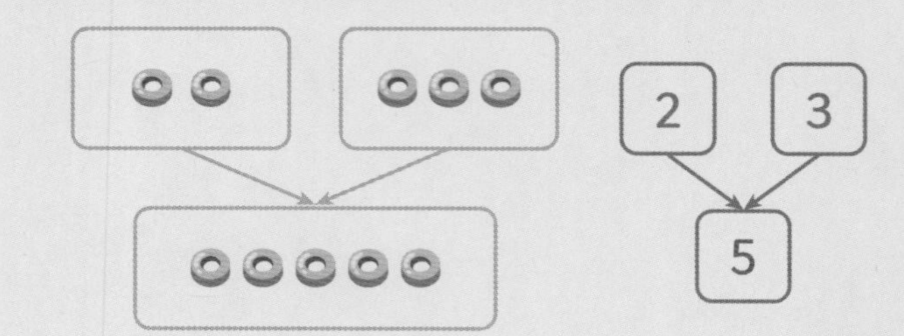

◆ 빈 곳에 알맞은 그림의 수만큼 ◯를 그려 보세요.

1

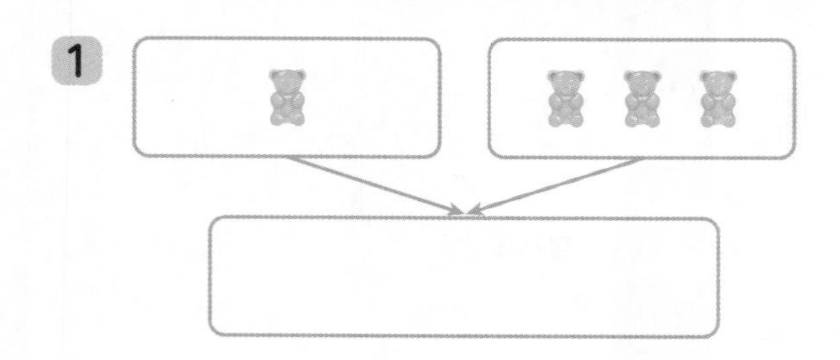

2

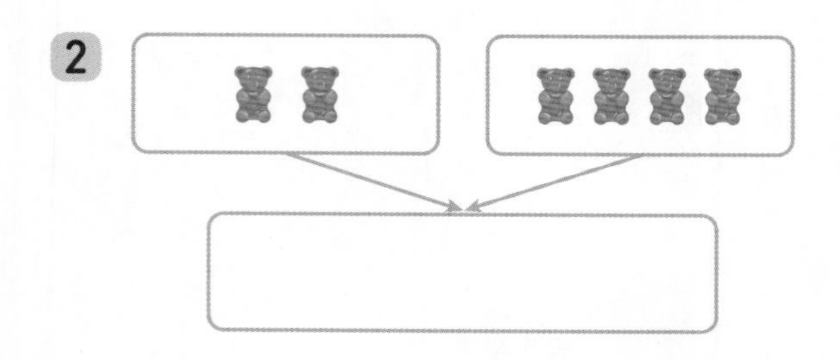

3

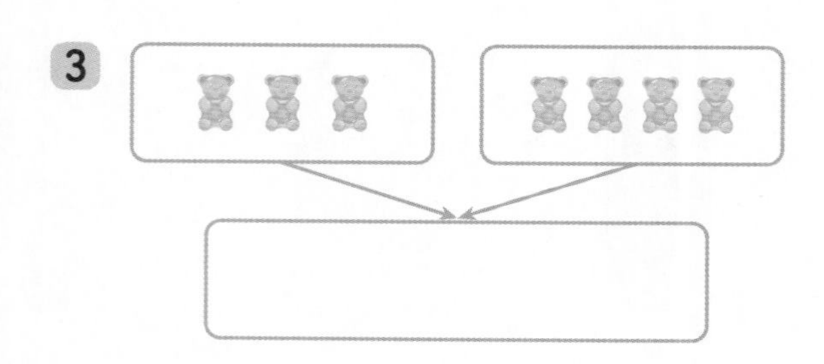

4

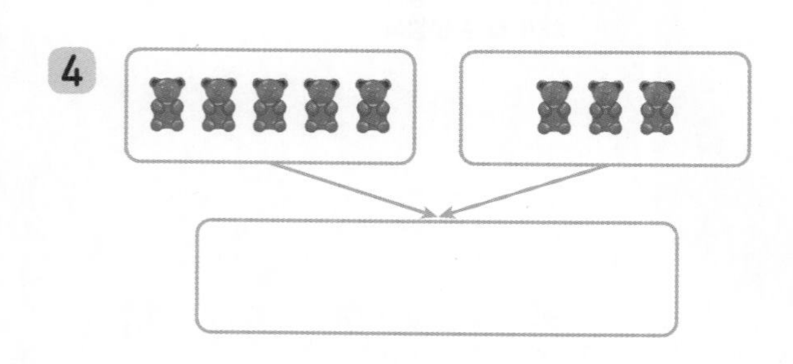

◆ 그림을 보고 모으기를 해 보세요.

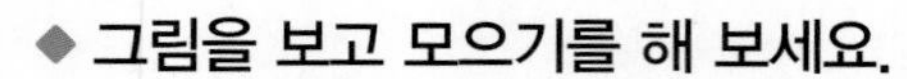

5

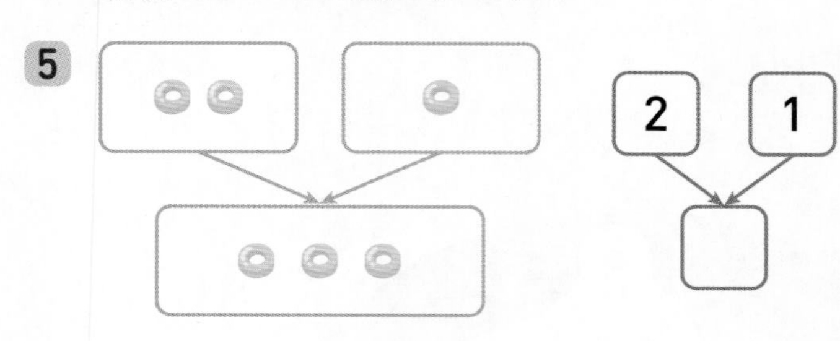

6

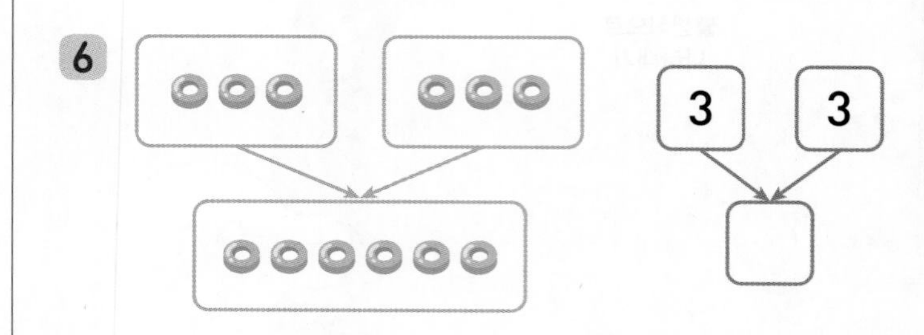

7

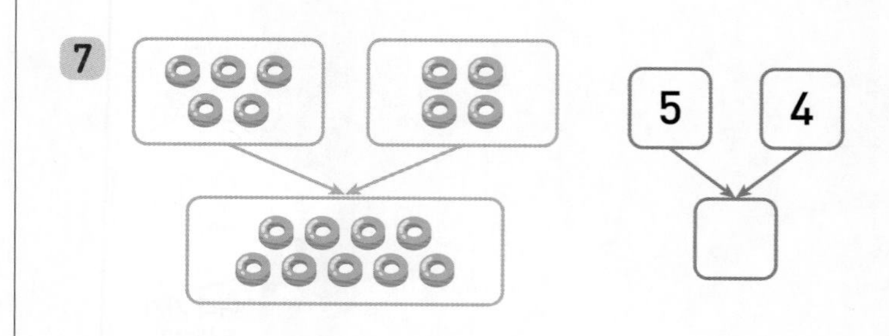

8

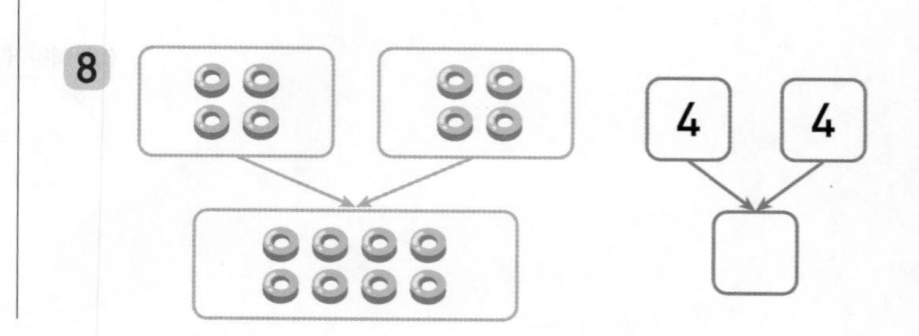

연습 9까지의 수 모으기

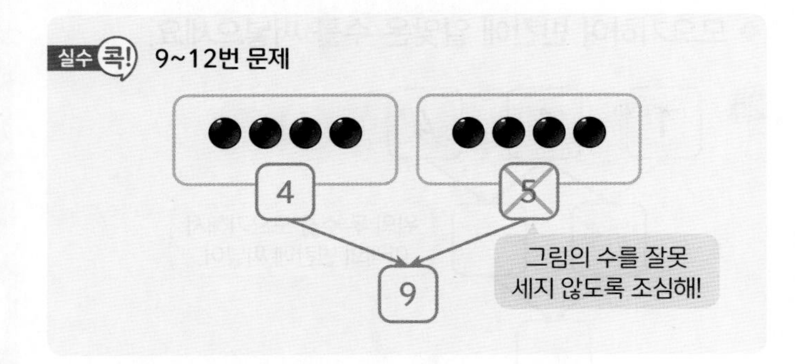

◆ 모으기를 해 보세요.

9

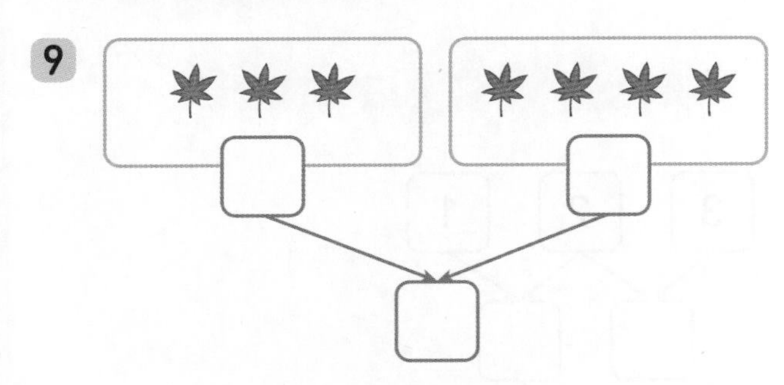

10

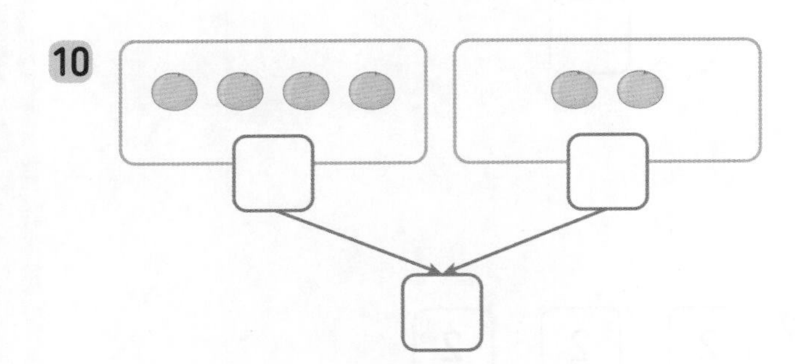

11

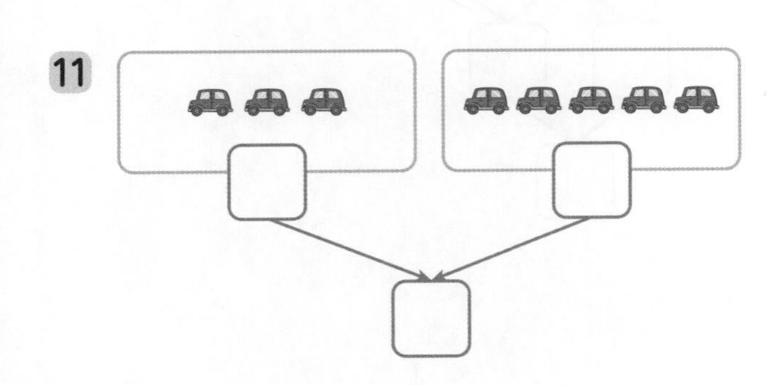

12

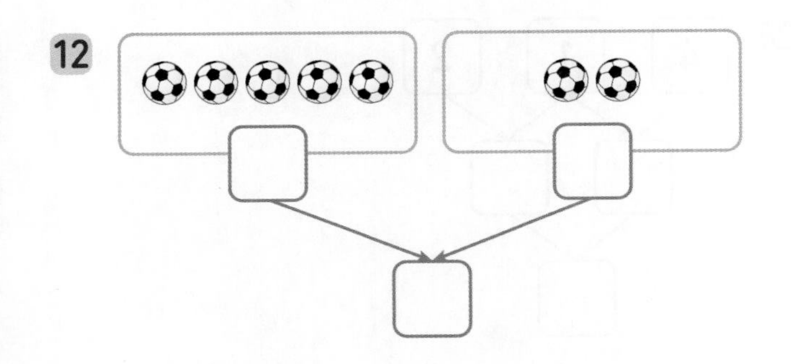

◆ 모으기를 해 보세요.

13

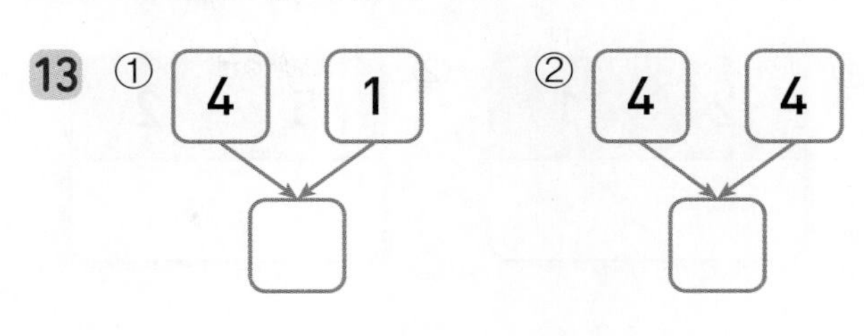

14

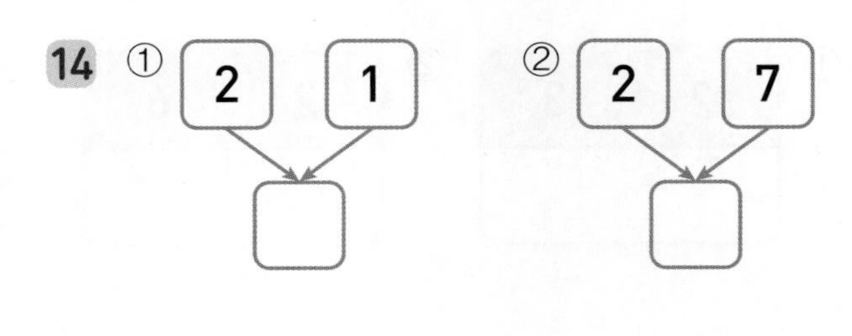

15

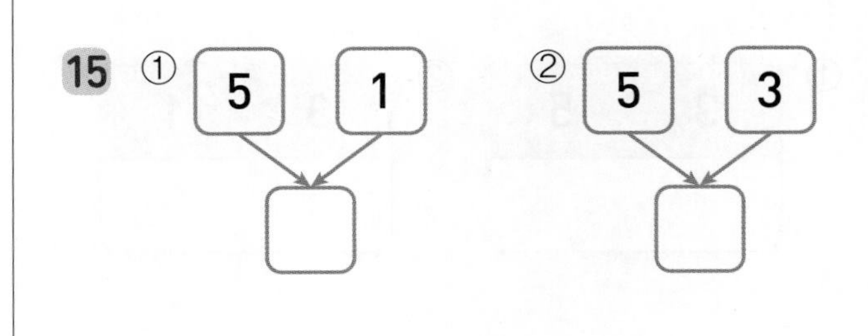

16

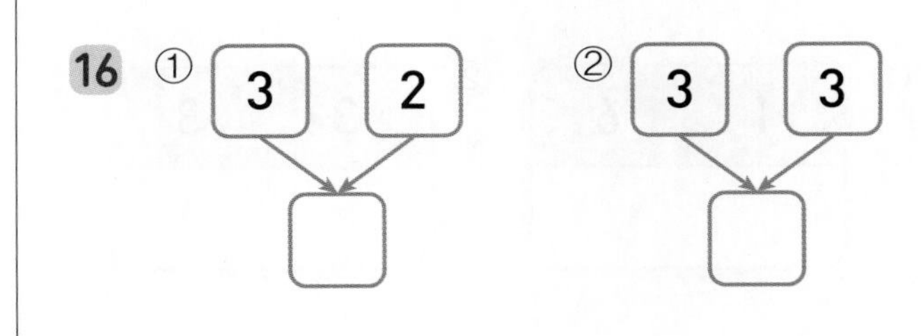

17

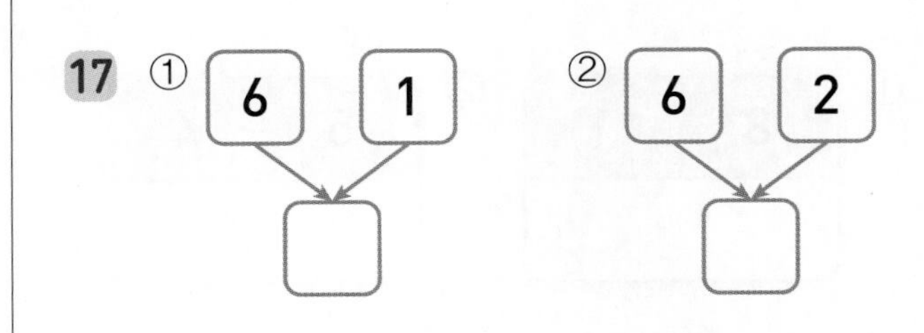

18

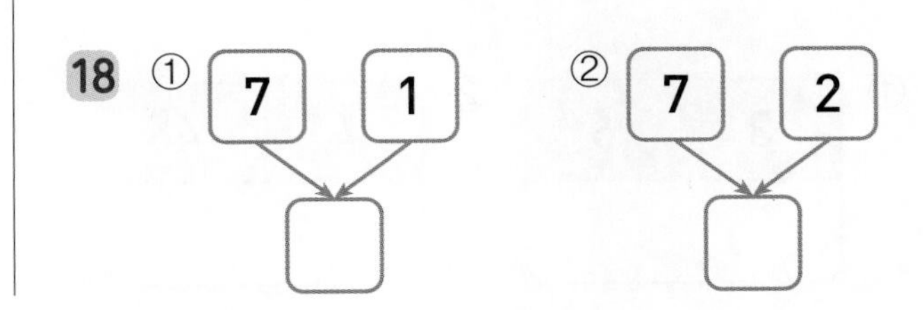

적용 9까지의 수 모으기

◆ 두 수를 모으기하여 빈칸에 써넣으세요.

19 ①

2	1

②

5	2

20 ①

2	3

②

2	6

21 ①

3	5

②

3	1

22 ①

1	6

②

3	3

23 ①

8	1

②

5	4

24 ①

3	6

②

4	4

◆ 모으기하여 빈칸에 알맞은 수를 써넣으세요.

25

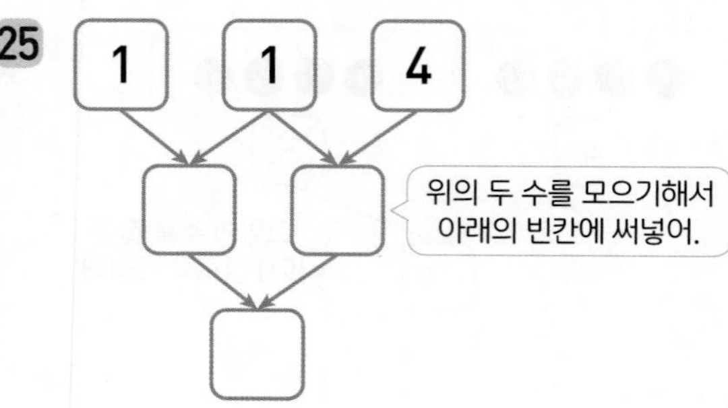

26

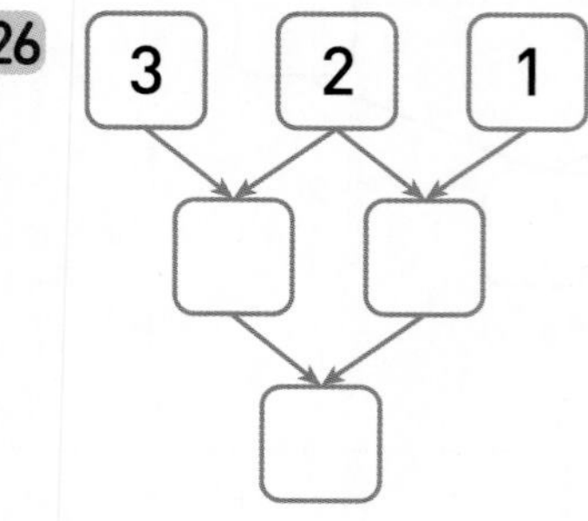

27

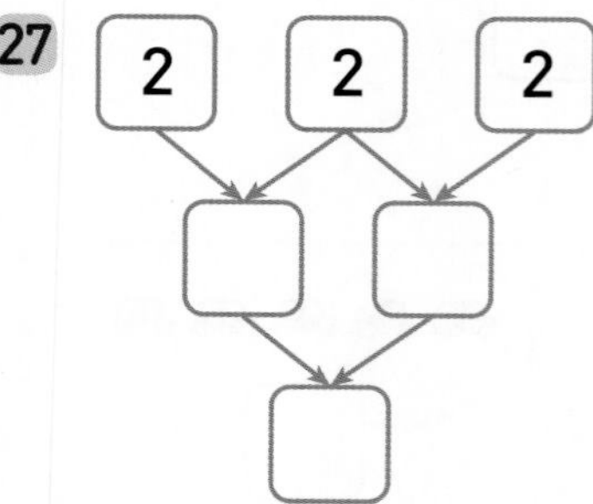

28

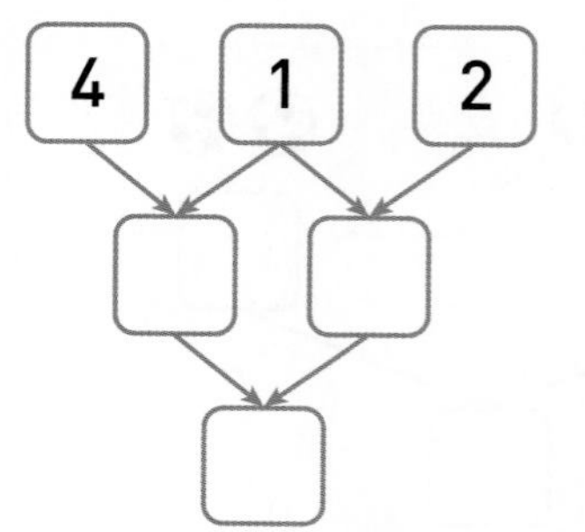

정답 09쪽

완성 9까지의 수 모으기

◆ 불이 켜진 곳의 두 수를 모으기하여 ▢ 안에 써넣으세요.

29

불이 켜진
3과 4를 모으기해.

31

30

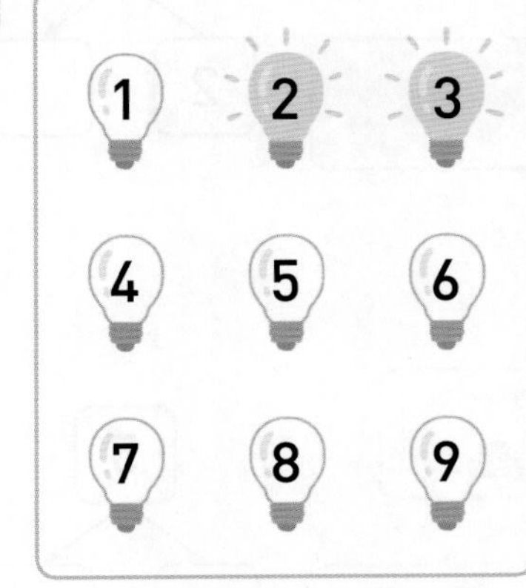

32

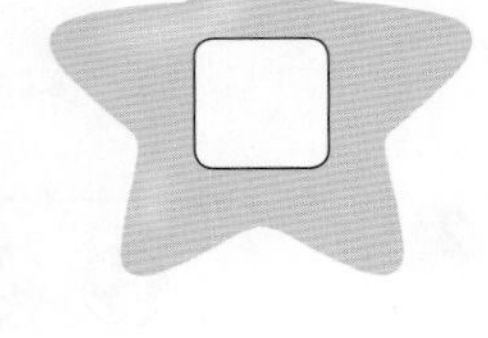

연산 + 문해력

33 사탕을 은서는 2개, 지후는 4개 가지고 있습니다. 은서와 지후가 가지고 있는 사탕을 모으기하면 모두 몇 개인가요?

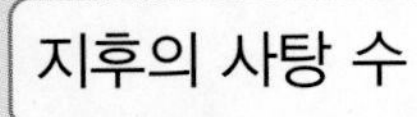

풀이

은서의 사탕 수 / 지후의 사탕 수 → 은서와 지후가 가지고 있는 사탕 수

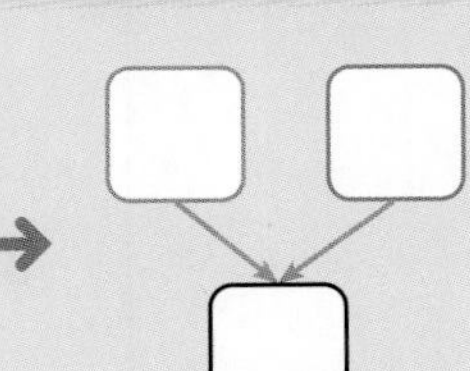

답 은서와 지후가 가지고 있는 사탕을 모으기하면 모두 ▢개입니다.

개념 9까지의 수 가르기

15회 월 일

그림의 수만큼 ◯를 그려 가르기한 수를 구합니다.

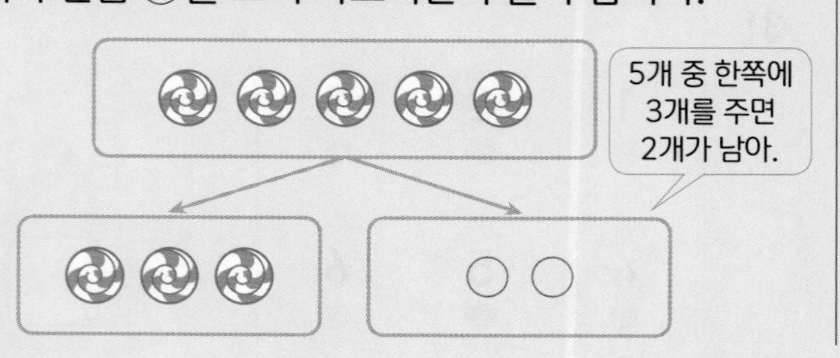

젤리 5개를 가르기하면 3개와 2개가 됩니다.

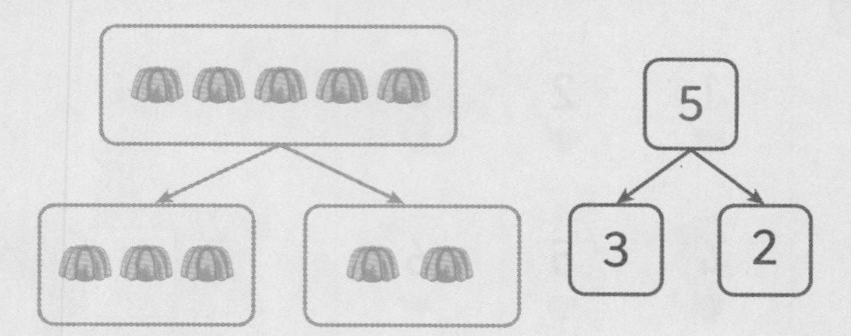

◆ 빈 곳에 알맞은 그림의 수만큼 ◯를 그려 보세요.

1

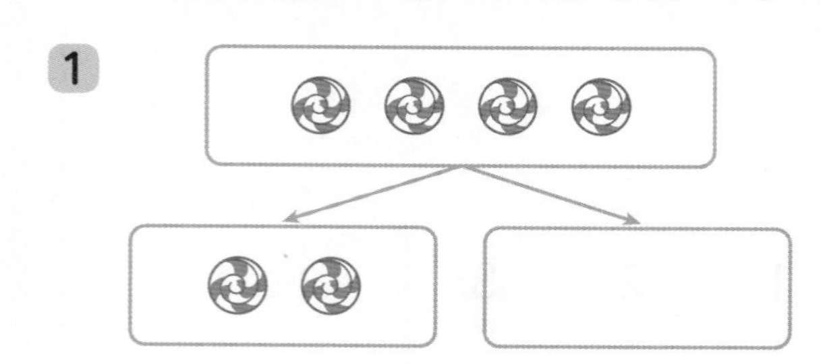

2

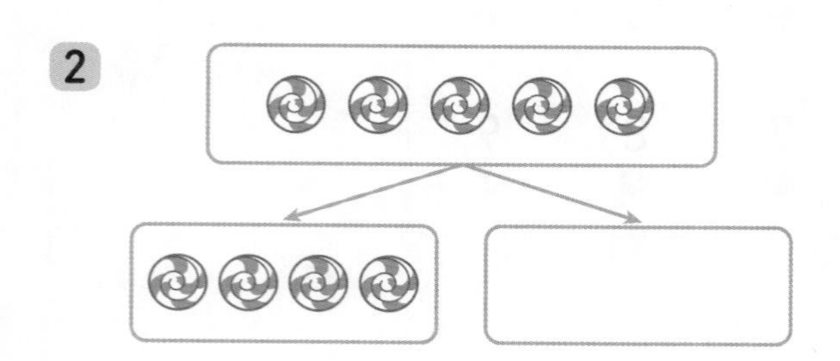

3

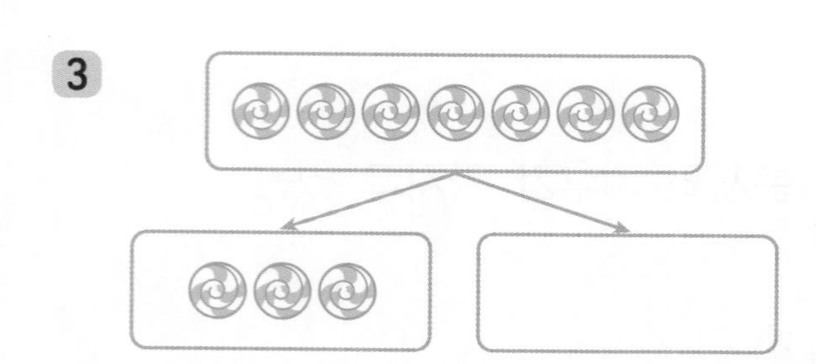

4

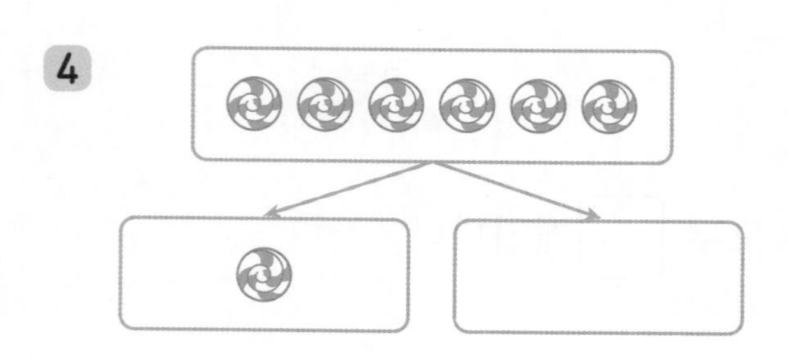

◆ 그림을 보고 가르기를 해 보세요.

5

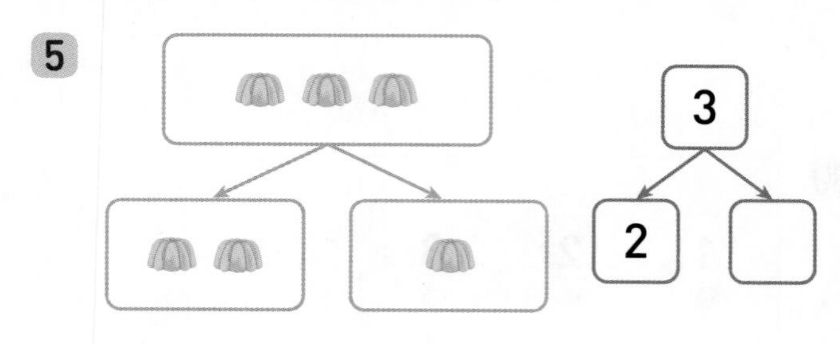

6

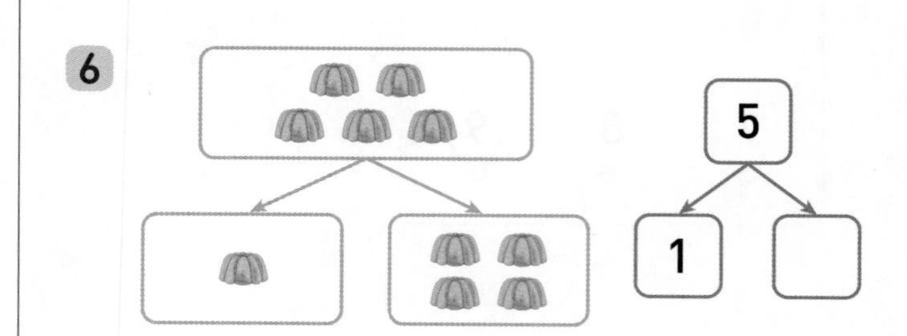

7

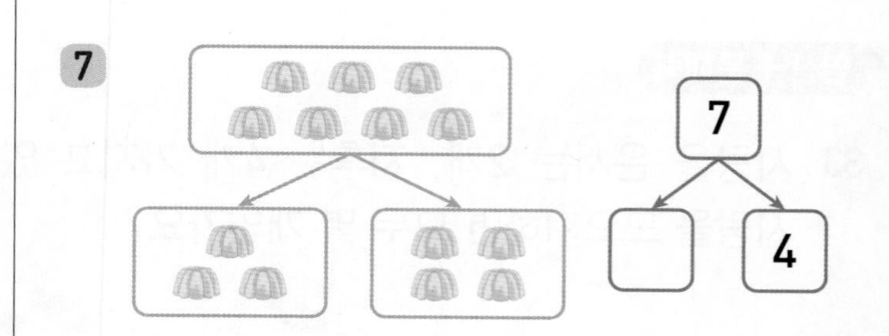

8

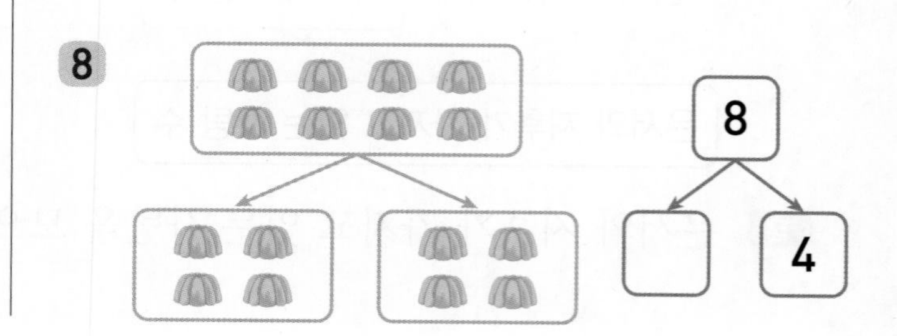

9까지의 수 가르기

정답 10쪽

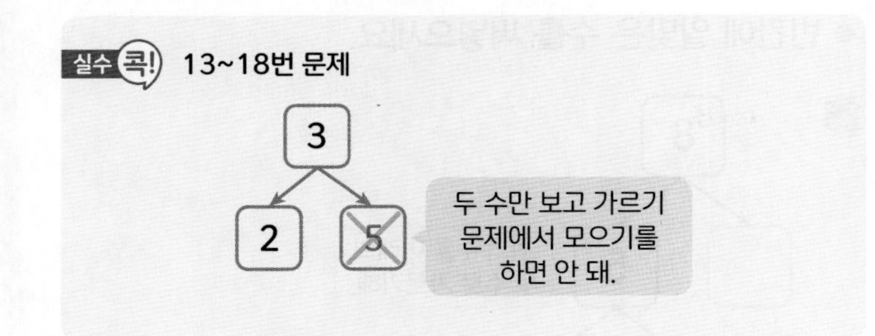

◆ 가르기를 해 보세요.

9

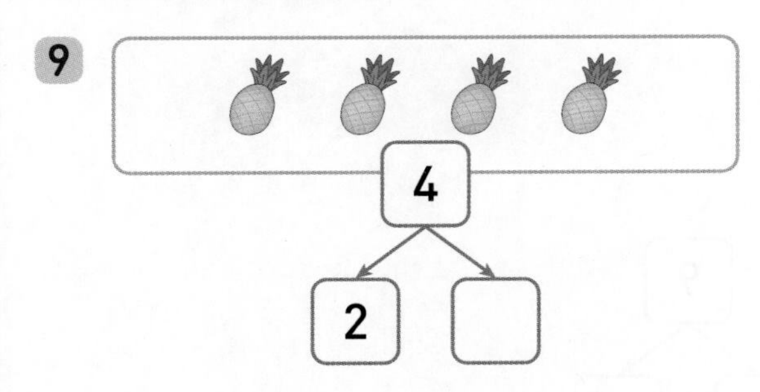

10

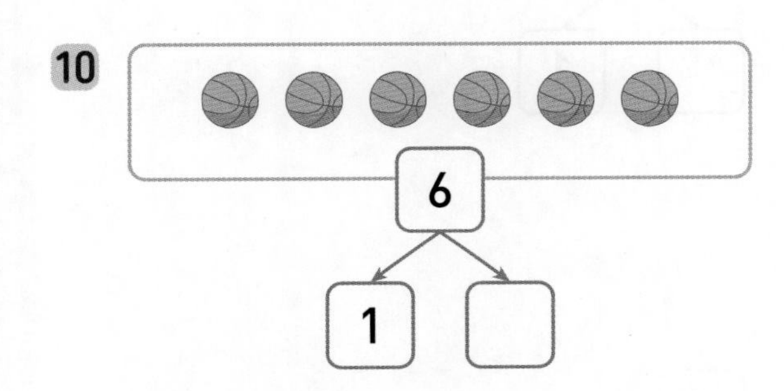

11

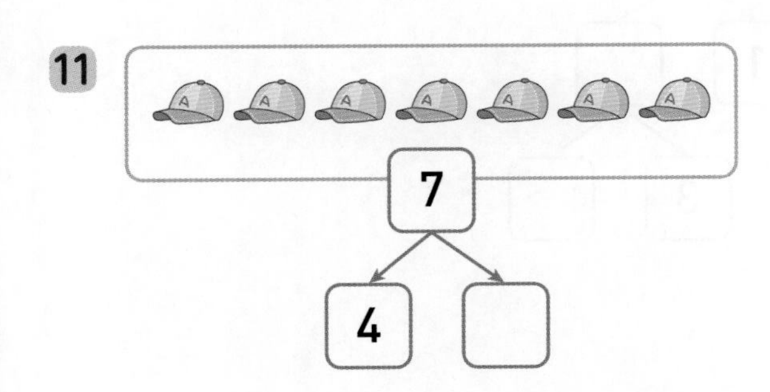

12

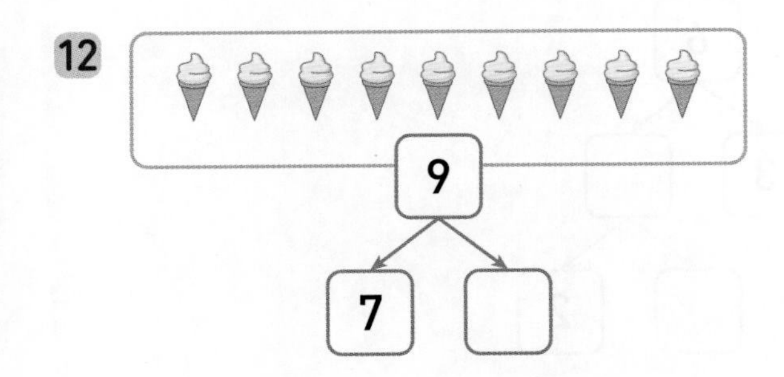

◆ 가르기를 해 보세요.

13

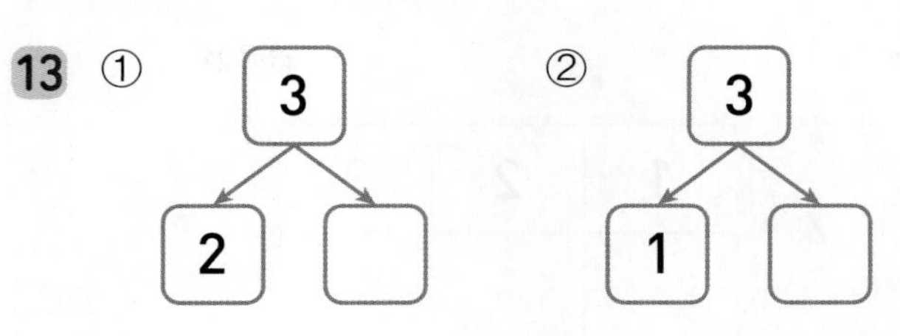

14

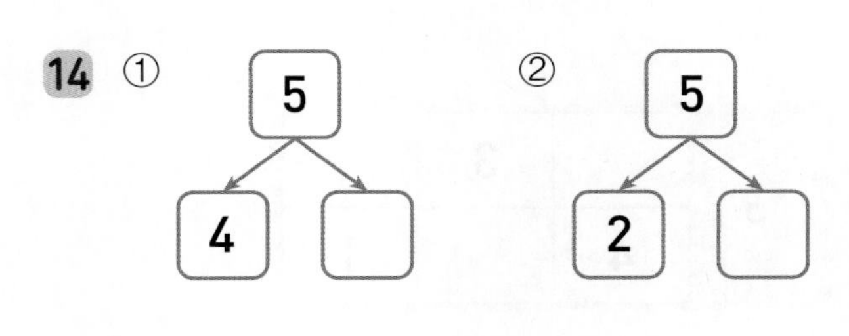

15

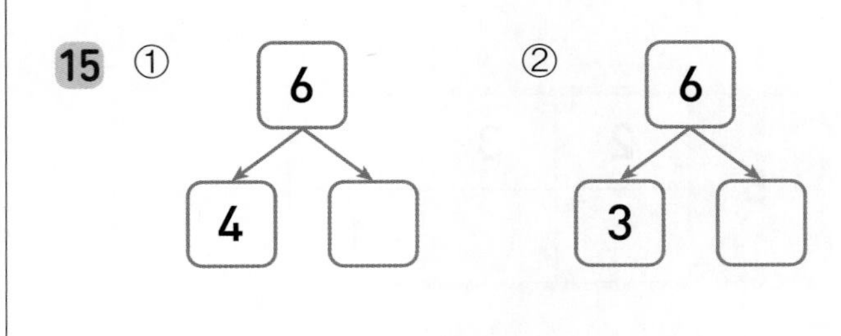

16

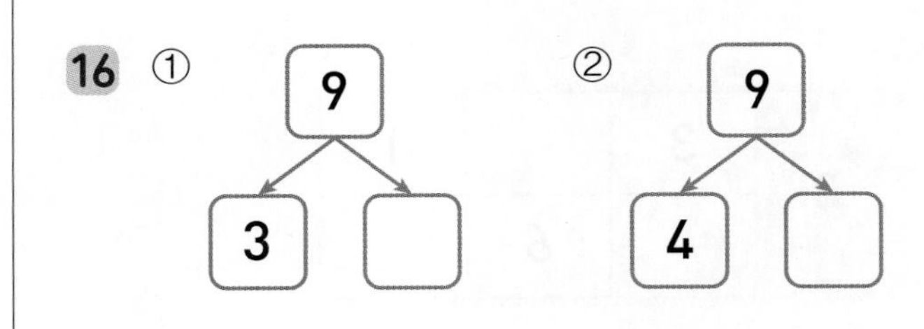

17

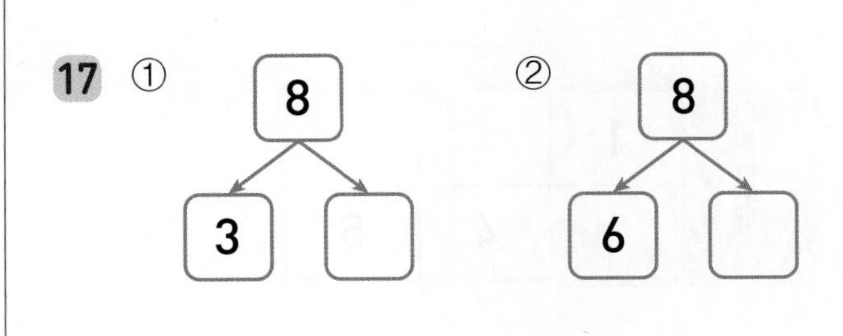

18

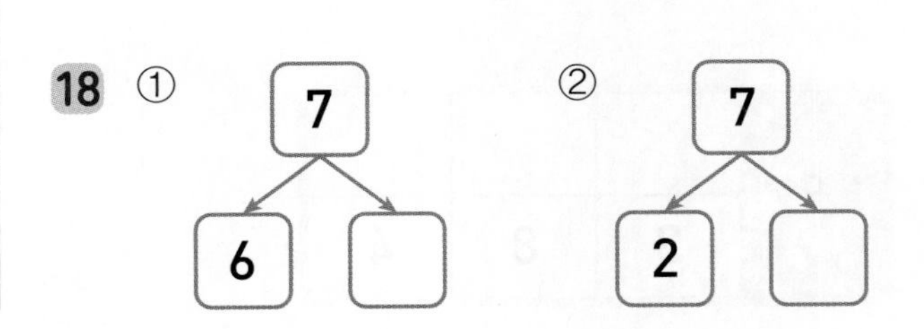

적용 9까지의 수 가르기

◆ 왼쪽의 수를 위와 아래의 두 수로 각각 가르기해 보세요.

19

4	1	2	3

20

6		3	
	4		1

21

5	2	3	
			1

22

8	3		1
		6	

23

7	1		
		4	5

24

9			
	3	8	4

◆ 빈칸에 알맞은 수를 써넣으세요.

25

8
□ 5
1 □

위의 수를 아래의 두 수로 가르기해.

26

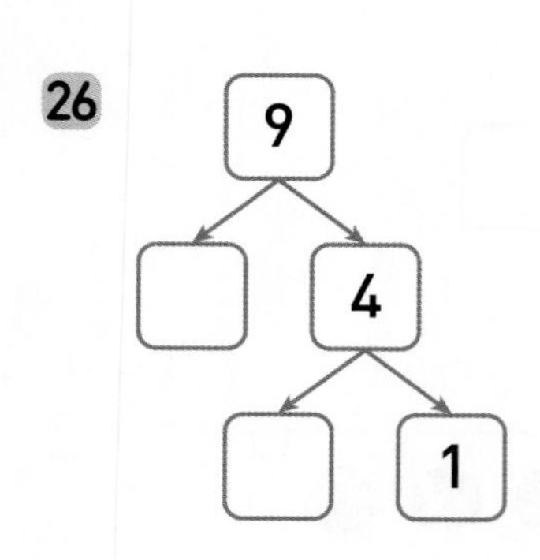

27

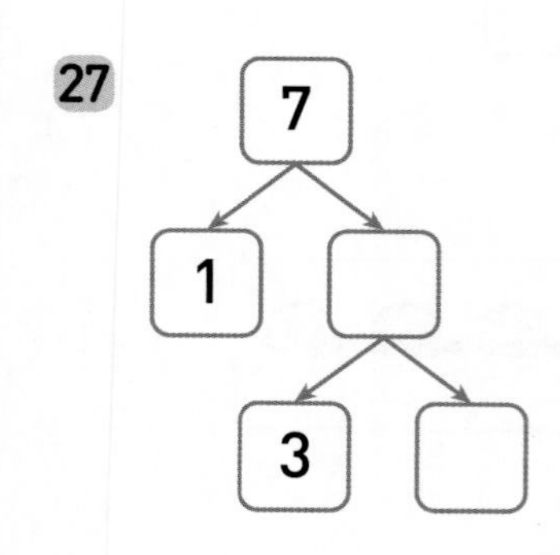

28

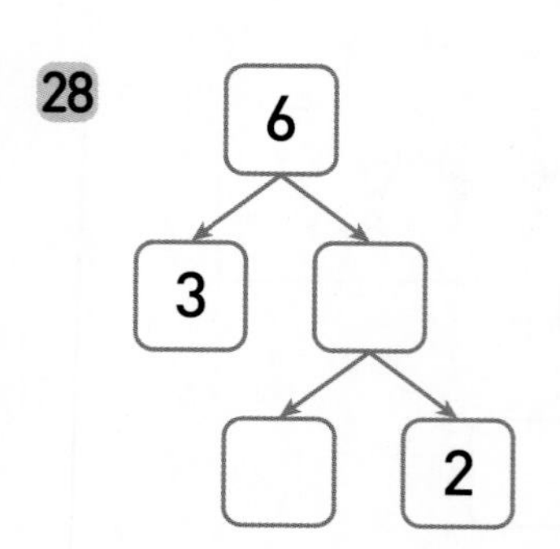

완성 9까지의 수 가르기

◆ 가운데 수를 왼쪽과 오른쪽의 두 수로 가르기해 보세요.

29

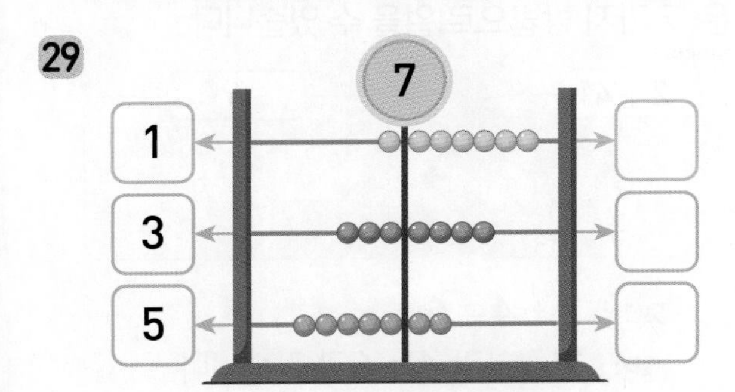

31

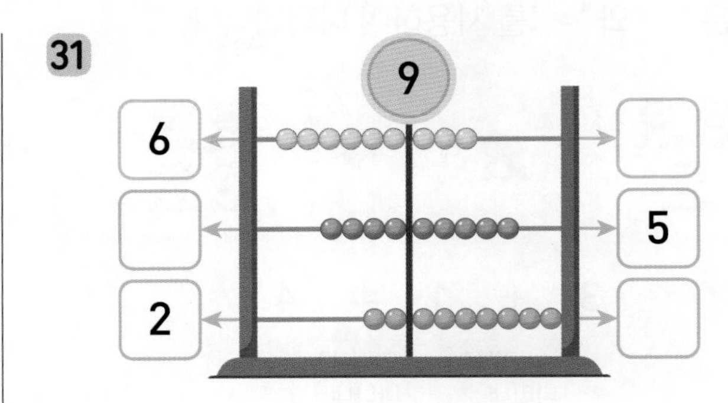

30

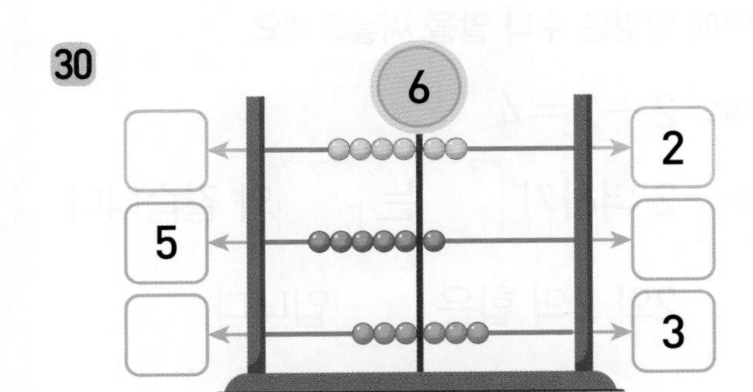

32

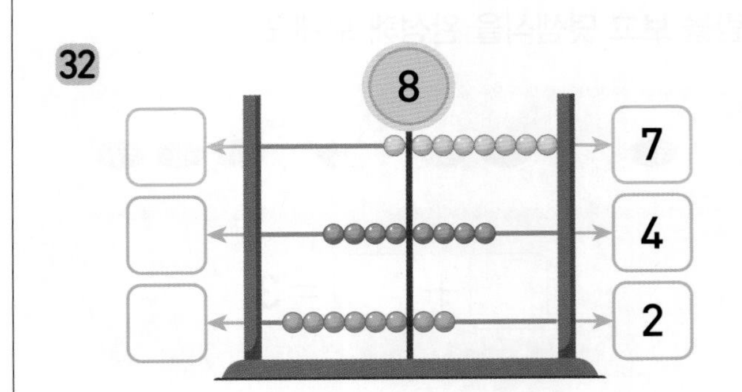

연산 + 문해력

33 경민이는 구슬 3개를 양손에 나누어 쥐었습니다. 경민이가 왼손에 쥔 구슬이 1개라면 오른손에 쥔 구슬은 몇 개인가요?

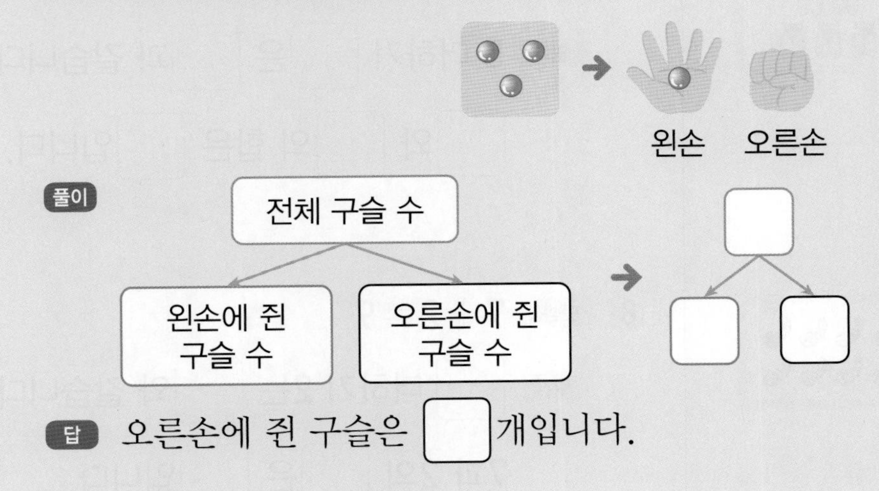

답 오른손에 쥔 구슬은 ☐개입니다.

개념 덧셈식으로 나타내기

덧셈식은 '+'와 '='를 사용하여 나타냅니다.

덧셈식은 두 가지 방법으로 읽을 수 있습니다.

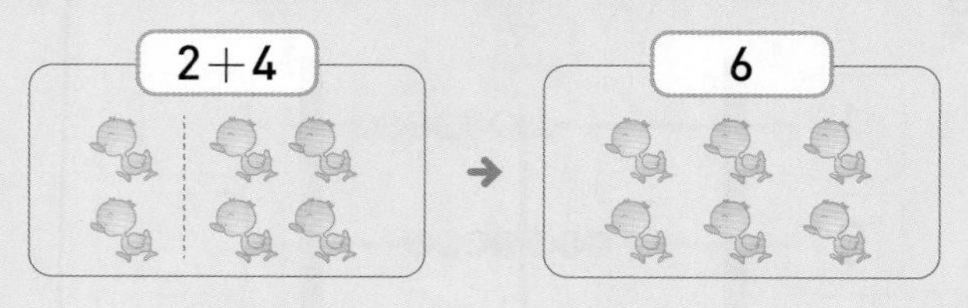

덧셈식 2+4=6

읽기 2 더하기 4는 6과 같습니다.

2와 4의 합은 6입니다.

◆ 그림을 보고 덧셈식을 완성해 보세요.

1

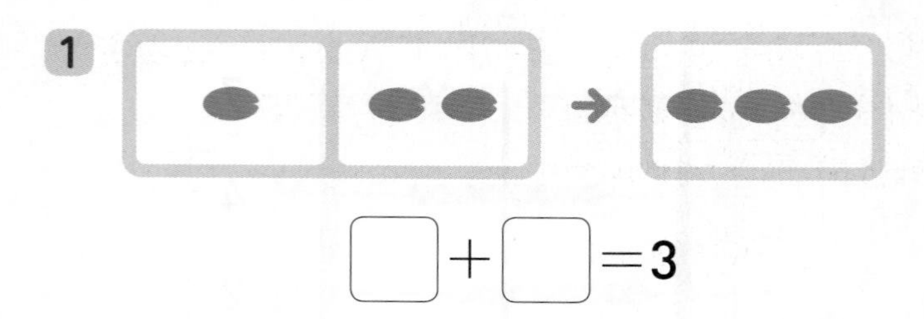

□+□=3

2

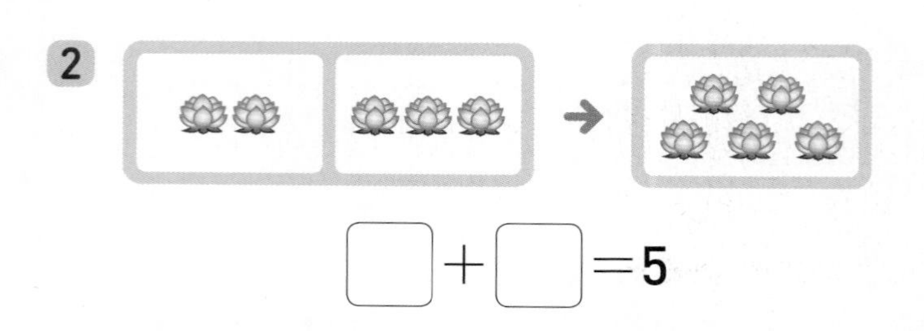

□+□=5

3

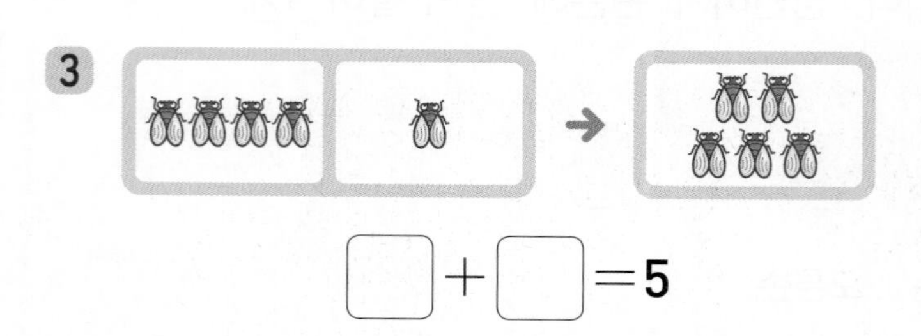

□+□=5

4

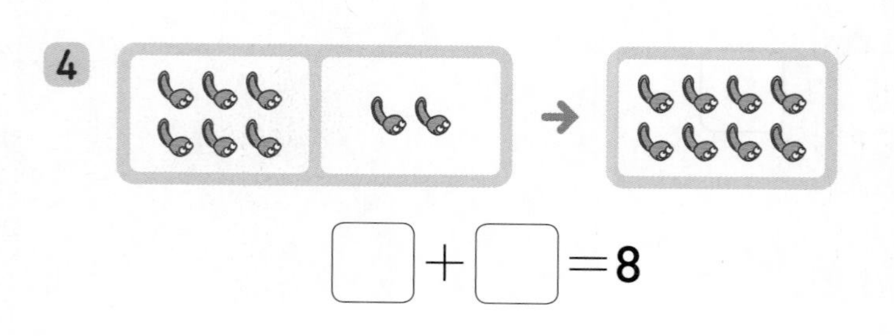

□+□=8

◆ □ 안에 알맞은 수나 말을 써넣으세요.

5 덧셈식 2+2=4

읽기 2 더하기 □는 □와 같습니다.

2와 2의 합은 □입니다.

6 덧셈식 3+4=7

읽기 3 더하기 4는 □과 같습니다.

□과 □의 합은 7입니다.

7 덧셈식 5+1=6

읽기 5 더하기 □은 □과 같습니다.

□와 □의 합은 □입니다.

8 덧셈식 7+2=9

읽기 □ 더하기 2는 □와 같습니다.

7과 2의 □은 □입니다.

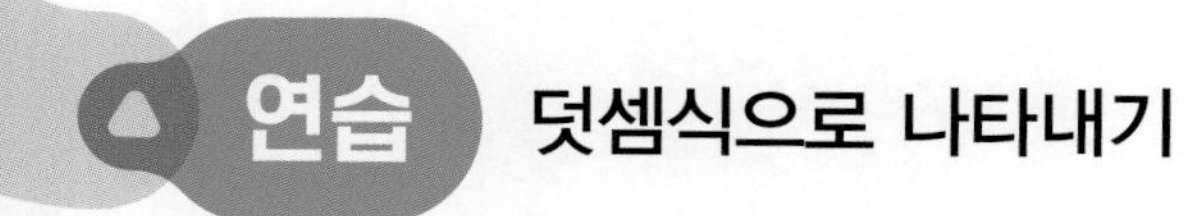

연습 덧셈식으로 나타내기

정답 10쪽

◆ 그림에 알맞은 덧셈식을 쓰세요.

9

덧셈식 ____________________

10

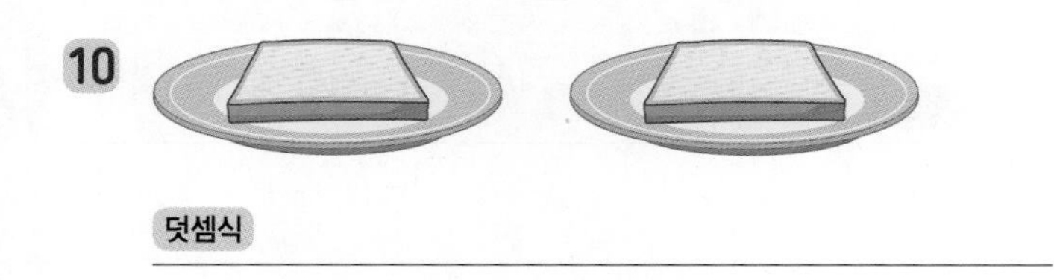

덧셈식 ____________________

11

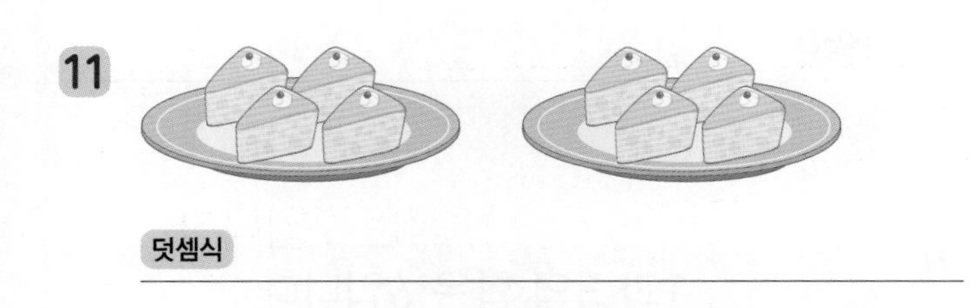

덧셈식 ____________________

12

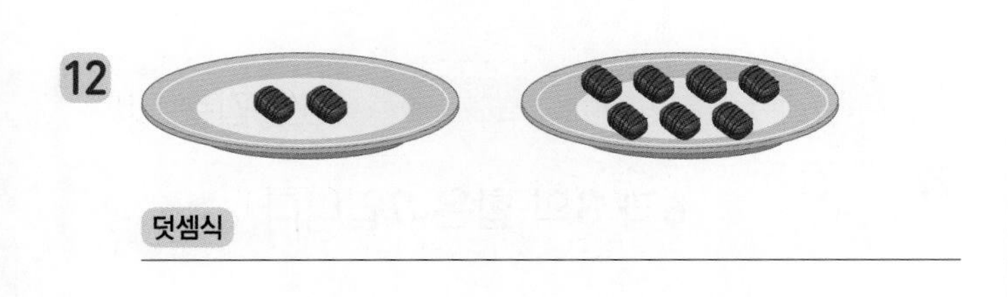

덧셈식 ____________________

13

덧셈식 ____________________

◆ 그림에 알맞은 덧셈식을 쓰세요.

14

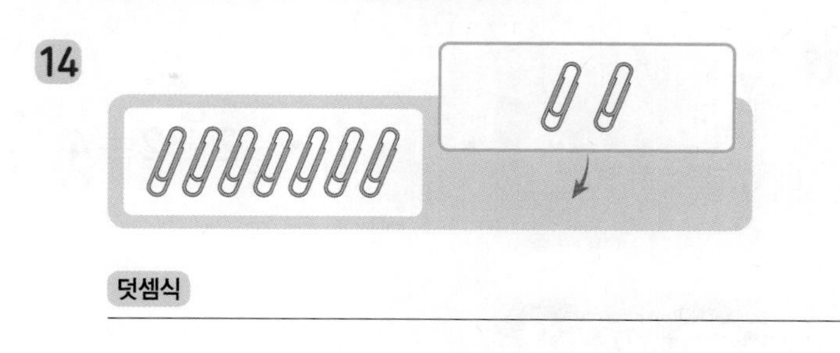

덧셈식 ____________________

15

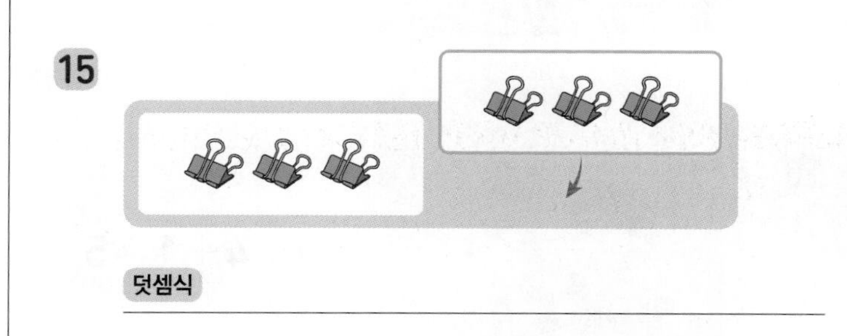

덧셈식 ____________________

16

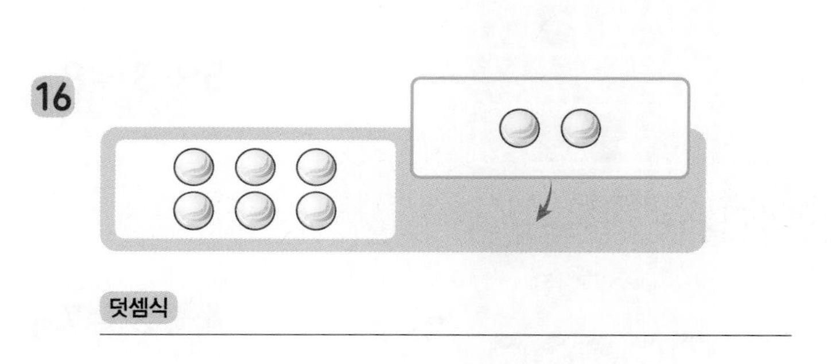

덧셈식 ____________________

17

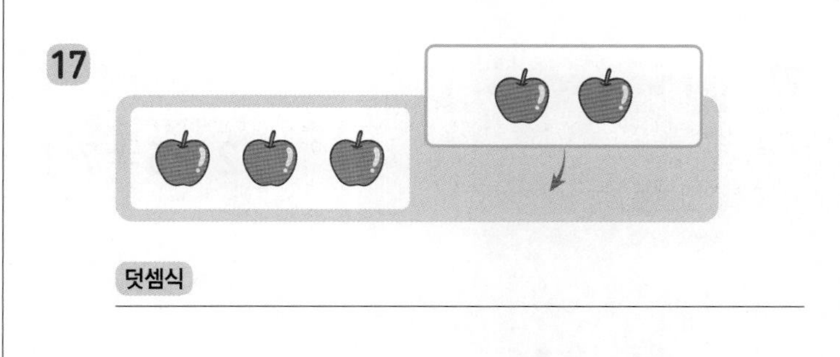

덧셈식 ____________________

18

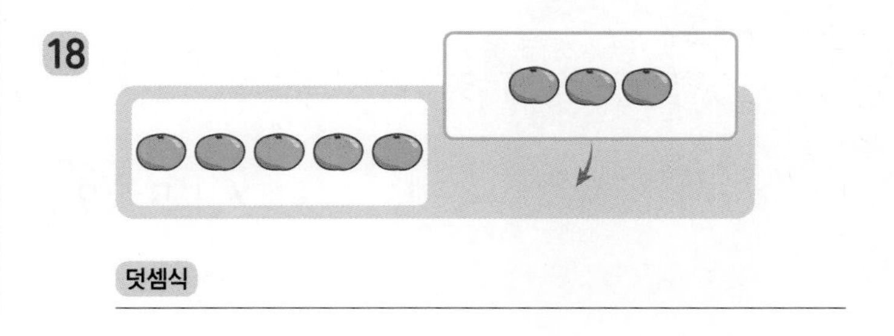

덧셈식 ____________________

적용 덧셈식으로 나타내기

◆ 그림을 보고 알맞은 덧셈식을 찾아 이어 보세요.

19

· $2+2=4$

· $2+1=3$

20

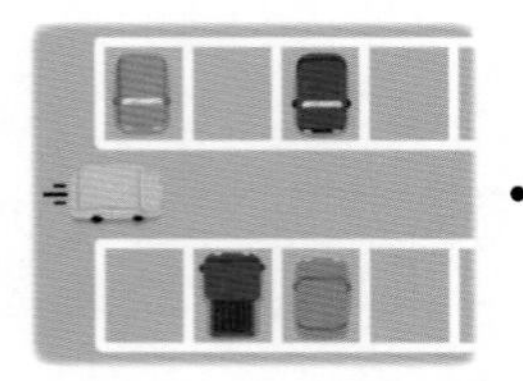

· $4+1=5$

· $5+3=8$

· $4+3=7$

21

· $2+5=7$

· $3+3=6$

· $4+5=9$

◆ 덧셈식으로 나타내세요.

22 8 더하기 1은 9와 같습니다.

덧셈식 ____________________

23 4 더하기 4는 8과 같습니다.

덧셈식 ____________________

24 6 더하기 1은 7과 같습니다.

덧셈식 ____________________

25 3과 2의 합은 5입니다.

덧셈식 ____________________

26 1과 5의 합은 6입니다.

덧셈식 ____________________

27 6과 3의 합은 9입니다.

덧셈식 ____________________

28 7과 2의 합은 9입니다.

덧셈식 ____________________

정답 10쪽

★ 완성 덧셈식으로 나타내기

◆ 친구들이 접은 종이비행기의 수를 세어 덧셈식을 완성해 보세요.

다은	도현	소율	지후

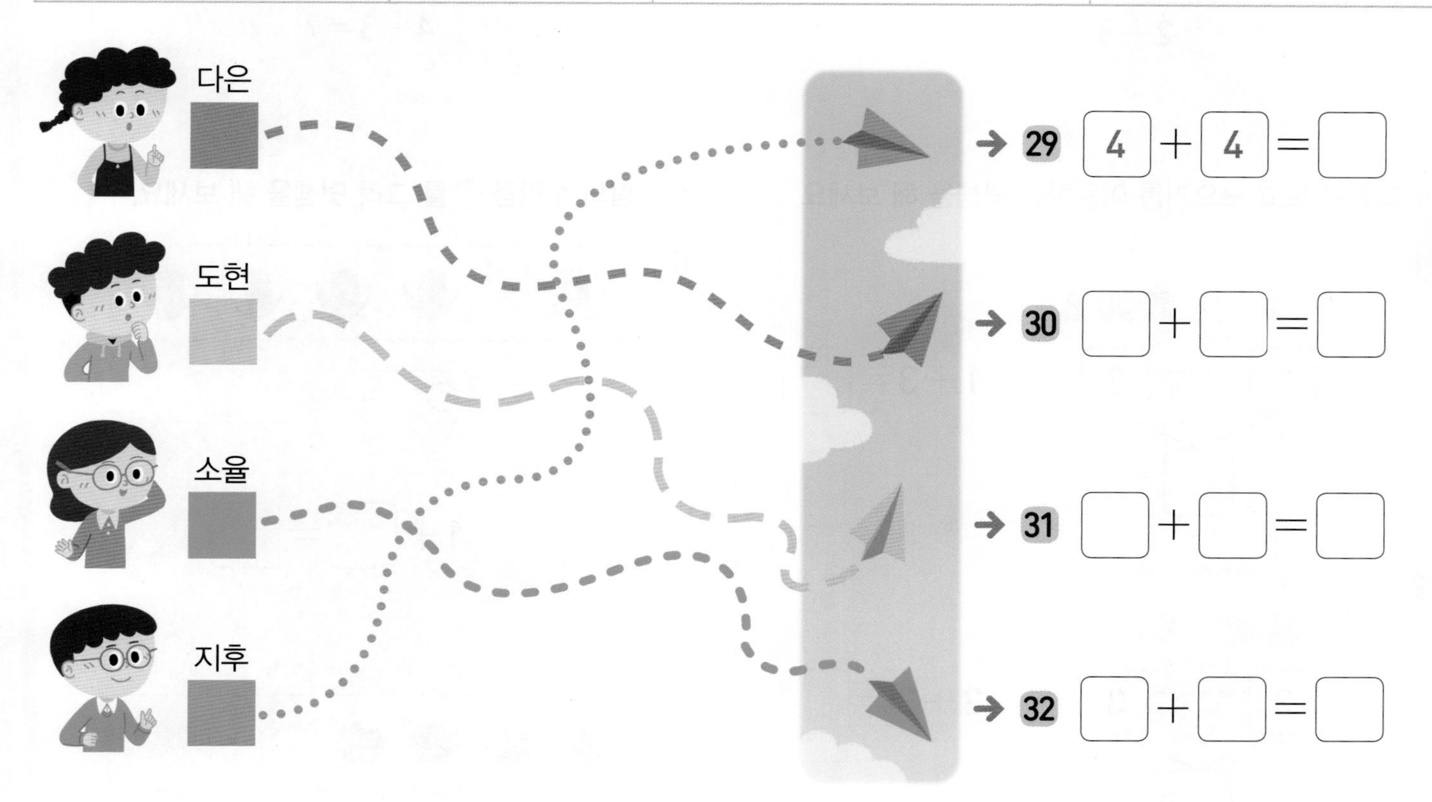

29 $\boxed{4}+\boxed{4}=\square$

30 $\square+\square=\square$

31 $\square+\square=\square$

32 $\square+\square=\square$

3단원
16회

연산＋문해력

33 은주는 ⬜ 모양의 물건을 4개, ⬜ 모양의 물건을 2개 모았습니다. 은주가 모은 물건은 모두 몇 개인지 구하는 덧셈식을 쓰고, 읽어 보세요.

풀이 (⬜ 모양 물건의 수)＋(⬜ 모양 물건의 수) → $\square+\square=\square$

답 덧셈식 ______________________

읽기 ☐와 ☐의 합은 ☐입니다.

개념 덧셈 방법 알아보기

모으기를 이용하여 덧셈을 합니다.

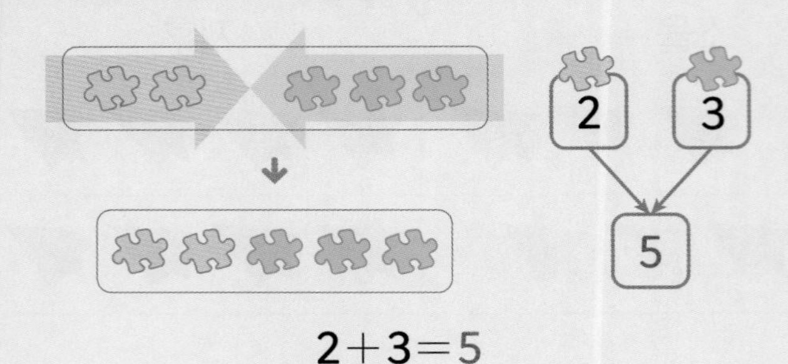

$2+3=5$

수판에 ○를 그려서 덧셈을 합니다.

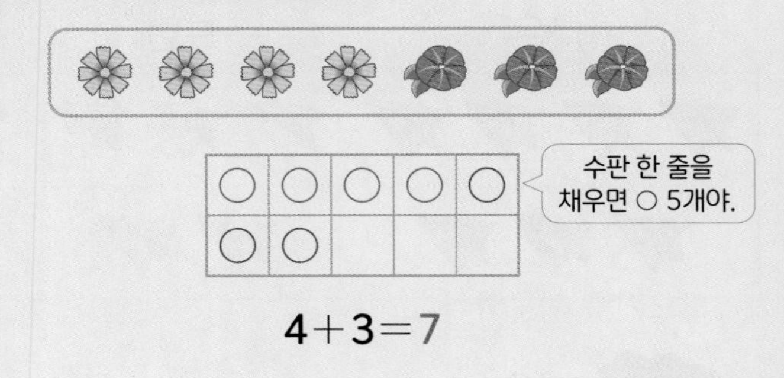

$4+3=7$

◆ 그림을 보고 모으기를 이용하여 덧셈을 해 보세요.

1

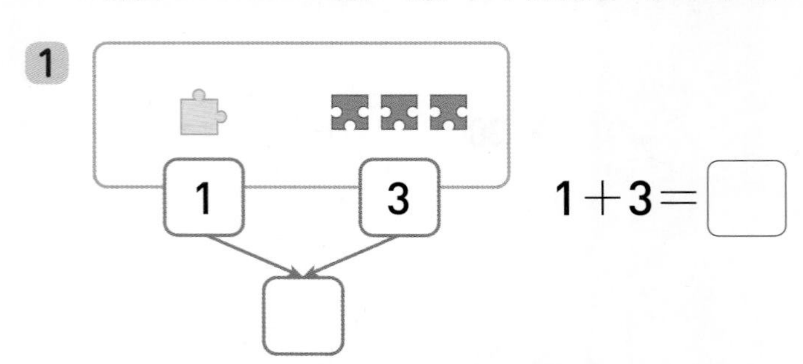

$1+3=\square$

2

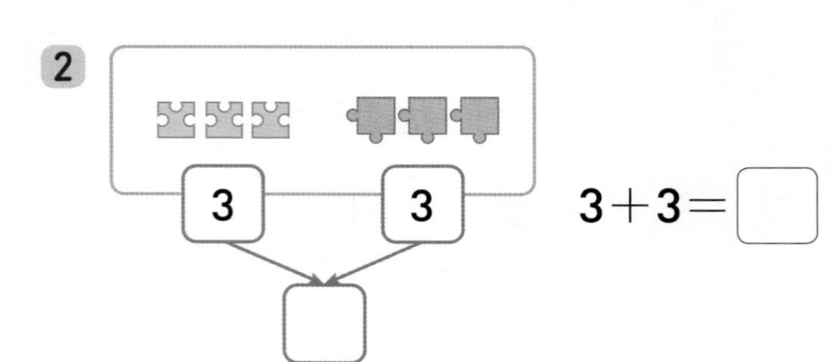

$3+3=\square$

3

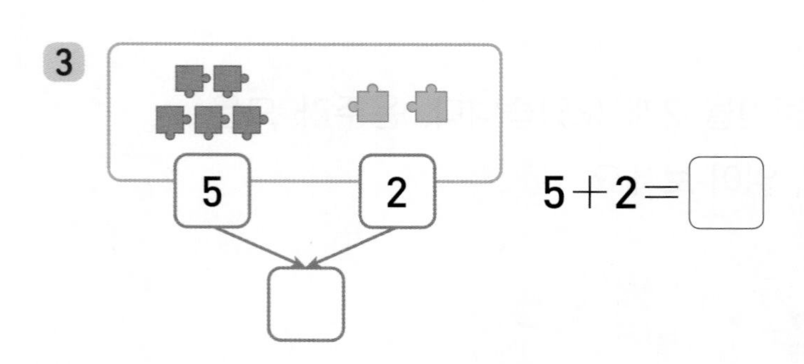

$5+2=\square$

4

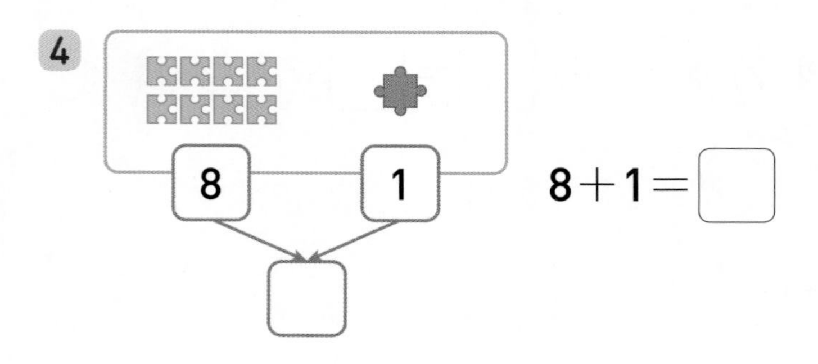

$8+1=\square$

◆ 그림의 수만큼 ○를 그려 덧셈을 해 보세요.

5

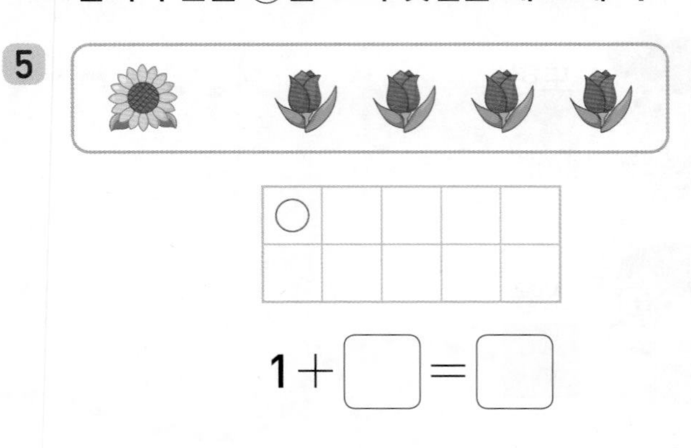

$1+\square=\square$

6

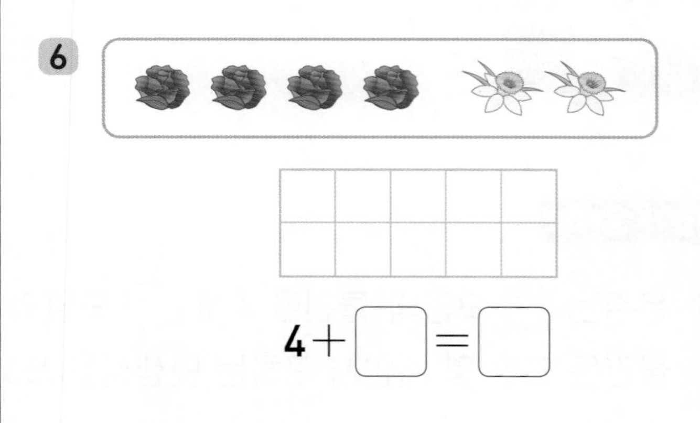

$4+\square=\square$

7

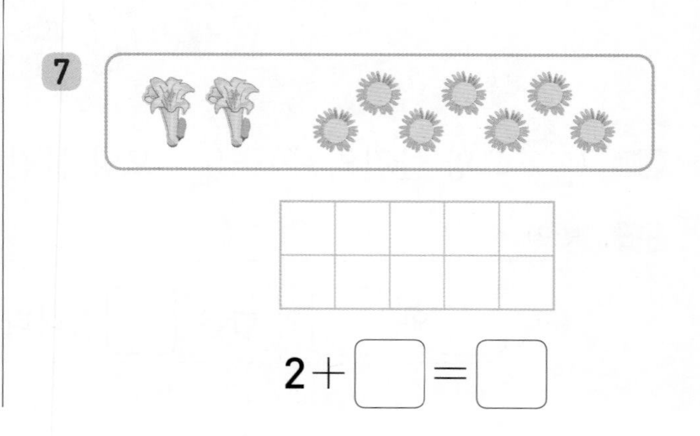

$2+\square=\square$

연습 덧셈 방법 알아보기

정답 11쪽

◆ 모으기를 이용하여 덧셈을 해 보세요.

8 $2+6=\square$

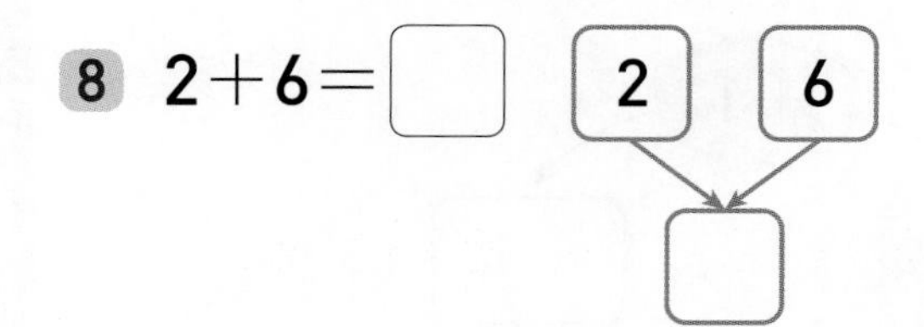

9 $1+3=\square$

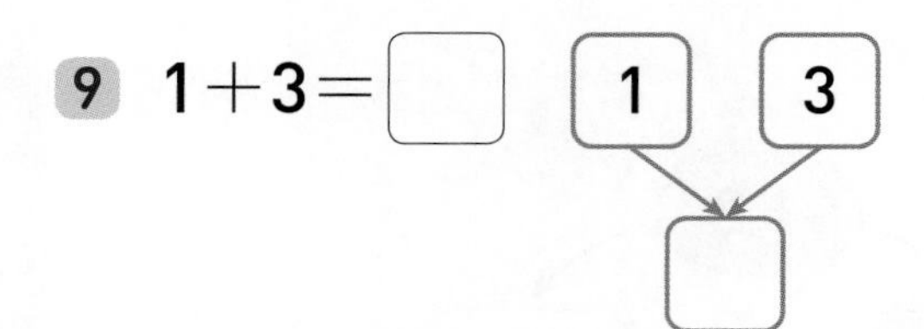

10 $5+1=\square$

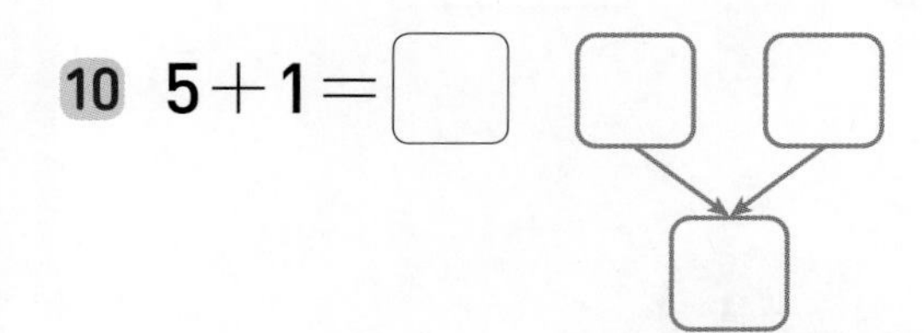

11 $3+2=\square$

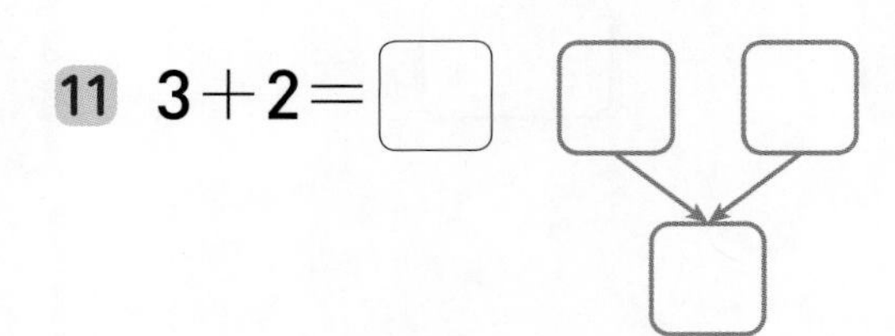

12 $1+8=\square$

13 $5+2=\square$

◆ 덧셈을 해 보세요.

14 ① $1+2=\square$ ② $1+6=\square$

15 ① $3+1=\square$ ② $3+5=\square$

16 ① $2+2=\square$ ② $2+5=\square$

17 ① $4+5=\square$ ② $4+1=\square$

18 ① $5+3=\square$ ② $5+4=\square$

19 ① $7+2=\square$ ② $7+1=\square$

20 ① $4+2=\square$ ② $4+4=\square$

21 ① $3+3=\square$ ② $3+4=\square$

22 ① $6+2=\square$ ② $6+3=\square$

적용 덧셈 방법 알아보기

◆ 그림과 알맞은 덧셈식을 잇고, 덧셈을 해 보세요.

23

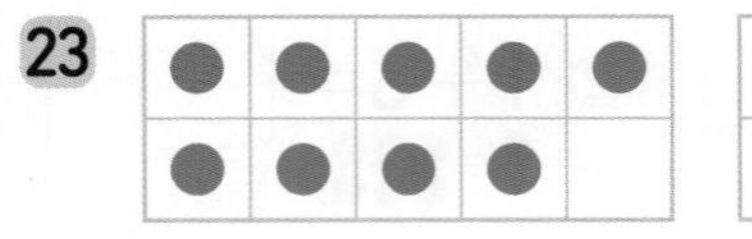
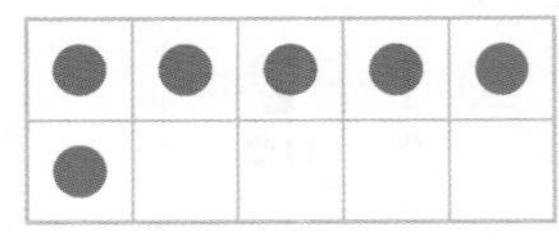

4+2=☐ 4+5=☐

24

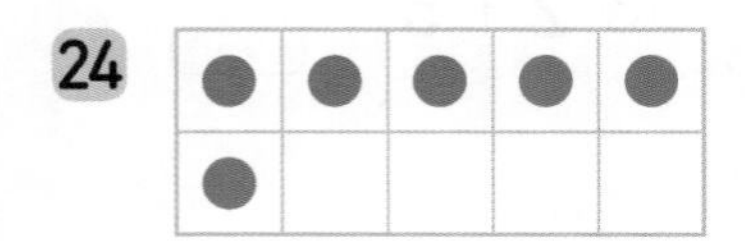
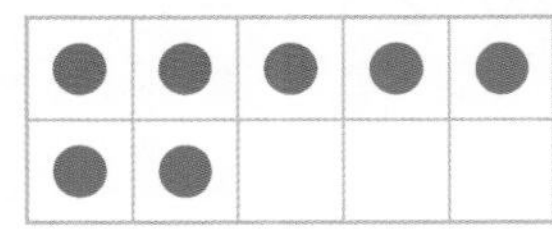

3+3=☐ 3+4=☐

25

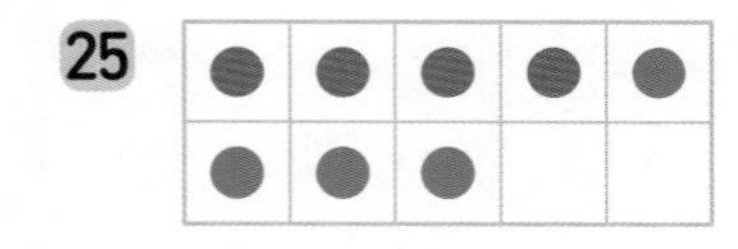
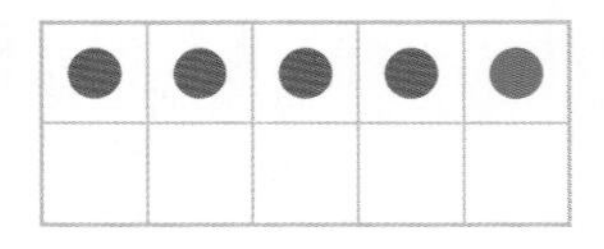

4+1=☐ 4+4=☐

26

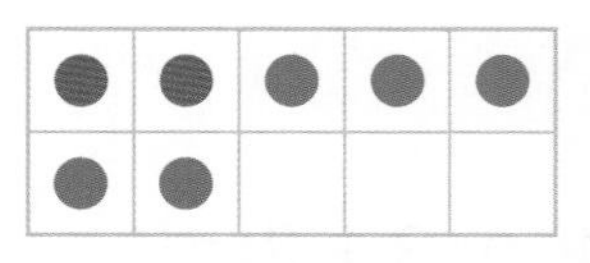

2+5=☐ 2+6=☐

◆ 빈칸에 알맞은 수를 써넣으세요.

27

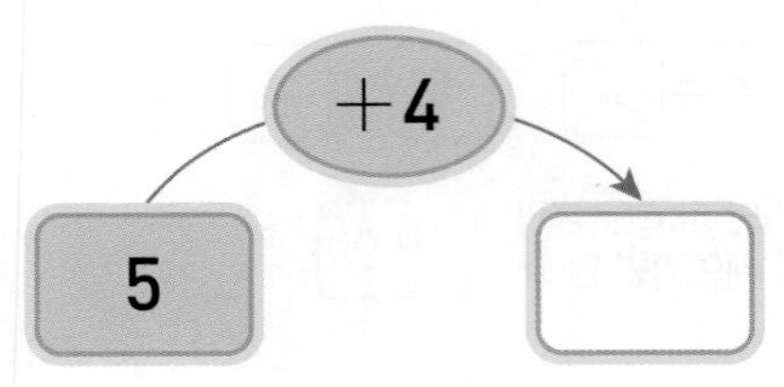

28

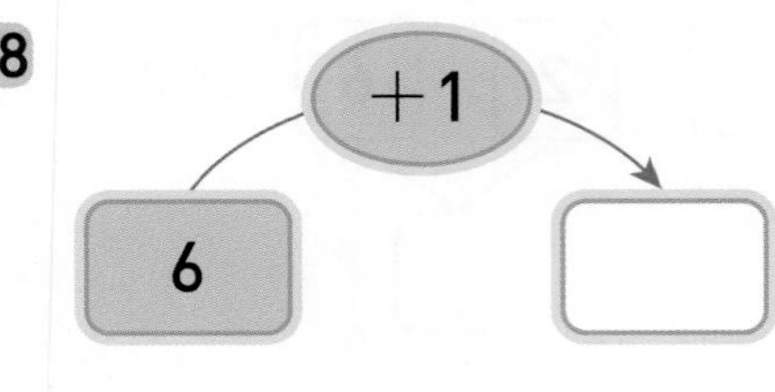

29

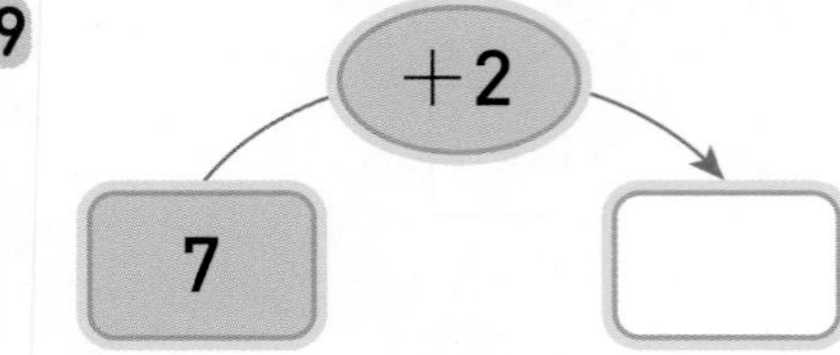

30

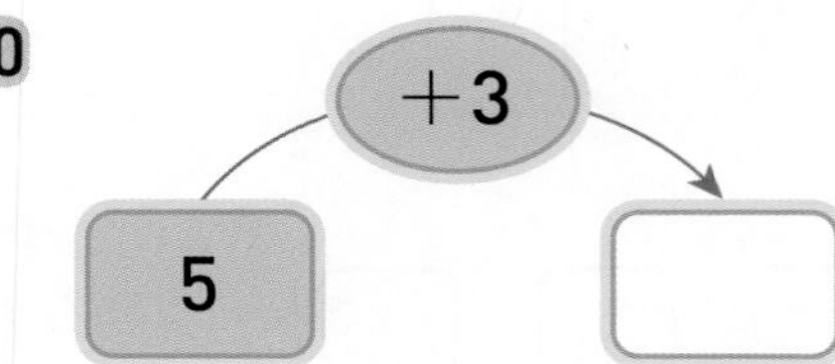

31

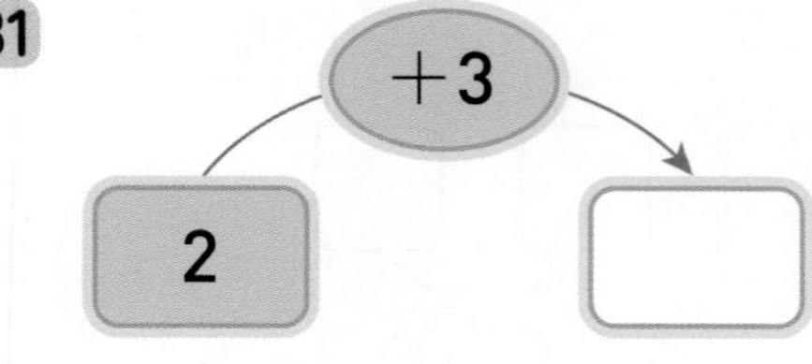

32

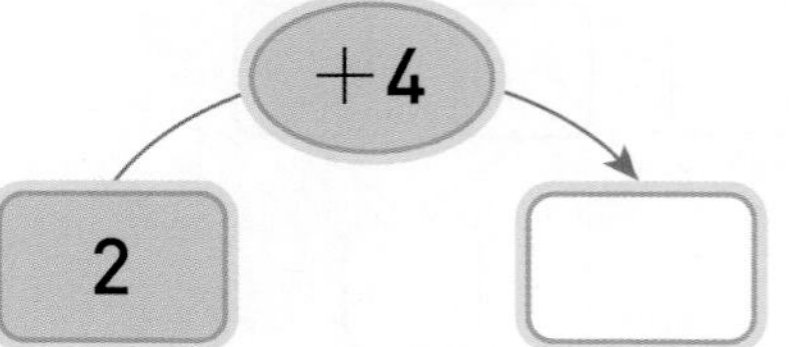

★ 완성 덧셈 방법 알아보기

정답 11쪽

◆ 동물 친구들 입 속에 충치 벌레가 모두 몇 마리인지 덧셈을 해 보세요.

33

1 + 4 = ☐

35

☐ + ☐ = ☐

34

☐ + ☐ = ☐

36

☐ + ☐ = ☐

3단원 17회

연산 + 문해력

37 흰색 바둑돌이 4개, 검은색 바둑돌이 4개 있습니다. 바둑돌은 모두 몇 개인지 구하세요.

풀이

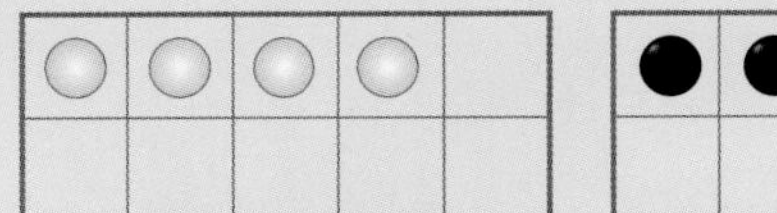

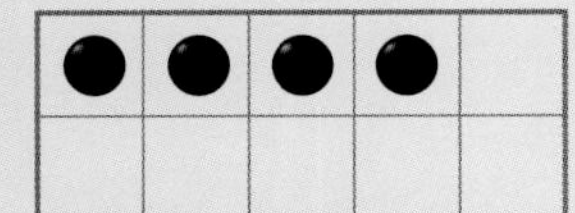

(흰색 바둑돌 수)+(검은색 바둑돌 수)

→ ☐ + ☐ = ☐

답 바둑돌은 모두 ☐ 개입니다.

개념 여러 가지 덧셈하기

18회 월 일

더하는 수가 1씩 커지면 합도 1씩 커집니다.

더하는 수 / 합

→ 2＋1＝3
→ 2＋2＝4 (＋1)
→ 2＋3＝5 (＋1)
→ 2＋4＝6 (＋1)

더하는 순서를 바꾸어도 합은 같습니다.

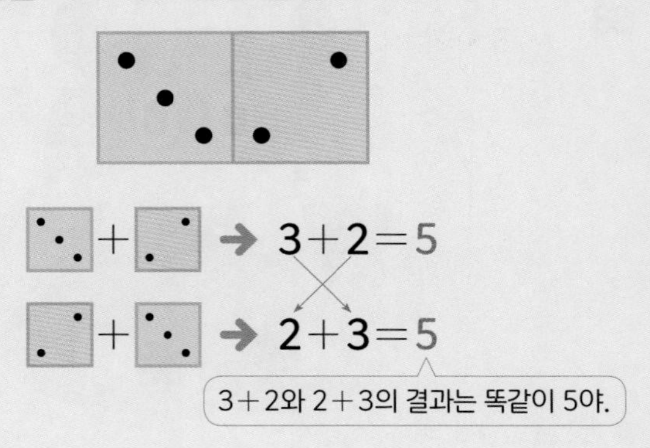

→ 3＋2＝5
→ 2＋3＝5

3＋2와 2＋3의 결과는 똑같이 5야.

◆ ☐ 안에 알맞은 수를 써넣으세요.

1
→ 1＋4＝☐
→ 1＋5＝☐
→ 1＋6＝☐

더하는 수가 1씩 커졌어.

2
→ 3＋2＝☐
→ 3＋3＝☐
→ 3＋4＝☐

더하는 수가 2씩 커졌어.

3
→ 1＋2＝☐
→ 1＋4＝☐
→ 1＋6＝☐

◆ ☐ 안에 알맞은 수를 써넣으세요.

4

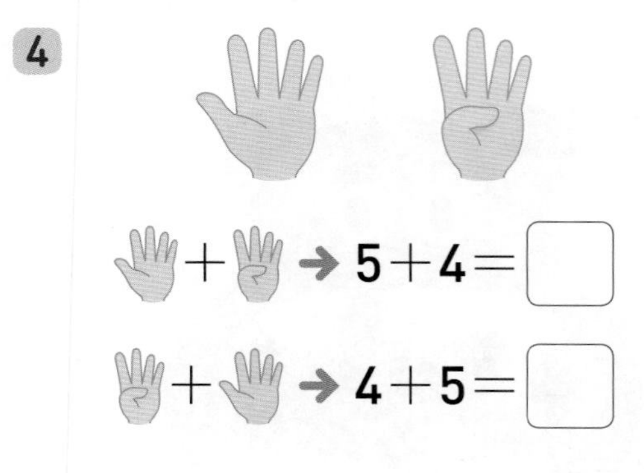

→ 5＋4＝☐
→ 4＋5＝☐

5
→ 3＋4＝☐
→ 4＋3＝☐

6
→ 2＋5＝☐
→ 5＋2＝☐

연습 여러 가지 덧셈하기

정답 11쪽

실수 콕! 7~10번 문제

$3+1=\boxed{4}$

$3+3=\boxed{5}$ (X)

$3+5=\boxed{6}$ (X)

2씩 커짐

더하는 수가 항상 1씩 커지는 건 아니니까 조심해!

◆ 덧셈을 해 보세요.

7 ① $2+1=\square$, $2+2=\square$, $2+3=\square$ ② $6+1=\square$, $6+2=\square$, $6+3=\square$

8 ① $5+3=\square$, $5+2=\square$, $5+1=\square$ ② $4+3=\square$, $4+2=\square$, $4+1=\square$

9 ① $3+2=\square$, $3+4=\square$, $3+6=\square$ ② $2+2=\square$, $2+4=\square$, $2+6=\square$

10 ① $2+5=\square$, $2+3=\square$, $2+1=\square$ ② $1+5=\square$, $1+3=\square$, $1+1=\square$

◆ 덧셈을 해 보세요.

11 ① $3+1=\square$, $1+3=\square$ ② $2+1=\square$, $1+2=\square$

12 ① $2+4=\square$, $4+2=\square$ ② $1+5=\square$, $5+1=\square$

13 ① $6+3=\square$, $3+6=\square$ ② $1+8=\square$, $8+1=\square$

14 ① $\square+3=5$, $\square+2=5$ ② $1+\square=5$, $4+\square=5$

15 ① $\square+4=7$, $\square+3=7$ ② $5+\square=7$, $2+\square=7$

16 ① $\square+7=8$, $\square+1=8$ ② $2+\square=8$, $6+\square=8$

3단원 18회

적용 여러 가지 덧셈하기

◆ 빈칸에 알맞은 수를 써넣으세요.

17

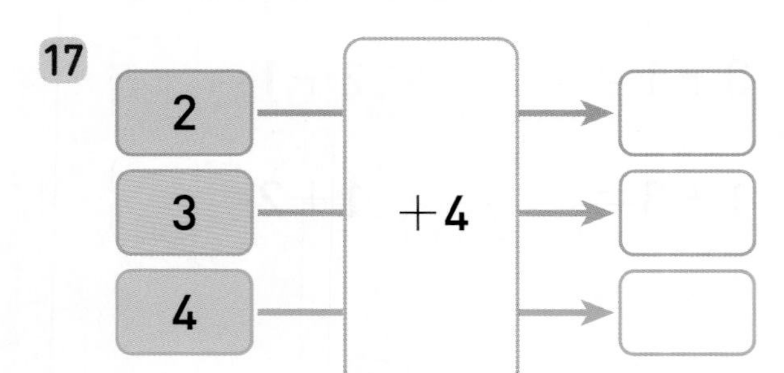

18

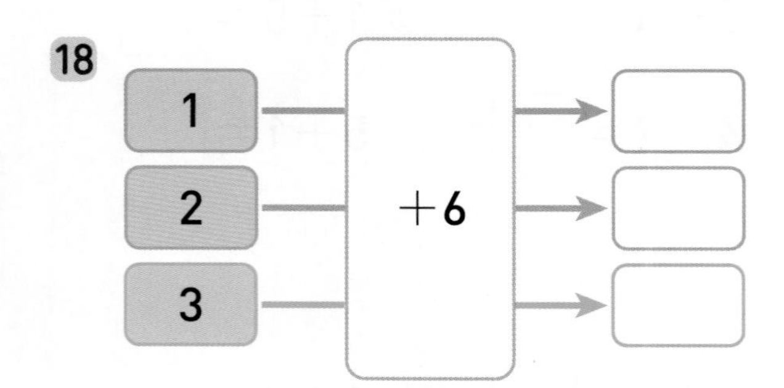

19

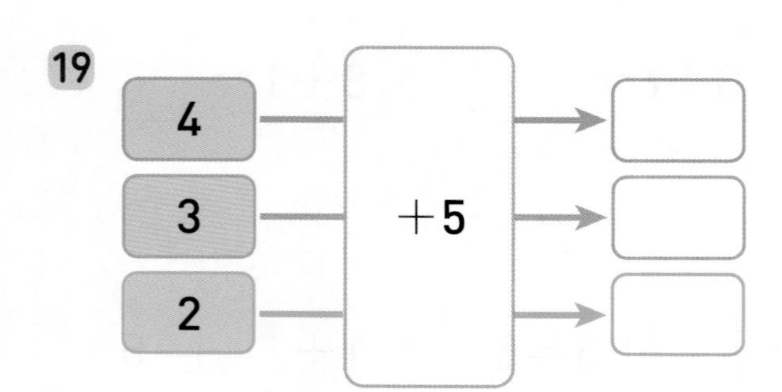

20

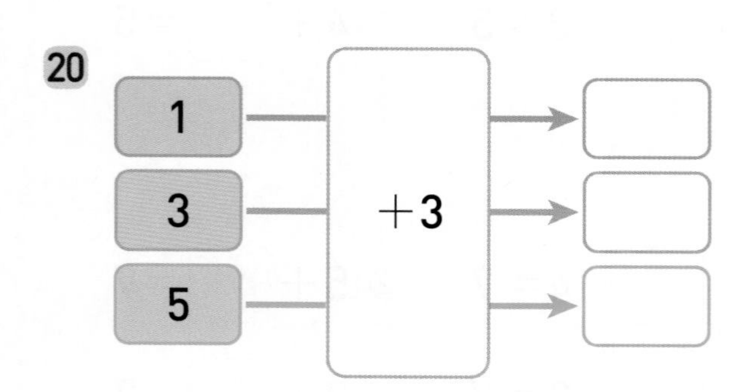

21

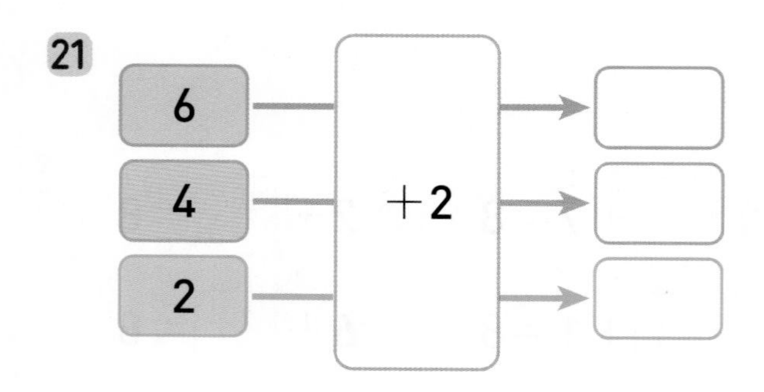

◆ 빈칸에 알맞은 수를 써넣으세요.

22

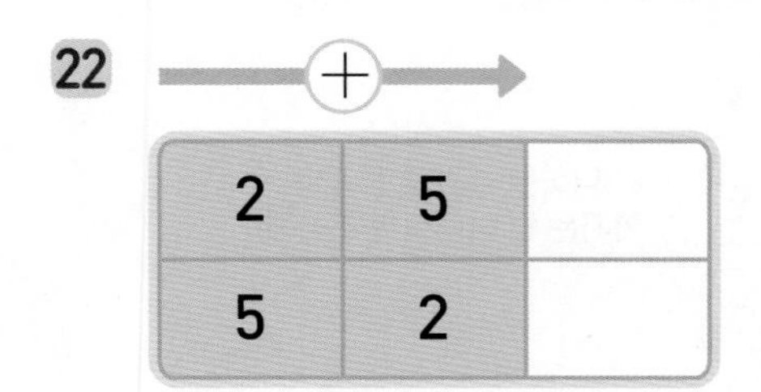

23

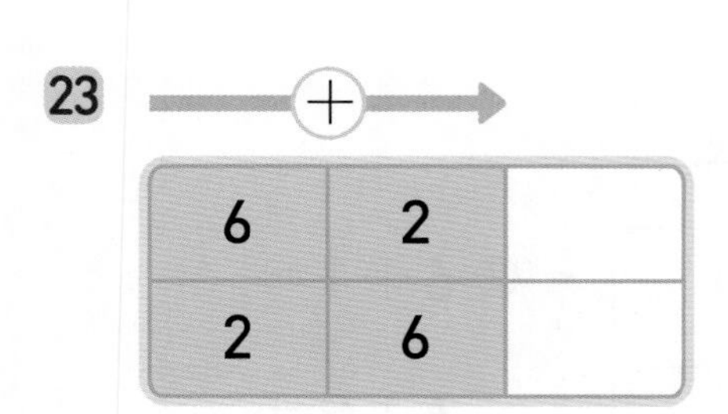

24

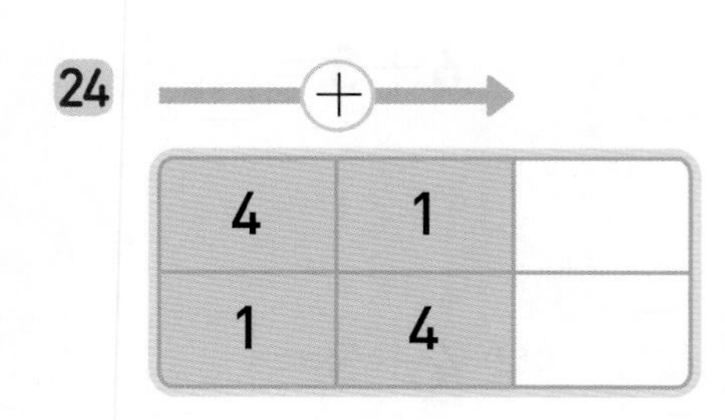

25

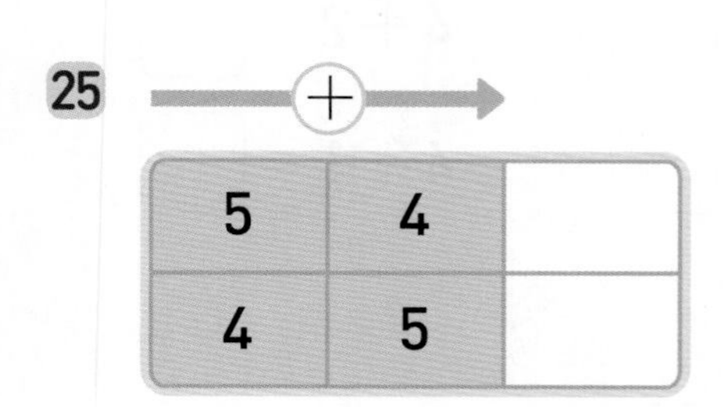

26

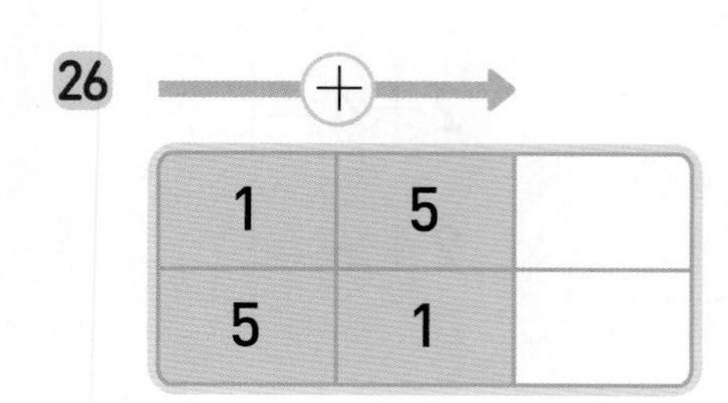

27

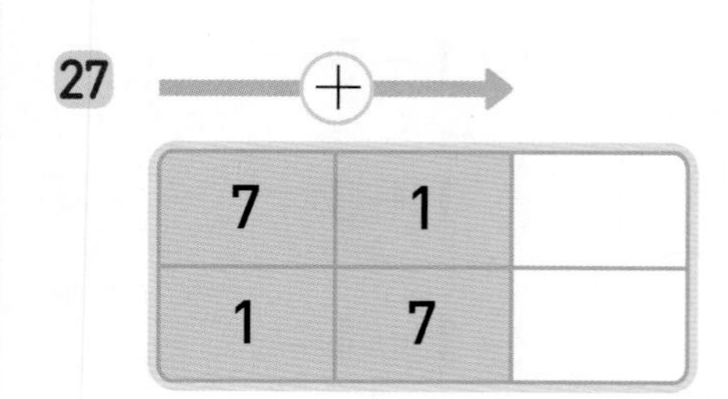

정답 12쪽

◆ 거미줄의 가운데부터 바깥쪽으로 덧셈을 하여 빈칸에 알맞은 수를 써넣으세요.

28

30

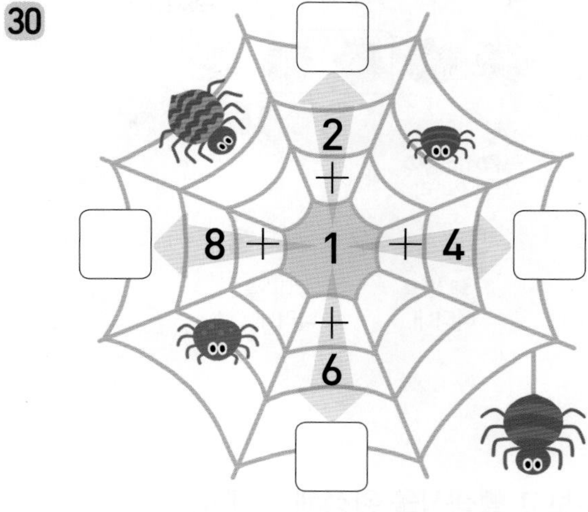

29

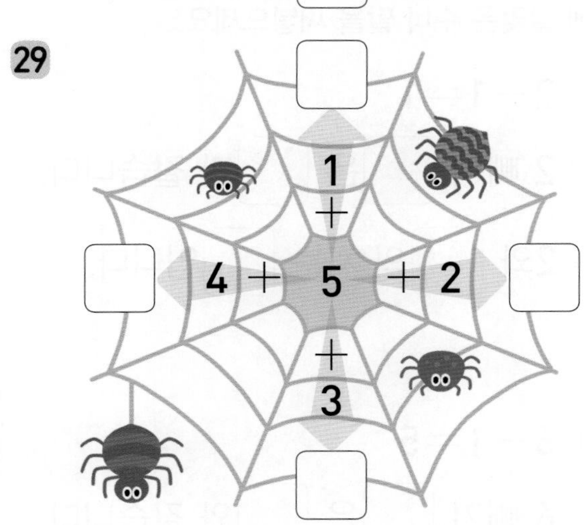

31

연산 + 문해력

32 윤아와 지혜가 가지고 있는 사과의 수를 각각 구하세요.

윤아

지혜

풀이

윤아	지혜
(초록색 사과 수)+(빨간색 사과 수) =□+□=□	(초록색 사과 수)+(빨간색 사과 수) =□+□=□

답 사과를 윤아는 □개, 지혜는 □개 가지고 있습니다.

개념 뺄셈식으로 나타내기

19회 월 일

뺄셈식은 '－'와 '＝'를 사용하여 나타냅니다.

5 － 2 ＝ 3

'빼기'를 나타내. '같다'를 나타내.

뺄셈식은 두 가지 방법으로 읽을 수 있습니다.

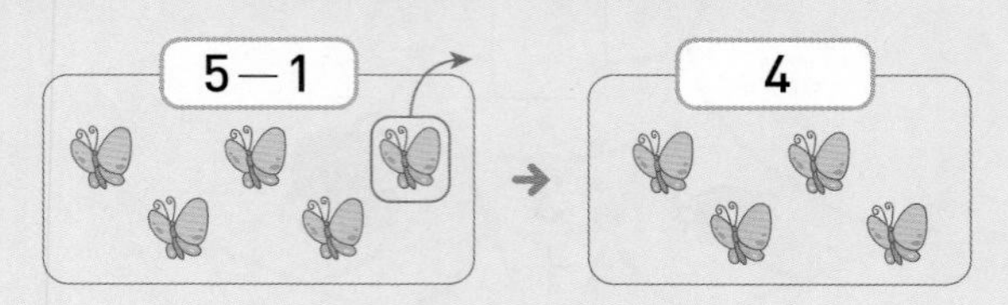

뺄셈식 $5-1=4$

읽기 5 빼기 1은 4와 같습니다.
5와 1의 차는 4입니다.

◆ 그림을 보고 뺄셈식을 완성해 보세요.

1

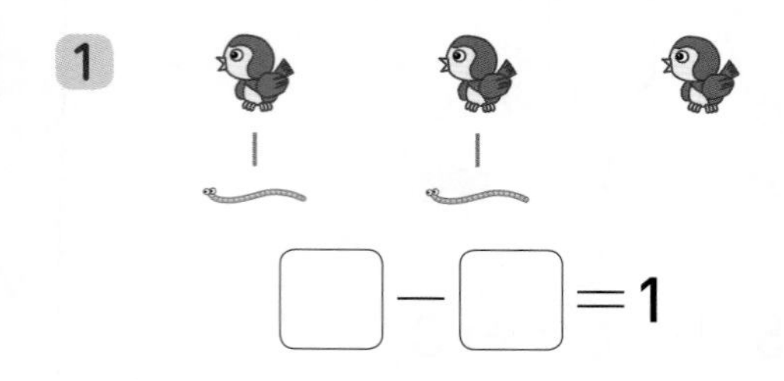

$\square - \square = 1$

2

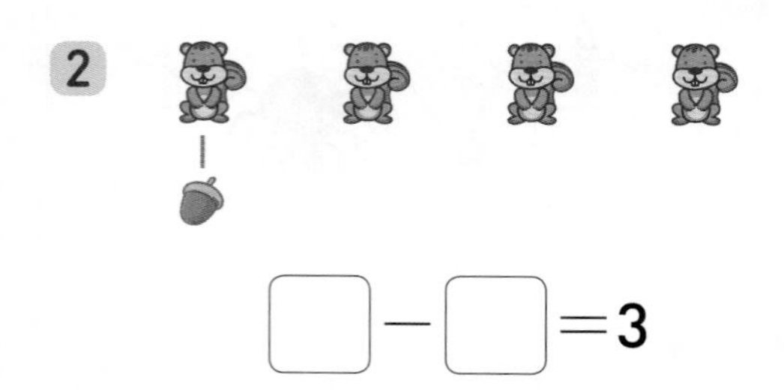

$\square - \square = 3$

3

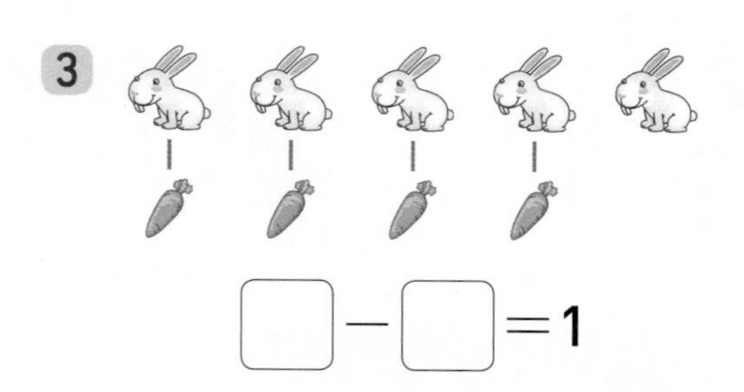

$\square - \square = 1$

4

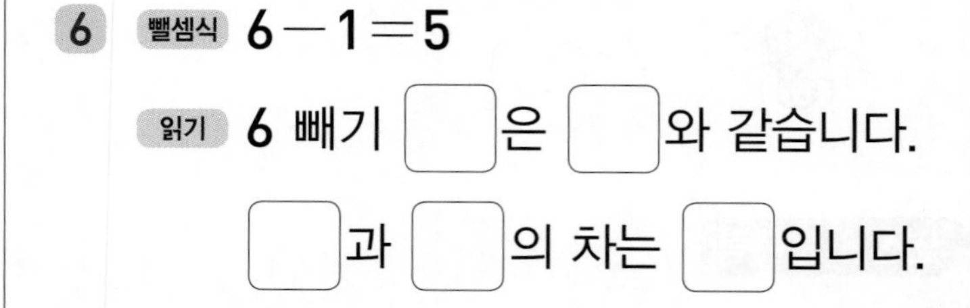

$\square - \square = 2$

◆ □ 안에 알맞은 수나 말을 써넣으세요.

5 뺄셈식 $2-1=1$

읽기 2 빼기 □은 □과 같습니다.

2와 □의 차는 □입니다.

6 뺄셈식 $6-1=5$

읽기 6 빼기 □은 □와 같습니다.

□과 □의 차는 □입니다.

7 뺄셈식 $8-6=2$

읽기 8 빼기 □은 □와 같습니다.

□과 □의 □는 2입니다.

8 뺄셈식 $9-5=4$

읽기 □ 빼기 □는 □와 같습니다.

□와 □의 □는 □입니다.

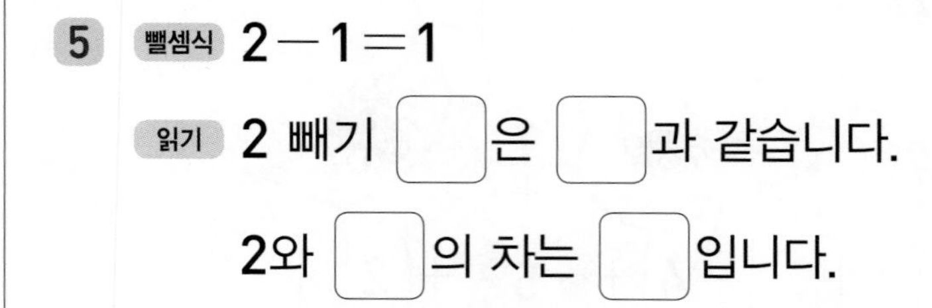

연습 뺄셈식으로 나타내기

정답 12쪽

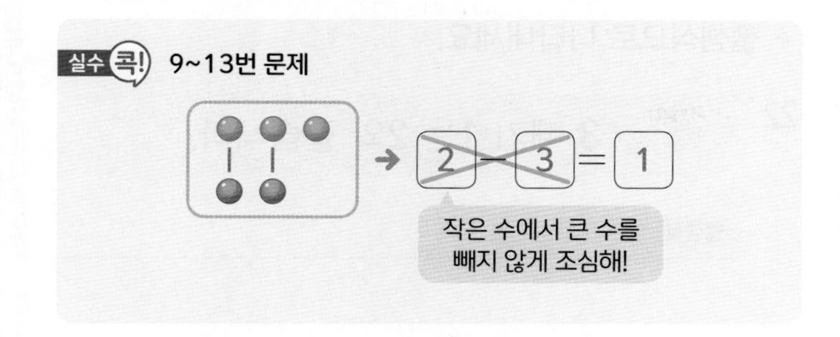

◆ 그림에 알맞은 뺄셈식을 쓰세요.

9

뺄셈식 ____________________

10

뺄셈식 ____________________

11

뺄셈식 ____________________

12

뺄셈식 ____________________

13

뺄셈식 ____________________

◆ 그림에 알맞은 뺄셈식을 쓰세요.

14

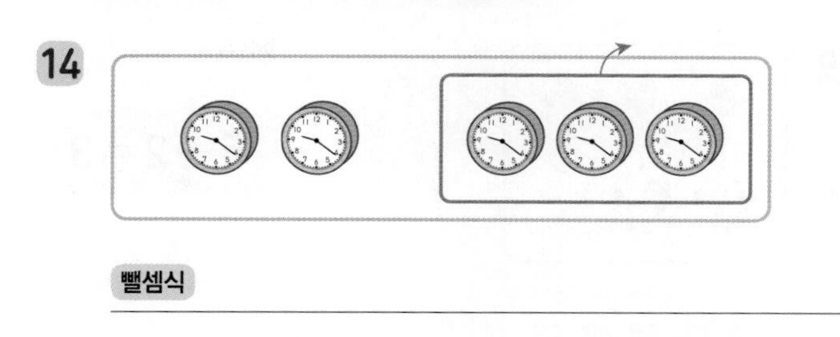

뺄셈식 ____________________

15

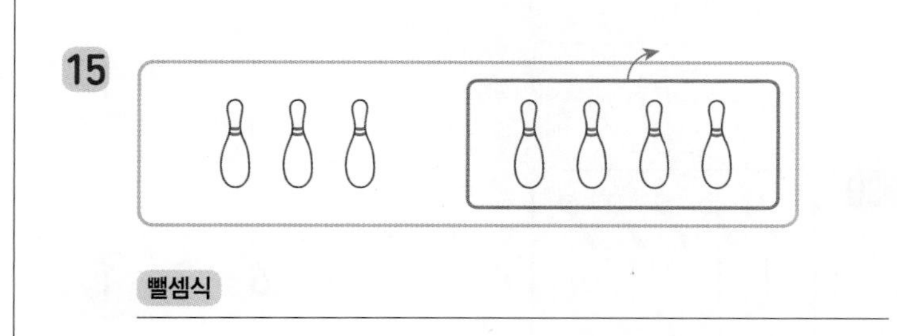

뺄셈식 ____________________

16

뺄셈식 ____________________

17

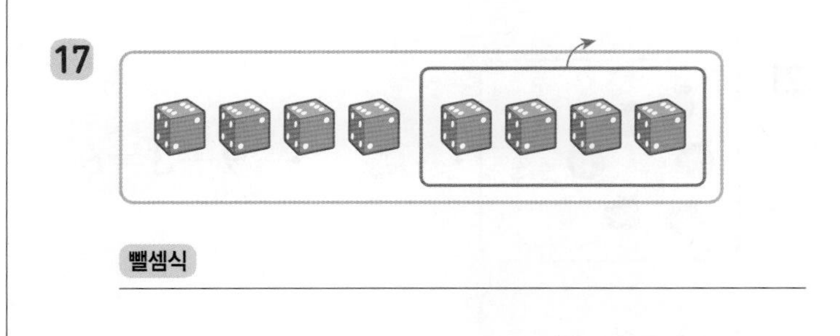

뺄셈식 ____________________

18

뺄셈식 ____________________

3단원 19회

적용 뺄셈식으로 나타내기

◆ 그림을 보고 알맞은 뺄셈식을 찾아 이어 보세요.

19

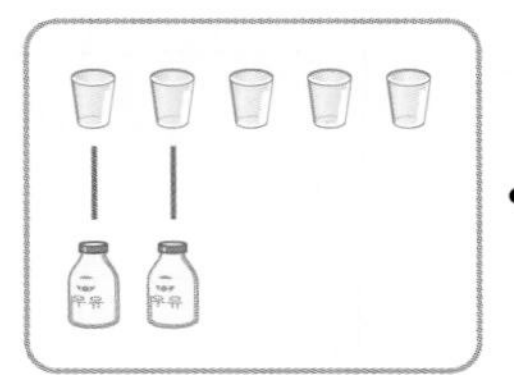

- $5-2=3$
- $3-2=1$

20

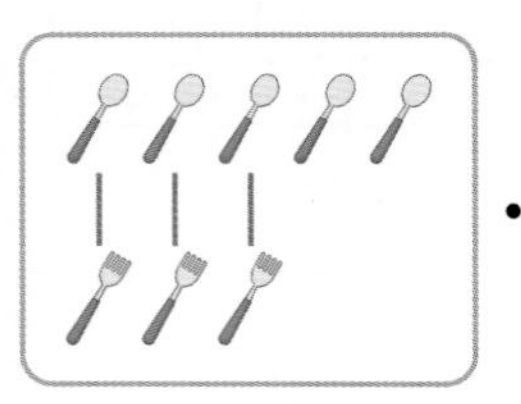

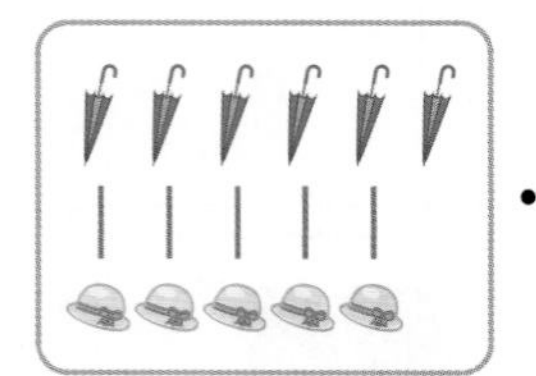

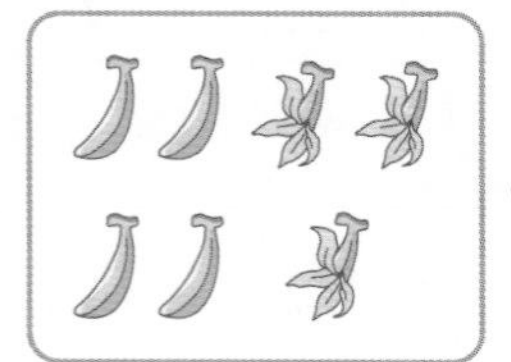

- $6-5=1$
- $5-3=2$
- $7-3=4$

21

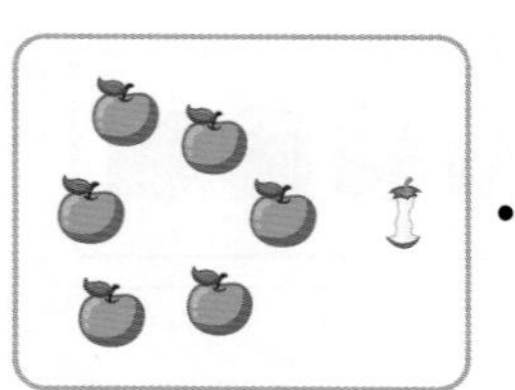

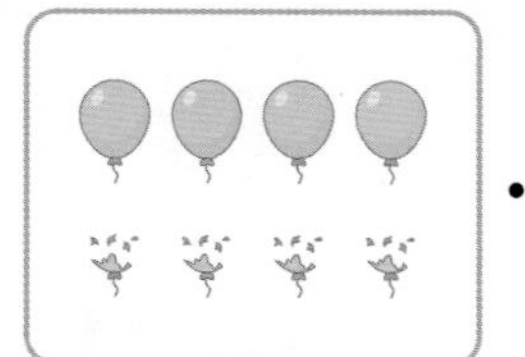

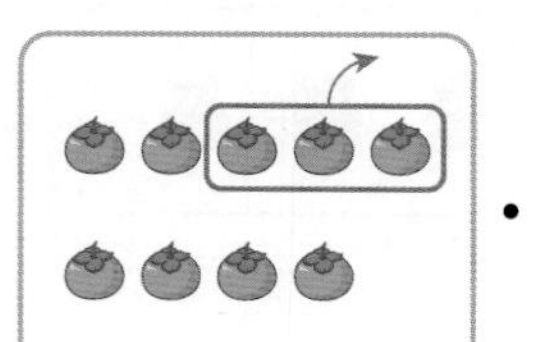

- $9-3=6$
- $7-1=6$
- $8-4=4$

◆ 뺄셈식으로 나타내세요.

22 3 빼기 1은 2와 같습니다.

뺄셈식 ______

23 6 빼기 2는 4와 같습니다.

뺄셈식 ______

24 8 빼기 1은 7과 같습니다.

뺄셈식 ______

25 9와 5의 차는 4입니다.

뺄셈식 ______

26 7과 5의 차는 2입니다.

뺄셈식 ______

27 6과 3의 차는 3입니다.

뺄셈식 ______

28 4와 3의 차는 1입니다.

뺄셈식 ______

★ 완성 뺄셈식으로 나타내기

정답 12쪽

◆ 아이스크림이 없는 펭귄은 몇 마리인지 뺄셈식으로 나타내세요.

29

→ 5 − ☐ = ☐

30

→ ☐ − ☐ = ☐

31

→ ☐ − ☐ = ☐

32

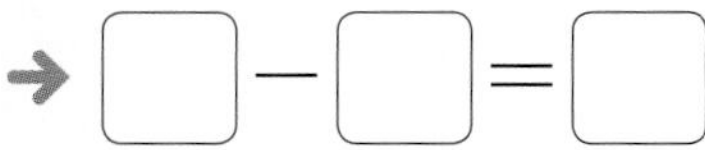

→ ☐ − ☐ = ☐

연산 + 문해력

33 성주는 ◯ 모양 5개, ☐ 모양 3개로 오른쪽과 같은 모양을 만들었습니다. ◯ 모양이 ☐ 모양보다 몇 개 더 많은지 구하는 뺄셈식을 쓰고, 읽어 보세요.

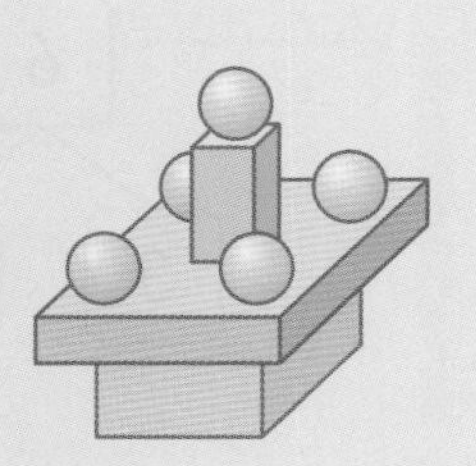

풀이 (◯ 모양의 수) − (☐ 모양의 수) → ☐ − ☐ = ☐

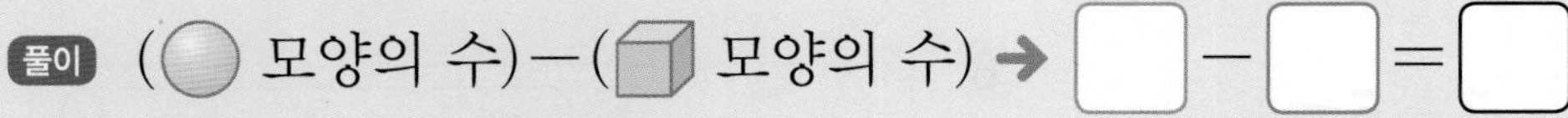

답 뺄셈식 ____________________

읽기 ☐와 ☐의 차는 ☐입니다.

개념 뺄셈 방법 알아보기

가르기를 이용하여 뺄셈을 합니다.

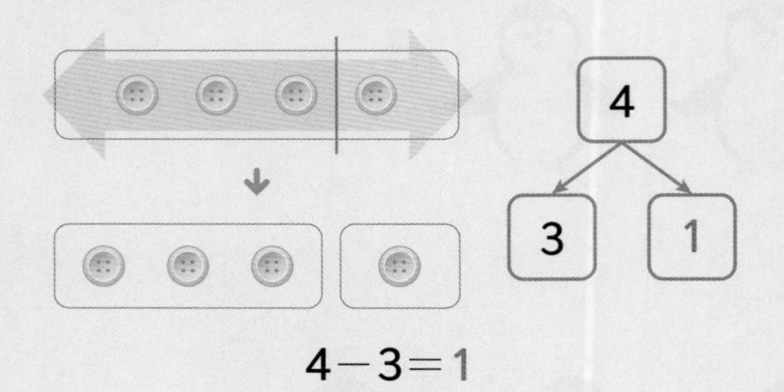

4 − 3 = 1

○를 그리고 빼는 수만큼 ／으로 지워서 뺄셈을 합니다.

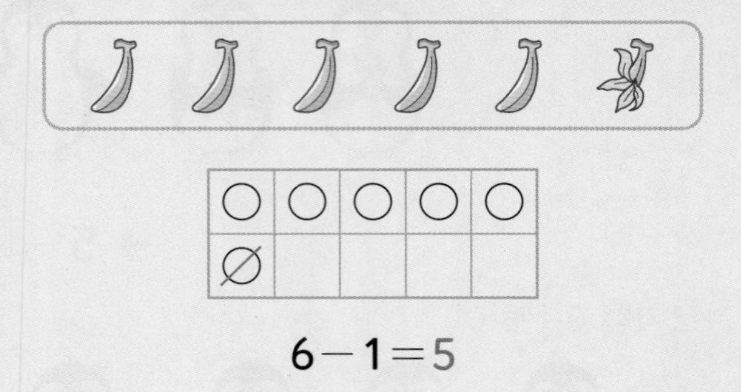

6 − 1 = 5

◆ 그림을 보고 가르기를 이용하여 뺄셈을 해 보세요.

1 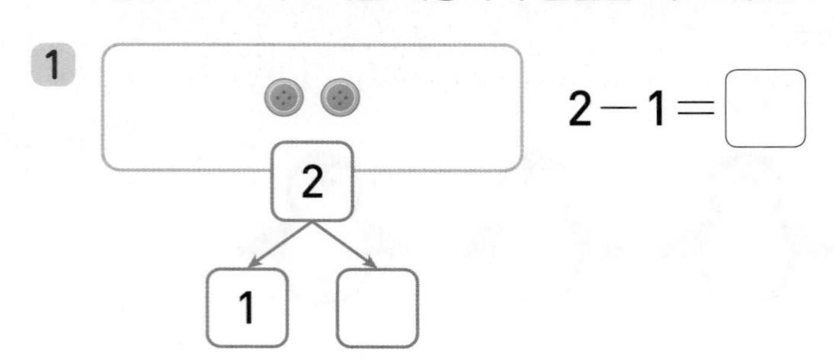

2 − 1 = □

2 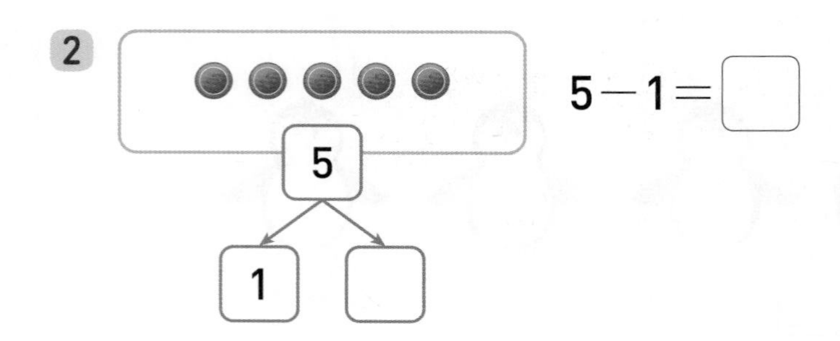

5 − 1 = □

3 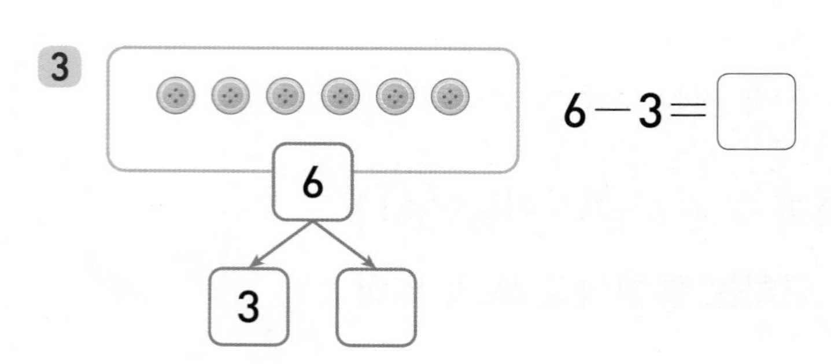

6 − 3 = □

4 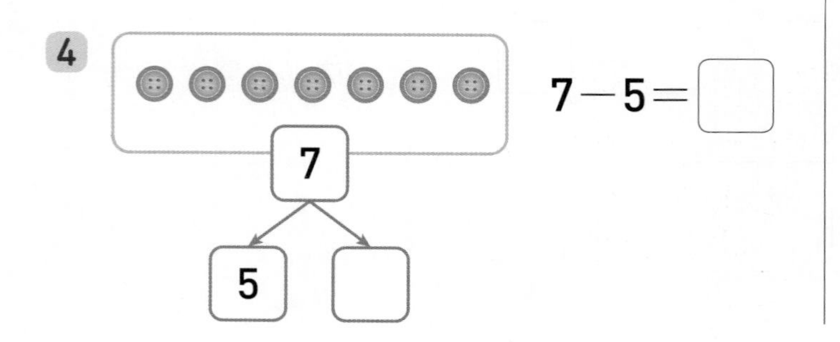

7 − 5 = □

◆ 그림을 보고 ○를 /으로 지우고, 뺄셈을 해 보세요.

5 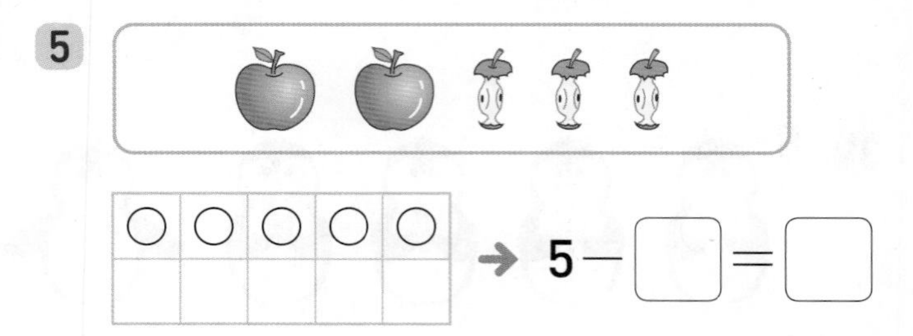

→ 5 − □ = □

6 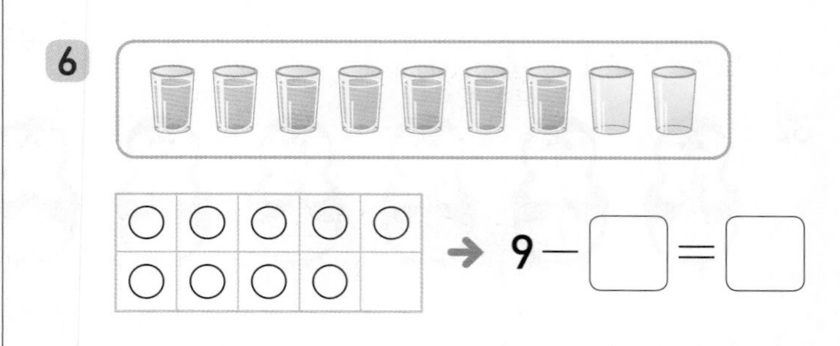

→ 9 − □ = □

7 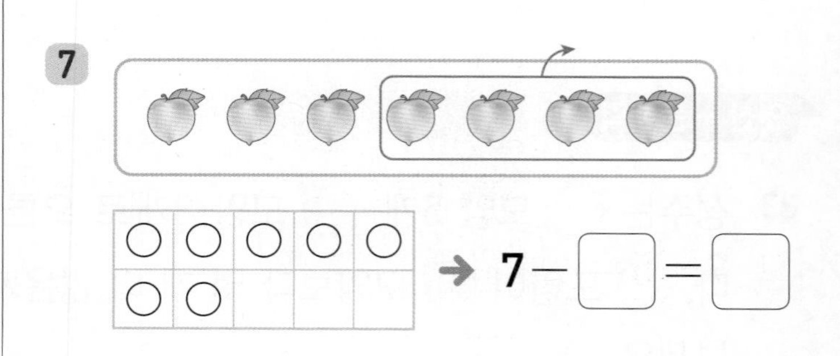

→ 7 − □ = □

8 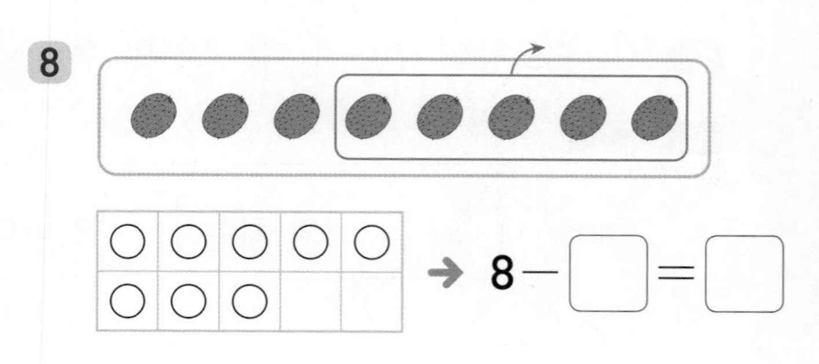

→ 8 − □ = □

연습 빼셈 방법 알아보기

정답 12쪽

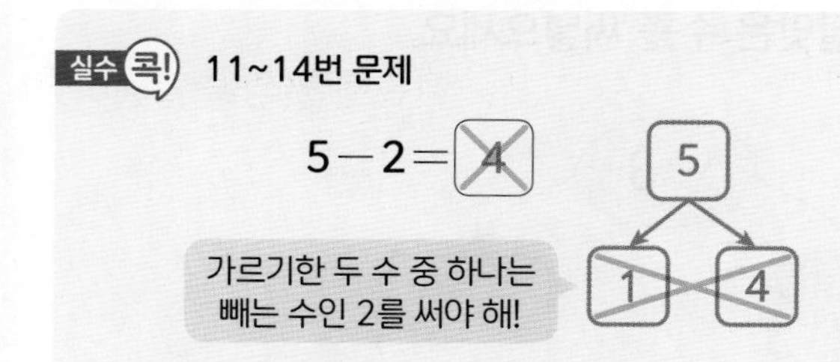

◆ 가르기를 이용하여 뺄셈을 해 보세요.

9 7－6＝☐

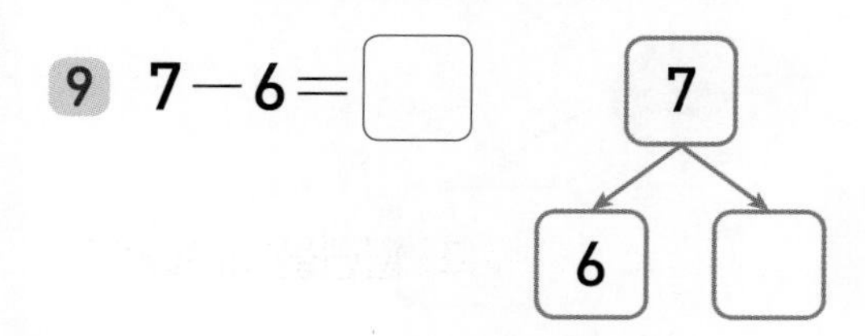

10 8－4＝☐

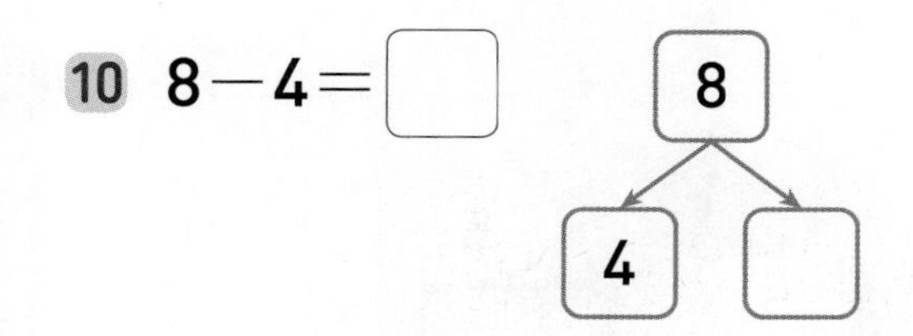

11 9－2＝☐

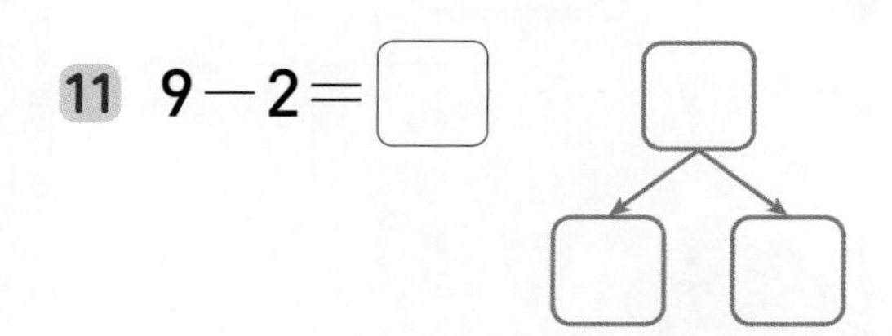

12 6－4＝☐

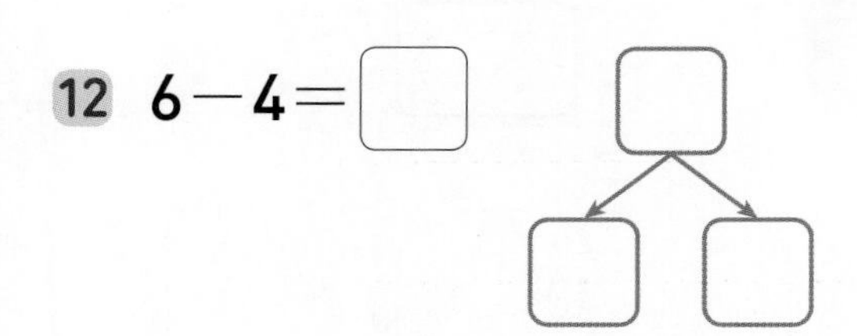

13 9－5＝☐

14 5－4＝☐

◆ 뺄셈을 해 보세요.

15 ① 3－1＝☐ ② 3－2＝☐

16 ① 6－2＝☐ ② 6－1＝☐

17 ① 7－5＝☐ ② 7－1＝☐

18 ① 8－5＝☐ ② 8－2＝☐

19 ① 9－8＝☐ ② 9－3＝☐

20 ① 4－1＝☐ ② 4－2＝☐

21 ① 5－1＝☐ ② 5－3＝☐

22 ① 8－3＝☐ ② 8－1＝☐

23 ① 6－3＝☐ ② 6－5＝☐

적용 뺄셈 방법 알아보기

◆ 그림과 알맞은 뺄셈식을 잇고, 뺄셈을 해 보세요.

24

$8-3=\square$ 　 $5-2=\square$

25

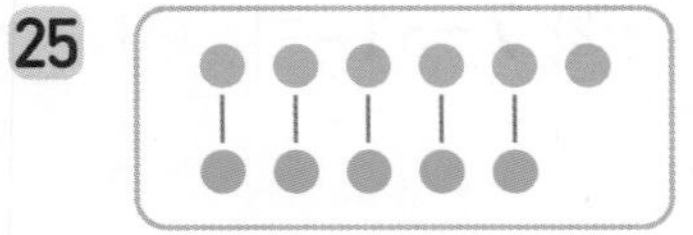

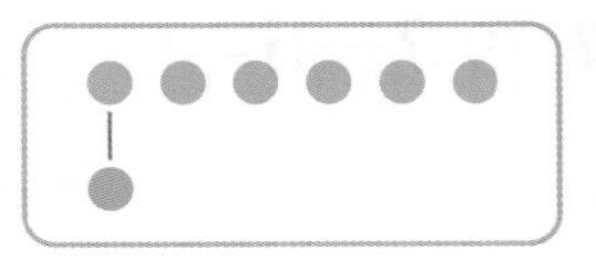

$6-1=\square$ 　 $6-5=\square$

26

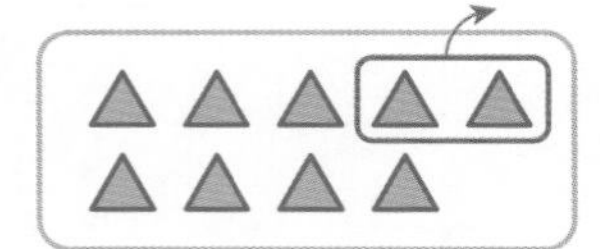

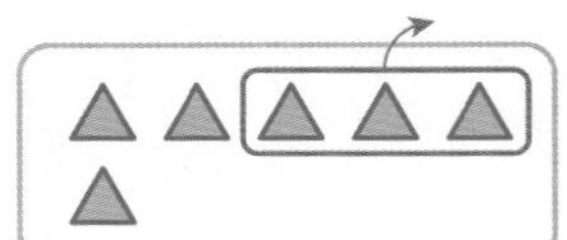

$9-2=\square$ 　 $6-3=\square$

27

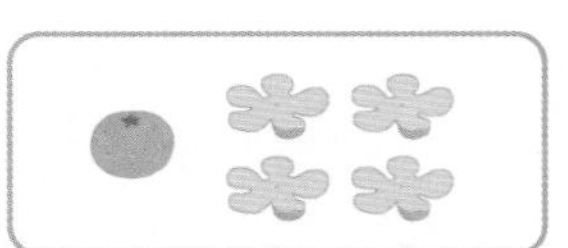

$5-3=\square$ 　 $5-4=\square$

◆ 빈칸에 알맞은 수를 써넣으세요.

28

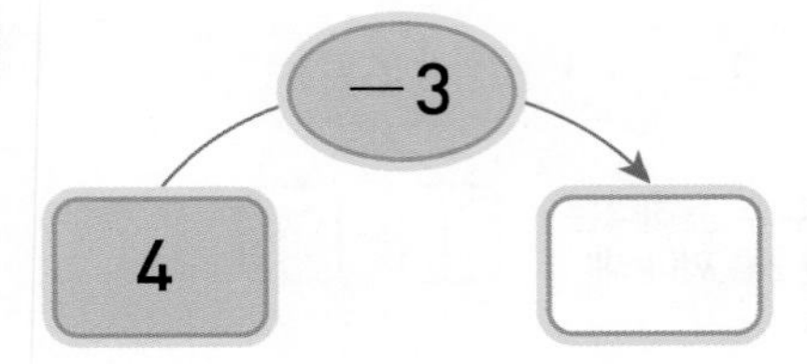

29

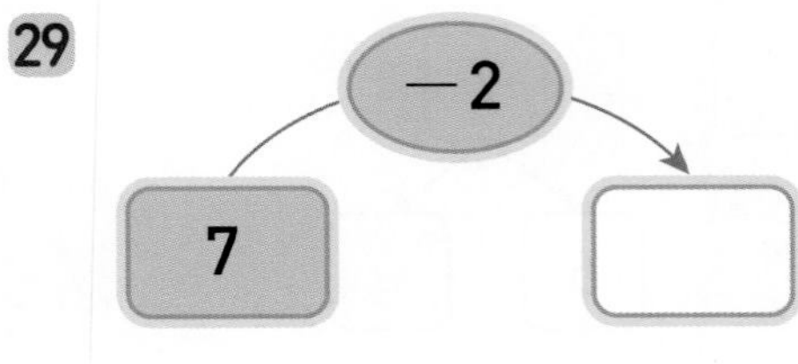

30

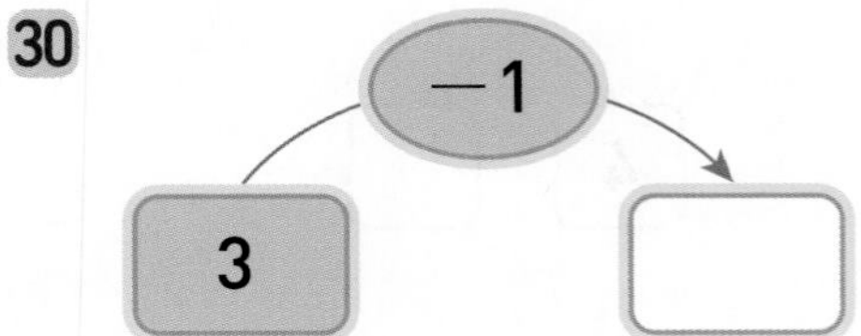

31

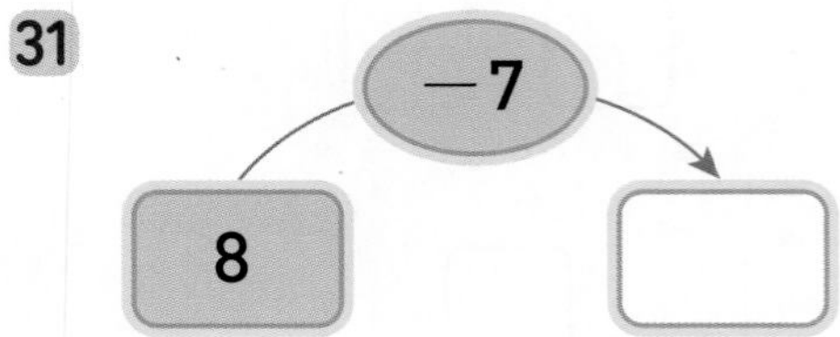

32

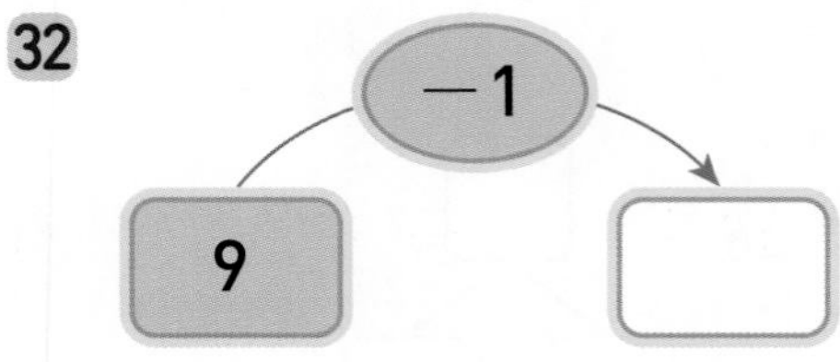

33

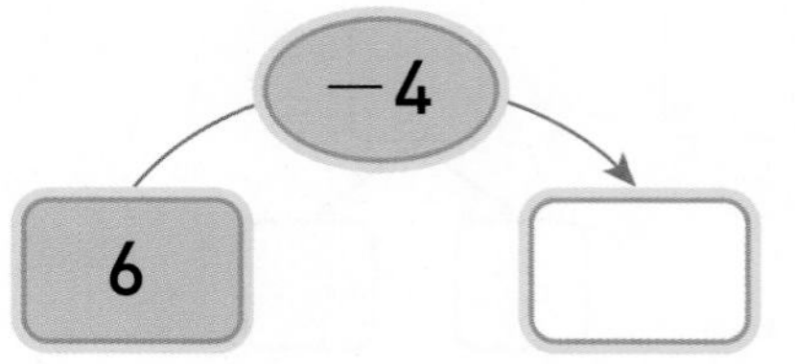

★ 완성 빼셈 방법 알아보기

정답 13쪽

◆ 각 둥지에서 아직 공룡이 깨어나지 않은 알은 몇 개인지 빼셈을 해 보세요.

34

36

35

37

3 단원 20회

연산 + 문해력

38 풍선이 5개 있었는데 그중 1개가 터졌습니다. 남은 풍선은 몇 개인지 구하세요.

풀이 (처음 풍선 수)−(터진 풍선 수)

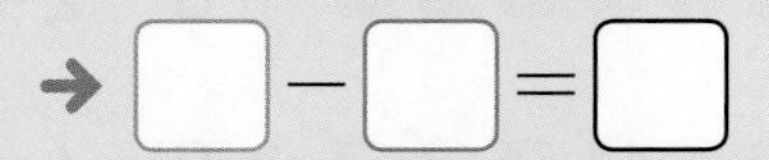

→ □ − □ = □

답 남은 풍선은 □ 개입니다.

여러 가지 뺄셈하기

사과의 수가 1씩 작아지면 차도 1씩 작아집니다.

사과의 수 / 차

$5-2=3$

$4-2=2$ (−1)

$3-2=1$ (−1)

빼는 수가 1씩 커지면 차는 1씩 작아집니다.

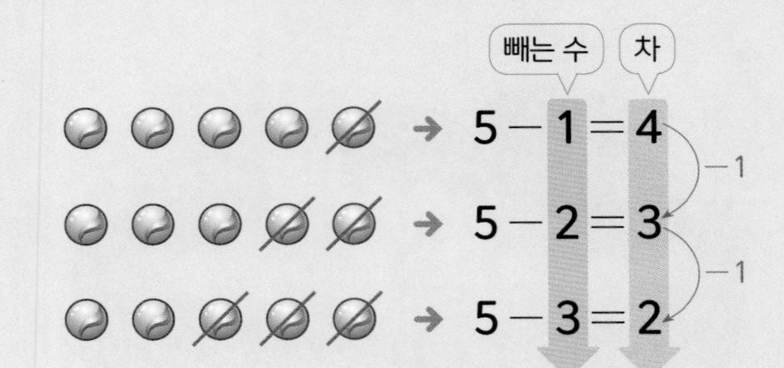

◆ □ 안에 알맞은 수를 써넣으세요.

1

$6-2=$ □

$5-2=$ □

$4-2=$ □

2

$5-1=$ □

$4-1=$ □

$3-1=$ □

3

$7-4=$ □

$6-4=$ □

$5-4=$ □

◆ □ 안에 알맞은 수를 써넣으세요.

4

$4-1=$ □

$4-2=$ □

$4-3=$ □

빼는 수가 1씩 커졌어.

5

$6-2=$ □

$6-3=$ □

$6-4=$ □

6

$7-1=$ □

$7-3=$ □

$7-5=$ □

빼는 수가 2씩 커졌어.

7

$8-2=$ □

$8-4=$ □

$8-6=$ □

연습 여러 가지 뺄셈하기

정답 13쪽

실수 콕! 12~16번 문제

$7-1=6$

$7-2=\cancel{7}$

$7-3=\cancel{8}$

빼는 수가 커졌다고 차도 커지면 안 돼!

◆ 뺄셈을 해 보세요.

8 ① $5-1=\square$ $4-1=\square$ $3-1=\square$
② $5-2=\square$ $4-2=\square$ $3-2=\square$

9 ① $6-4=\square$ $7-4=\square$ $8-4=\square$
② $6-3=\square$ $7-3=\square$ $8-3=\square$

10 ① $5-3=\square$ $7-3=\square$ $9-3=\square$
② $5-2=\square$ $7-2=\square$ $9-2=\square$

11 ① $8-3=\square$ $6-3=\square$ $4-3=\square$
② $8-2=\square$ $6-2=\square$ $4-2=\square$

◆ 뺄셈을 해 보세요.

12 ① $5-2=\square$ $5-3=\square$ $5-4=\square$
② $6-2=\square$ $6-3=\square$ $6-4=\square$

13 ① $7-5=\square$ $7-4=\square$ $7-3=\square$
② $8-5=\square$ $8-4=\square$ $8-3=\square$

14 ① $6-1=\square$ $6-3=\square$ $6-5=\square$
② $9-1=\square$ $9-3=\square$ $9-5=\square$

15 ① $7-6=\square$ $7-4=\square$ $7-2=\square$
② $8-6=\square$ $8-4=\square$ $8-2=\square$

16 ① $9-1=\square$ $9-2=\square$ $9-3=\square$
② $6-1=\square$ $6-2=\square$ $6-3=\square$

3단원 21회

적용 여러 가지 뺄셈하기

◆ 빈칸에 알맞은 수를 써넣으세요.

17 (−)

7	8	9
1	1	1

18 (−)

6	5	4
3	3	3

19 (−)

3	5	7
2	2	2

20 (−)

4	6	8
1	1	1

21

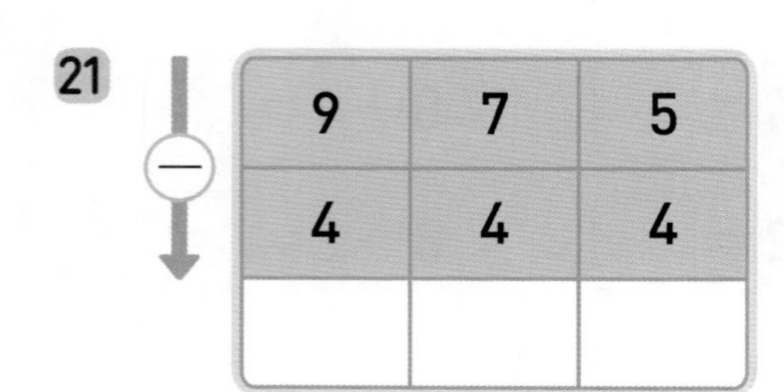

9	7	5
4	4	4

22

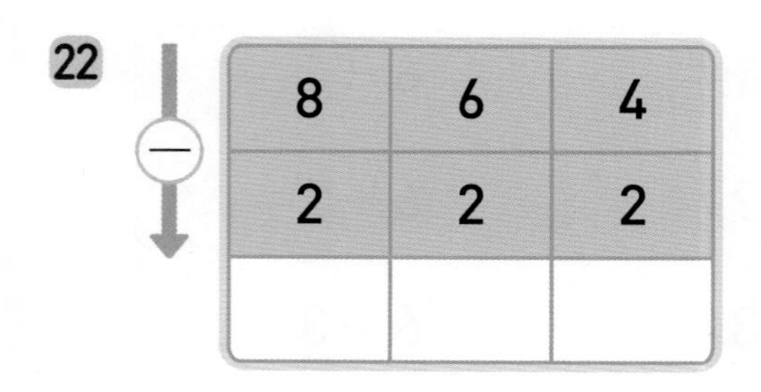

8	6	4
2	2	2

◆ 계산한 값이 가장 작은 것을 찾아 ▢ 안에 알맞은 기호를 써넣으세요.

23

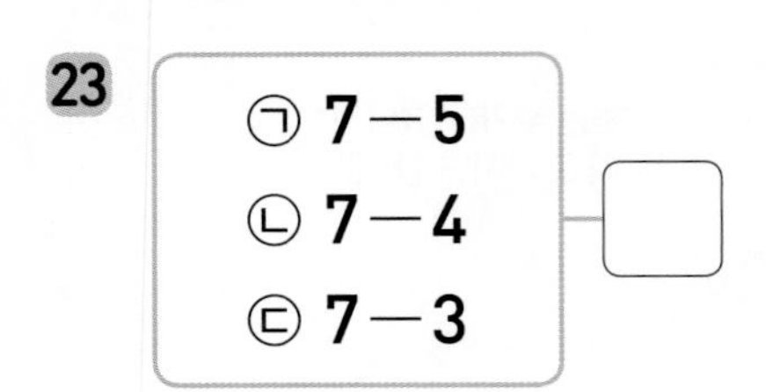

24

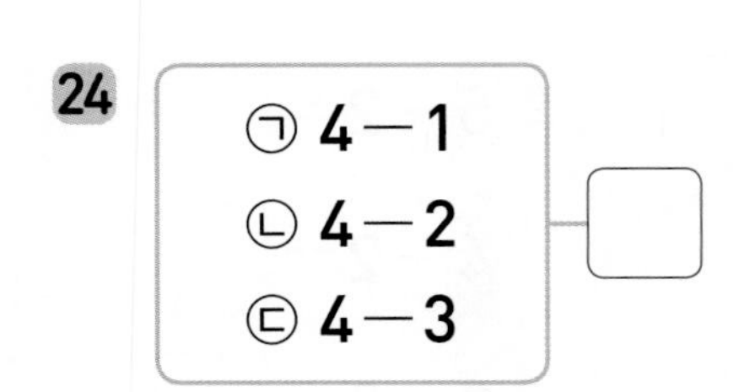

25

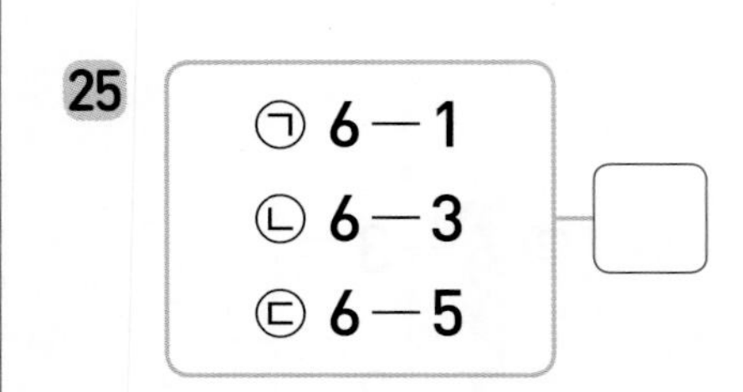

26

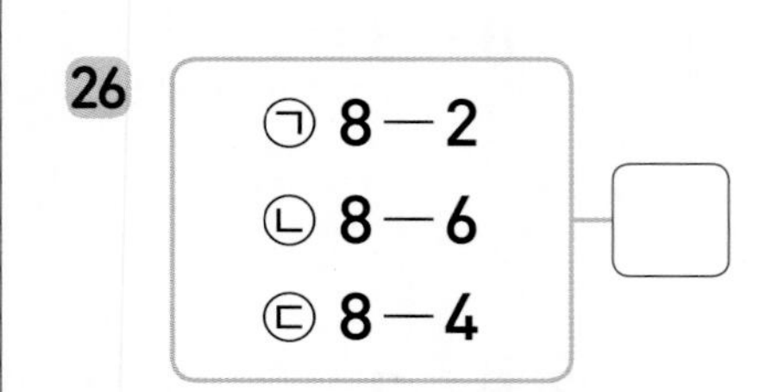

27

28

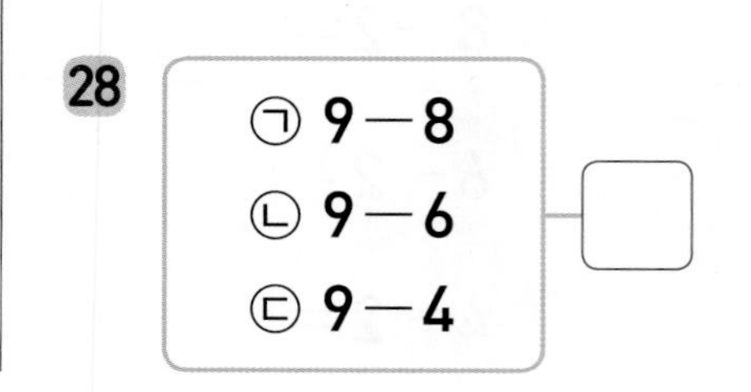

정답 13쪽

완성 여러 가지 뺄셈하기

◆ 우주선의 위에서부터 아래쪽으로 뺄셈을 하여 빈칸에 알맞은 수를 써넣으세요.

29

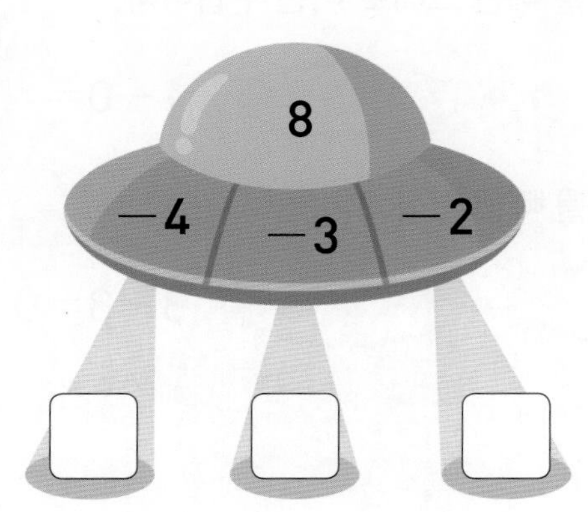

30

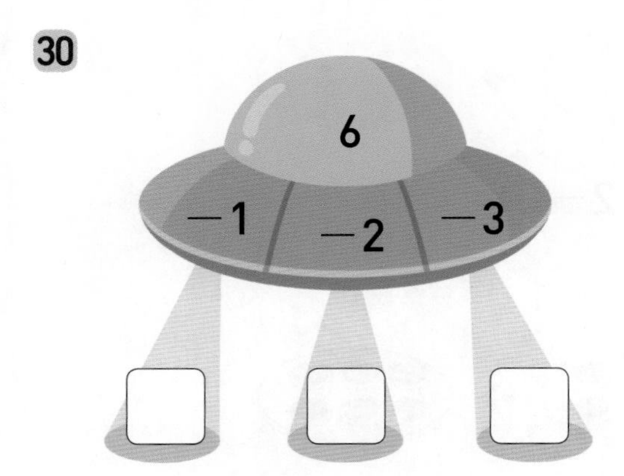

31

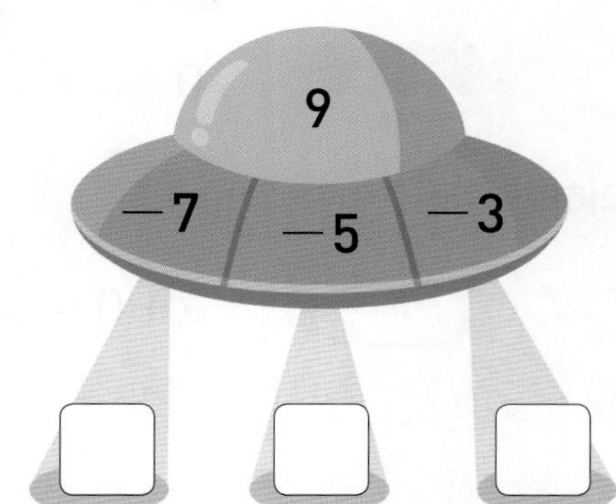

32

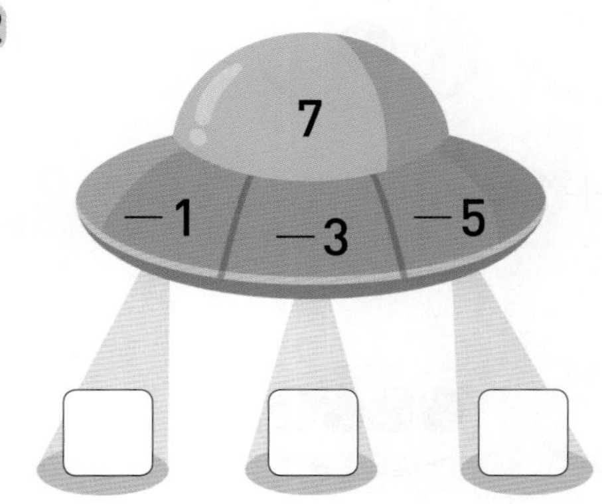

연산 + 문해력

33 정우와 윤아는 초콜릿을 **7**개씩 가지고 있었습니다. 초콜릿을 정우는 3개, 윤아는 4개를 먹었다면 정우에게 남은 초콜릿은 윤아에게 남은 초콜릿보다 몇 개 더 많은지 구하세요.

풀이 (정우에게 남은 초콜릿 수)$=$**7**$-$☐$=$☐

(윤아에게 남은 초콜릿 수)$=$**7**$-$☐$=$☐

→ ☐$-$☐$=$☐

답 정우에게 남은 초콜릿은 윤아에게 남은 초콜릿보다 ☐개 더 많습니다.

개념 0을 더하거나 빼기

0에 어떤 수를 더하면 항상 어떤 수가 됩니다.

0+3=3

어떤 수에 0을 더하면 그대로 어떤 수입니다.

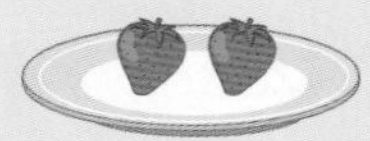

2+0=2

어떤 수에서 0을 빼면 그대로 어떤 수입니다.

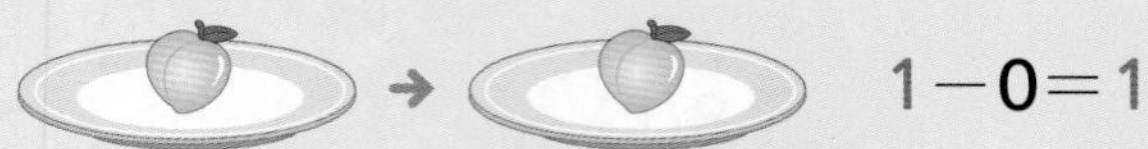

1−0=1

전체에서 전체를 빼면 항상 0이 됩니다.

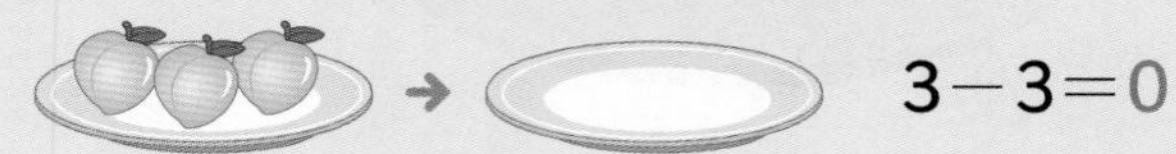

3−3=0

◆ 그림을 보고 덧셈을 해 보세요.

1

0+1=□

2

0+4=□

3

3+0=□

4

5+0=□

5

7+0=□

◆ 그림을 보고 뺄셈을 해 보세요.

6
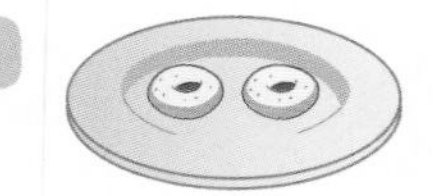

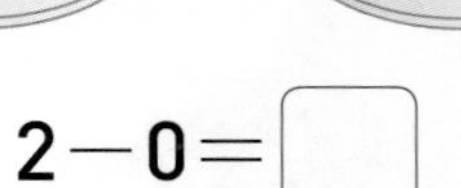

2−0=□

7

6−0=□

8
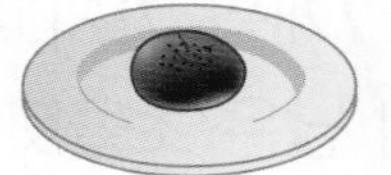

1−1=□

9
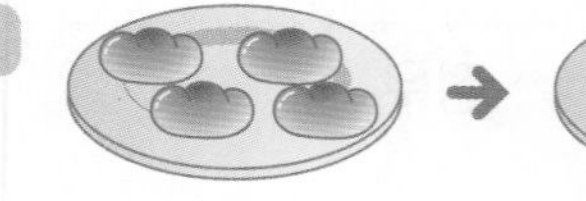

4−4=□

10

8−8=□

연습 0을 더하거나 빼기

정답 13쪽

실수 콕! 19~27번 문제

1 − 1 = ☒ 아무것도 없는 0이라고 □ 안에 아무것도 쓰지 않으면 안 돼!

◆ 덧셈을 해 보세요.

11 ① $3+0=\square$ ② $0+2=\square$

12 ① $6+0=\square$ ② $0+8=\square$

13 ① $4+0=\square$ ② $0+1=\square$

14 ① $9+0=\square$ ② $0+7=\square$

15 ① $2+0=\square$ ② $0+4=\square$

16 ① $8+0=\square$ ② $0+5=\square$

17 ① $1+0=\square$ ② $0+9=\square$

18 ① $7+0=\square$ ② $0+6=\square$

◆ 뺄셈을 해 보세요.

19 ① $5-0=\square$ ② $5-5=\square$

20 ① $6-0=\square$ ② $6-6=\square$

21 ① $3-0=\square$ ② $3-3=\square$

22 ① $9-0=\square$ ② $9-9=\square$

23 ① $2-0=\square$ ② $2-2=\square$

24 ① $7-0=\square$ ② $7-7=\square$

25 ① $4-0=\square$ ② $4-4=\square$

26 ① $1-0=\square$ ② $1-1=\square$

27 ① $8-0=\square$ ② $8-8=\square$

✚ 적용 0을 더하거나 빼기

◆ 빈칸에 알맞은 수를 써넣으세요.

28 ⊕

5	0	
0	3	

29 ⊖

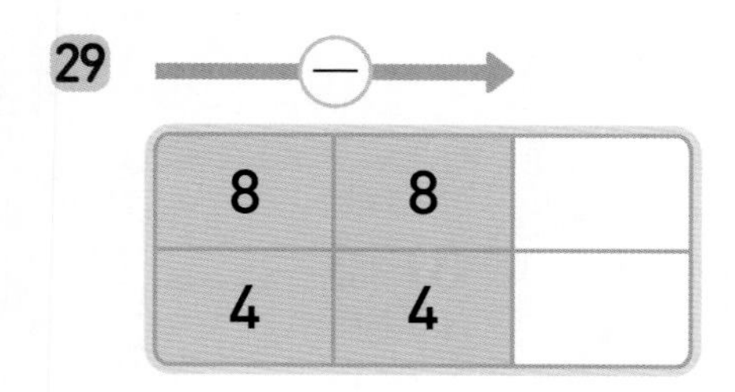

8	8	
4	4	

30 ⊕

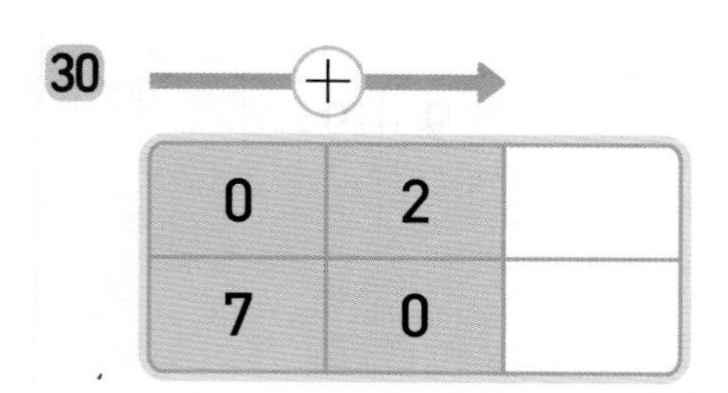

0	2	
7	0	

31 ⊖

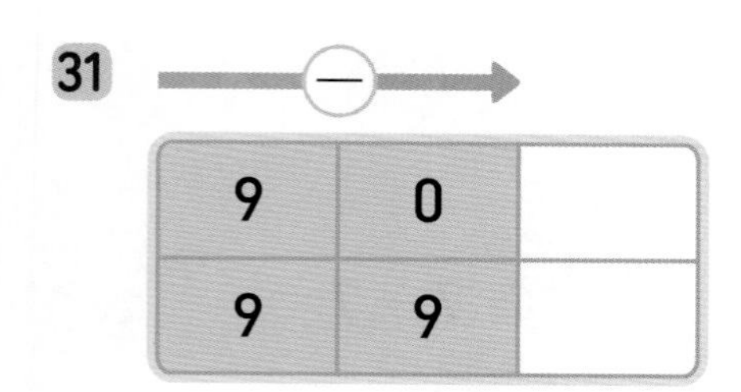

9	0	
9	9	

32 ⊕

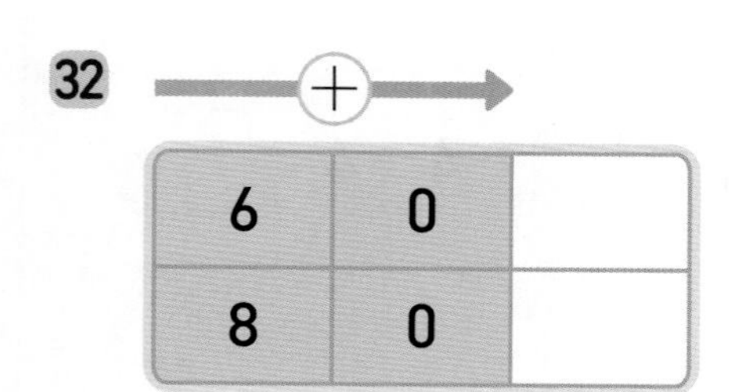

6	0	
8	0	

33 ⊖

1	1	
1	0	

◆ 계산 결과가 다른 하나를 찾아 △표 하세요.

34 $0+1$ ( ) $1+0$ ( ) $1+1$ ( )

35 $0+0$ ( ) $2+0$ ( ) $0+2$ ( )

36 $9-9$ ( ) $9-0$ ( ) $7-7$ ( )

37 $6-0$ ( ) $0+6$ ( ) $6-6$ ( )

38 $3+0$ ( ) $3-0$ ( ) $3-3$ ( )

39 $0+5$ ( ) $5-5$ ( ) $5+0$ ( )

정답 14쪽

◆ 빈칸에 알맞은 수를 써넣으세요.

40

5	+	0	=	☐ (5+0)
−				−
0	+	5	=	☐ (0+5)
=				=
☐ (5−0)				☐

41

3	+	0	=	☐
−				−
0	+	3	=	☐
=				=
☐				☐

42

7	−	0	=	☐
+		+		
0		7		
=		=		
☐	−	☐	=	☐

43

4	−	0	=	☐
+		+		
0		4		
=		=		
☐	−	☐	=	☐

3 단원 22회

연산 + 문해력

44 윤재는 초콜릿 3상자를 가지고 나눔 장터에 가서 3상자를 모두 팔았습니다. 윤재에게 남은 초콜릿 상자는 몇 개일까요?

풀이 (가지고 있던 초콜릿 상자 수)−(판 초콜릿 상자 수)

→ ☐−☐=☐

답 윤재에게 남은 초콜릿 상자는 ☐개입니다.

개념 합이 같은 덧셈식 / 차가 같은 뺄셈식

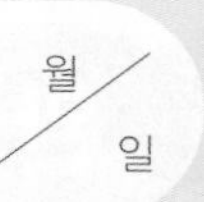

합이 같은 덧셈식을 여러 개 만들 수 있습니다.

9

→ $0+9=9$

→ $1+8=9$

→ $2+7=9$

차가 같은 뺄셈식을 여러 개 만들 수 있습니다.

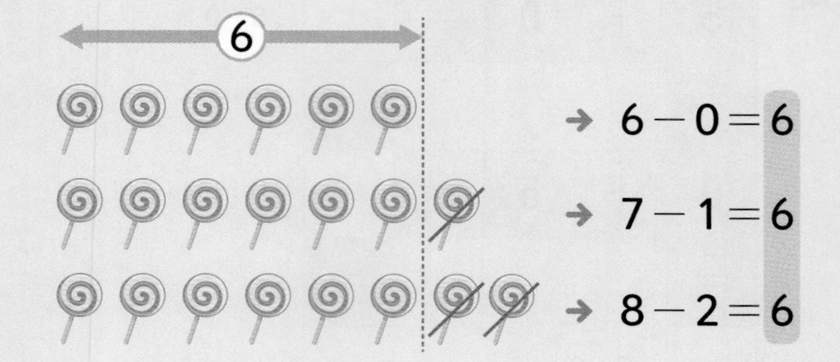

6

→ $6-0=6$

→ $7-1=6$

→ $8-2=6$

◆ 덧셈을 해 보세요.

1

→ $2+3=\square$

→ $1+4=\square$

→ $0+5=\square$

2

→ $3+3=\square$

→ $4+2=\square$

→ $5+1=\square$

3

→ $2+5=\square$

→ $4+3=\square$

→ $6+1=\square$

4

→ $7+1=\square$

→ $5+3=\square$

→ $3+5=\square$

◆ 뺄셈을 해 보세요.

5

→ $4-\square=\square$

→ $5-\square=\square$

→ $6-\square=\square$

6

→ $5-\square=\square$

→ $6-\square=\square$

→ $7-\square=\square$

7

→ $5-\square=\square$

→ $4-\square=\square$

→ $3-\square=\square$

8

→ $6-\square=\square$

→ $5-\square=\square$

→ $4-\square=\square$

연습 합이 같은 덧셈식 / 차가 같은 뺄셈식

실수 콕! 9~12번 문제

합이 같으려면 더하는 수가 커진만큼 □ 안의 수는 작아져야 해.

3 +4=7
~~4~~ +5=7
~~5~~ +6=7

◆ 합이 같은 덧셈식에서 □ 안에 알맞은 수를 써넣으세요.

9 ① □+3=3 □+2=3 □+1=3
② 0+□=4 1+□=4 2+□=4

10 ① □+6=7 □+5=7 □+4=7
② 1+□=9 2+□=9 3+□=9

11 ① □+1=6 □+2=6 □+3=6
② 5+□=9 4+□=9 3+□=9

12 ① □+2=5 □+3=5 □+4=5
② 3+□=8 2+□=8 1+□=8

◆ 차가 같은 뺄셈식에서 □ 안에 알맞은 수를 써넣으세요.

13 ① □−3=4 □−2=4 □−1=4
② 7−□=1 6−□=1 5−□=1

14 ① □−2=2 □−3=2 □−4=2
② 4−□=3 5−□=3 6−□=3

15 ① □−6=3 □−5=3 □−4=3
② 9−□=5 8−□=5 7−□=5

16 ① □−1=6 □−2=6 □−3=6
② 7−□=7 8−□=7 9−□=7

17 ① □−7=1 □−6=1 □−5=1
② 8−□=6 7−□=6 6−□=6

적용 합이 같은 덧셈식 / 차가 같은 뺄셈식

◆ 계산 결과가 같은 식끼리 이어 보세요.

18

$6+2$	$5+1$
$3+4$	$2+6$
$1+5$	$4+3$

19

$4+0$	$3+2$
$4+1$	$2+2$
$4+2$	$2+4$

20

$5+3$	$4+3$
$2+7$	$4+5$
$1+6$	$4+4$

21

$0+7$	$4+2$
$3+3$	$8+1$
$6+3$	$6+1$

22

$1+1$	$1+5$
$2+2$	$1+3$
$3+3$	$0+2$

◆ 계산 결과가 ◯ 안의 수인 식을 모두 찾아 색칠해 보세요.

23 (2)

$1+1$	$2-2$
$3-1$	$3+1$

24 (4)

$2+3$	$3+1$
$2+2$	$3-1$

25 (3)

$7-3$	$6-3$
$4-1$	$5+0$

26 (8)

$5+3$	$6+3$
$8-2$	$9-1$

27 (7)

$2+3$	$3+4$
$7+0$	$7-0$

28 (6)

$6+0$	$6-0$
$8-1$	$7-1$

정답 14쪽

★ 완성 합이 같은 덧셈식 / 차가 같은 뺄셈식

◆ 기차 칸에 나타낸 수가 다른 하나를 찾아 ×표 하세요.

29

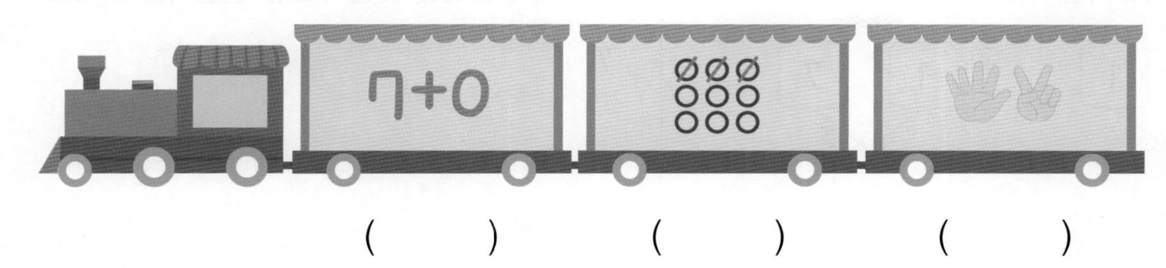

( ) ( ) ( )

30

( ) ( ) ( )

31

( ) ( ) ( )

연산 + 문해력

32 성준이가 우유를 어제는 오전에 1컵, 오후에 3컵 마셨고 오늘은 오전에 2컵, 오후에 2컵 마셨습니다. 성준이가 우유를 어제와 오늘 각각 몇 컵 마셨을까요?

풀이 (어제 마신 우유의 양) → ☐ + ☐ = ☐

(오늘 마신 우유의 양) → ☐ + ☐ = ☐

답 성준이가 우유를 어제는 ☐컵, 오늘은 ☐컵 마셨습니다.

평가 A 3단원 마무리

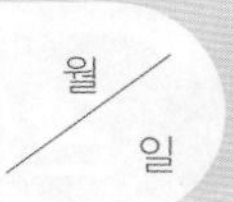

◆ 모으기 또는 가르기를 해 보세요.

1 ①
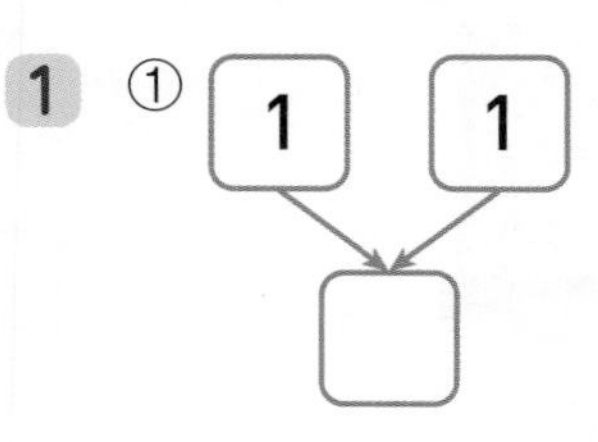

② 1 7

2 ①
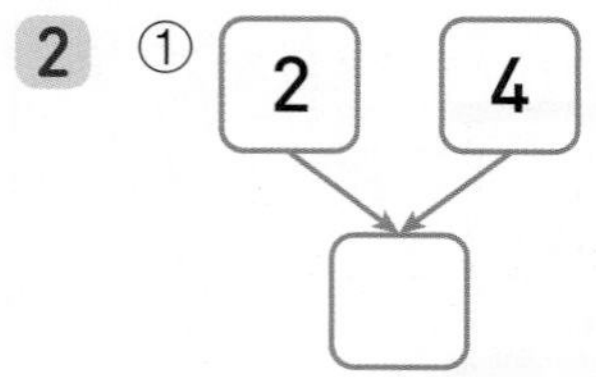

② 2 5

3 ①
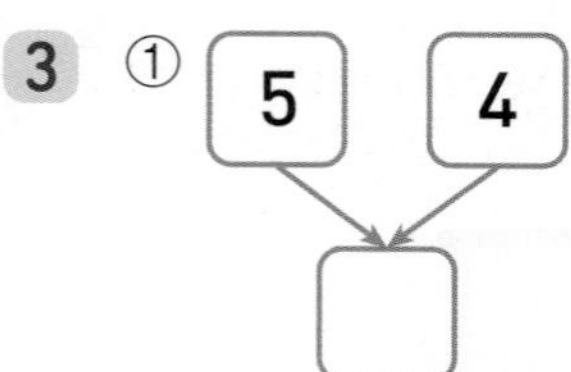

② 5 2

4 ①
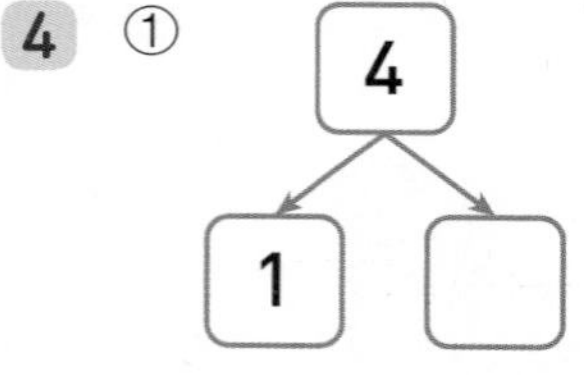

② 4 2

5 ①
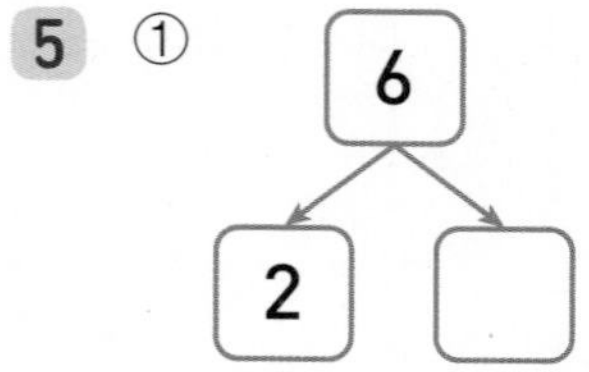

② 6 5

6 ①
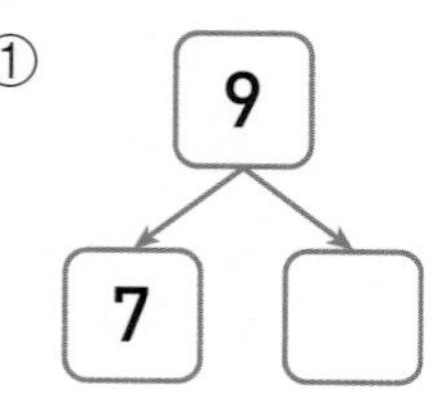

② 9 5

◆ 그림에 알맞은 덧셈식 또는 뺄셈식을 쓰세요.

7

덧셈식

8

덧셈식

9

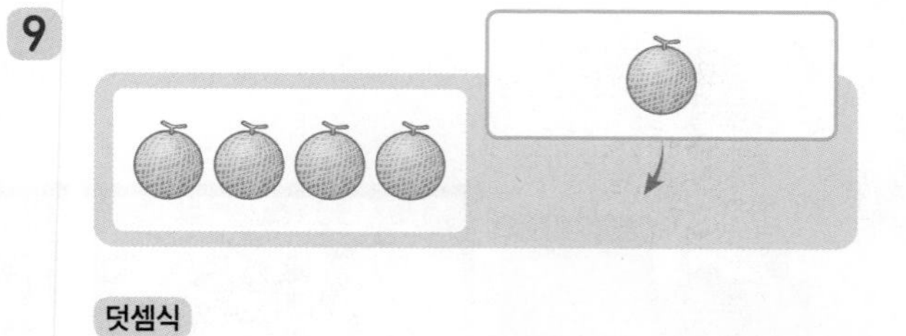

덧셈식

10

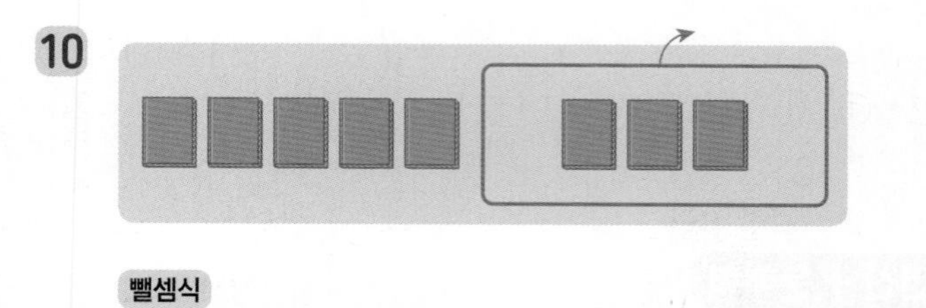

뺄셈식

11

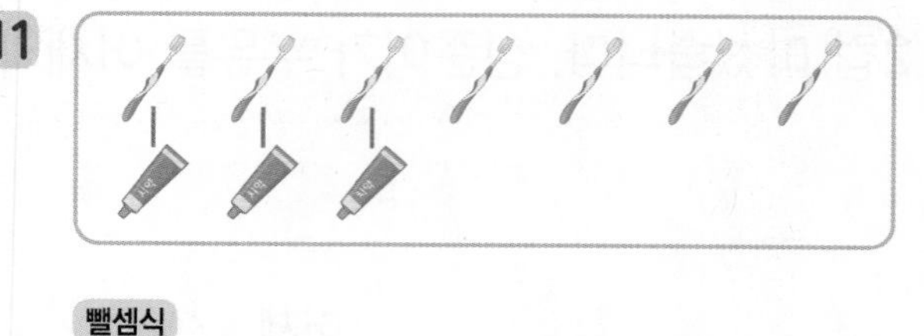

뺄셈식

12

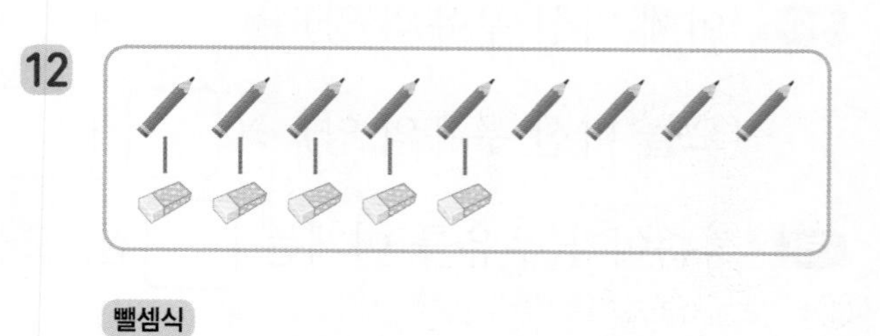

뺄셈식

◆ 계산해 보세요.

13 ① $1+4=\square$ ② $1+5=\square$

14 ① $2+6=\square$ ② $2+7=\square$

15 ① $0+4=\square$ ② $4+0=\square$

16 ① $8+0=\square$ ② $8+1=\square$

17 ① $5-4=\square$ ② $5-2=\square$

18 ① $6-5=\square$ ② $6-3=\square$

19 ① $7-0=\square$ ② $7-7=\square$

20 ① $9-7=\square$ ② $9-8=\square$

◆ □ 안에 알맞은 수를 써넣으세요.

21 ① $3+3=\square$ ② $1+3=\square$

$3+4=\square$ $1+4=\square$

$3+5=\square$ $1+5=\square$

22 ① $\square+4=6$ ② $2+\square=9$

$\square+3=6$ $3+\square=9$

$\square+2=6$ $4+\square=9$

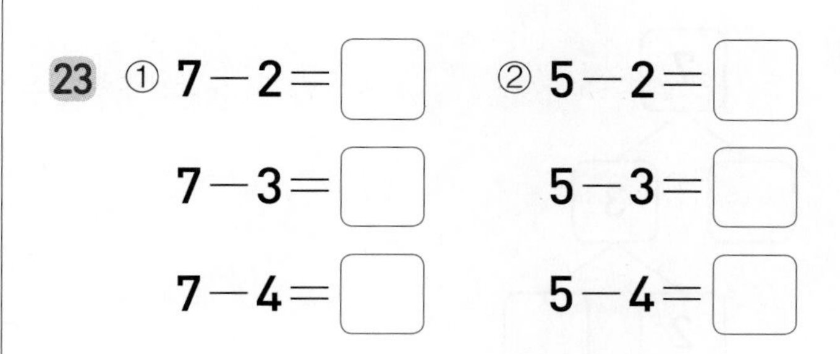

23 ① $7-2=\square$ ② $5-2=\square$

$7-3=\square$ $5-3=\square$

$7-4=\square$ $5-4=\square$

24 ① $8-5=\square$ ② $6-5=\square$

$8-3=\square$ $6-3=\square$

$8-1=\square$ $6-1=\square$

25 ① $9-\square=7$ ② $\square-2=2$

$8-\square=7$ $\square-1=2$

$7-\square=7$ $\square-0=2$

평가 B 3단원 마무리

25회

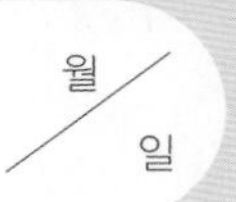

◆ 빈칸에 알맞은 수를 써넣으세요.

1 4 1 3

2

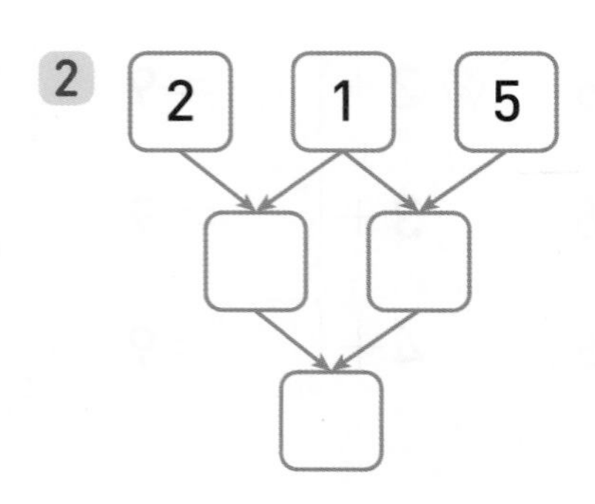

3

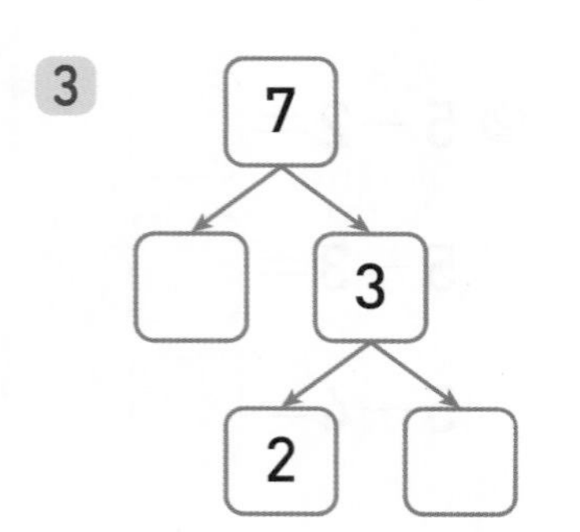

4

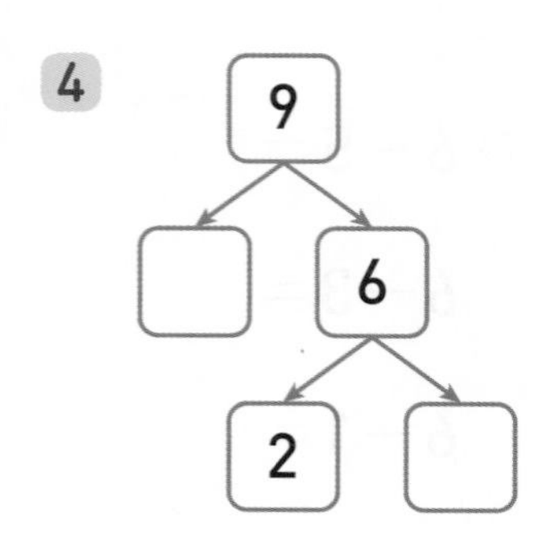

5

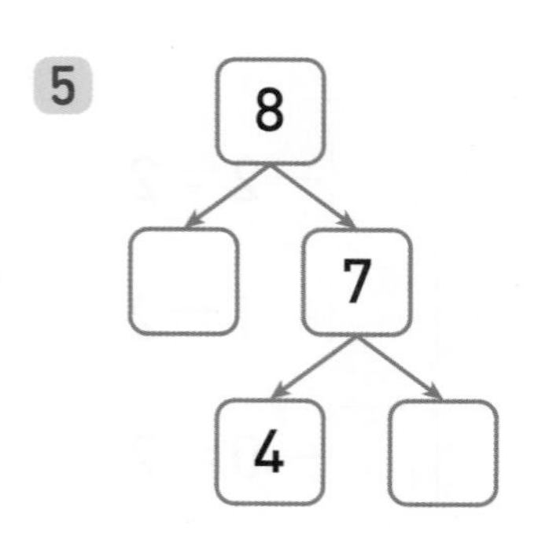

◆ 그림에 알맞은 덧셈식 또는 뺄셈식을 찾아 이어 보세요.

6

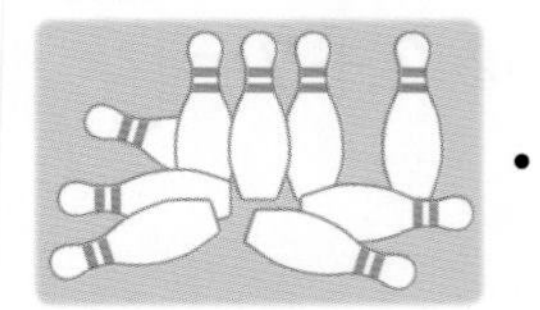

• 9－5＝4

• 3＋2＝5

7

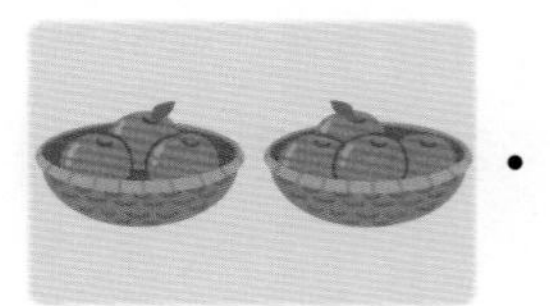

• 5＋1＝6

• 3＋4＝7

• 3－1＝2

8

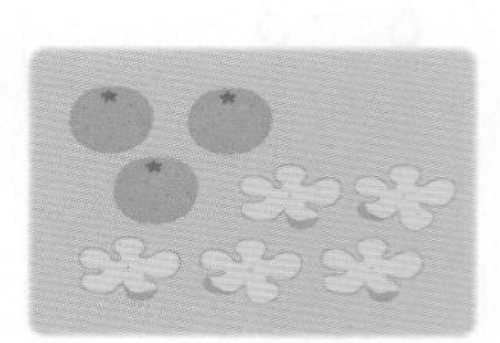

• 6＋2＝8

• 4－1＝3

• 8－5＝3

◆ 빈칸에 알맞은 수를 써넣으세요.

9 (+)

3	4	
3	5	
3	6	

10 (+)

2	6	
3	5	
4	4	

11 (−)

7	5	
7	6	
7	7	

12 (−)

7	0	
8	1	
9	2	

13 (−)

5	0	
5	2	
5	4	

◆ 계산 결과가 ◯ 안의 수인 식을 모두 찾아 색칠해 보세요.

14 (9)

$4+4$	$4+5$
$2+6$	$3+6$

15 (7)

$1+6$	$2+7$
$7-0$	$7-1$

16 (6)

$4+3$	$3+3$
$7-1$	$6-1$

17 (1)

$1+1$	$0+1$
$2-0$	$1-0$

18 (5)

$1+4$	$2+4$
$8-5$	$9-4$

19 (3)

$0+2$	$1+3$
$5-2$	$6-3$

4 비교하기

넓이 비교

28회

27회

무게 비교

학습을 끝낸 후
색칠하세요.

이전에 배운 내용

26회

길이 비교

[누리과정]
생활 속 길이, 크기, 무게, 들이 비교

다음에 배울 내용

[2-1] 길이 재기

1 cm

자로 길이 재기

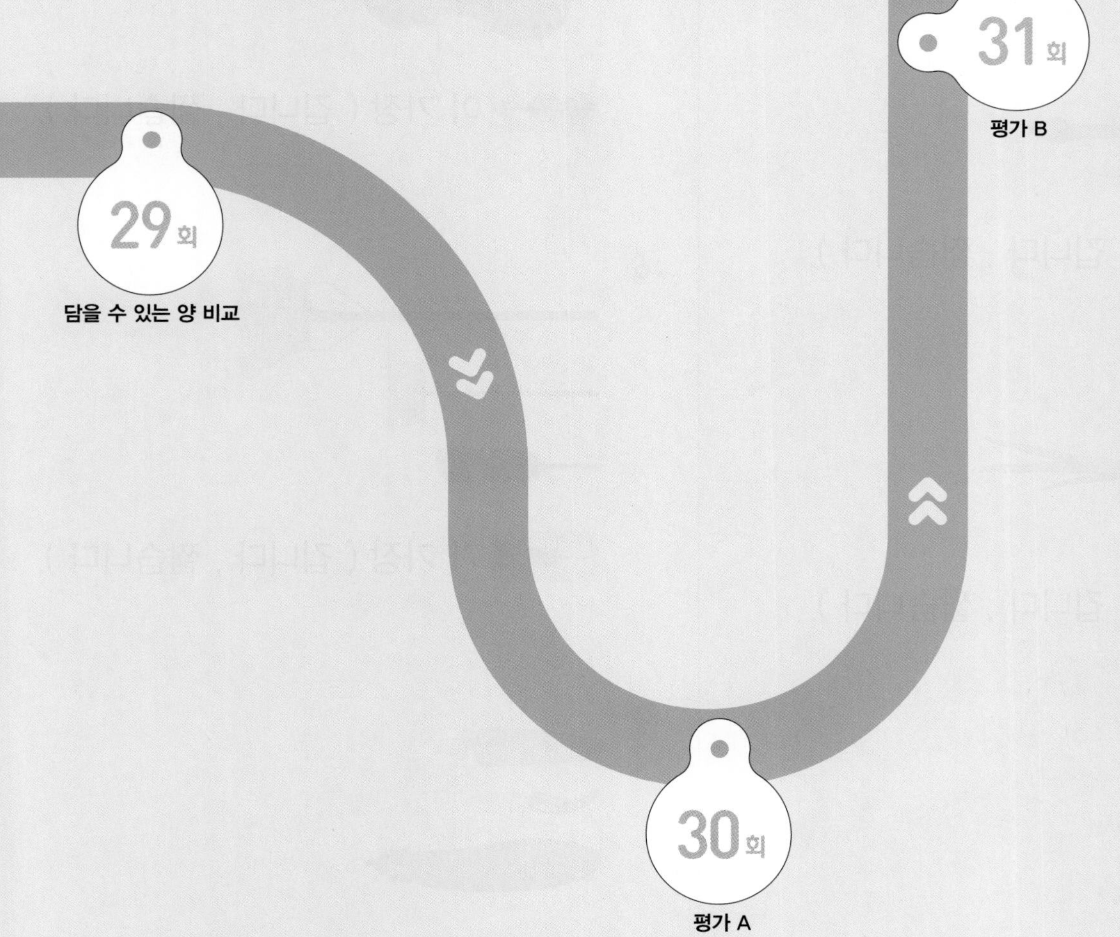

길이 비교

두 가지 물건의 길이를 비교할 때에는 '더 길다', '더 짧다'라고 합니다.

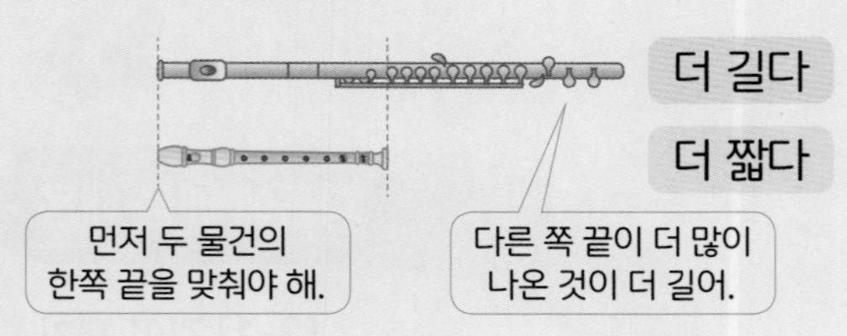

세 가지 물건의 길이를 비교할 때에는 '가장 길다', '가장 짧다'라고 합니다.

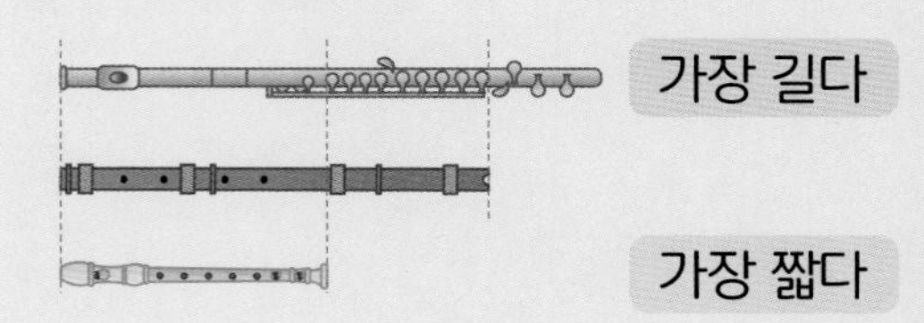

◆ 알맞은 말에 ○표 하세요.

1

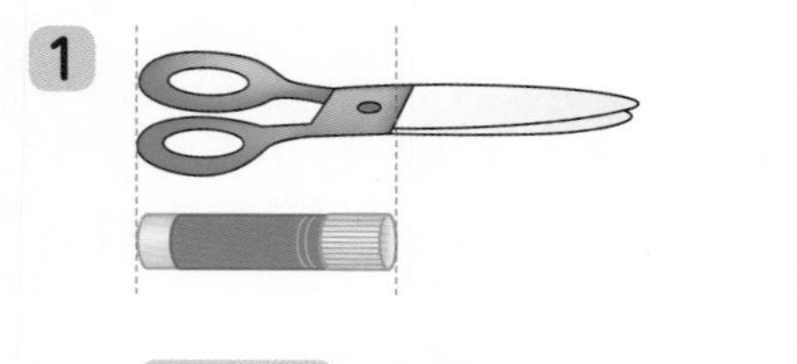

가 더 (깁니다 , 짧습니다).

2

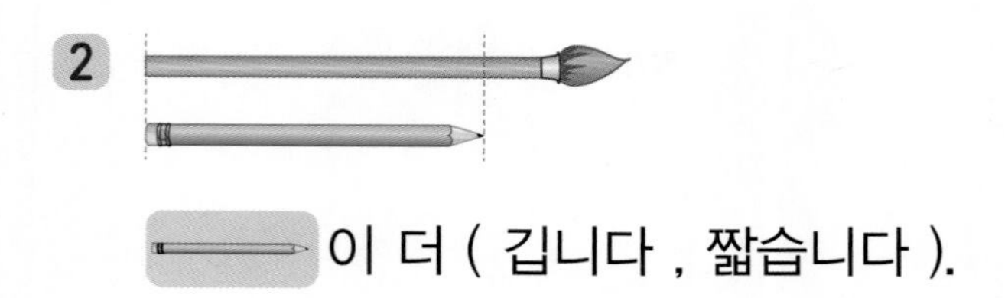

이 더 (깁니다 , 짧습니다).

3

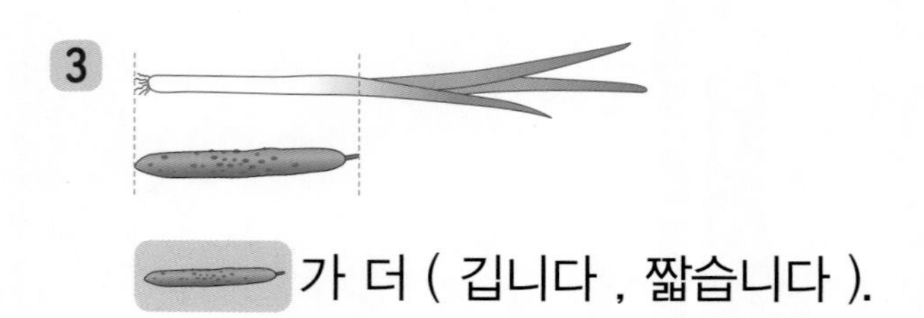

가 더 (깁니다 , 짧습니다).

4

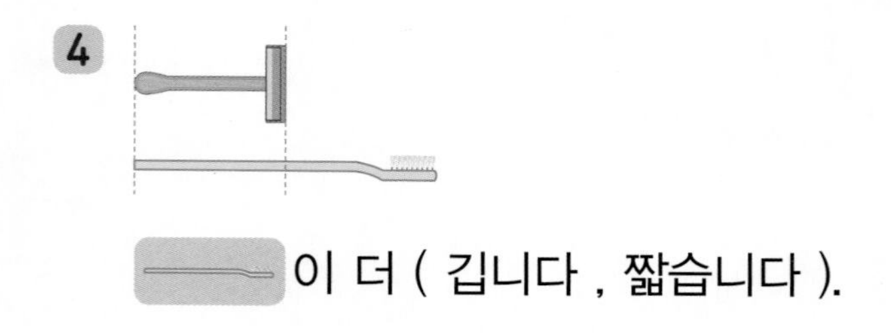

이 더 (깁니다 , 짧습니다).

◆ 알맞은 말에 ○표 하세요.

5

이 가장 (깁니다 , 짧습니다).

6

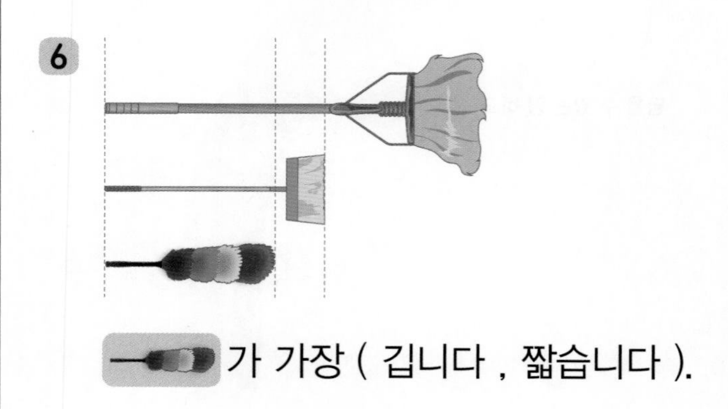

가 가장 (깁니다 , 짧습니다).

7

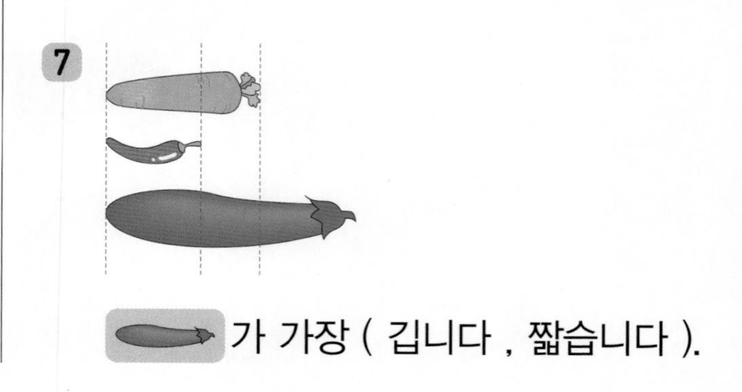

가 가장 (깁니다 , 짧습니다).

정답 16쪽

연습 길이 비교

◆ 더 긴 것에 ○표 하세요.

8

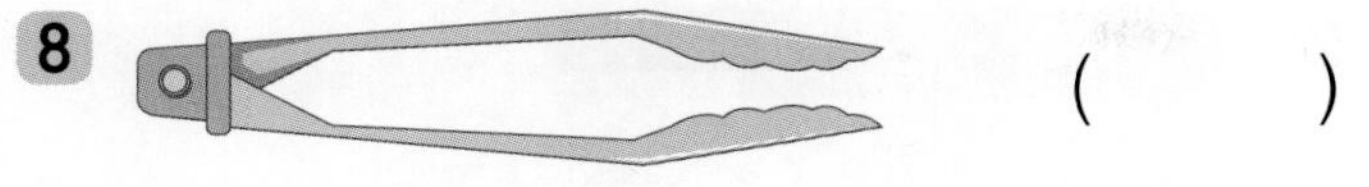
( )

( )

9

( )

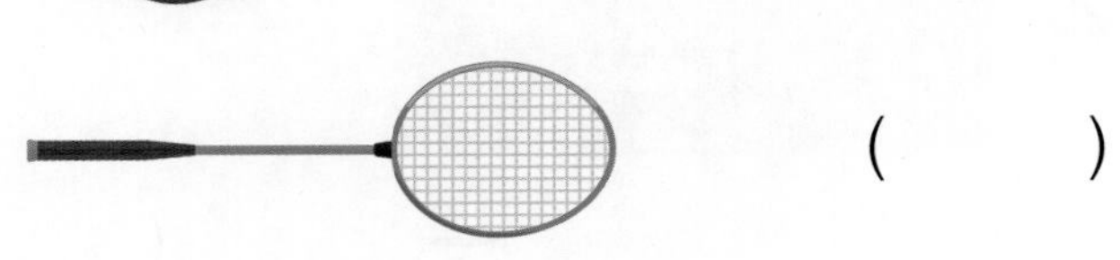
( )

10

( )

( )

◆ 더 짧은 것에 △표 하세요.

11

( )

( )

12

( )

( )

13

( )

( )

◆ 가장 긴 것에 ○표, 가장 짧은 것에 △표 하세요.

14

( )

( )

( )

15

( )

( )

( )

16

( )

( )

( )

17

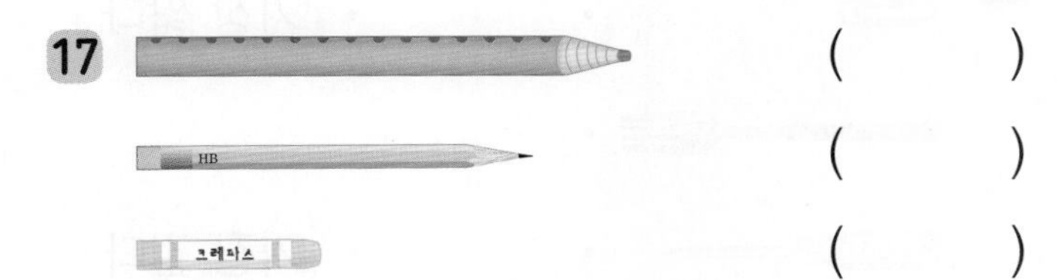
( )

( )

( )

18

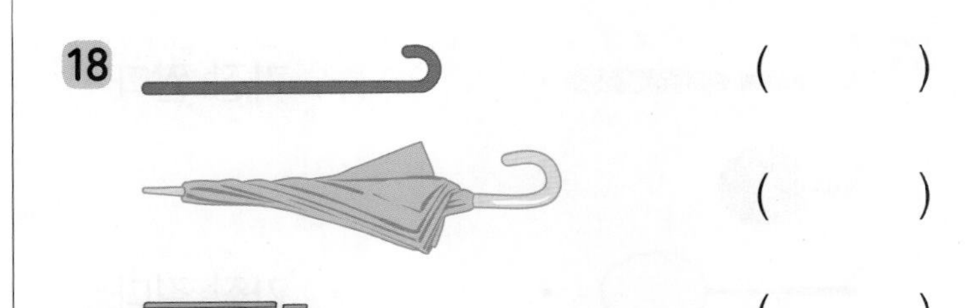
( )

( )

( )

적용 길이 비교

◆ 알맞은 것끼리 이어 보세요.

19 
- 더 짧다
- 더 길다

20 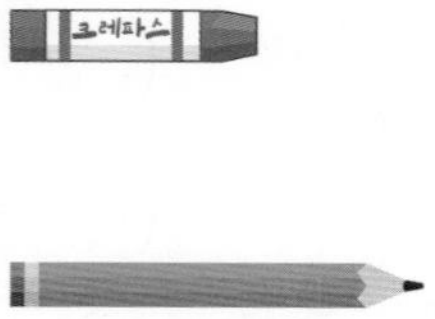
- 더 짧다
- 더 길다

21 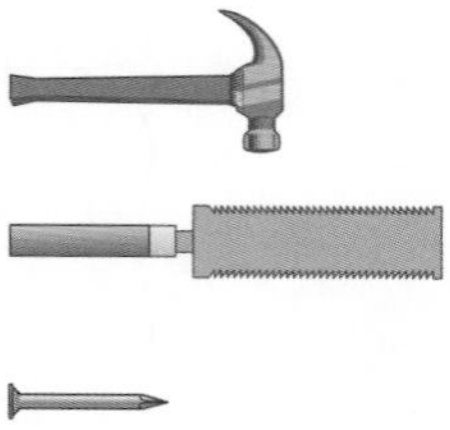
- 가장 짧다
- 가장 길다

22 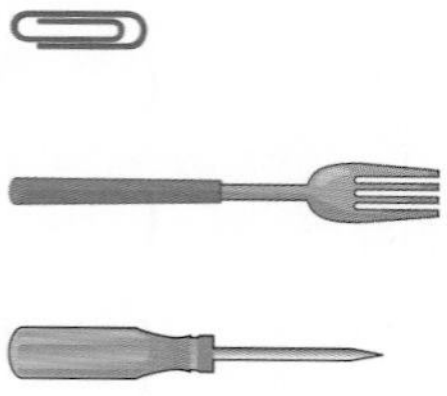
- 가장 짧다
- 가장 길다

23 
- 가장 짧다
- 가장 길다

◆ 안의 물건보다 더 긴 것을 찾아 ○표 하세요.

24
( )
( )

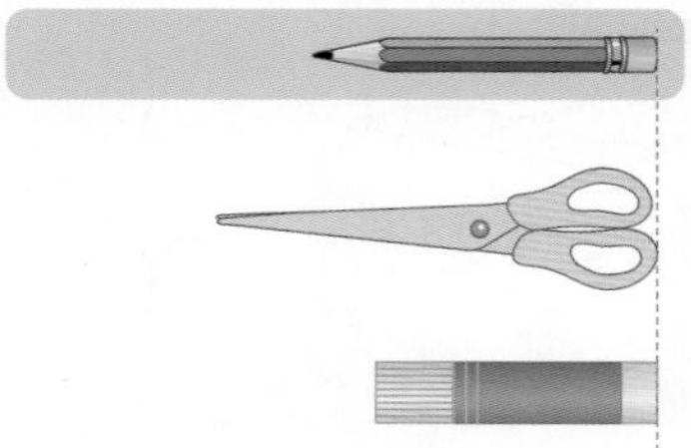

25
( )
( )

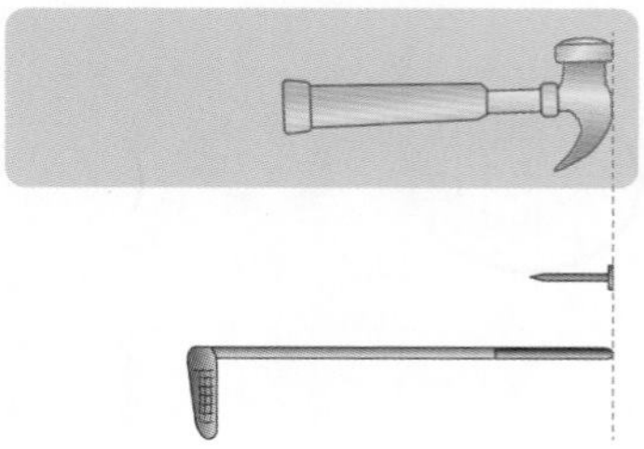

26
( )
( )

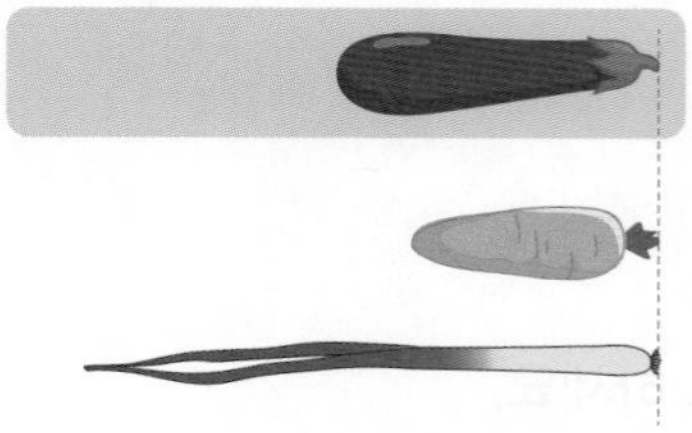

27
( )
( )

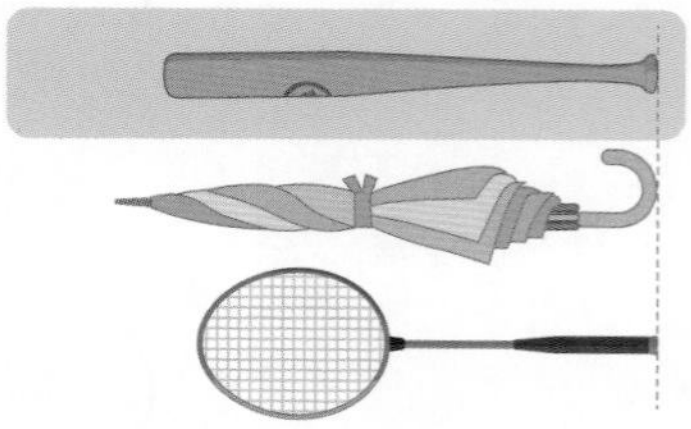

28
( )
( )

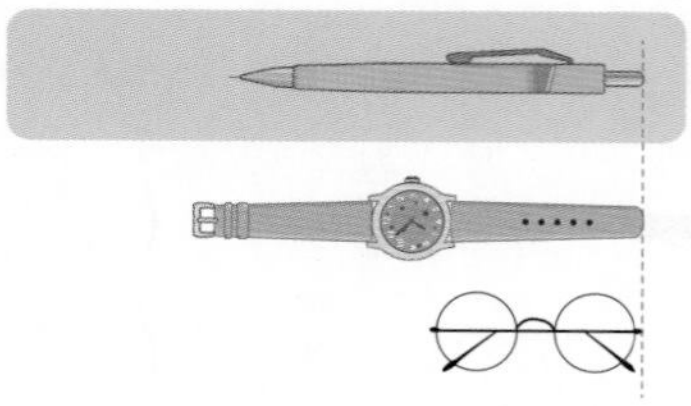

★ 완성 길이 비교

정답 16쪽

◆ 조건에 알맞은 왕을 찾아 왕관에 색칠해 보세요.

29 거미줄이 가장 긴 거미가 왕

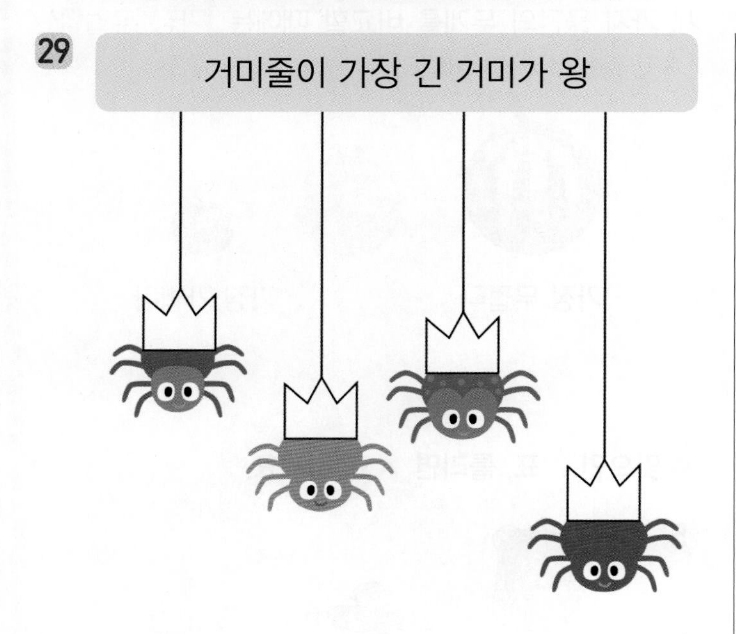

31 거미줄이 가장 짧은 거미가 왕

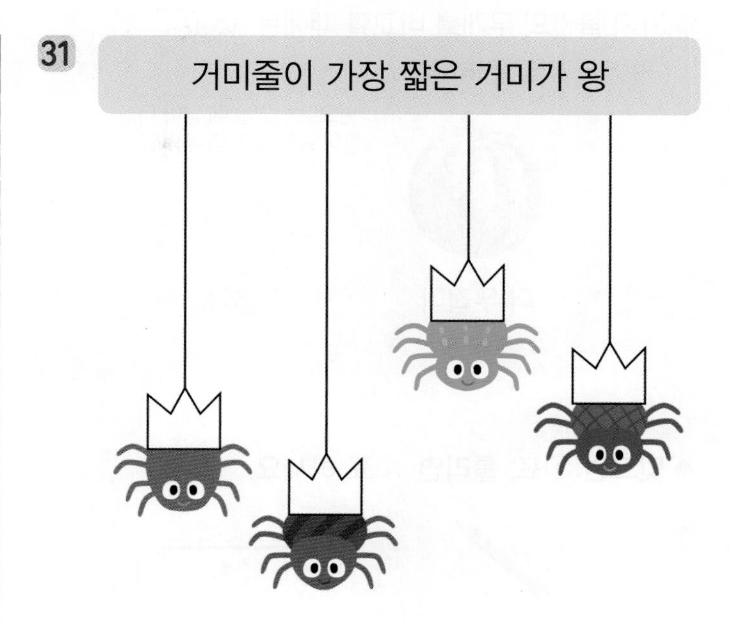

30 다리가 가장 긴 새가 왕

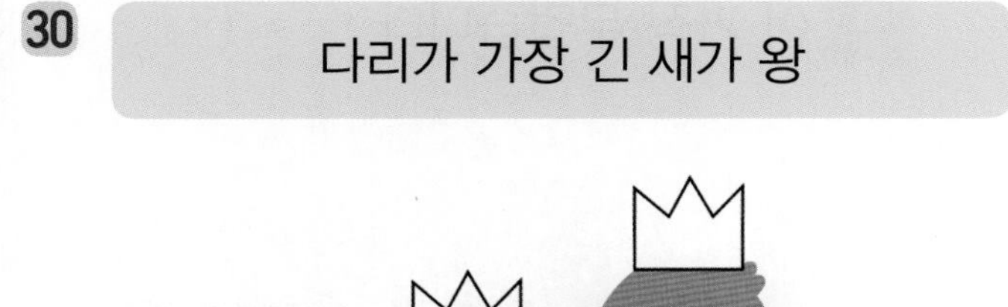

32 다리가 가장 짧은 새가 왕

4 단원

26회

연산＋문해력

33 정호와 현지의 줄넘기입니다. 더 긴 줄넘기를 가지고 있는 사람은 누구인가요?

정호

현지

풀이 길이가 더 긴 줄넘기: (파란색 , 초록색) 줄넘기

답 더 긴 줄넘기를 가지고 있는 사람은 ☐ 입니다.

개념 무게 비교

27회 월 / 일

두 가지 물건의 무게를 비교할 때에는 '더 무겁다', '더 가볍다'라고 합니다.

더 무겁다 더 가볍다

세 가지 물건의 무게를 비교할 때에는 '가장 무겁다', '가장 가볍다'라고 합니다.

가장 무겁다 가장 가볍다

◆ 맞으면 ○표, 틀리면 ×표 하세요.

1

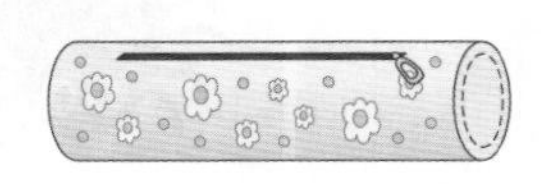

이 더 무겁습니다. (   )

2

이 더 무겁습니다. (   )

3

가 더 가볍습니다. (   )

4

이 더 가볍습니다. (   )

◆ 맞으면 ○표, 틀리면 ×표 하세요.

5

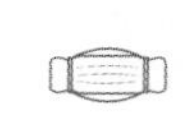

이 가장 무겁습니다. (   )

6

이 가장 무겁습니다. (   )

7

이 가장 가볍습니다. (   )

8

가 가장 가볍습니다. (   )

연습 무게 비교

정답 16쪽

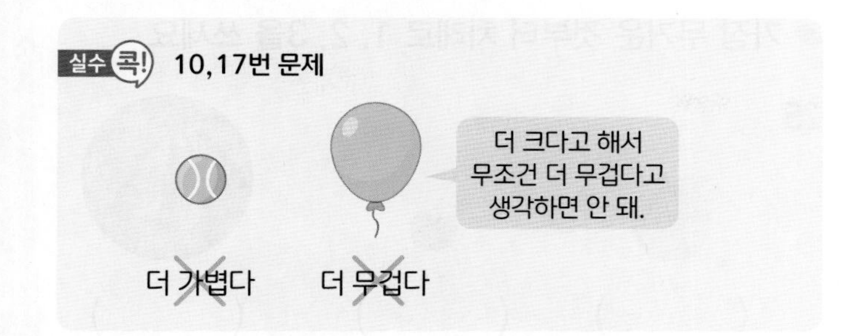

◆ 더 무거운 것에 ○표 하세요.

9

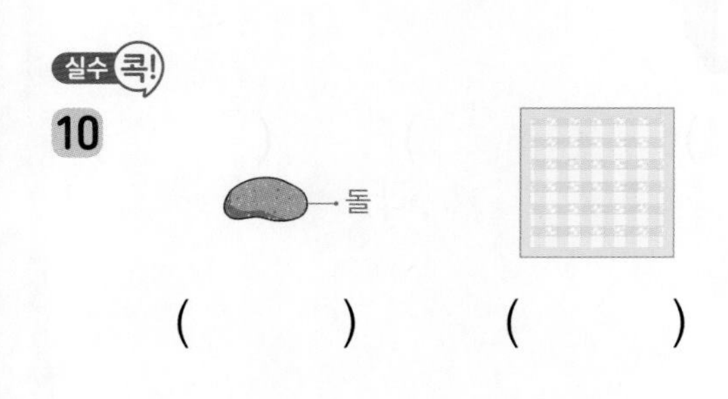

( ) ( )

실수 콕!

10

( ) ( )

◆ 더 가벼운 것에 △표 하세요.

11

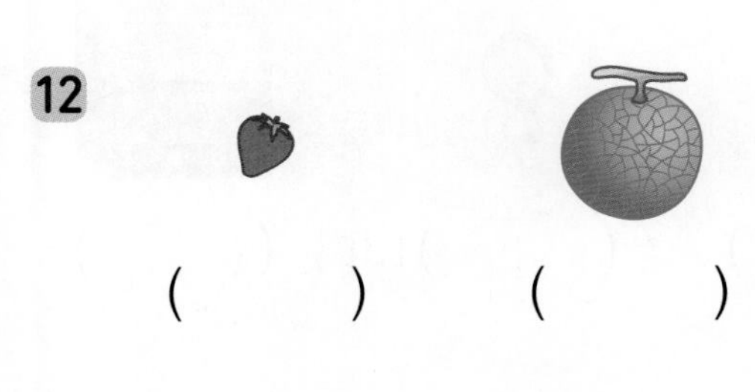

( ) ( )

12

( ) ( )

13

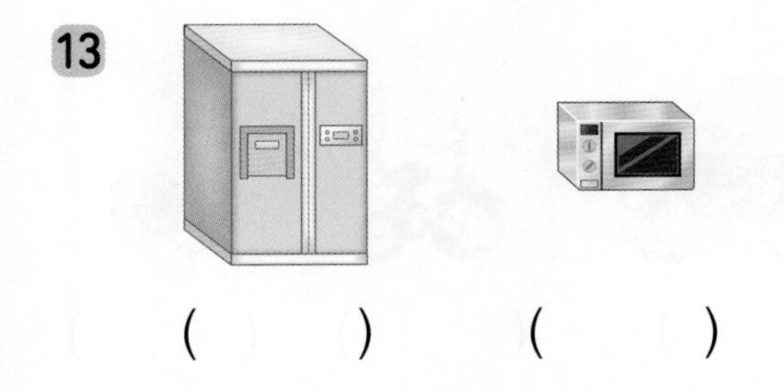

( ) ( )

◆ 가장 무거운 것에 ○표, 가장 가벼운 것에 △표 하세요.

14

( ) ( ) ( )

15

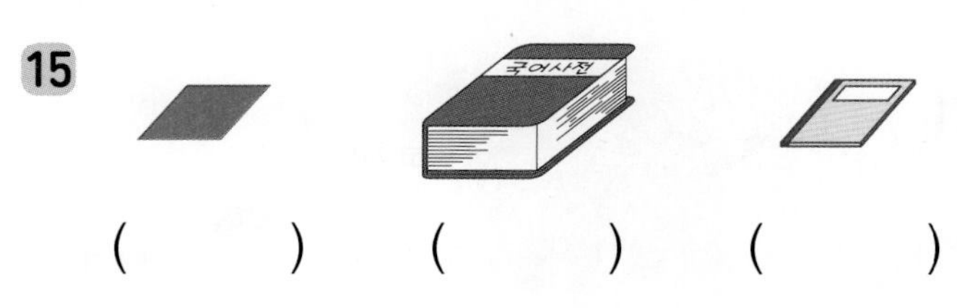

( ) ( ) ( )

16

( ) ( ) ( )

실수 콕!

17

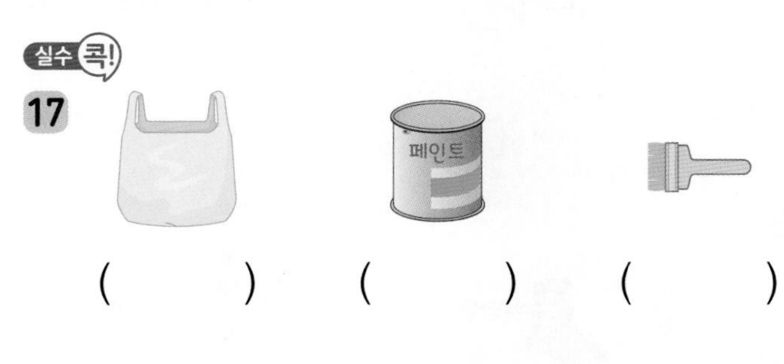

( ) ( ) ( )

18

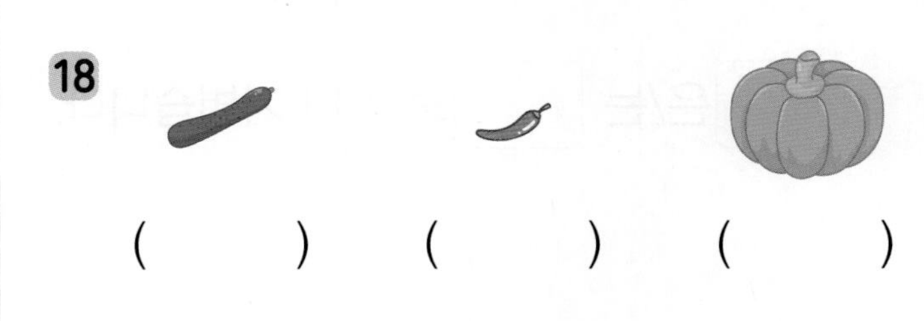

( ) ( ) ( )

19

( ) ( ) ( )

4단원 27회

적용 무게 비교

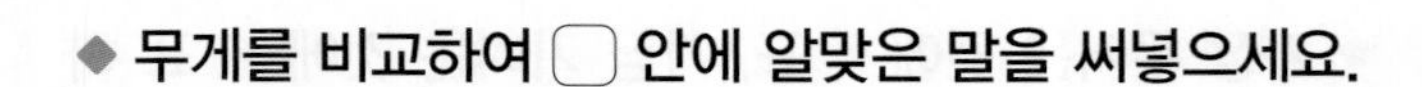

◆ 무게를 비교하여 ▢ 안에 알맞은 말을 써넣으세요.

20

배추 오이

▢는 ▢보다 더 가볍습니다.

21

▢는 ▢보다 더 무겁습니다.

22

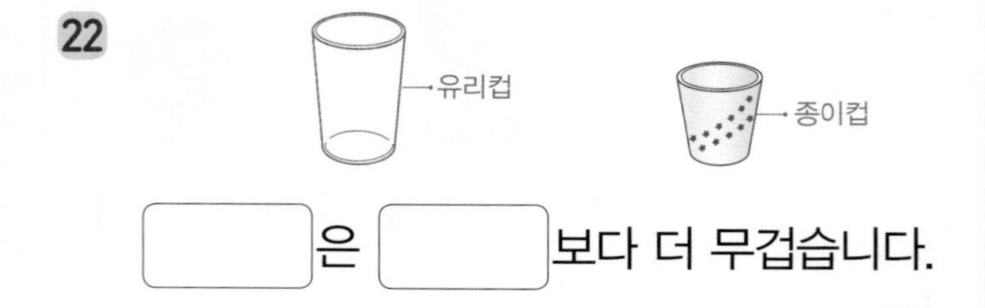

▢은 ▢보다 더 무겁습니다.

23

▢은/는 ▢보다 더 가볍습니다.

24

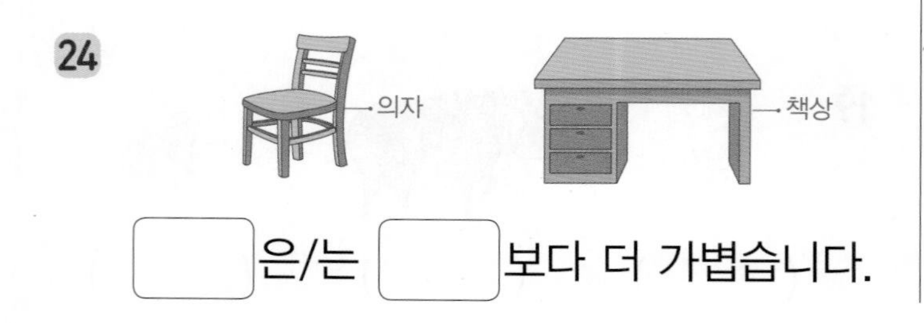

▢은/는 ▢보다 더 가볍습니다.

◆ 가장 무거운 것부터 차례로 1, 2, 3을 쓰세요.

25

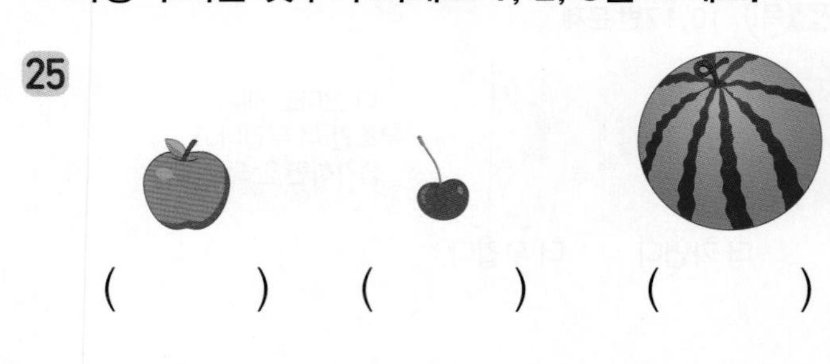

( ) ( ) ( )

26

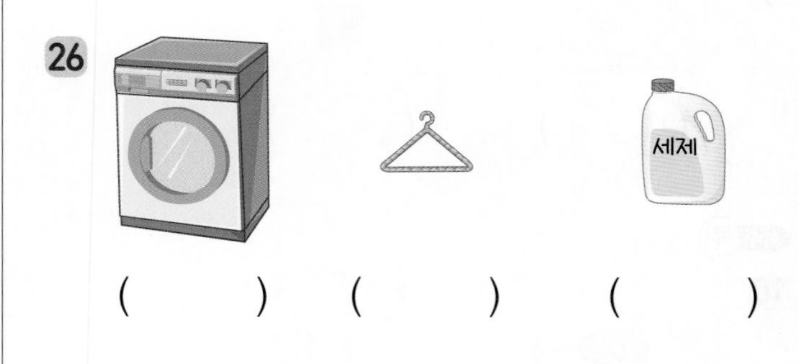

( ) ( ) ( )

27

( ) ( ) ( )

28

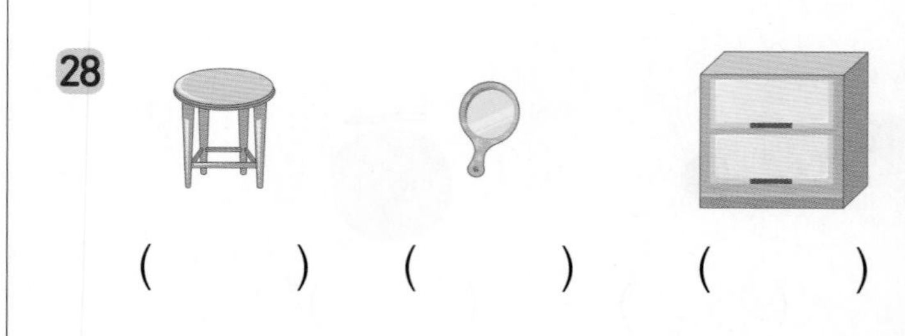

( ) ( ) ( )

29

( ) ( ) ( )

정답 17쪽

★ 완성 무게 비교

◆ 동물 친구들이 시소를 타고 있습니다. ▢ 안에 알맞은 동물을 써넣으세요.

30 곰 하마

➔ 더 무거운 동물: ▢

저울이나 시소는 아래로 내려간 쪽이 더 무거워.

31 하마 악어

➔ 더 가벼운 동물: ▢

저울이나 시소는 위로 올라간 쪽이 더 가벼워.

32 코끼리 토끼

➔ 더 무거운 동물: ▢

33 곰 악어

➔ 더 가벼운 동물: ▢

연산 + 문해력

34 그림과 같이 솜사탕과 막대 사탕을 저울의 양쪽에 놓았습니다. 솜사탕과 막대 사탕 중 더 무거운 것은 어느 것인가요?

풀이 무게가 더 무거운 것: (위로 올라간 쪽 , 아래로 내려간 쪽)

답 더 무거운 것은 ▢ 입니다.

개념 넓이 비교

두 가지 물건의 넓이를 비교할 때에는 '더 넓다', '더 좁다'라고 합니다.

세 가지 물건의 넓이를 비교할 때에는 '가장 넓다', '가장 좁다'라고 합니다.

◆ 맞으면 ○표, 틀리면 ×표 하세요.

1

이 더 넓습니다. (　　　)

2

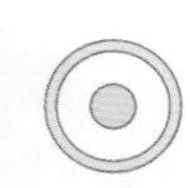
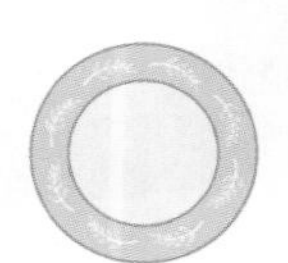

가 더 넓습니다. (　　　)

3

가 더 좁습니다. (　　　)

4

이 더 좁습니다. (　　　)

◆ 맞으면 ○표, 틀리면 ×표 하세요.

5

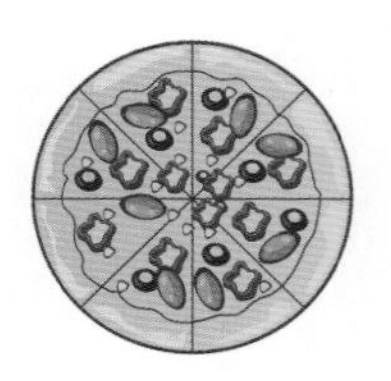
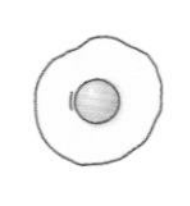

가 가장 넓습니다. (　　　)

6

가 가장 넓습니다. (　　　)

7

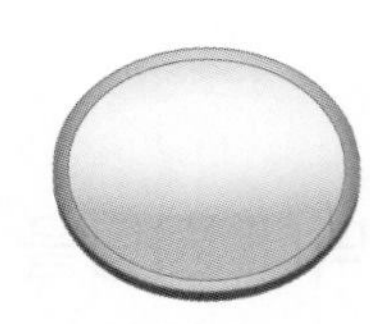

가 가장 좁습니다. (　　　)

8

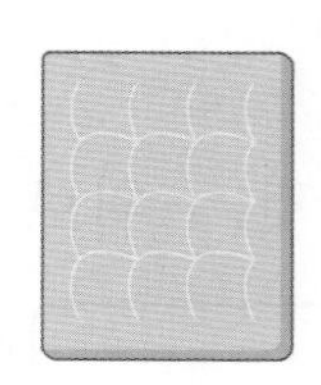

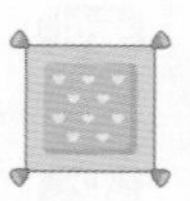

이 가장 좁습니다. (　　　)

연습 넓이 비교

◆ 더 넓은 것에 ○표 하세요.

9

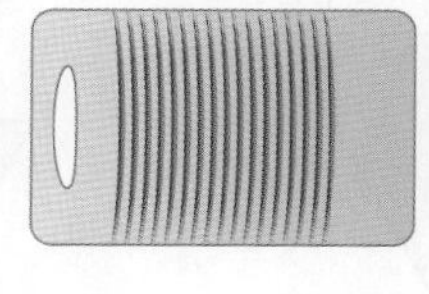
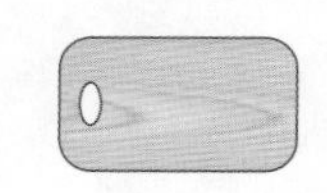
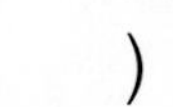

(　　　) (　　　)

10

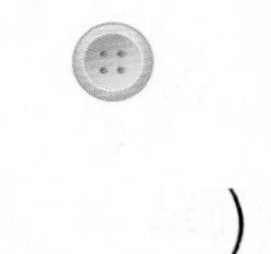
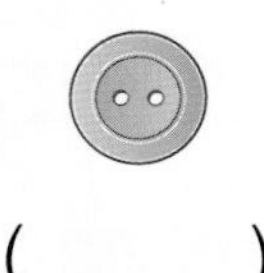

(　　　) (　　　)

11

(　　　) (　　　)

◆ 더 좁은 것에 △표 하세요.

12

(　　　) (　　　)

13

(　　　) (　　　)

14

교실

운동장
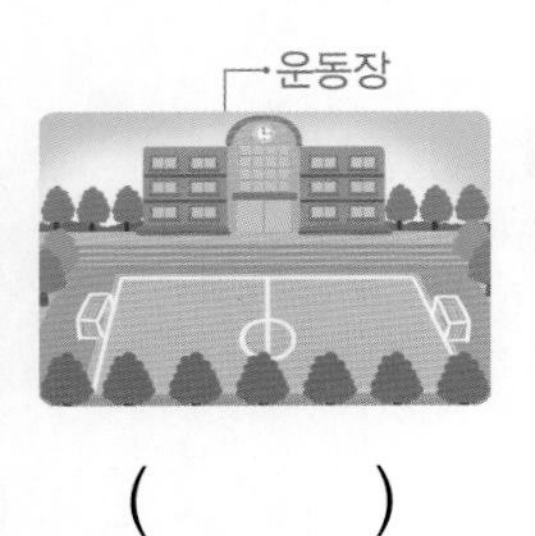

(　　　) (　　　)

◆ 가장 넓은 것에 ○표, 가장 좁은 것에 △표 하세요.

15

(　　　) (　　　) (　　　)

16

(　　　) (　　　) (　　　)

17

(　　　) (　　　) (　　　)

18

(　　　) (　　　) (　　　)

19

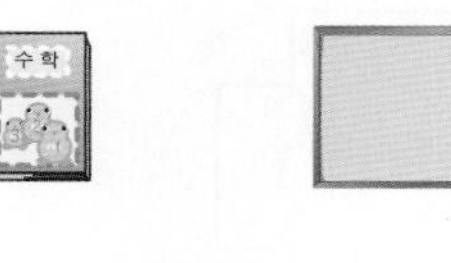

(　　　) (　　　) (　　　)

20

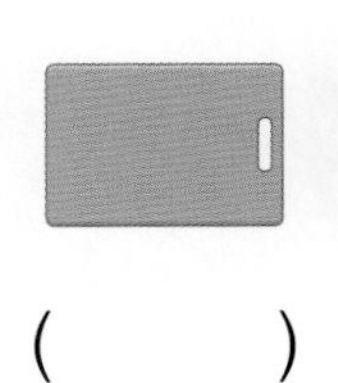

(　　　) (　　　) (　　　)

4 단원 28회

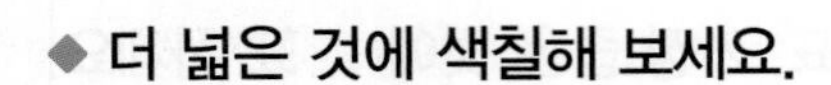

적용 넓이 비교

◆ 더 넓은 것에 색칠해 보세요.

21

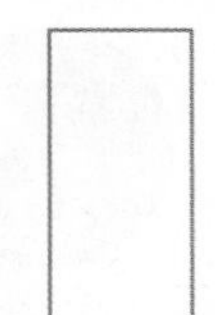 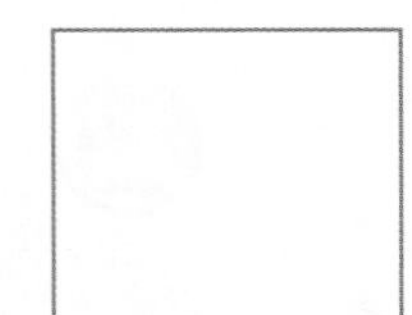

22

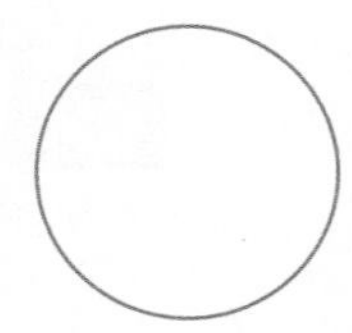 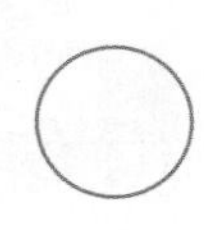

23

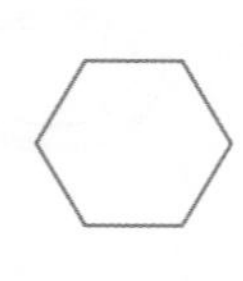 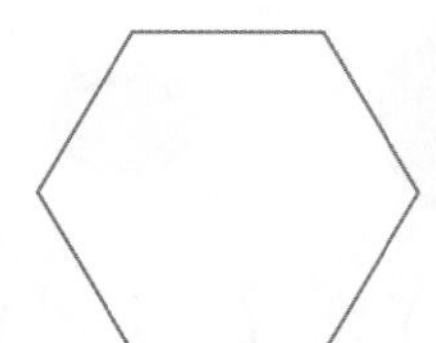

24

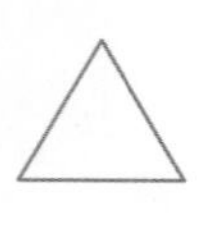 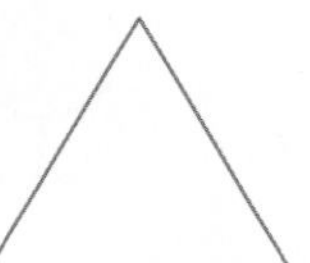

25

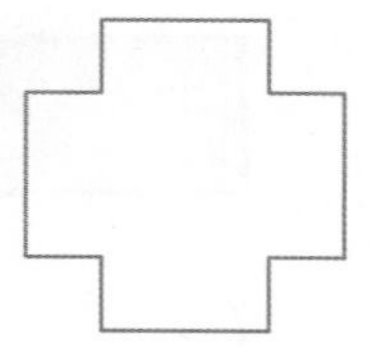 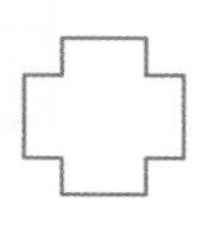

26

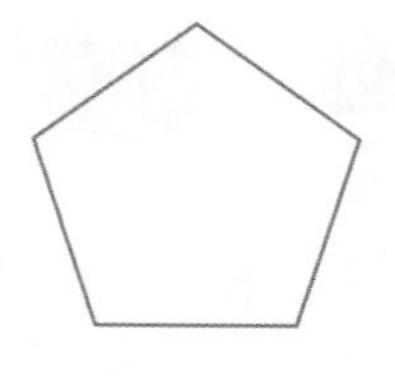 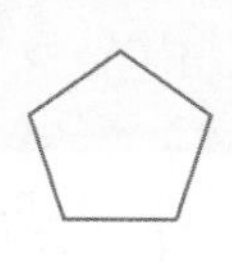

◆ 안의 모양보다 더 좁은 것에 △표 하세요.

27

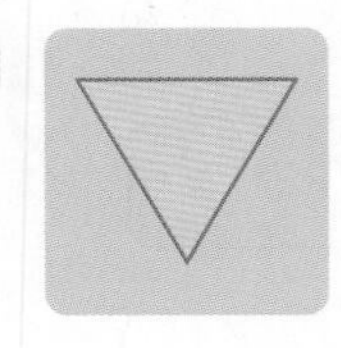 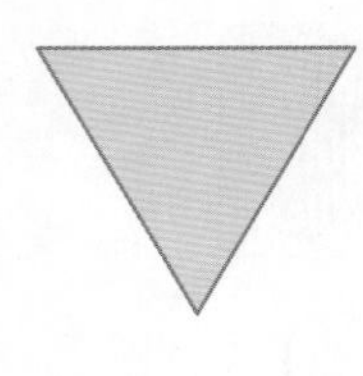 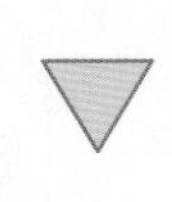

( )  ( )

28

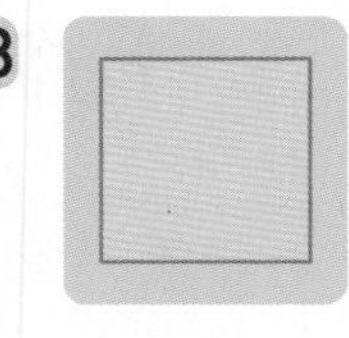  

( )  ( )

29

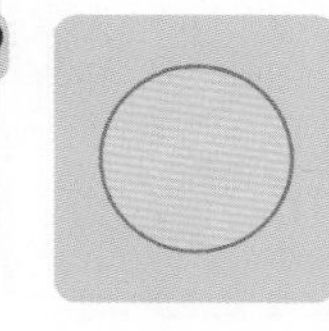 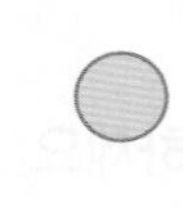 

( )  ( )

30

( ) ( )

31

( ) ( )

★ 완성 넓이 비교

정답 17쪽

◆ 동물 친구들이 좋아하는 곳을 찾아 ▢ 안에 ♡를 그려 보세요.

32

가장 넓은 우리가 좋아.

→

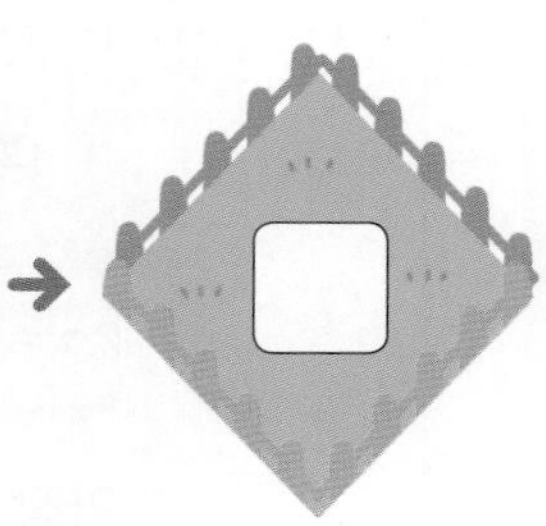

33

가장 좁은 방석이 좋아.

→

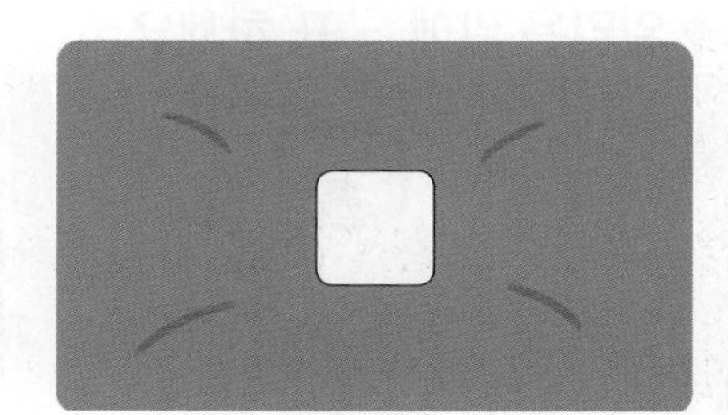

34

둘째로 넓은 연못이 좋아.

→

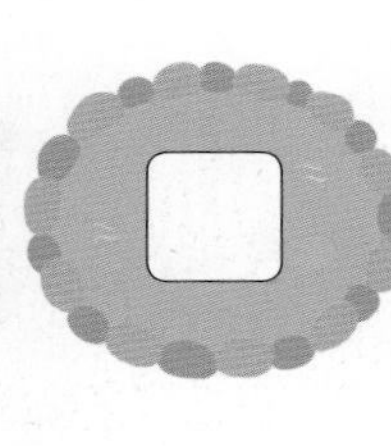

4단원 28회

연산 + 문해력

35 봉투로 완전히 가릴 수 있는 것은 액자와 우표 중 어느 것인가요?

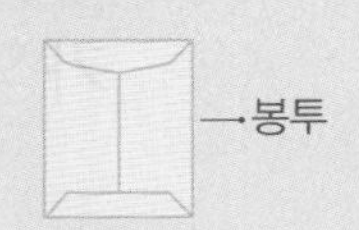

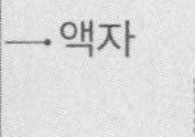

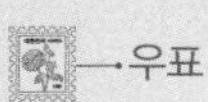

풀이 봉투로 완전히 가릴 수 있는 것: 봉투보다 더 (넓은 것 , 좁은 것)

→ 봉투보다 더 좁은 것: (액자 , 우표)

답 봉투로 완전히 가릴 수 있는 것은 ▢ 입니다.

담을 수 있는 양 비교

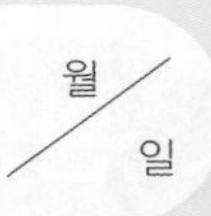

두 가지의 담을 수 있는 양을 비교할 때에는 '더 많다', '더 적다'라고 합니다.

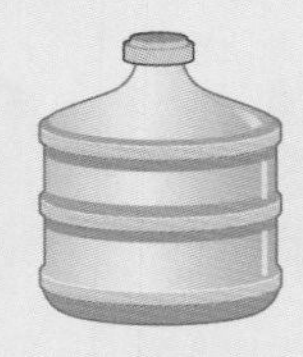

더 많다 더 적다

세 가지의 담을 수 있는 양을 비교할 때에는 '가장 많다', '가장 적다'라고 합니다.

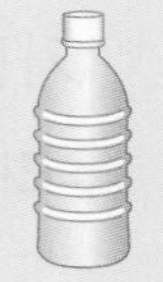

가장 많다 가장 적다

◆ 알맞은 말에 ○표 하세요.

1

이 담을 수 있는 양이 더 (많습니다 , 적습니다).

2

이 담을 수 있는 양이 더 (많습니다 , 적습니다).

3

가 담을 수 있는 양이 더 (많습니다 , 적습니다).

4

가 담을 수 있는 양이 더 (많습니다 , 적습니다).

◆ 알맞은 말에 ○표 하세요.

5

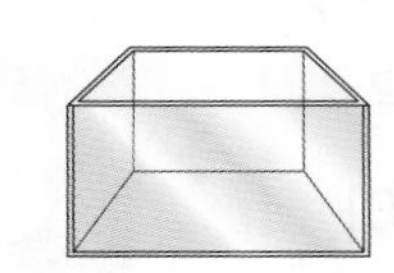
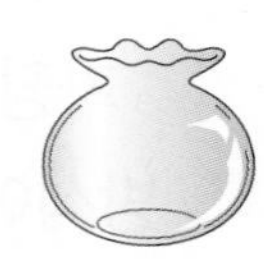

가 담을 수 있는 양이 가장 (많습니다 , 적습니다).

6

이 담을 수 있는 양이 가장 (많습니다 , 적습니다).

7

이 담을 수 있는 양이 가장 (많습니다 , 적습니다).

8

가 담을 수 있는 양이 가장 (많습니다 , 적습니다).

연습 담을 수 있는 양 비교

정답 18쪽

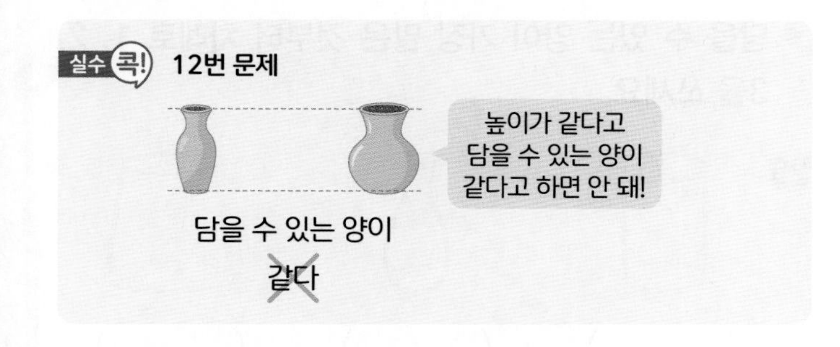

◆ 담을 수 있는 양이 더 많은 것에 ○표 하세요.

9

( ) ( )

10

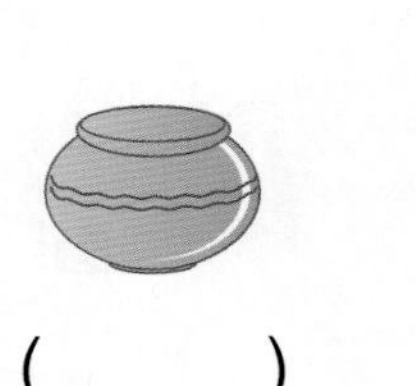
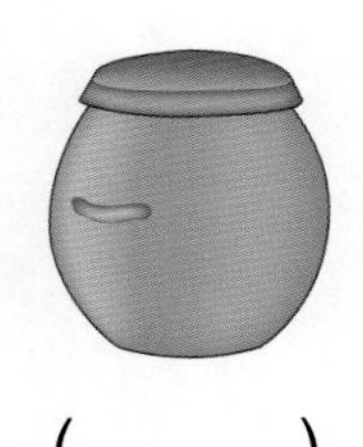

( ) ( )

◆ 담을 수 있는 양이 더 적은 것에 △표 하세요.

11

( ) ( )

실수 콕!

12

( ) ( )

13

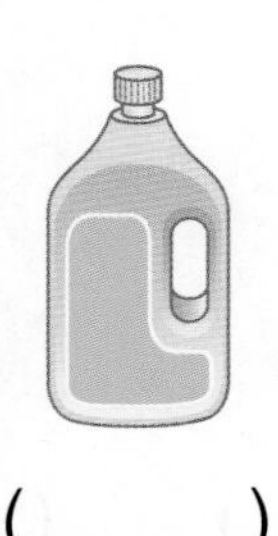

( ) ( )

◆ 담을 수 있는 양이 가장 많은 것에 ○표, 가장 적은 것에 △표 하세요.

14

( ) ( ) ( )

15

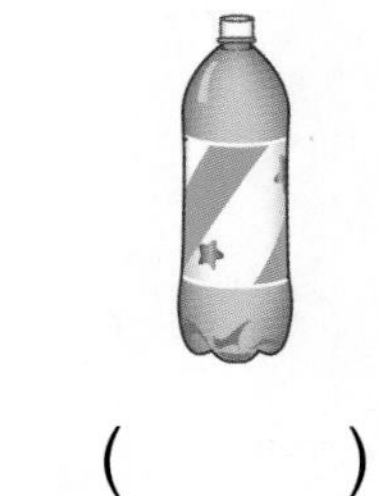
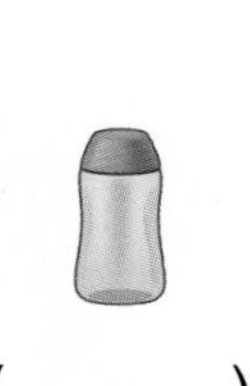

( ) ( ) ( )

16

( ) ( ) ( )

17

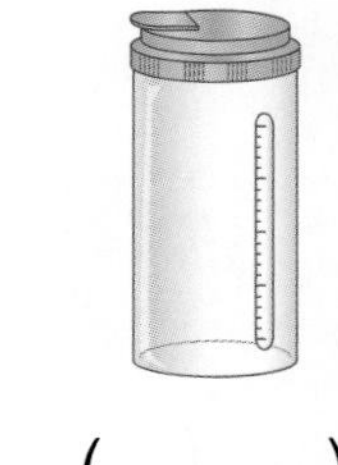

( ) ( ) ( )

18

( ) ( ) ( )

4단원 29회

적용 담을 수 있는 양 비교

◆ 담긴 물의 양이 더 많은 것에 ○표 하세요.

19

 ( )

 ( )

그릇의 모양과 크기가 같으면 담긴 물의 높이를 비교해 봐.

20

 ( )

 ( )

21

 ( )

 ( )

22

 ( )

( )

담긴 물의 높이가 같으면 그릇의 크기를 비교해 봐.

23

 ( )

 ( )

24

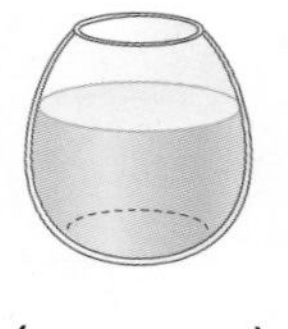 ( )

 ( )

◆ 담을 수 있는 양이 가장 많은 것부터 차례로 1, 2, 3을 쓰세요.

25

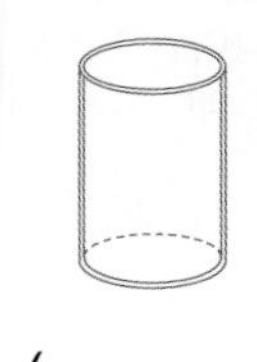 ( )

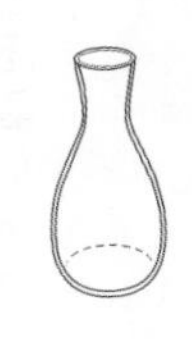 ( )

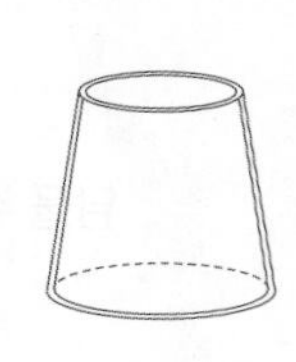 ( )

26

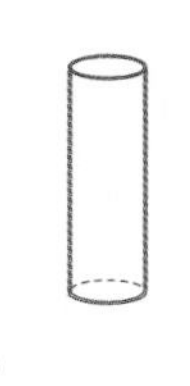 ( )

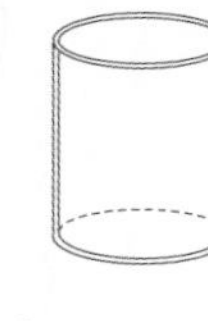 ( )

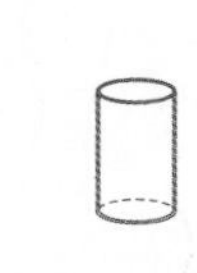 ( )

27

 ( )

 ( )

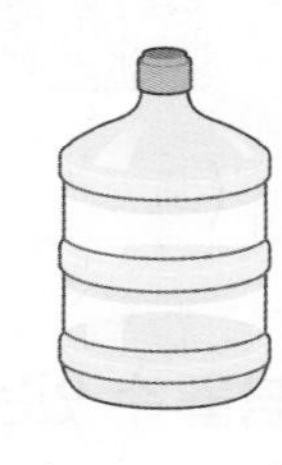 ( )

28

 ( )

 ( )

 ( )

29

 ( )

 ( )

( )

★ 완성 담을 수 있는 양 비교

정답 18쪽

◆ 어머니께서 가게에 장을 보러 오셨습니다. 어머니께서 고르실 물건을 찾아 ○표 하세요.

30

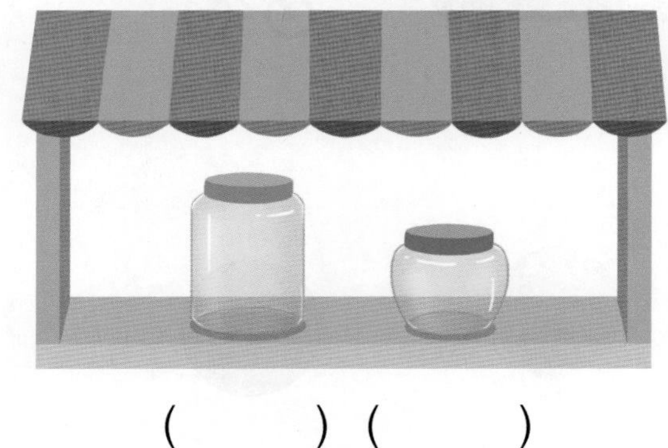

( ) ( )

32

( ) ( ) ( )

31

( ) ( )

33

( ) ( ) ( )

연산 + 문해력

34 윤아와 준호가 각자의 컵에 물을 가득 담아 모두 마셨습니다. 물을 더 많이 마신 사람은 누구인가요?

윤아의 컵

준호의 컵

풀이 물을 가득 담았을 때 물의 양이 더 많은 컵: 옆으로 더 (넓은 , 좁은) 컵

답 물을 더 많이 마신 사람은 [ ] 입니다.

4 단원 29회

평가 A 4단원 마무리

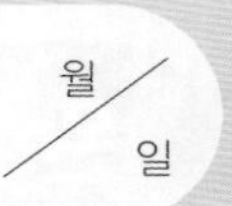

◆ 더 긴 것에 ○표 하세요.

1

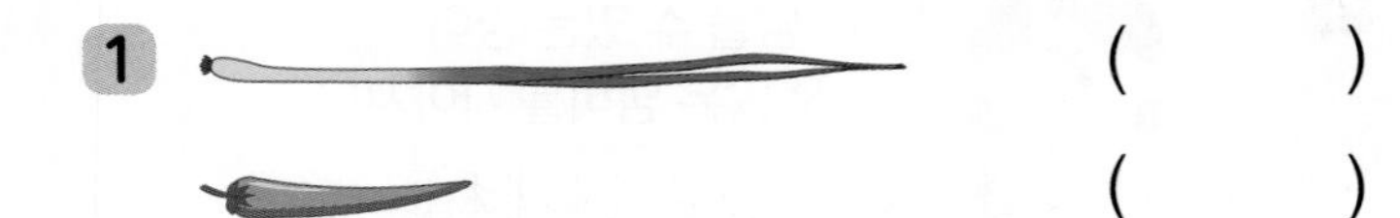

(　　　)
(　　　)

2

(　　　)
(　　　)

3

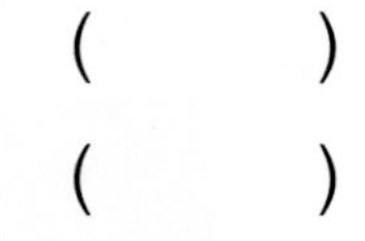

(　　　)
(　　　)

4

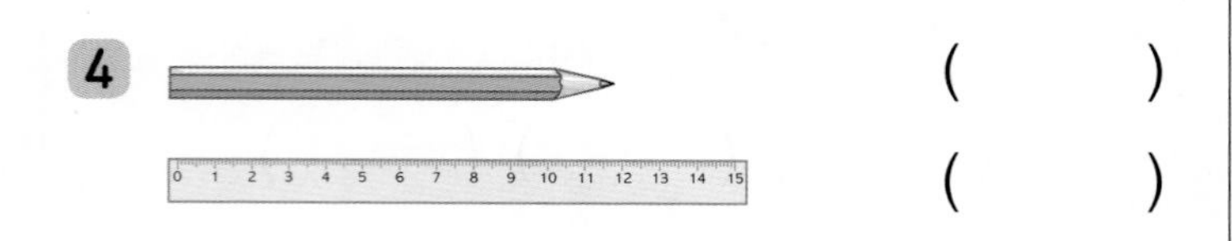

(　　　)
(　　　)

5

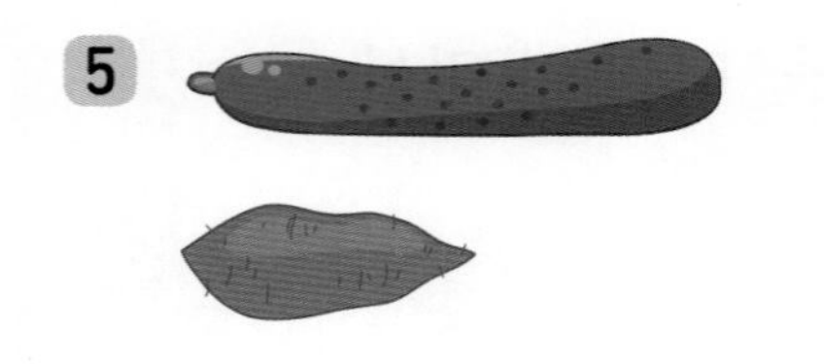
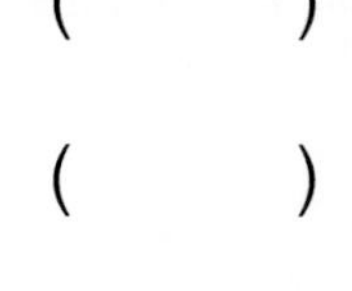

(　　　)
(　　　)

6

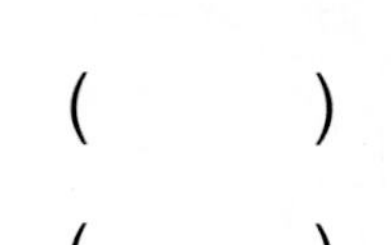

(　　　)
(　　　)

◆ 더 무거운 것에 ○표 하세요.

7

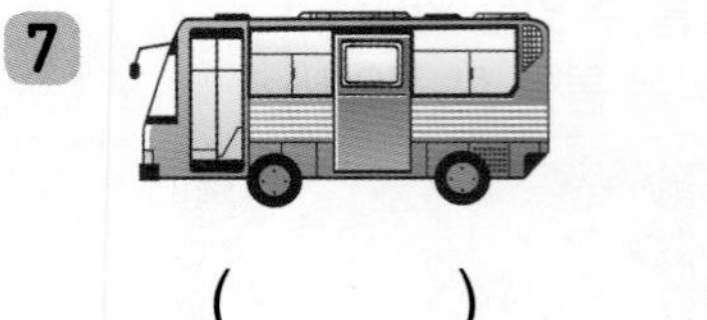

(　　　)　(　　　)

8

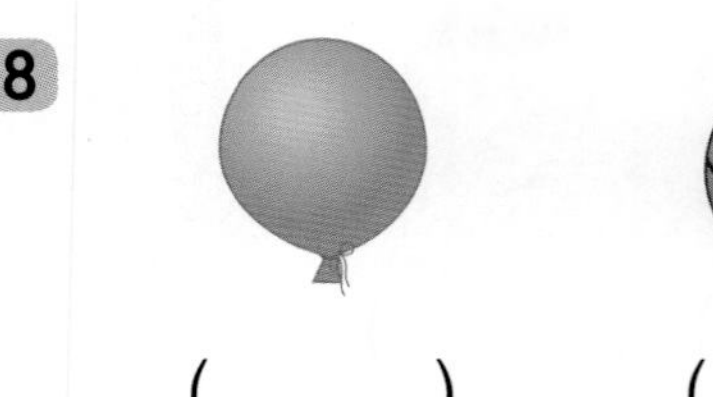
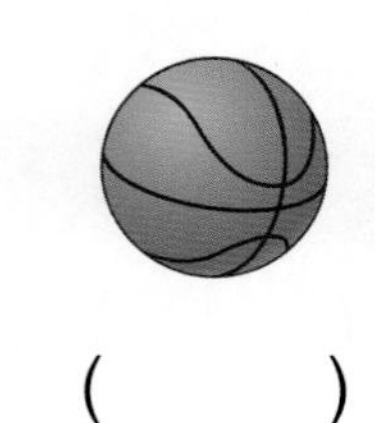

(　　　)　(　　　)

9

(　　　)　(　　　)

10

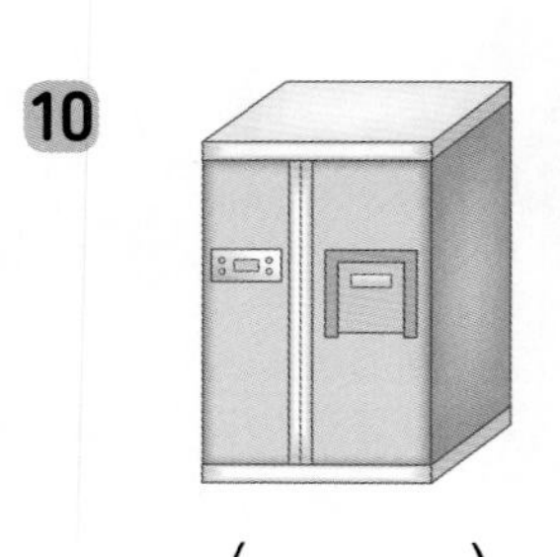

(　　　)　(　　　)

11

(　　　)　(　　　)

12

(　　　)　(　　　)

정답 18쪽

◆ 더 넓은 것에 ○표 하세요.

13

( ) ( )

14

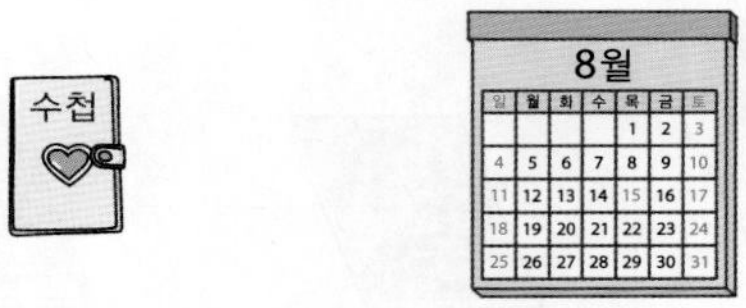

( ) ( )

15

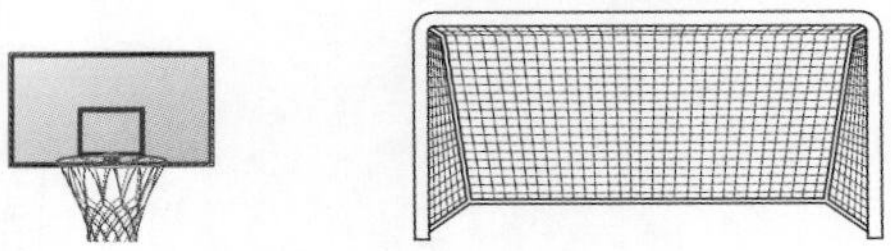

( ) ( )

16

( ) ( )

17

( ) ( )

18

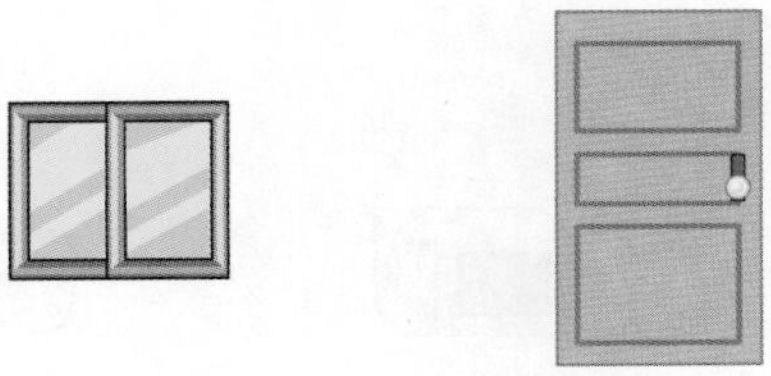

( ) ( )

◆ 담을 수 있는 양이 더 많은 것에 ○표 하세요.

19

( ) ( )

20

( ) ( )

21

( ) ( )

22

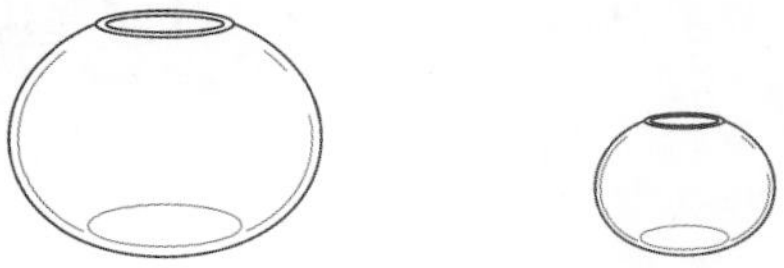

( ) ( )

23

( ) ( )

24

( ) ( )

◆ 알맞은 것끼리 이어 보세요.

1

• · 더 짧다

• · 더 길다

2

• · 더 짧다

• · 더 길다

3

• · 가장 짧다

•

• · 가장 길다

4

• · 가장 짧다

•

• · 가장 길다

5

• · 가장 짧다

•

• · 가장 길다

◆ 가장 가벼운 것부터 차례로 1, 2, 3을 쓰세요.

6

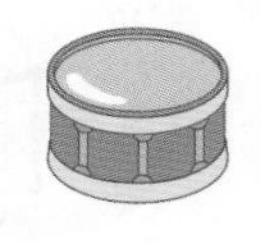

( ) ( ) ( )

7

( ) ( ) ( )

8

( ) ( ) ( )

9

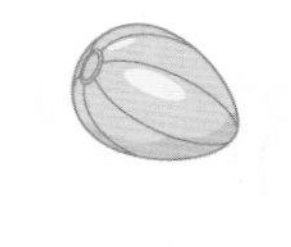

( ) ( ) ( )

10

( ) ( ) ( )

11

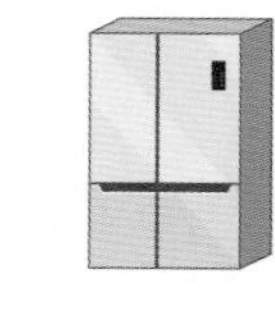

( ) ( ) ( )

◆ ▢ 안의 모양보다 더 넓은 것에 ○표 하세요.

12 ( ) ( )

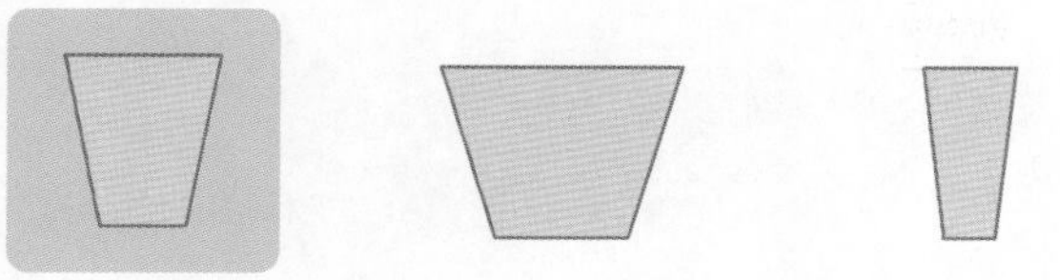

13 ( ) ( )

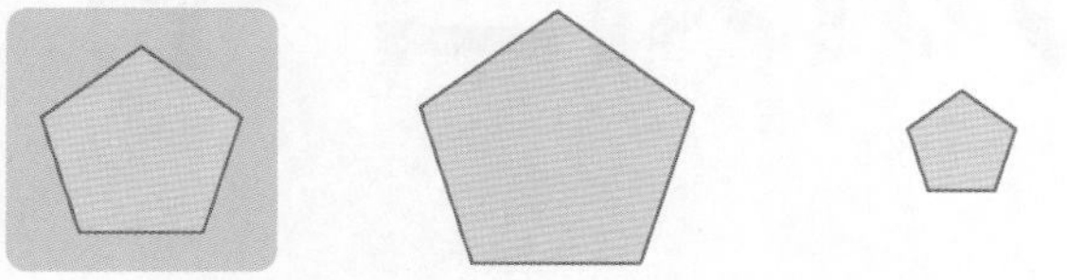

14 ( ) ( )

15 ( ) ( )

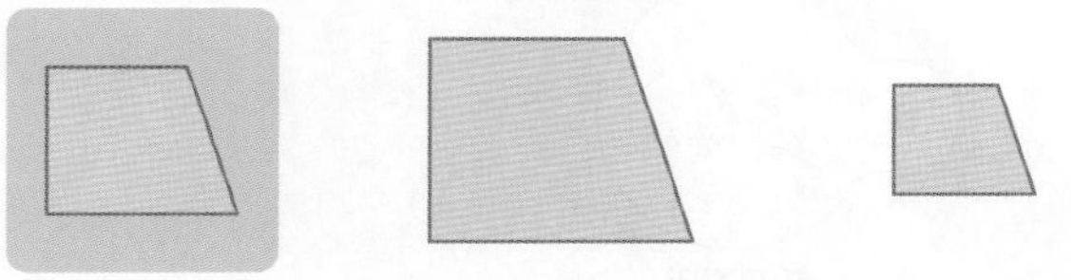

16 ( ) ( )

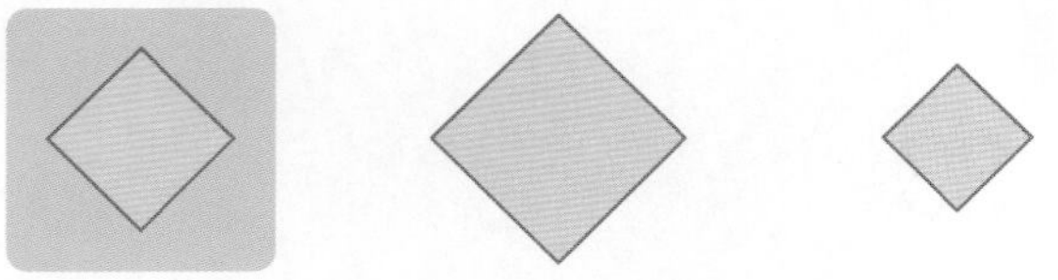

17 ( ) ( )

◆ 담긴 물의 양이 더 적은 것에 △표 하세요.

18 ( ) ( )

19 ( ) ( )

20 ( ) ( )

21 ( ) ( )

22 ( ) ( )

23 ( ) ( )

5 50까지의 수

19까지의 수 가르기

35회

34회

19까지의 수 모으기

학습을 끝낸 후 색칠하세요.

33회

십몇

이전에 배운 내용

32회

10 알아보기

[1-1] 9까지의 수
9까지의 수 읽고 쓰기

[1-1] 덧셈과 뺄셈
9까지의 수 모으기와 가르기

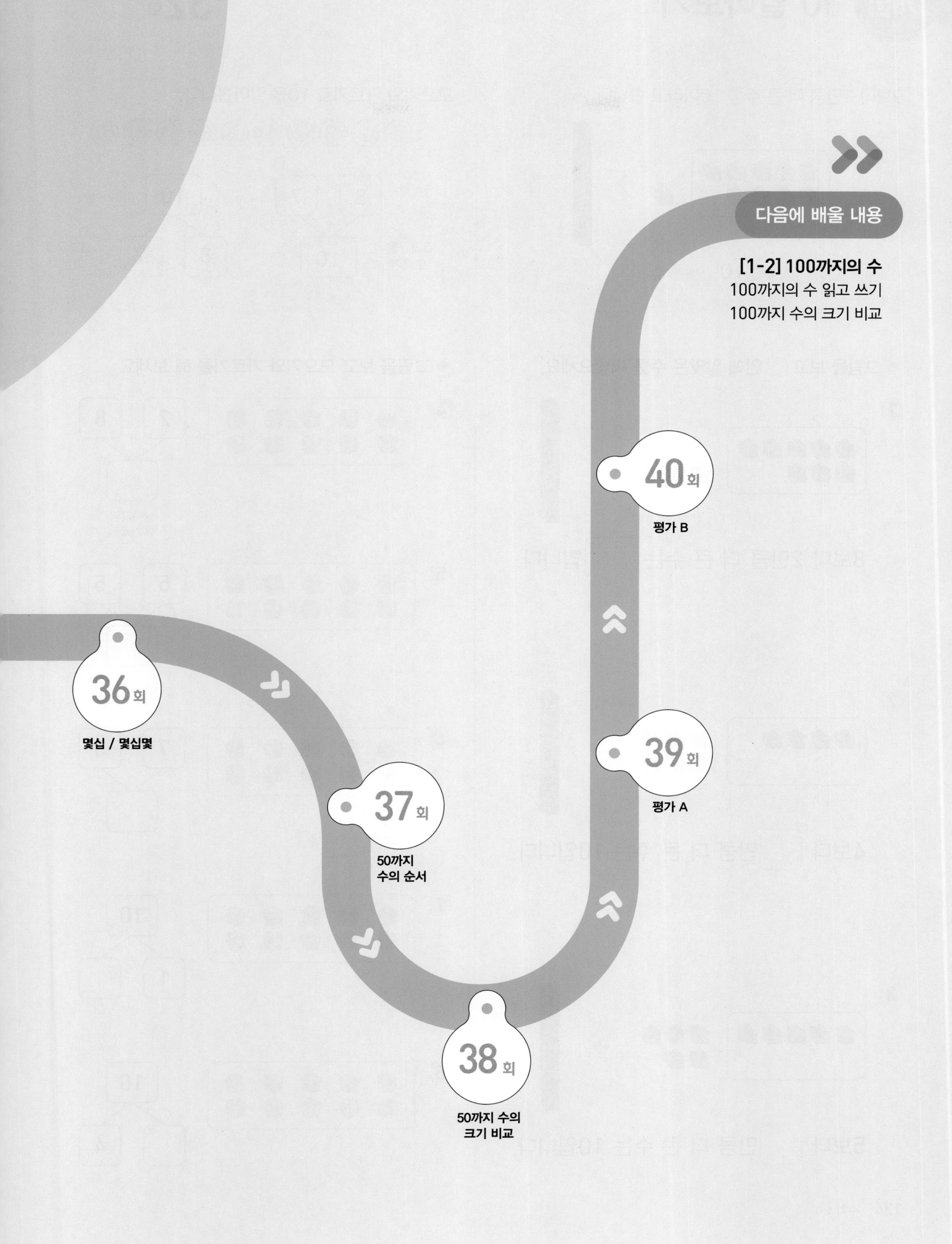
다음에 배울 내용
[1-2] 100까지의 수
100까지의 수 읽고 쓰기
100까지 수의 크기 비교
40회
평가 B
39회
평가 A
36회
몇십 / 몇십몇
37회
50까지
수의 순서
38회
50까지 수의
크기 비교

개념 10 알아보기

32회

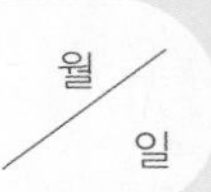

9보다 1만큼 더 큰 수를 10이라고 합니다.

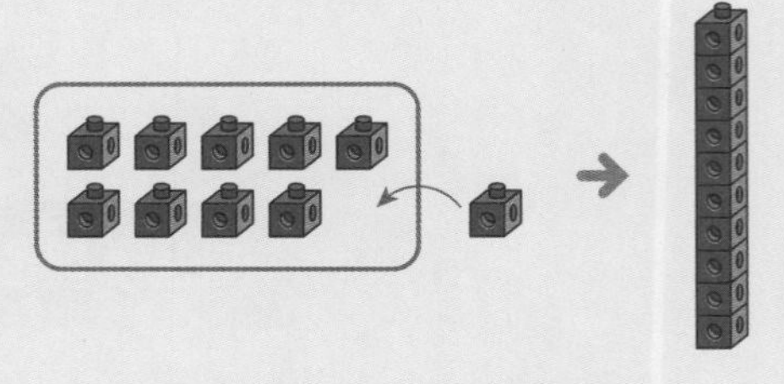

쓰기 10 읽기 십, 열

모으기와 가르기로 10을 알아봅니다.

3 7 → 10 (3과 7을 모으기)

10 → 3 7 (3과 7로 가르기)

◆ 그림을 보고 ☐ 안에 알맞은 수를 써넣으세요.

1

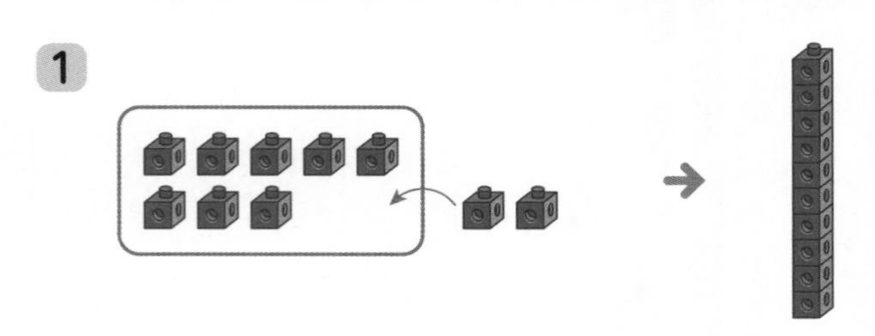

8보다 2만큼 더 큰 수는 ☐입니다.

2

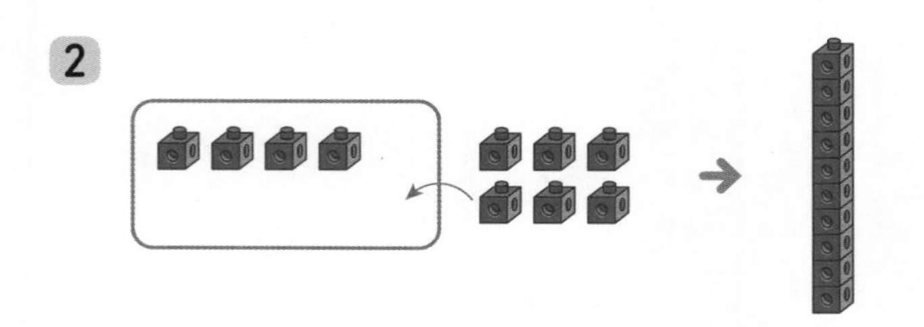

4보다 ☐만큼 더 큰 수는 10입니다.

3

5보다 ☐만큼 더 큰 수는 10입니다.

◆ 그림을 보고 모으기와 가르기를 해 보세요.

4

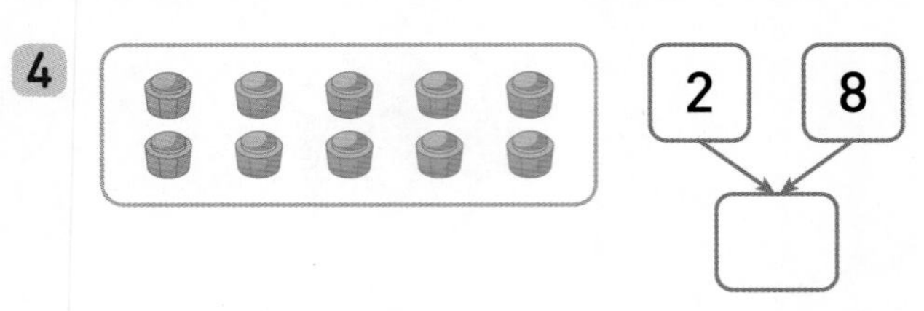

5

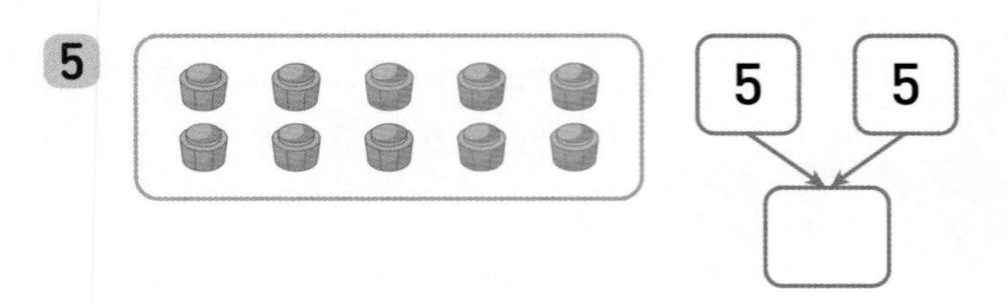

6

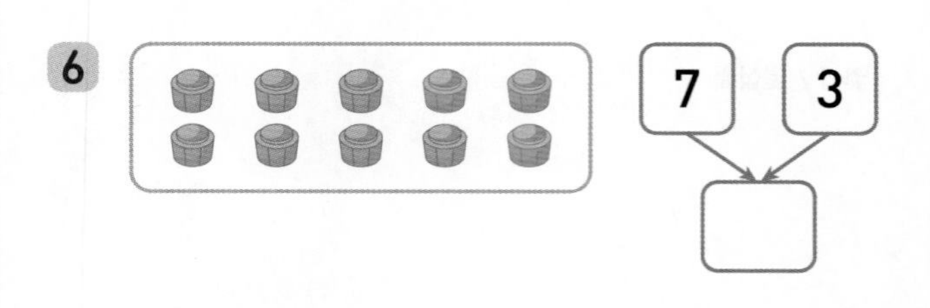

7

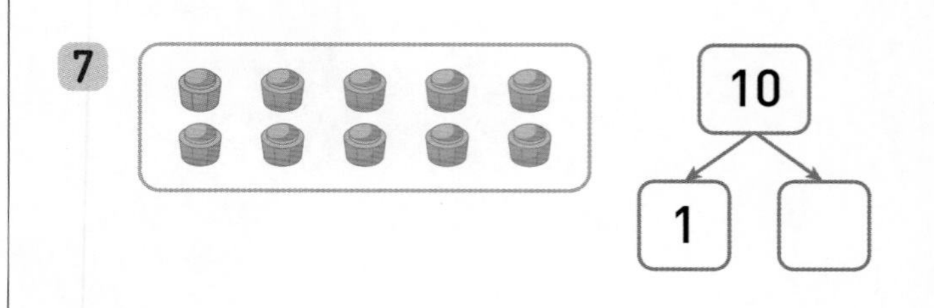

8

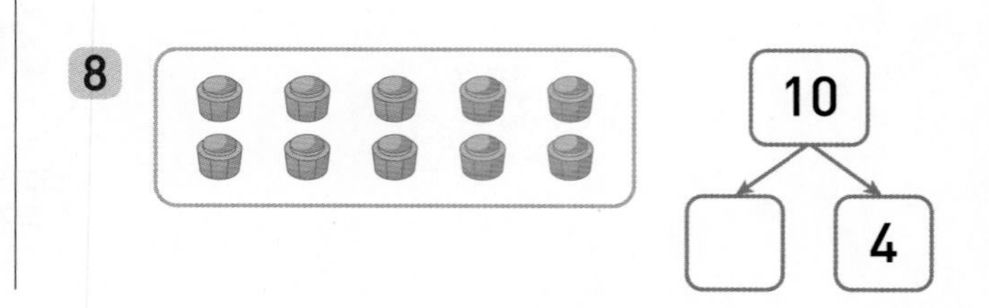

10 알아보기

정답 19쪽

실수 콕! 9~13번 문제

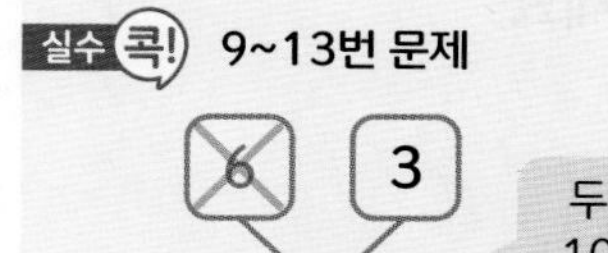

두 수를 모아서 10이 되는 짝을 찾아야 해.

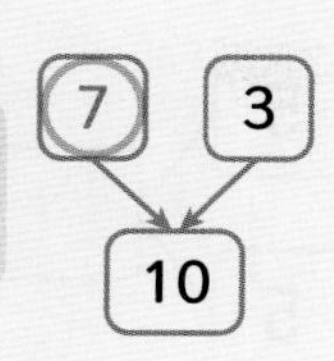

◆ 모으기를 해 보세요.

9 ①
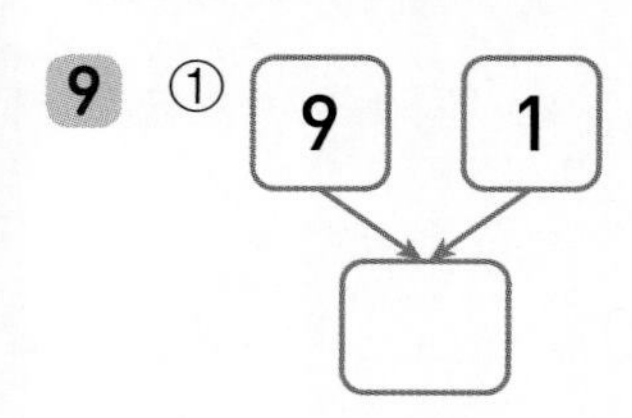

②
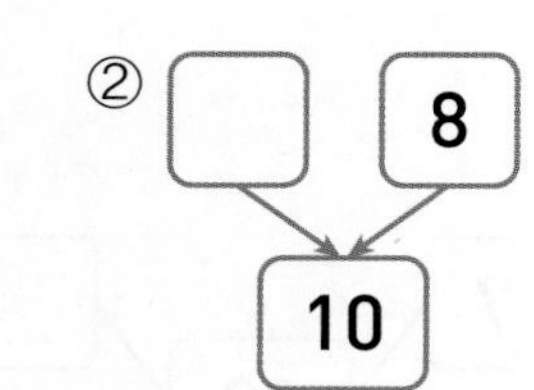

10 ①
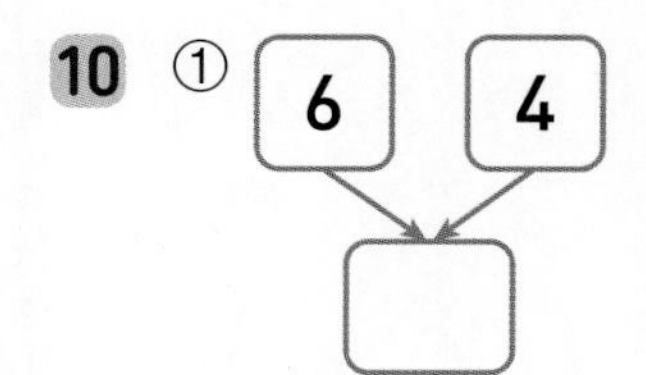

②
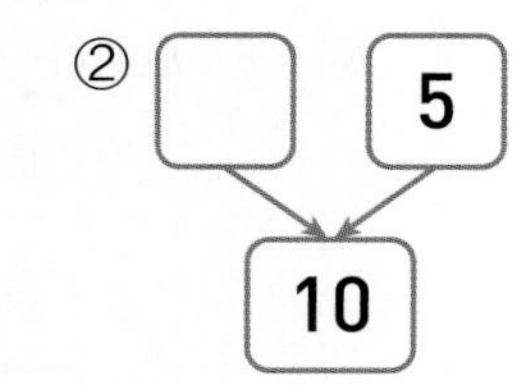

11 ①
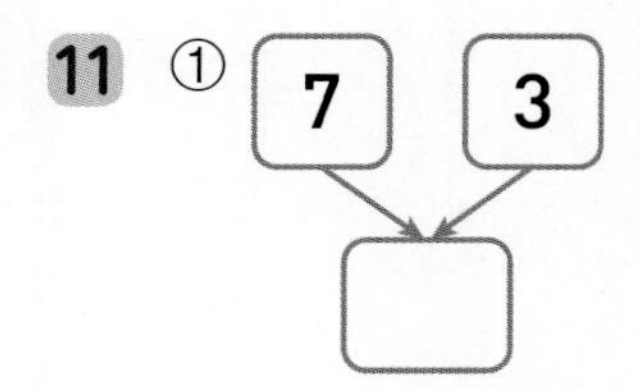

②
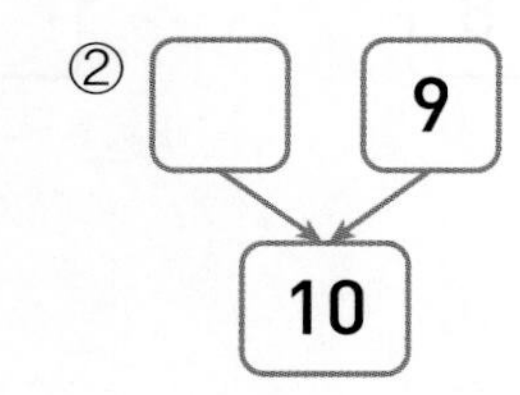

12 ①
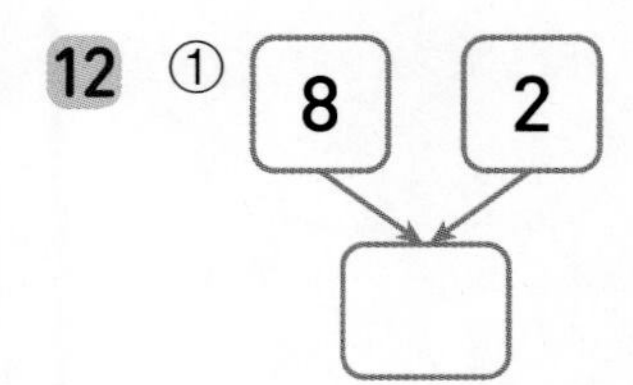

②
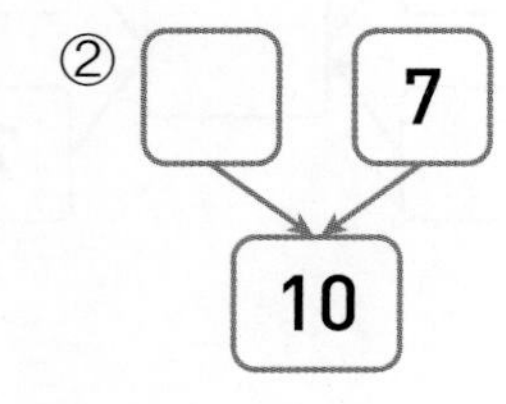

13 ① ②
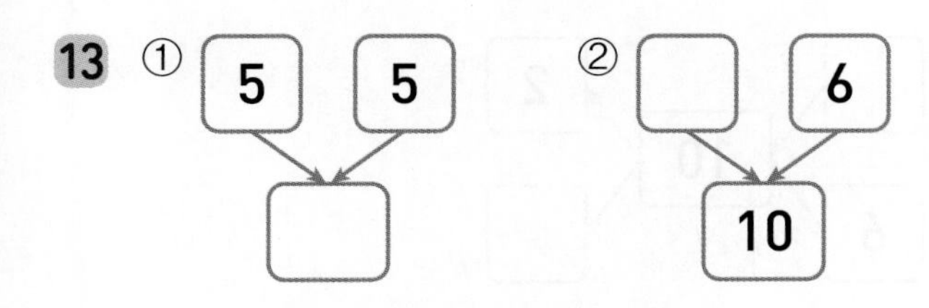

◆ 가르기를 해 보세요.

14 ①
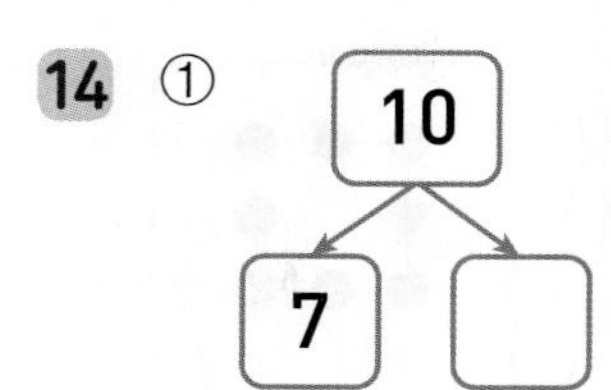

②
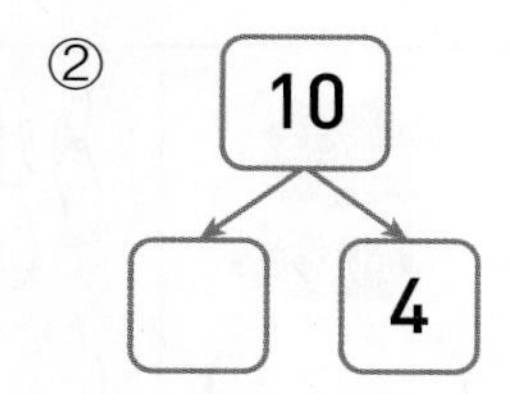

15 ①
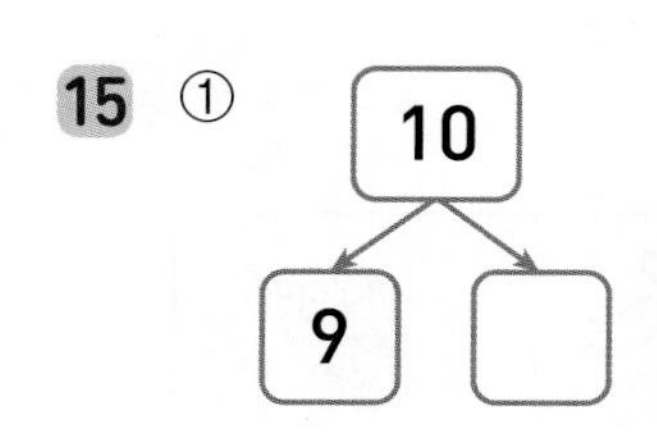

②
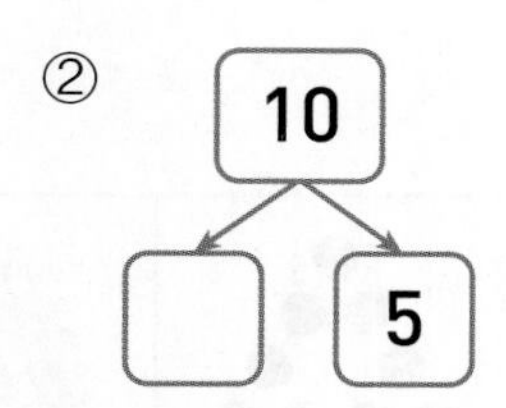

16 ①
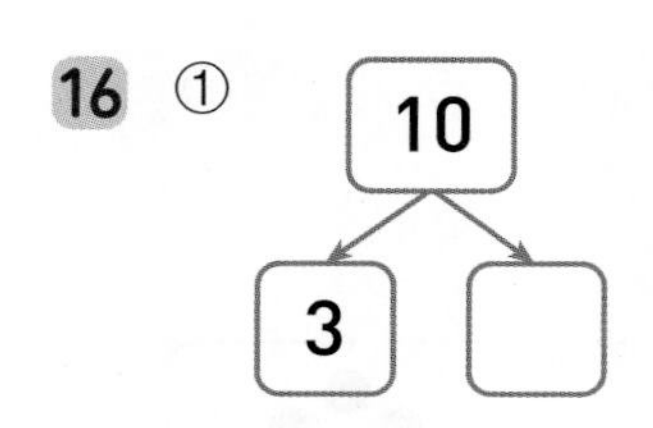

②
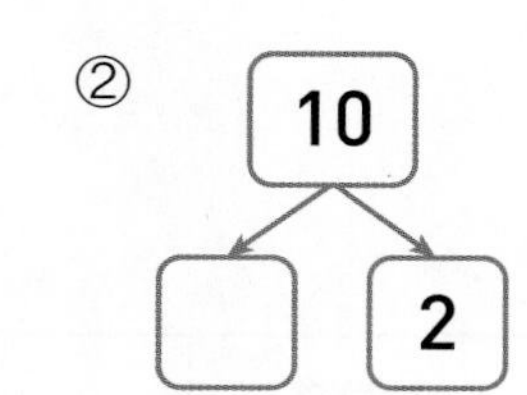

17 ①
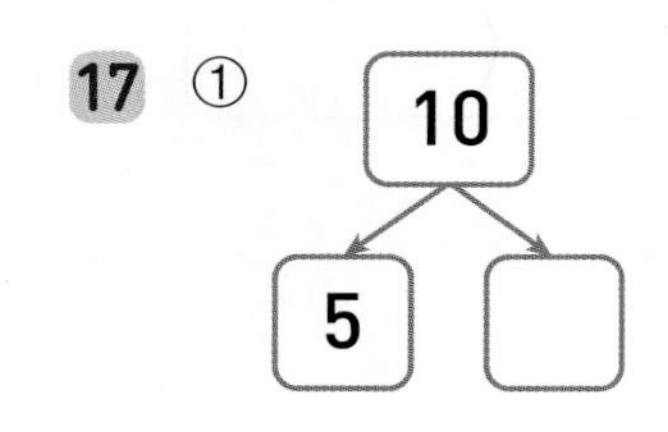

②
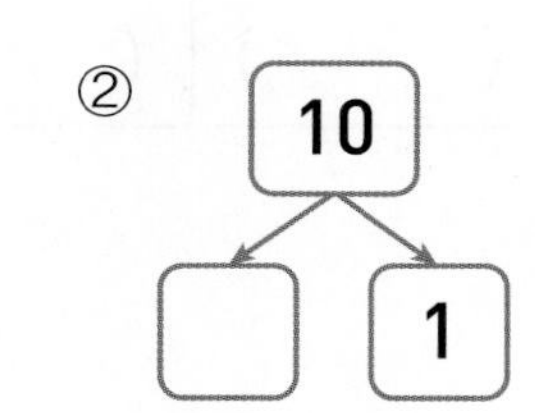

18 ①
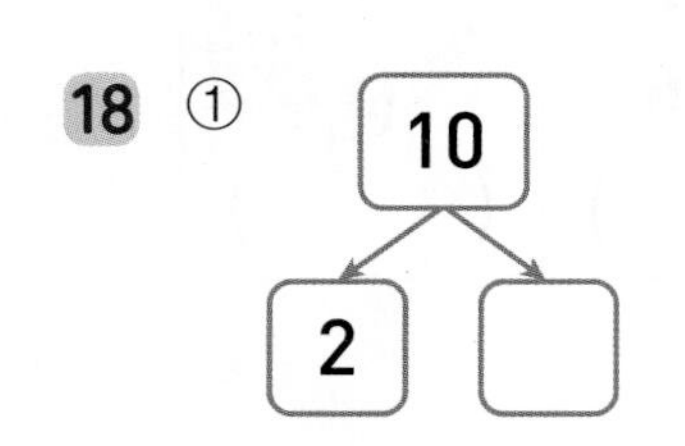

②
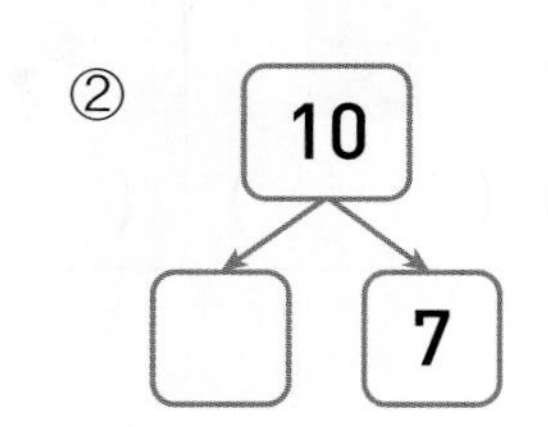

19 ①
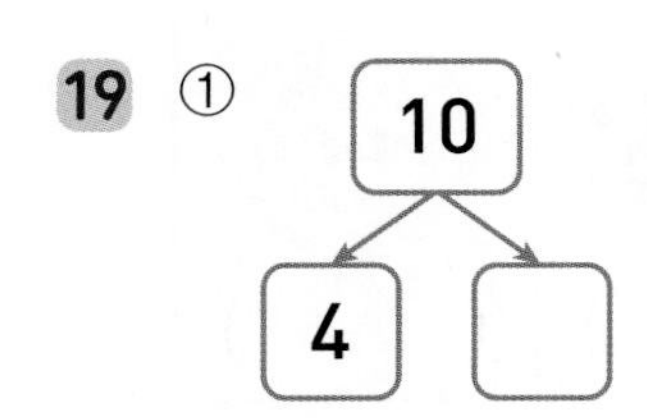

②
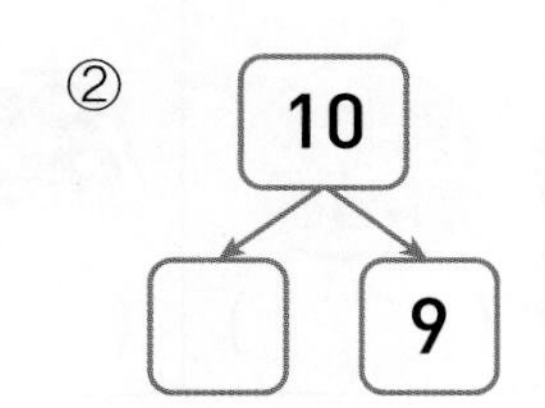

적용 10 알아보기

◆ 10을 나타낸 것을 모두 찾아 ○표 하세요.

20

( ) ( ) ( )

21

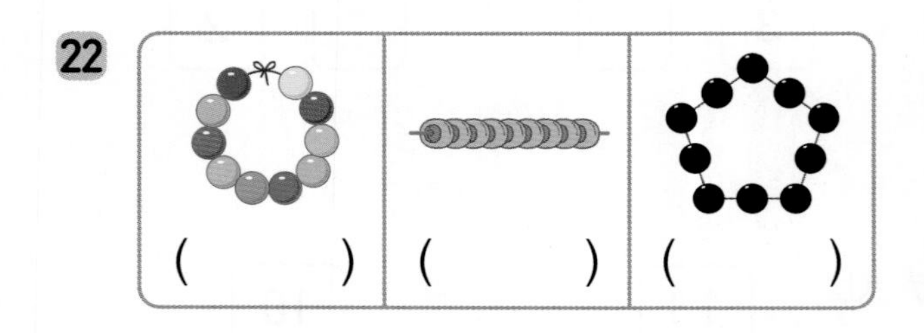

22

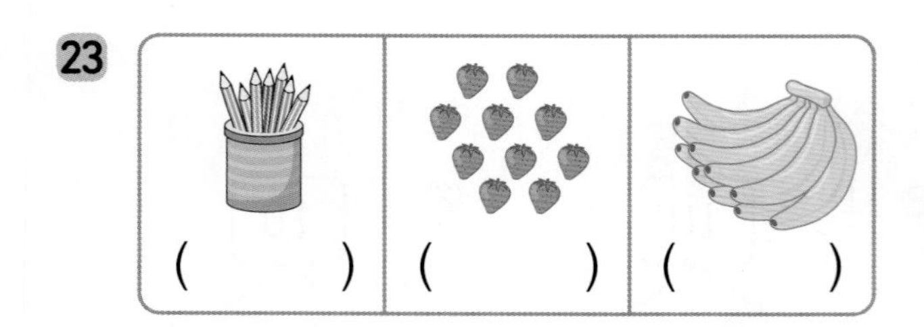

23

( ) ( ) ( )

24

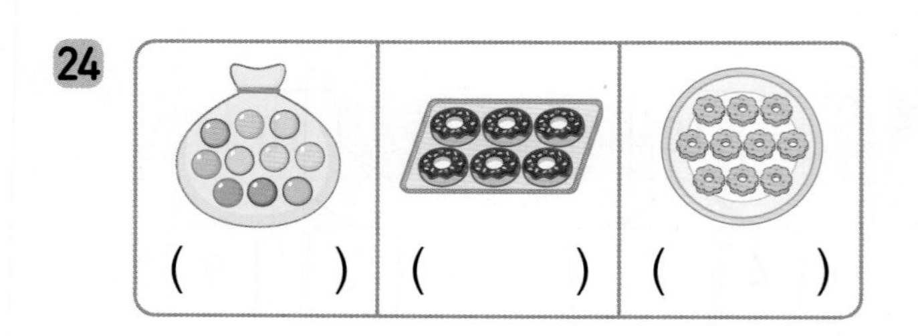

◆ 빈칸에 알맞은 수를 써넣으세요.

25

5, 5 → □ → 4, □

26

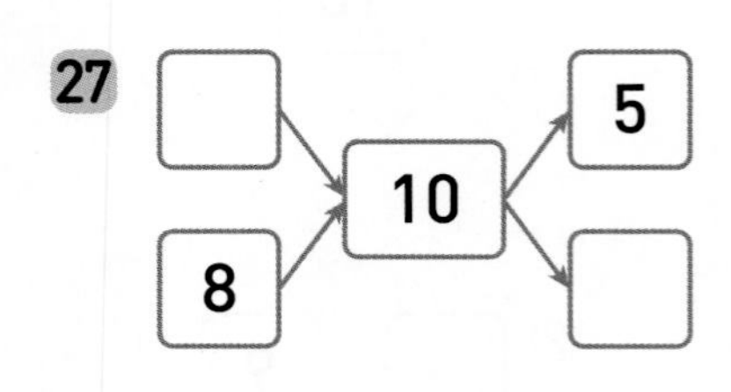

27

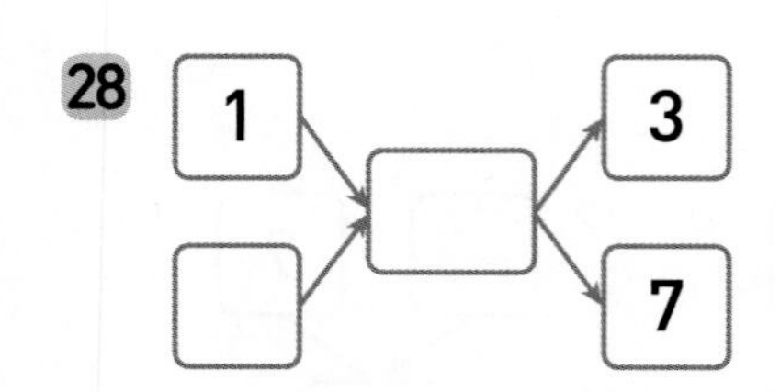

28

1, □ → □ → 3, 7

29

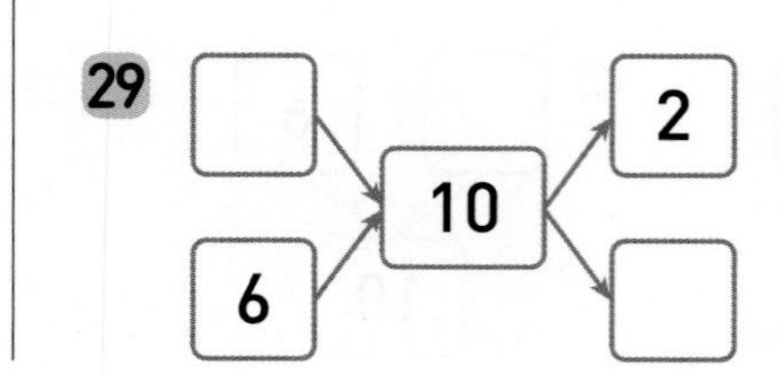

정답 19쪽

◆ 그림일기를 보고 10을 알맞게 읽은 친구에 ○표 하세요.

오늘은 6월 10일, 기다리던 내 생일이다.
아빠와 엄마께서 선물로 캐릭터 카드 10장을 사 주셨고,
동생도 선물로 종이학 10개를 접어 주었다. 저녁에는
백화점 10층에 있는 피자 가게에 가서 피자도 먹었다.
정말 행복한 날이었다.

30

( ) ( )

31

( ) ( )

32

( ) ( )

33

( ) ( )

연산 + 문해력

34 딱지를 경민이는 4개, 한준이는 6개 접었습니다. 경민이와 한준이가 접은 딱지를 모으기하면 모두 몇 개인가요?

풀이

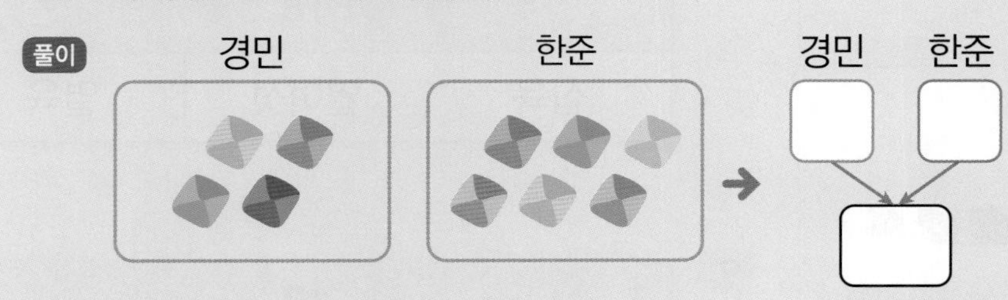

경민 한준 → □ □ → □

답 경민이와 한준이가 접은 딱지를 모으기하면 모두 □개입니다.

5단원 32회

개념 십몇

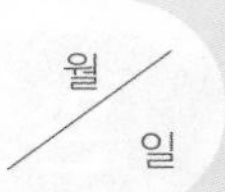

10개씩 묶음의 수와 낱개의 수로 십몇을 알아봅니다.

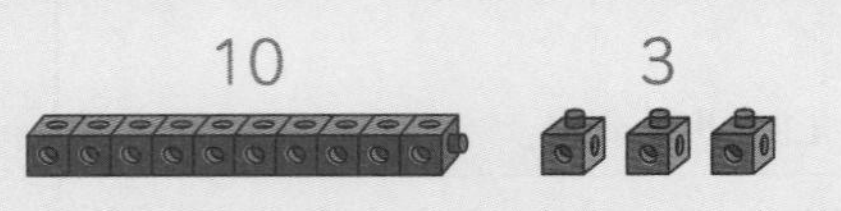

10개씩 묶음	낱개	→	수
1	3		13

쓰기 13

읽기 십삼, 열셋

낱개의 수에 따라 십몇의 '몇'이 정해져.

11부터 19까지의 수를 다음과 같이 쓰고 읽습니다.

11		12		13	
십일	열하나	십이	열둘	십삼	열셋
14		**15**		**16**	
십사	열넷	십오	열다섯	십육	열여섯
17		**18**		**19**	
십칠	열일곱	십팔	열여덟	십구	열아홉

◆ 빈칸에 알맞은 수를 써넣으세요.

1

10개씩 묶음	낱개	→	수
1			

2

10개씩 묶음	낱개	→	수
1			

3

10개씩 묶음	낱개	→	수
1			

4

10개씩 묶음	낱개	→	수
1			

◆ 수를 바르게 읽은 것을 모두 찾아 ○표 하세요.

5

11		
십하나	열하나	십일

6

13		
열셋	열삼	십삼

7

15		
십다섯	십오	열다섯

8

16		
십육	열여섯	열육

9

17		
십칠	십일곱	열일곱

연습 십몇

정답 19쪽

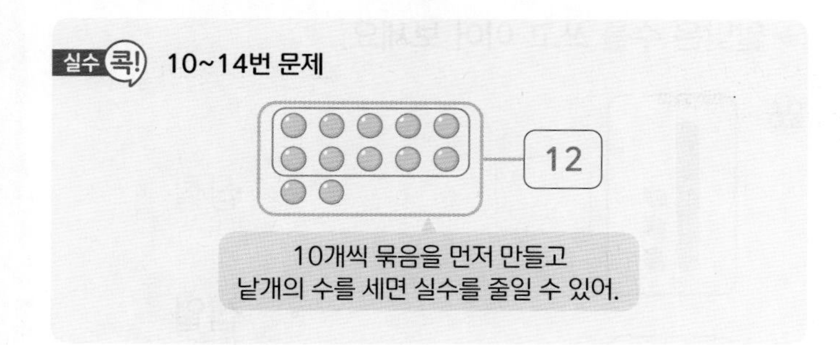

◆ 수를 세어 □ 안에 알맞은 수를 써넣으세요.

10

11

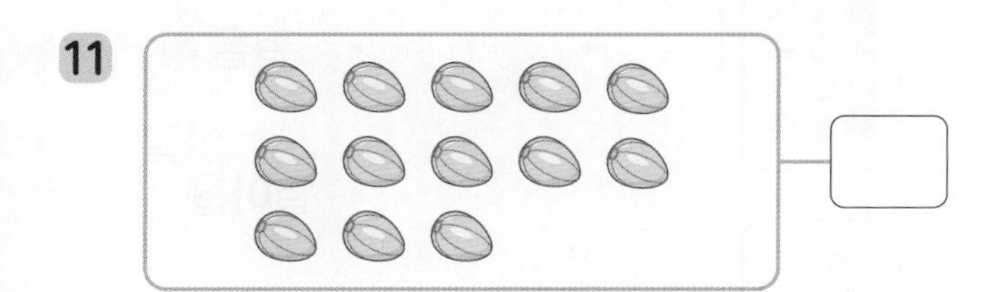

12

13

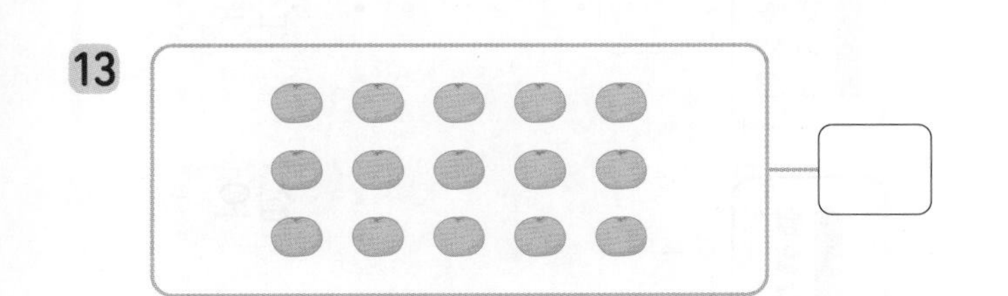

14

□

◆ □ 안에 알맞은 수를 써넣으세요.

15

10개씩 묶음	1
낱개	2

→ □

16

10개씩 묶음	1
낱개	6

→ □

17

10개씩 묶음	1
낱개	7

→ □

18

10개씩 묶음	1
낱개	9

→ □

19

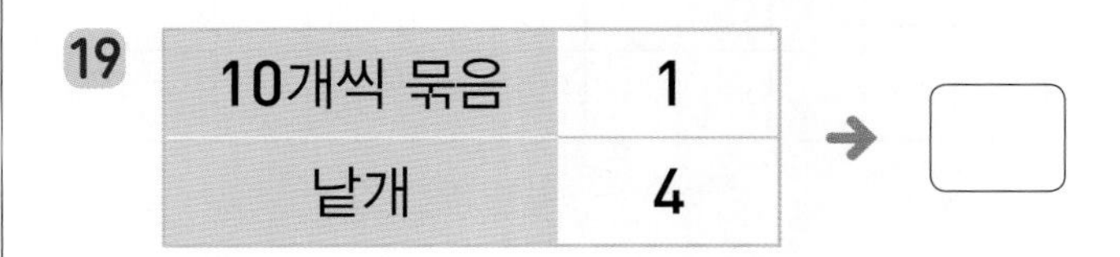

10개씩 묶음	1
낱개	4

→ □

20

10개씩 묶음	1
낱개	1

→ □

적용 십몇

◆ 주어진 수만큼 칸을 색칠해 보세요.

21

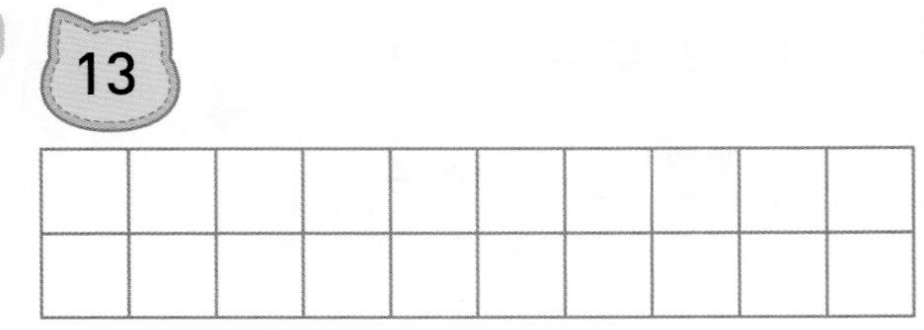

22

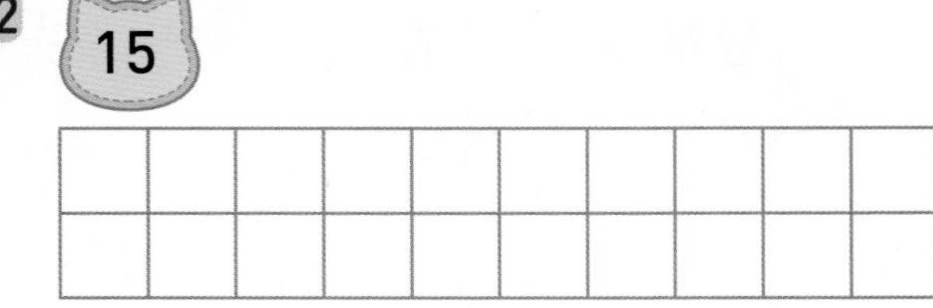

23

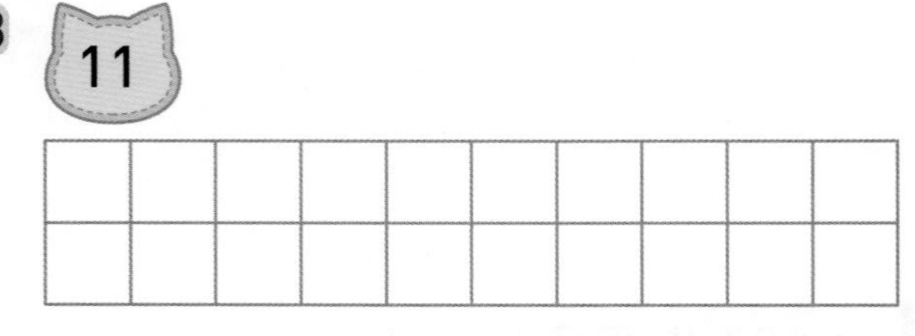

24

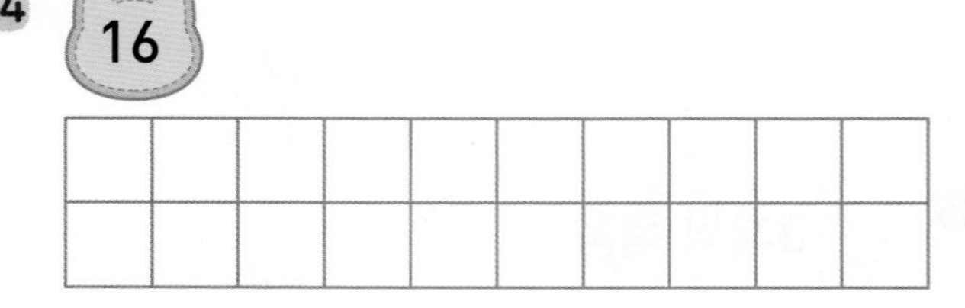

25

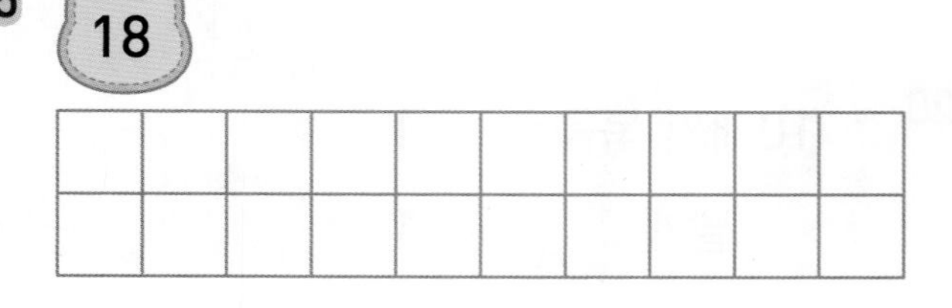

◆ 알맞은 수를 쓰고 이어 보세요.

26

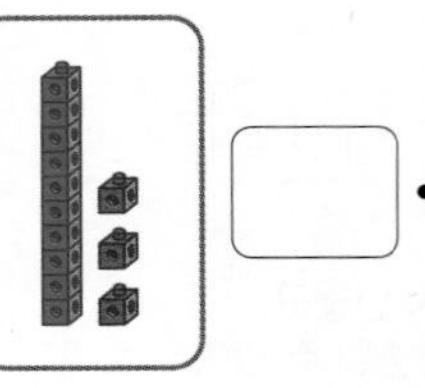

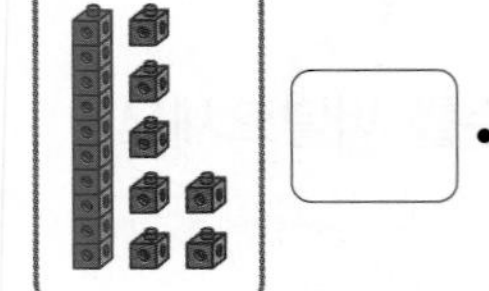

십칠

십일

십삼

27

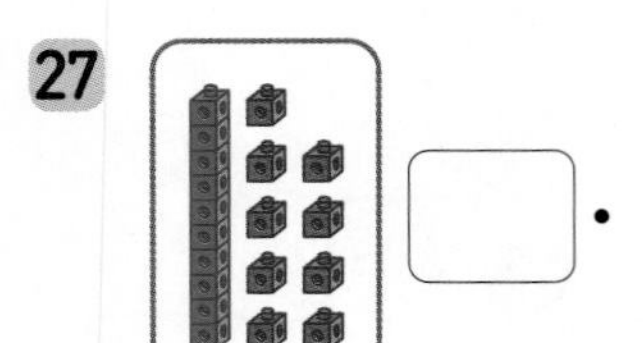

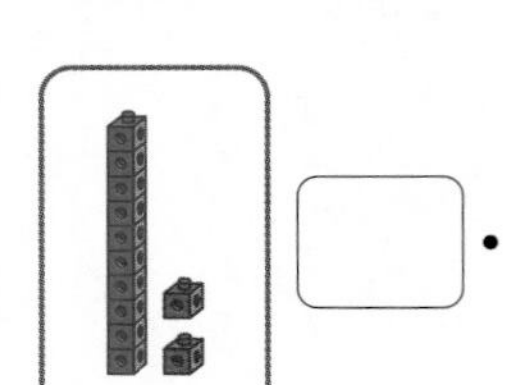

열둘

열아홉

열하나

28

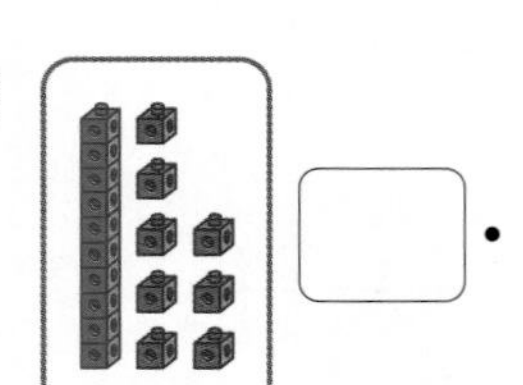

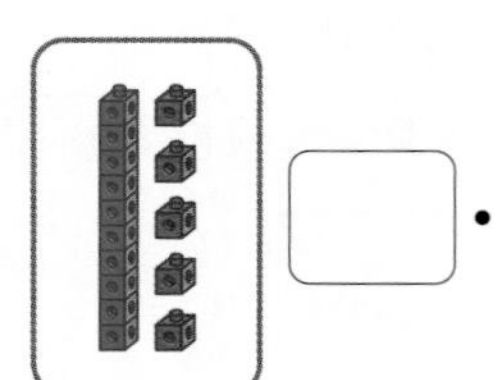

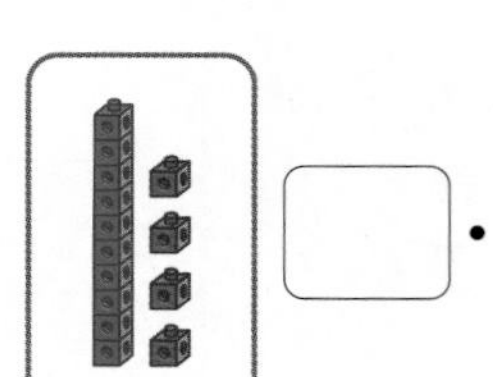

십육

십오

열여덟

열넷

★ 완성 십몇

◆ 각 바둑돌의 수를 세어 ☐ 안에 알맞은 수를 써넣으세요.

29

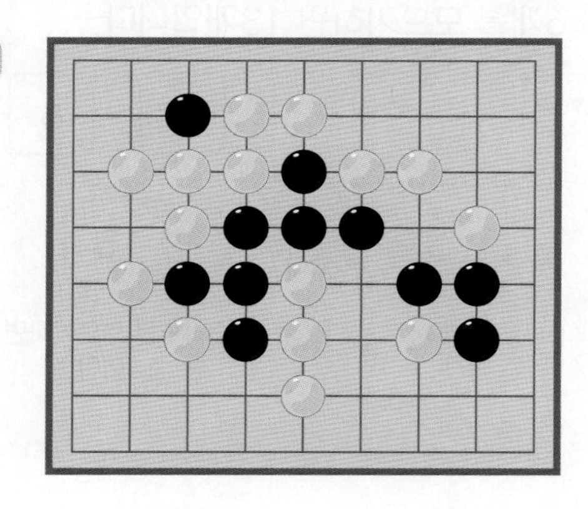

○: ☐개 ●: ☐개

31

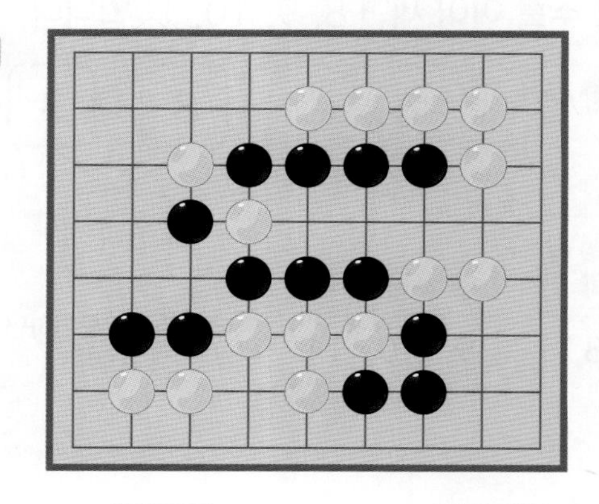

○: ☐개 ●: ☐개

30

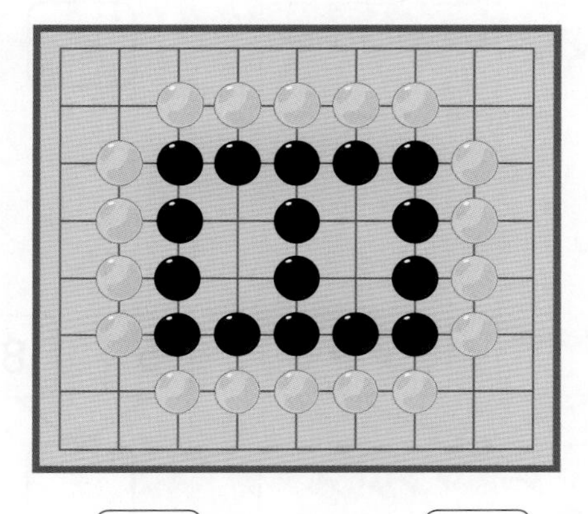

○: ☐개 ●: ☐개

32

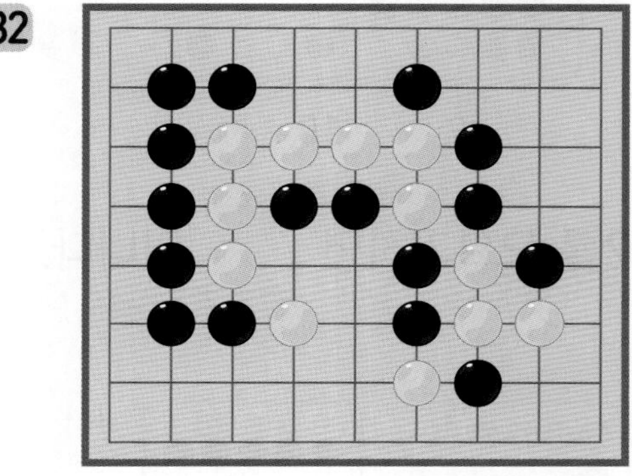

○: ☐개 ●: ☐개

연산 + 문해력

33 현수는 사탕을 10개씩 묶음 1개와 낱개 6개를 가지고 있습니다. 현수가 가진 사탕은 모두 몇 개인가요?

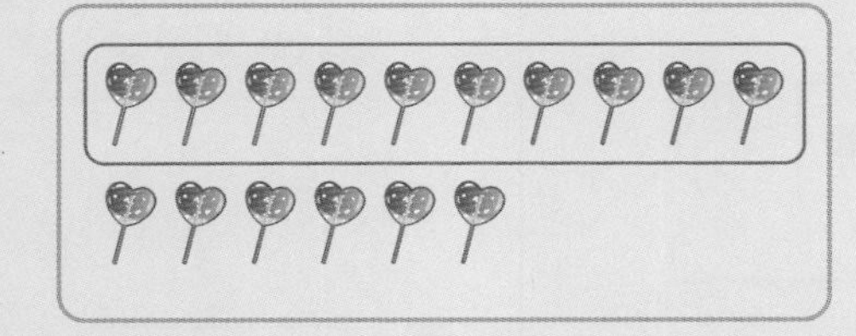

풀이 10개씩 묶음 ☐개와 낱개 ☐개 → ☐

답 현수가 가진 사탕은 모두 ☐개입니다.

개념 19까지의 수 모으기

8부터 3만큼 수를 이어 세면 8, 9, 10, 11입니다.

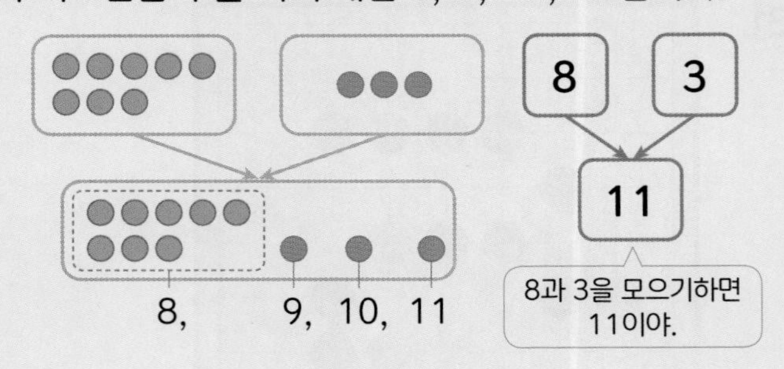

지우개 7개와 6개를 모으기하면 13개입니다.

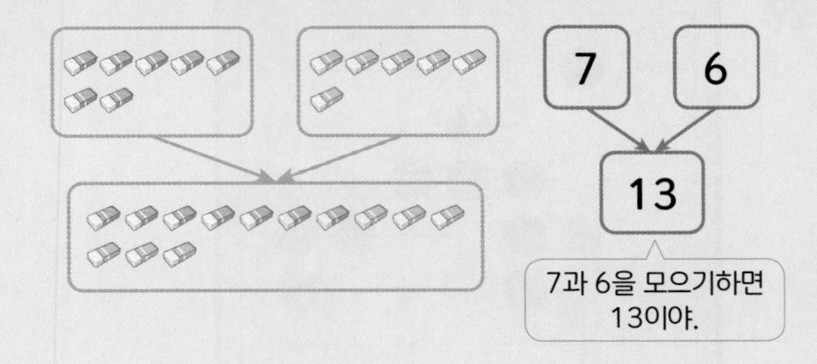

◆ ▢ 안에 알맞은 수를 써넣으세요.

1

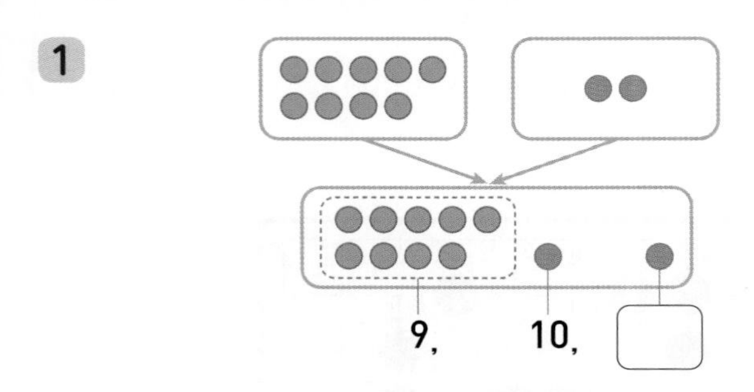

➔ **9**와 **2**를 모으기하면 ▢ 입니다.

2

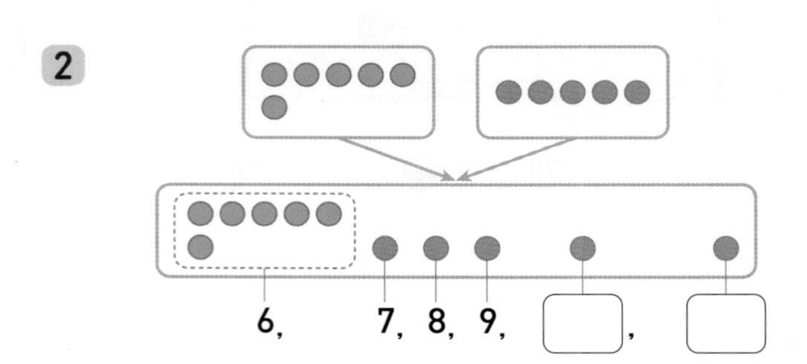

➔ **6**과 **5**를 모으기하면 ▢ 입니다.

3

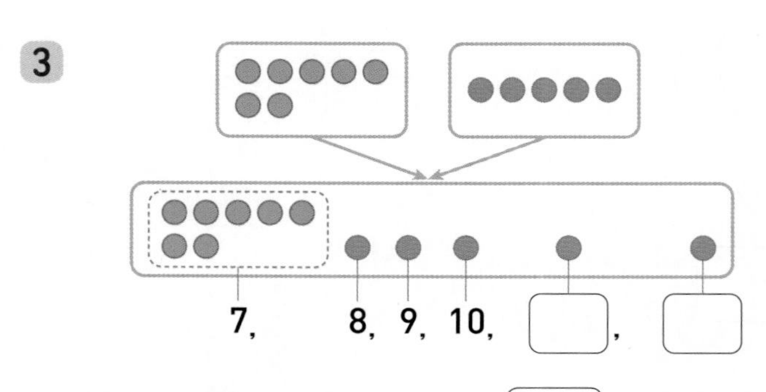

➔ **7**과 **5**를 모으기하면 ▢ 입니다.

◆ 그림을 보고 모으기를 해 보세요.

4

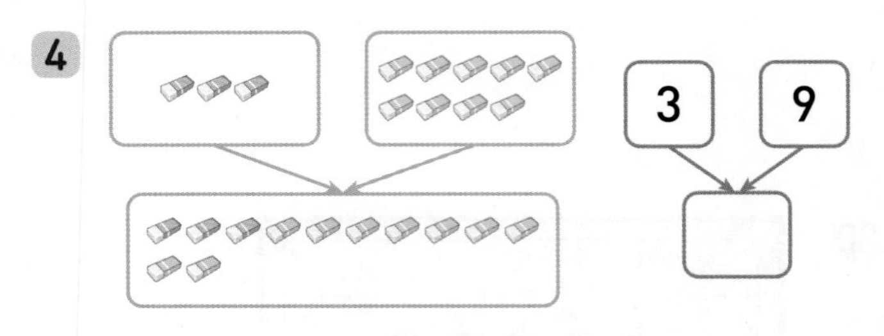

5

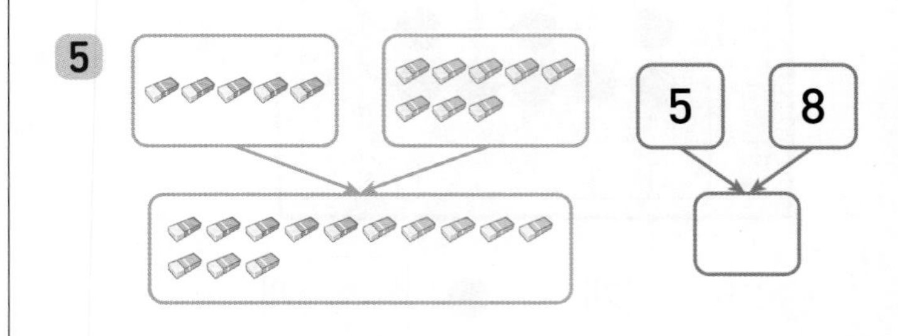

6

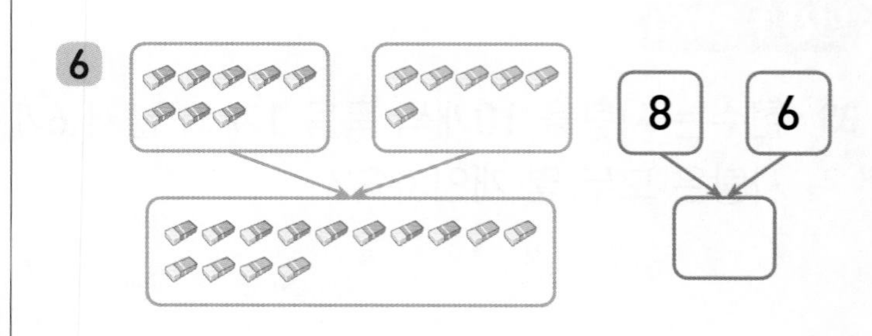

7

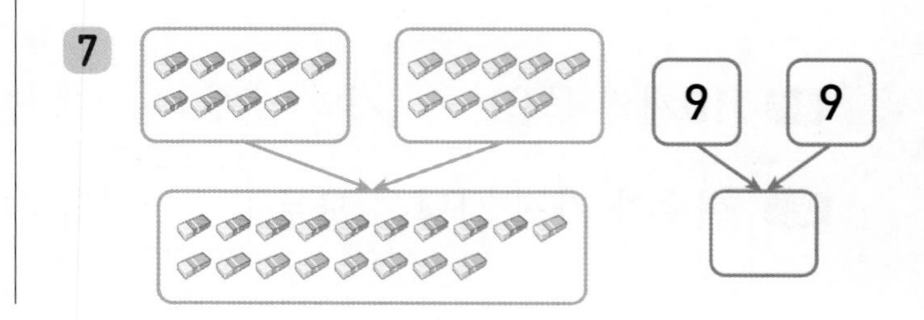

19까지의 수 모으기

정답 20쪽

실수 콕! 10~12번 문제

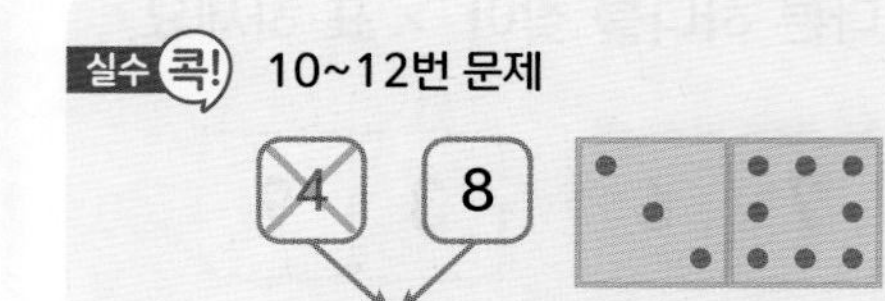

◆ 그림을 보고 모으기를 해 보세요.

8 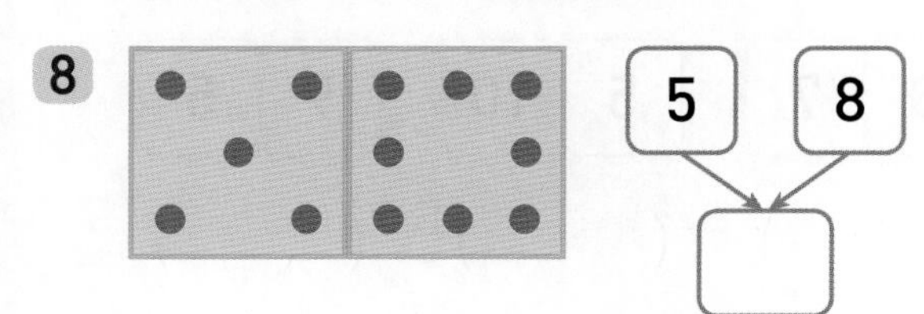

9 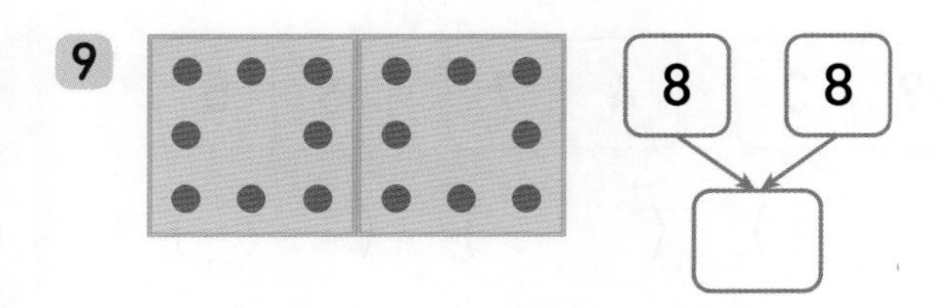

실수 콕!
10 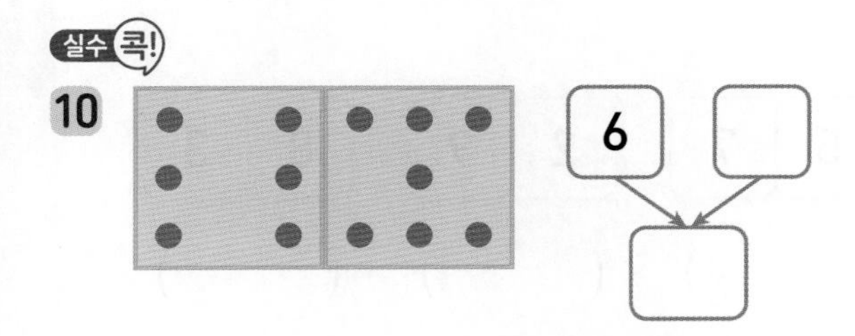

실수 콕!
11 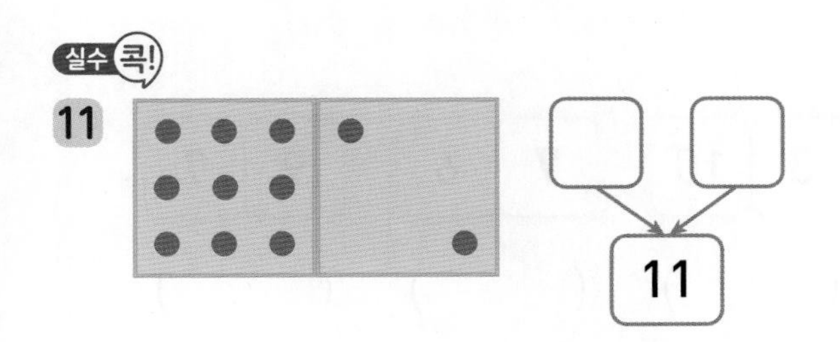

실수 콕!
12 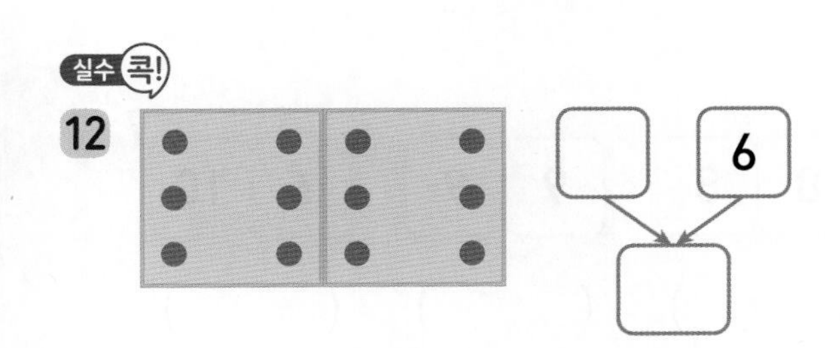

◆ 모으기를 해 보세요.

13 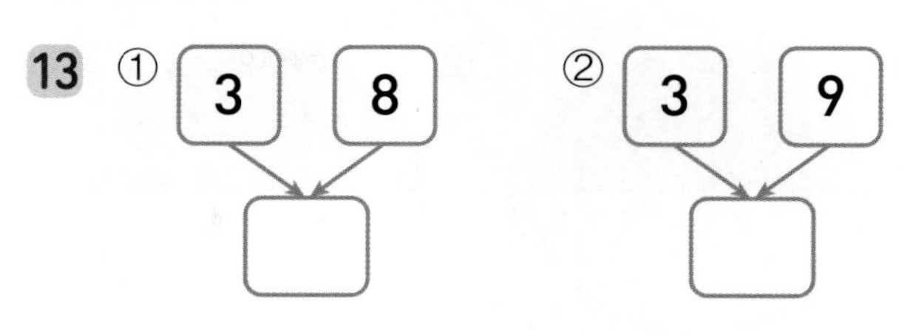

14 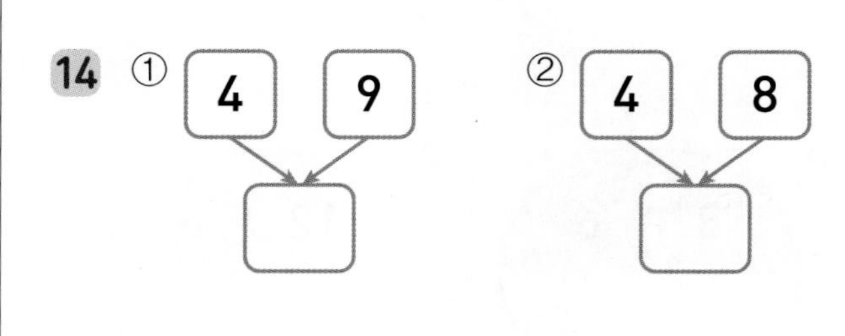

15 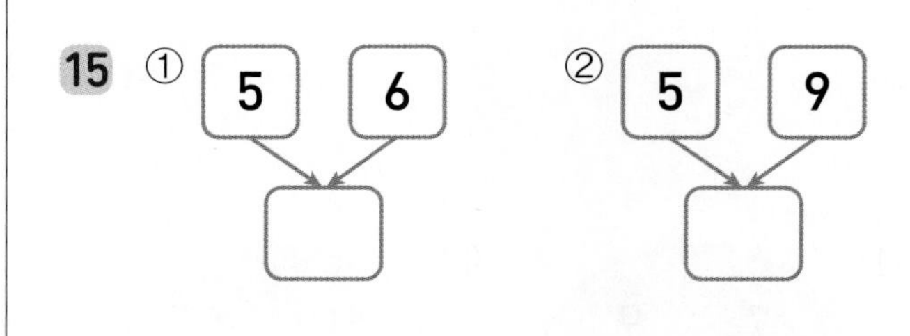

16 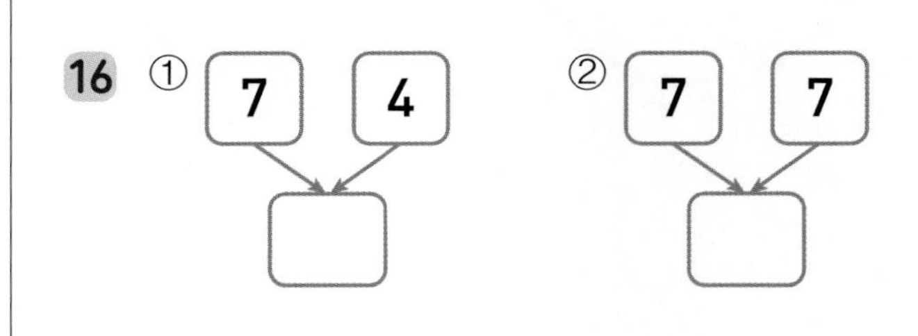

17 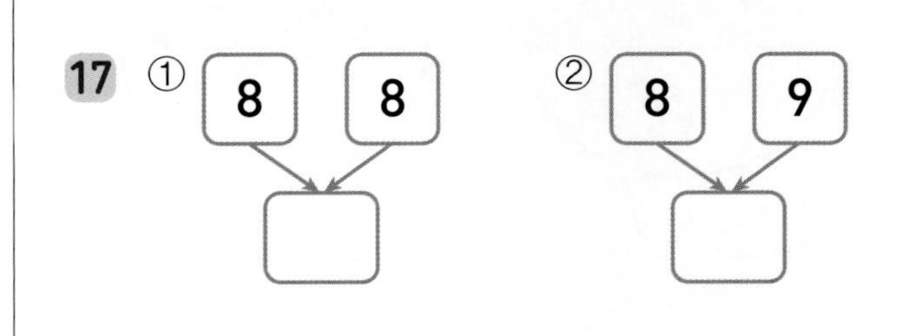

18 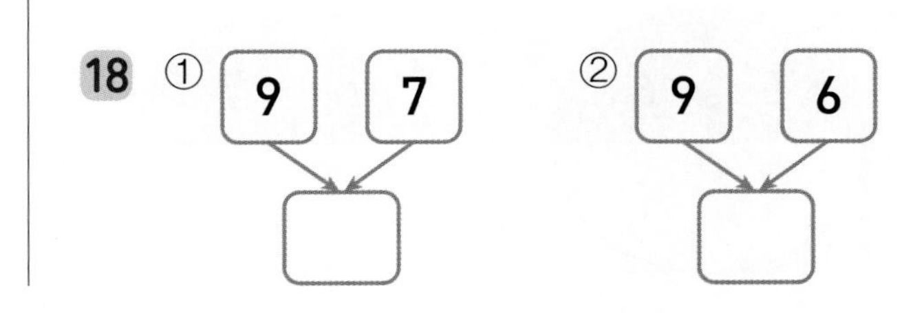

5단원
34회

적용 19까지의 수 모으기

◆ 모으기를 하여 빈 곳에 알맞은 수를 써넣으세요.

19 ① 6, 7 ② 11, 7

20 ① 8, 6 ② 12, 6

21 ① 7, 9 ② 10, 9

22 ① 7, 8 ② 12, 5

23 ① 6, 6 ② 7, 7

◆ 모으기를 한 수가 다른 하나를 찾아 ×표 하세요.

24 | 8 | 4 | | 7 | 6 | | 3 | 9 |
( ) ( ) ( )

25 | 8 | 7 | | 5 | 10 | | 9 | 5 |
( ) ( ) ( )

26 | 9 | 3 | | 4 | 7 | | 6 | 5 |
( ) ( ) ( )

27 | 5 | 7 | | 2 | 9 | | 8 | 3 |
( ) ( ) ( )

28 | 3 | 10 | | 7 | 6 | | 9 | 7 |
( ) ( ) ( )

29 | 8 | 8 | | 9 | 9 | | 6 | 10 |
( ) ( ) ( )

★ 완성 19까지의 수 모으기

◆ 모으기를 하였을 때 가운데 수가 되는 두 곳을 찾아 색칠해 보세요.

30

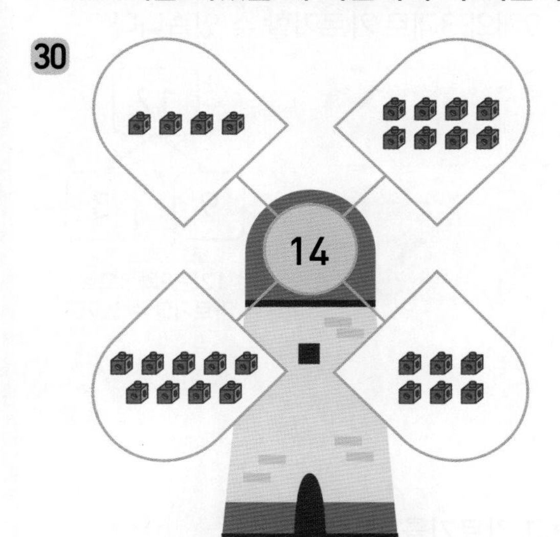

32

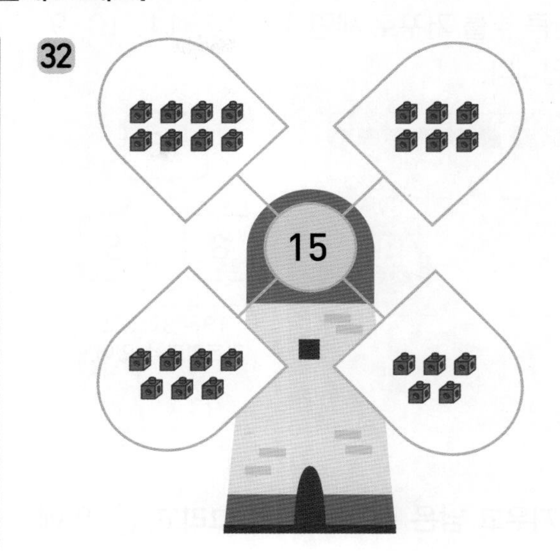

31

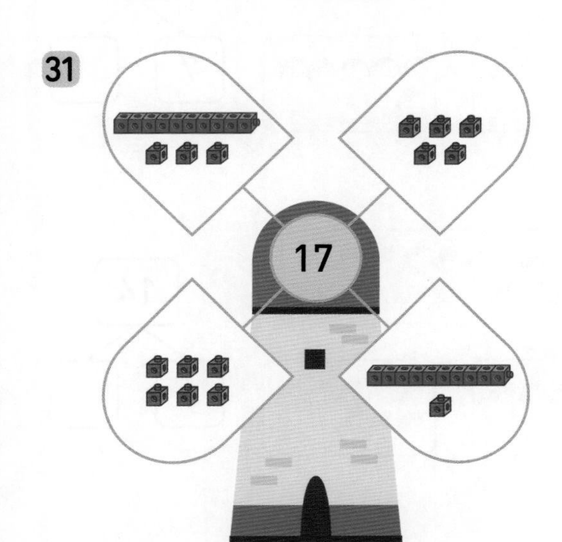

33

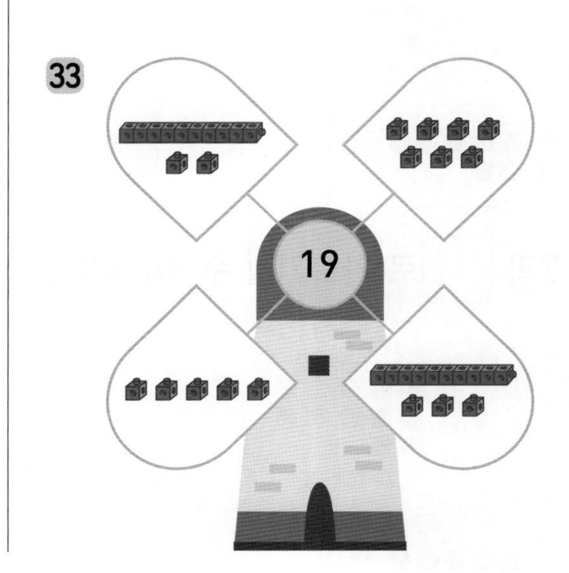

연산 + 문해력

34 준희는 분홍색 구슬 6개와 보라색 구슬 9개를 모으기했습니다. 준희가 모으기한 구슬은 모두 몇 개일까요?

풀이

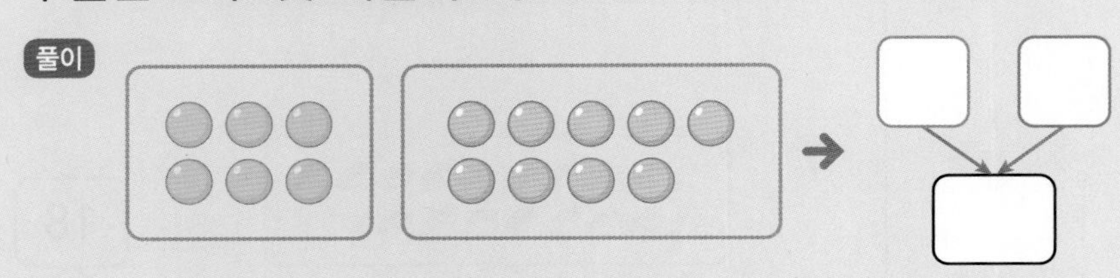

답 준희가 모으기한 구슬은 모두 ☐개입니다.

개념 19까지의 수 가르기

13에서 8만큼 수를 거꾸로 세면 13, 12, 11, 10, 9, 8, 7, 6, 5입니다.

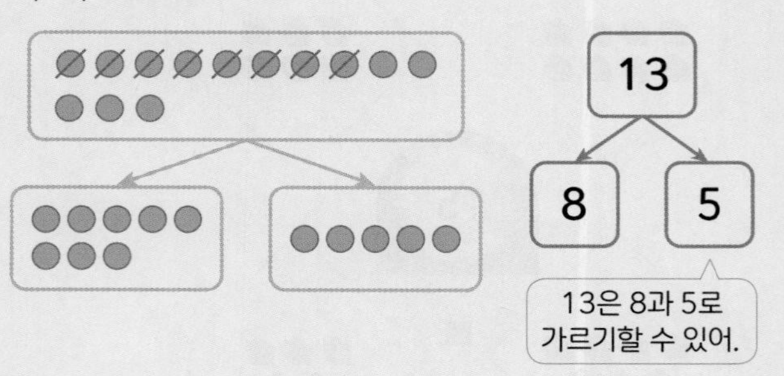

13은 8과 5로 가르기할 수 있어.

초밥 12개는 9개와 3개로 가르기할 수 있습니다.

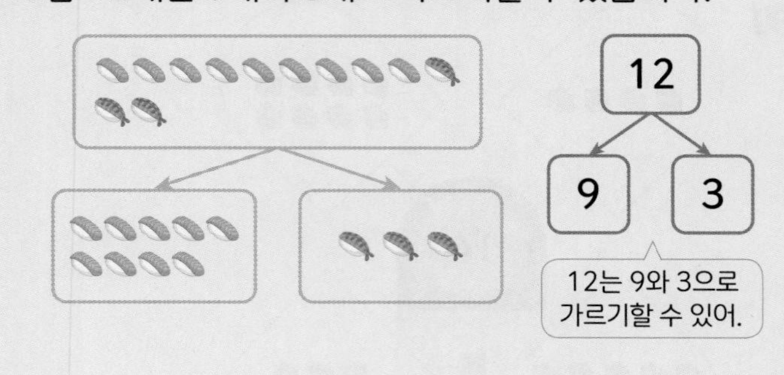

12는 9와 3으로 가르기할 수 있어.

◆ 빈 곳에 지우고 남은 수만큼 ○를 그리고, □ 안에 알맞은 수를 써넣으세요.

1

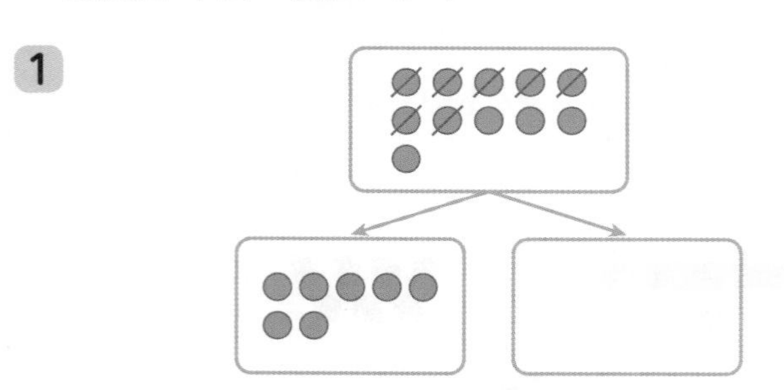

11은 7과 □로 가르기할 수 있습니다.

2

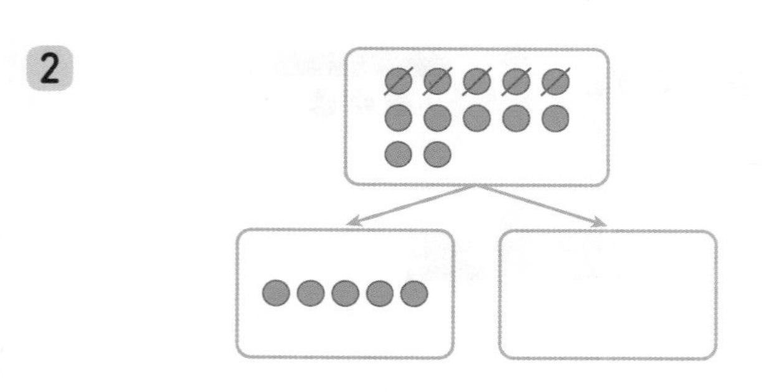

12는 5와 □로 가르기할 수 있습니다.

3

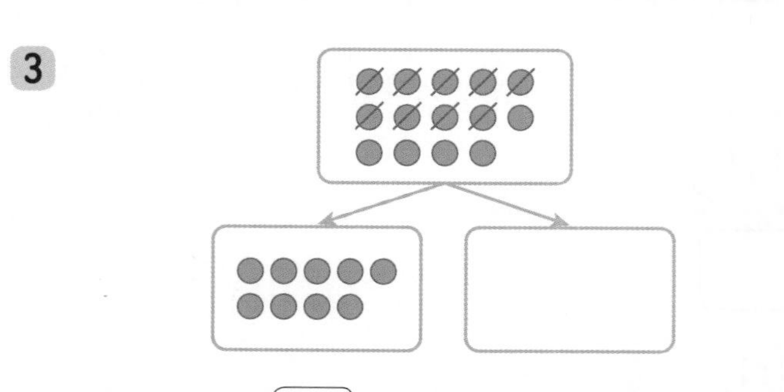

14는 9와 □로 가르기할 수 있습니다.

◆ 그림을 보고 가르기를 해 보세요.

4

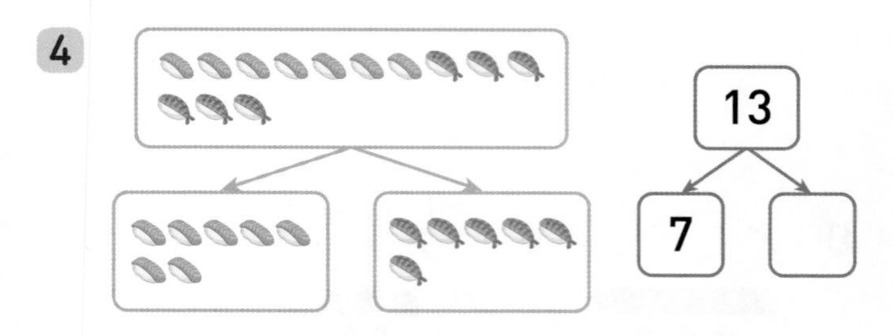

5

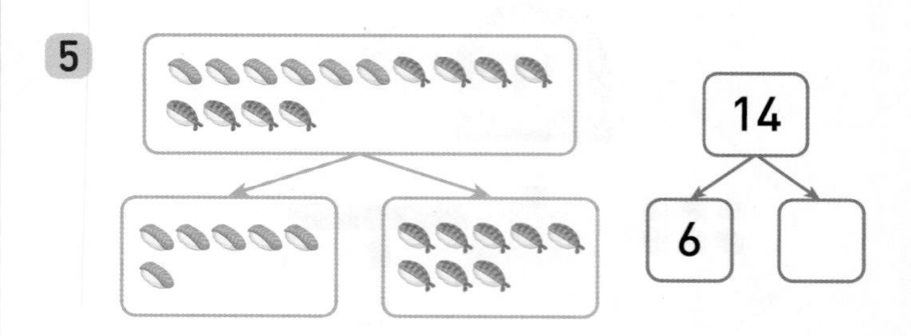

6

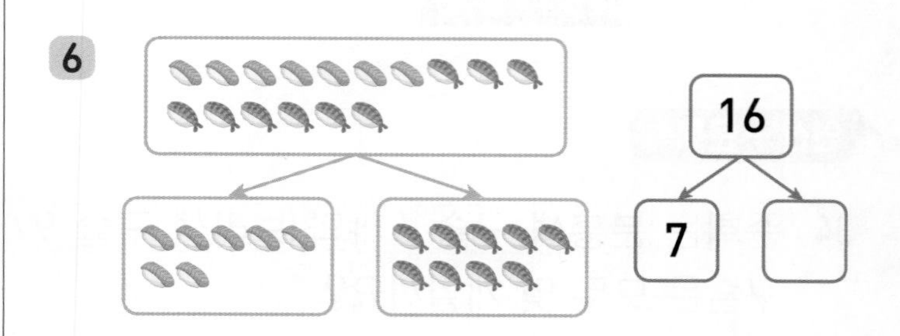

7

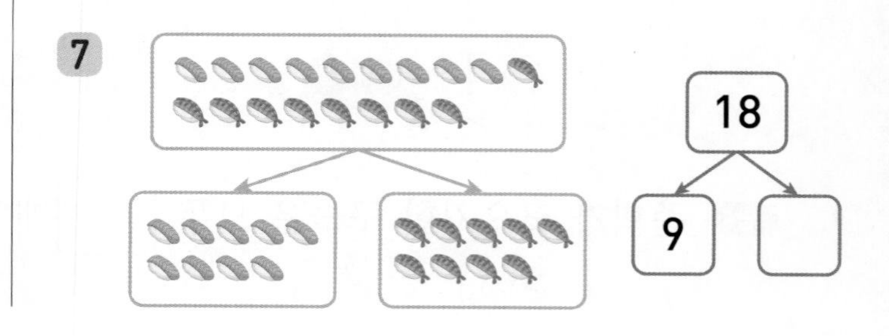

연습 19까지의 수 가르기

실수 콕! 8~11번 문제

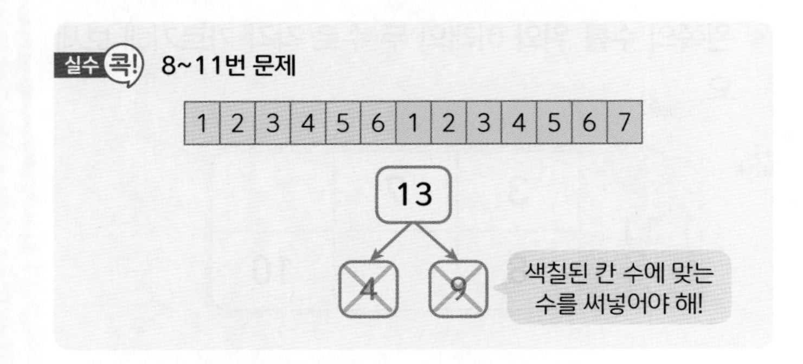

◆ 그림을 보고 가르기를 해 보세요.

8
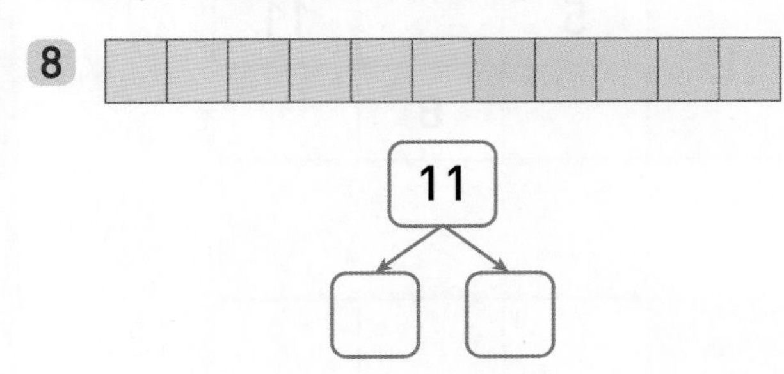

9
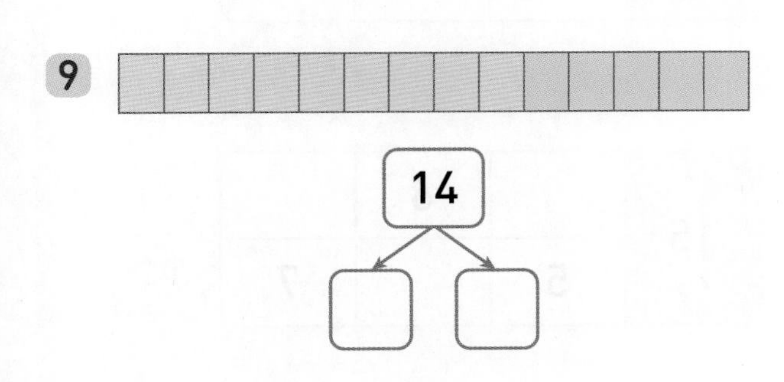

10
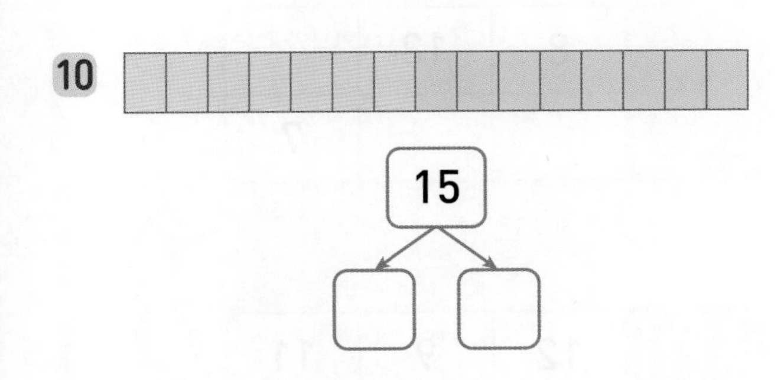

11
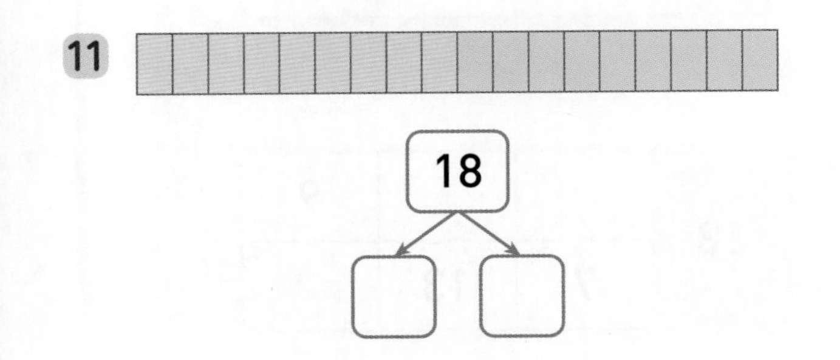

◆ 가르기를 해 보세요.

12 ① ②
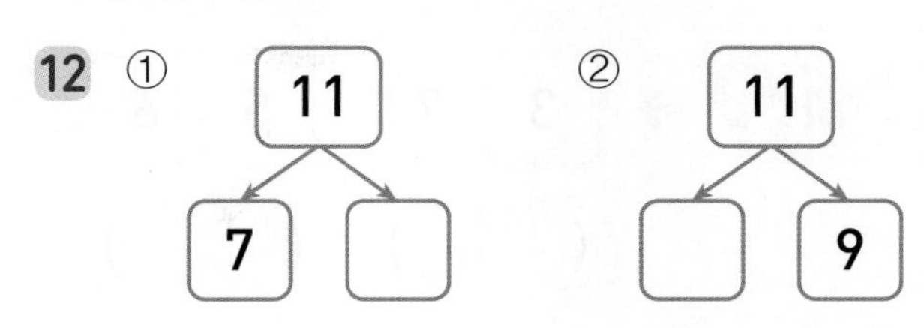

13 ① ②
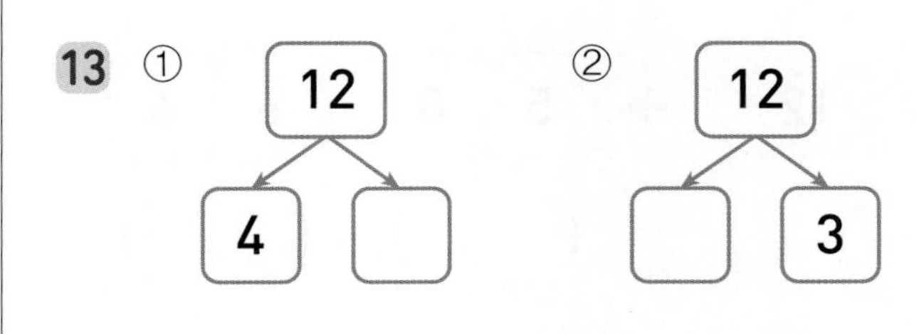

14 ① ②
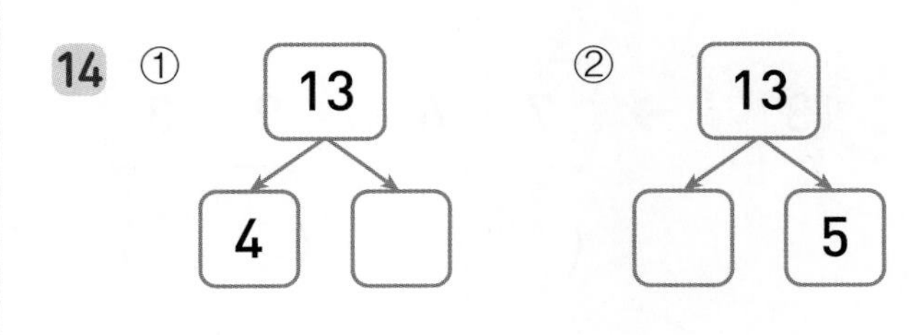

15 ① ②
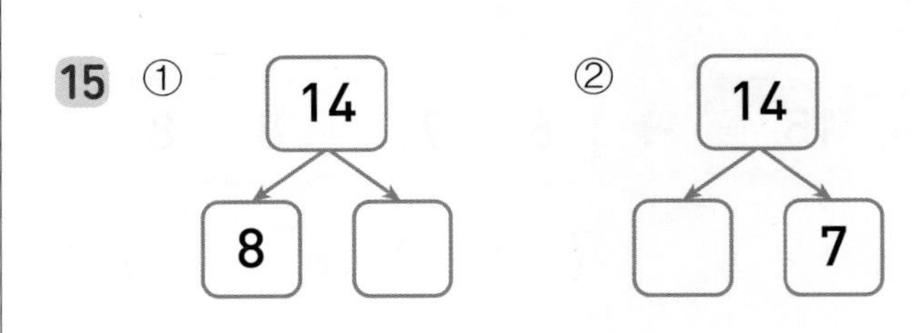

16 ① ②
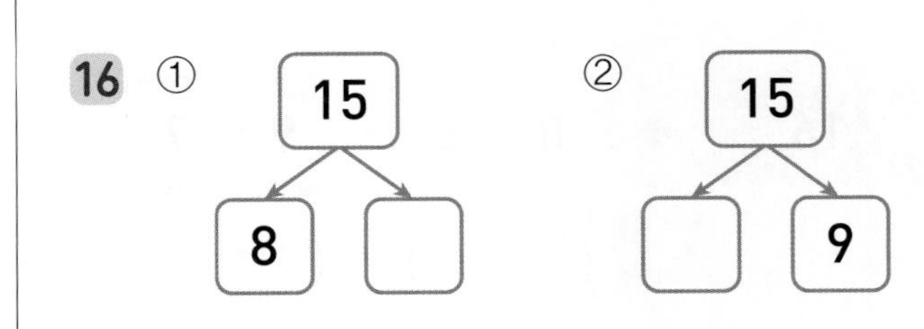

17 ① ②
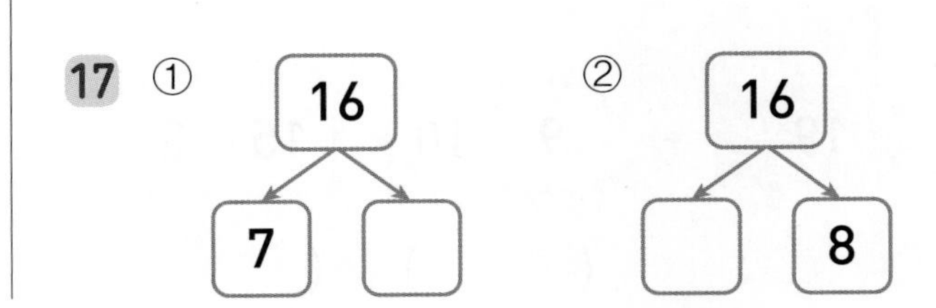

적용 19까지의 수 가르기

◆ 왼쪽의 수를 바르게 가르기한 것에 ○표 하세요.

18 11 → 3 | 7   5 | 6

( ) ( )

19 12 → 5 | 8   6 | 6

( ) ( )

20 13 → 7 | 6   9 | 3

( ) ( )

21 15 → 6 | 9   8 | 8

( ) ( )

22 16 → 8 | 6   9 | 7

( ) ( )

23 19 → 9 | 10   15 | 3

( ) ( )

◆ 왼쪽의 수를 위와 아래의 두 수로 각각 가르기해 보세요.

24

11	3	7	
	8		10

25

12	5		11
		8	

26

14			
	9	8	12

27

15		6	
	5		7

28

16	8	13	
			7

29

17	12	9	11

30

18			9
	7	13	

★ 완성 19까지의 수 가르기

◆ 음식 재료의 수를 두 가지 방법으로 가르기해 보세요.

31

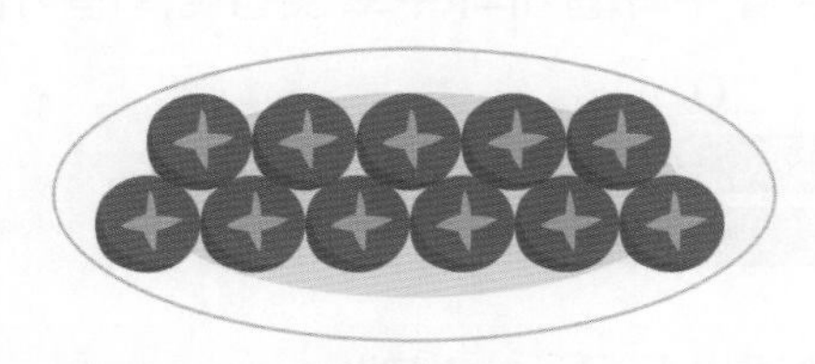

버섯 **11**개

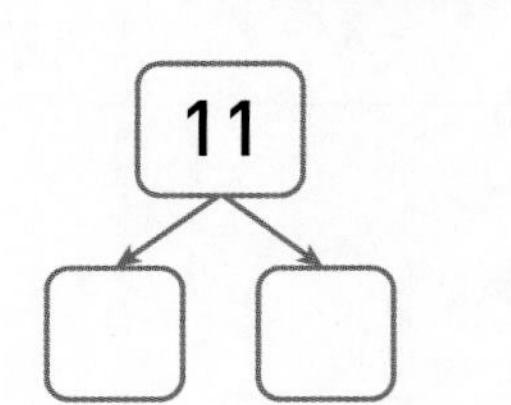

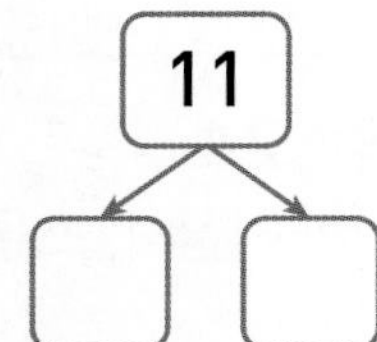

32

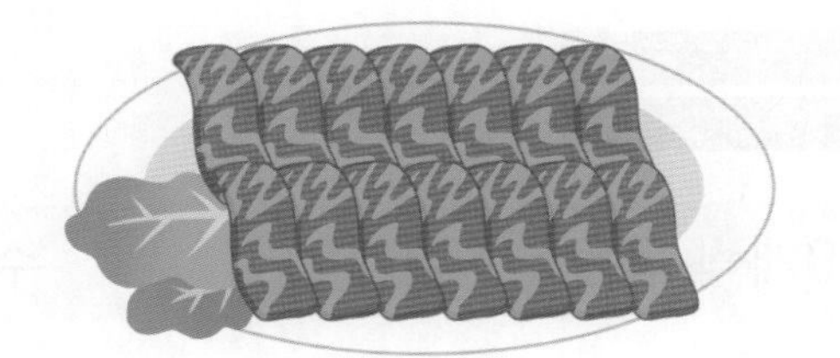

고기 **14**조각

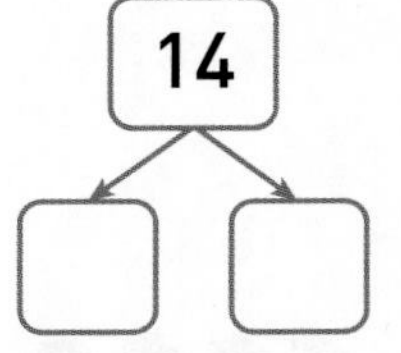

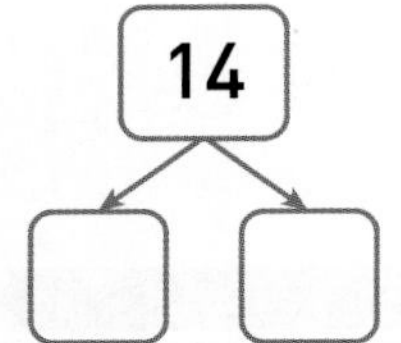

33

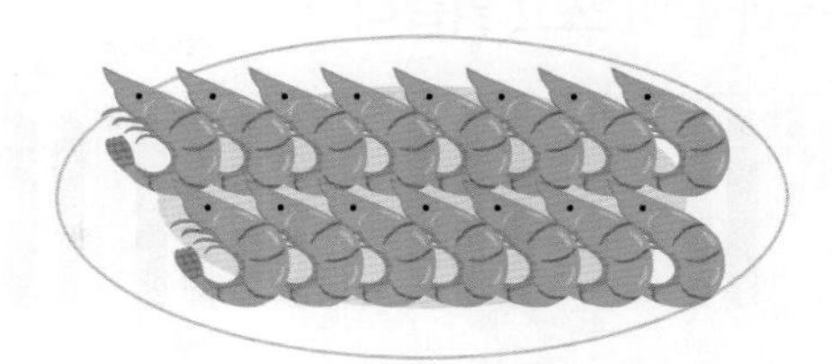

새우 **15**마리

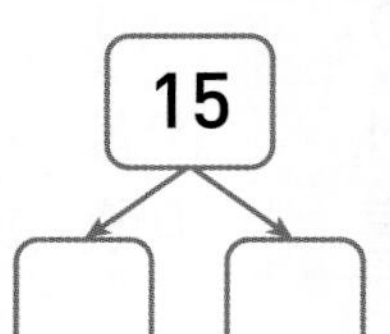

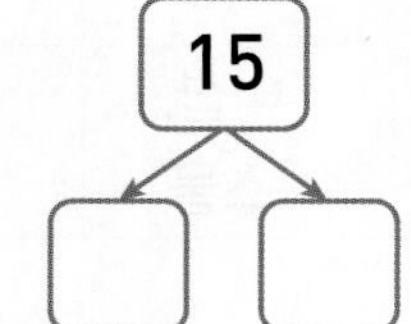

34

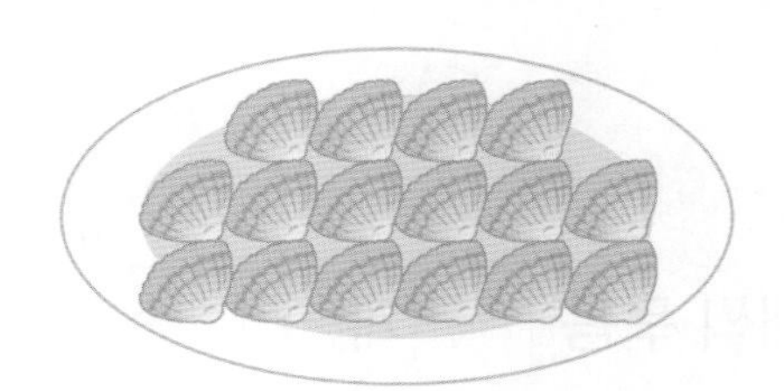

조개 **16**개

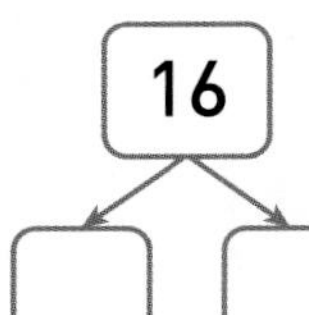

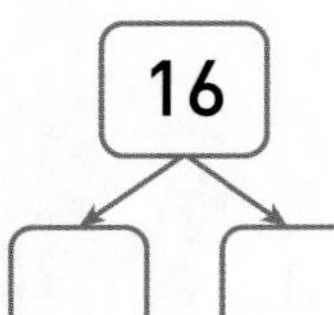

연산 + 문해력

35 은지는 귤 12개를 동생과 나누어 먹으려고 합니다. 은지가 6개를 먹는다면 동생이 먹게 되는 귤은 몇 개인가요?

풀이

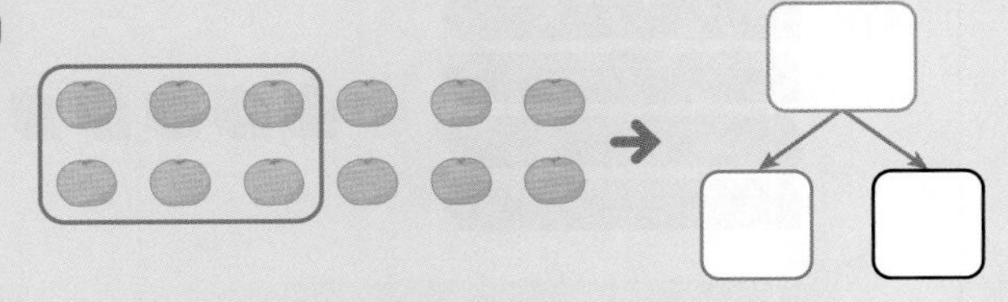

답 동생이 먹게 되는 귤은 ☐개입니다.

개념 몇십 / 몇십몇

몇십을 다음과 같이 쓰고 읽습니다.

수	10개씩 묶음 2개	10개씩 묶음 3개	10개씩 묶음 4개	10개씩 묶음 5개
쓰기	20	30	40	50
읽기	이십, 스물	삼십, 서른	사십, 마흔	오십, 쉰

10개씩 묶음의 수와 낱개의 수로 몇십몇을 알아봅니다.

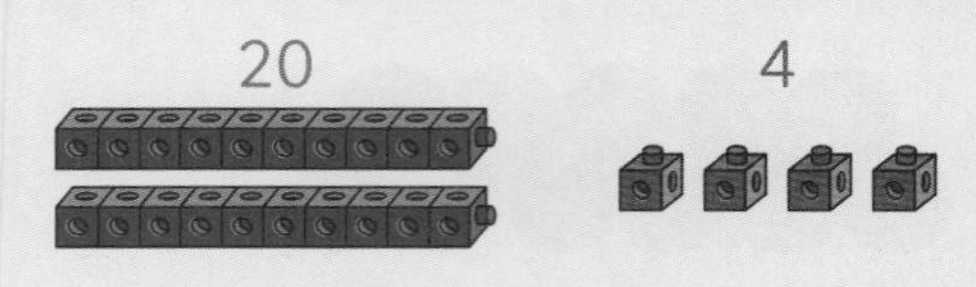

10개씩 묶음	낱개
2	4

→

수
24

쓰기 24

읽기 이십사, 스물넷

◆ 수를 세어 ▢ 안에 알맞은 수를 써넣으세요.

1

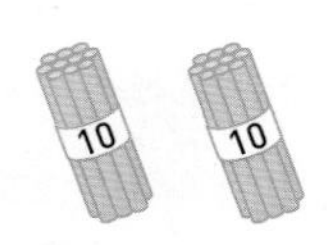

10개씩 묶음 ▢개 → ▢

2

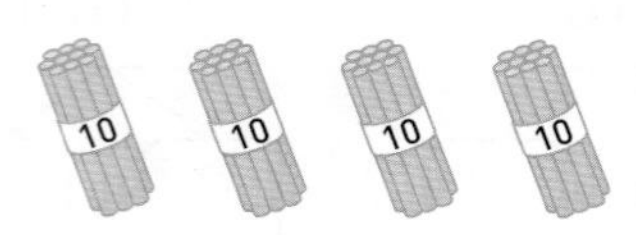

10개씩 묶음 ▢개 → ▢

3

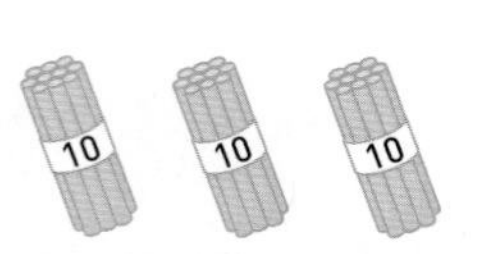

10개씩 묶음 ▢개 → ▢

4

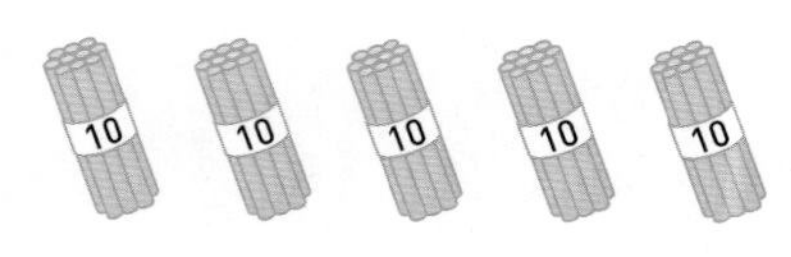

10개씩 묶음 ▢개 → ▢

◆ 빈칸에 알맞은 수를 써넣으세요.

5

10개씩 묶음	낱개

→

수

6

10개씩 묶음	낱개

→

수

7

10개씩 묶음	낱개

→

수

정답 21쪽

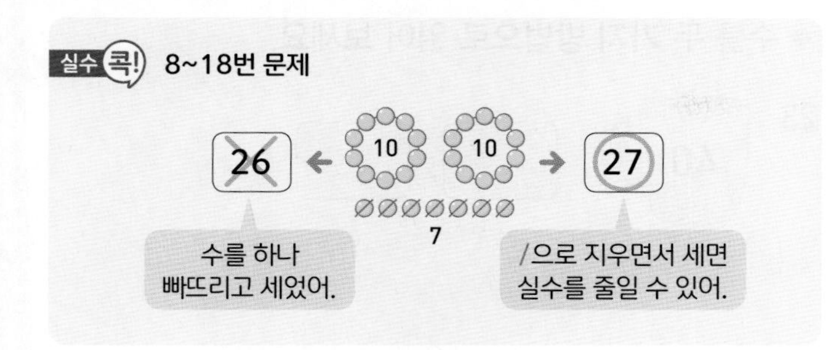

◆ 수를 세어 ☐ 안에 알맞은 수를 써넣으세요.

8

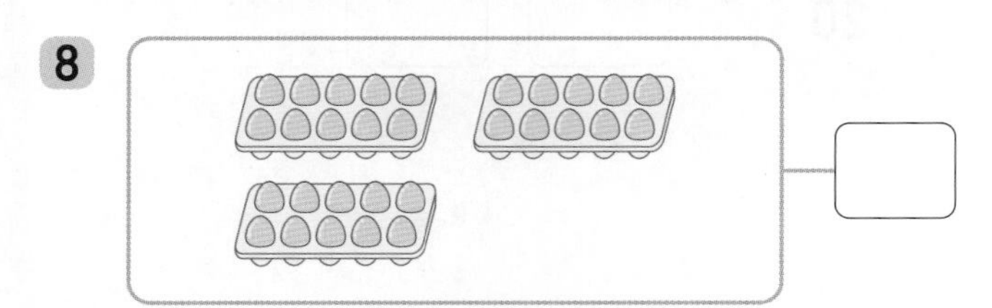

9

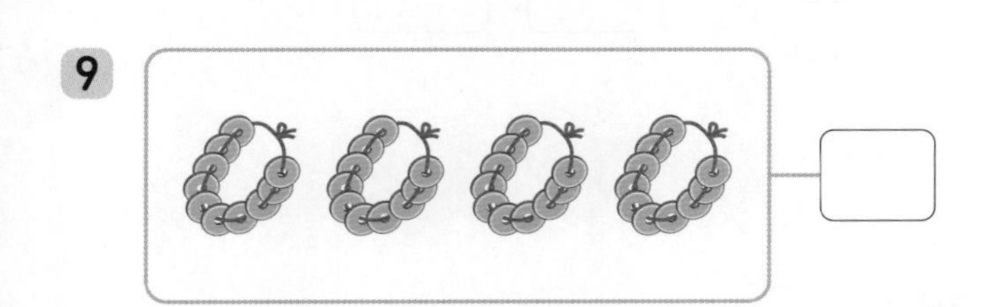

10

11

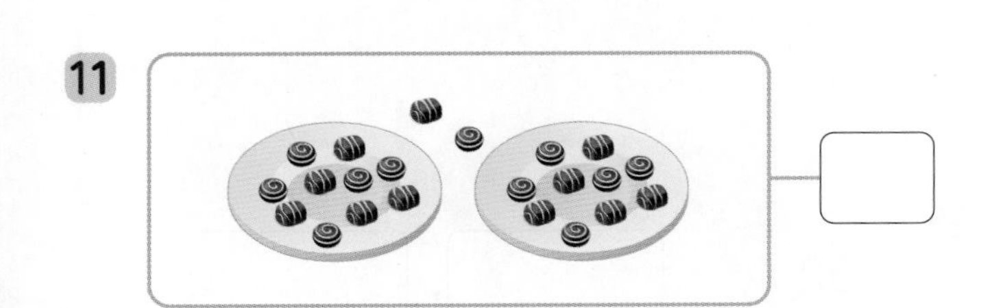

12

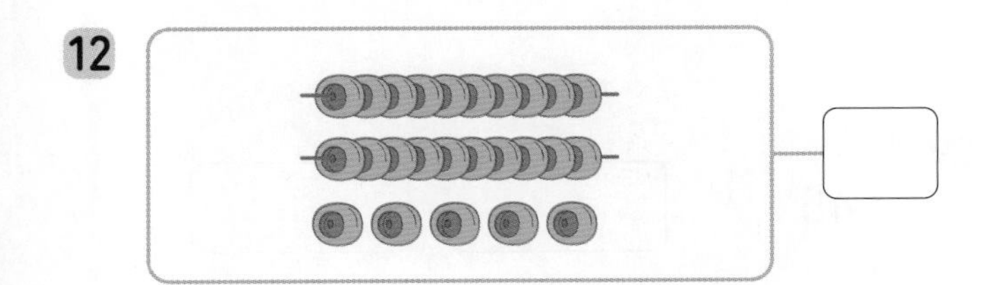

◆ 수를 세어 ☐ 안에 알맞은 수를 써넣으세요.

13

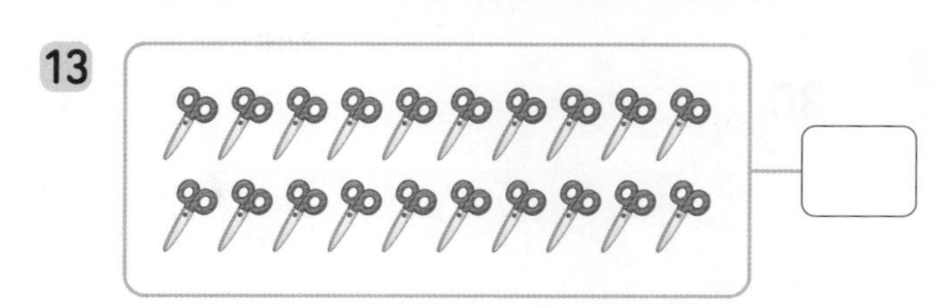

14

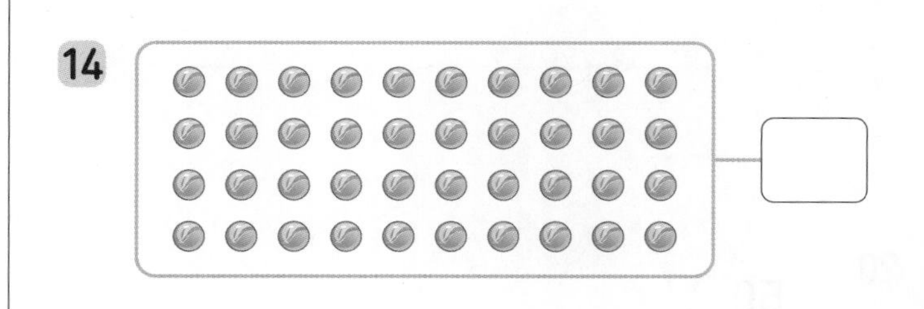

15

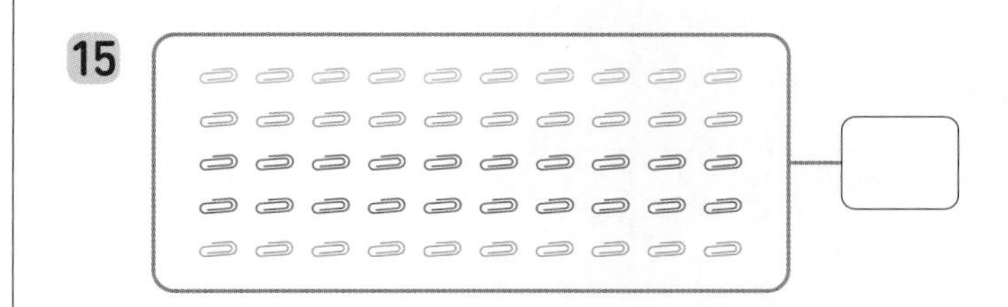

16

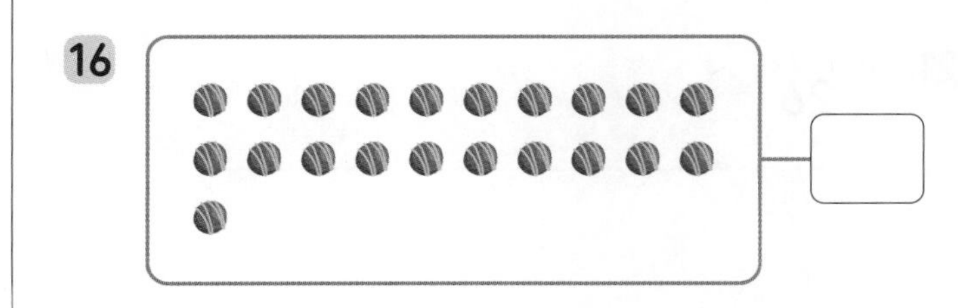

17

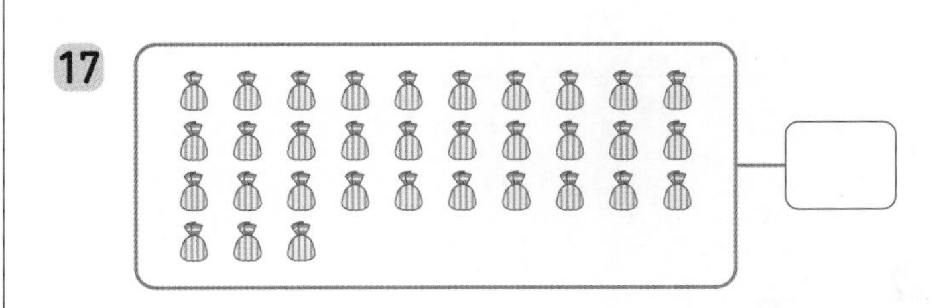

18

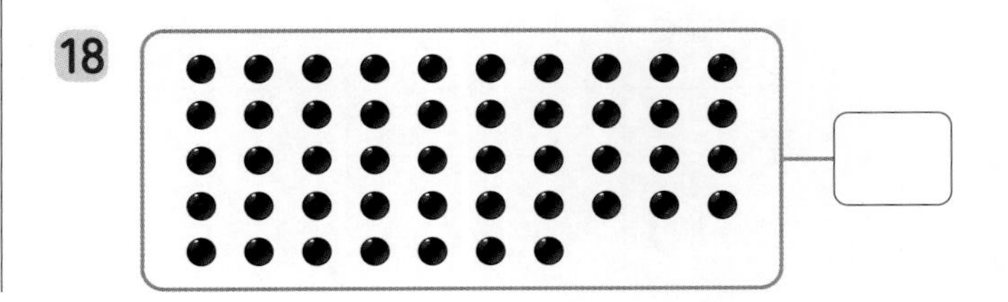

적용 몇십 / 몇십몇

◆ 주어진 수만큼 칸에 ○를 그려 보세요.

19

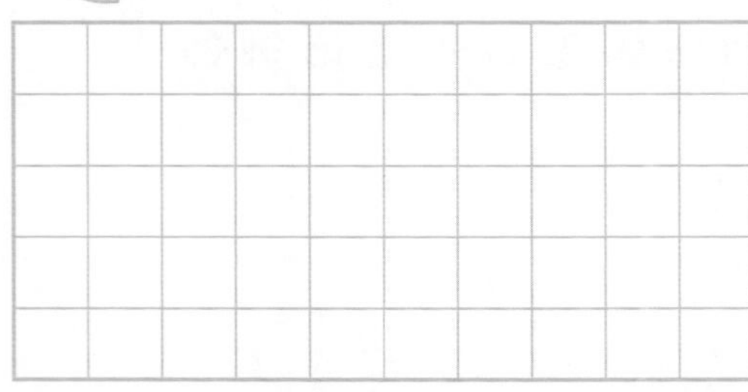

20

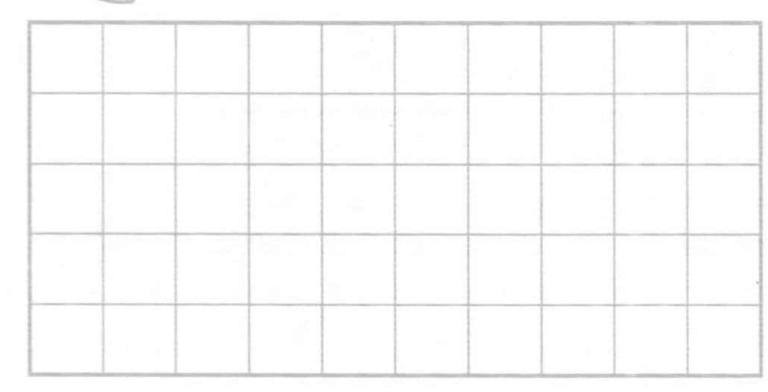

21

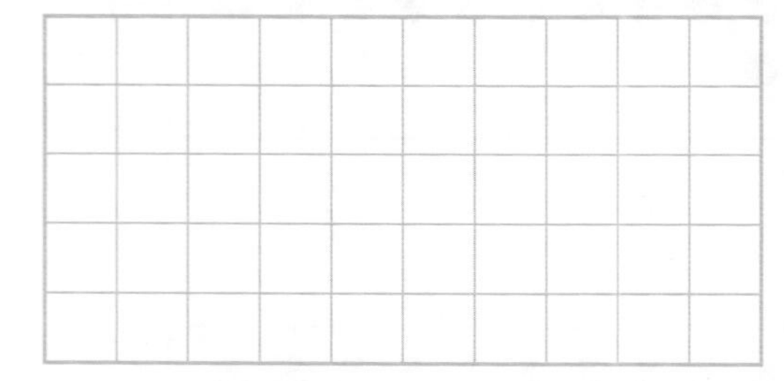

22

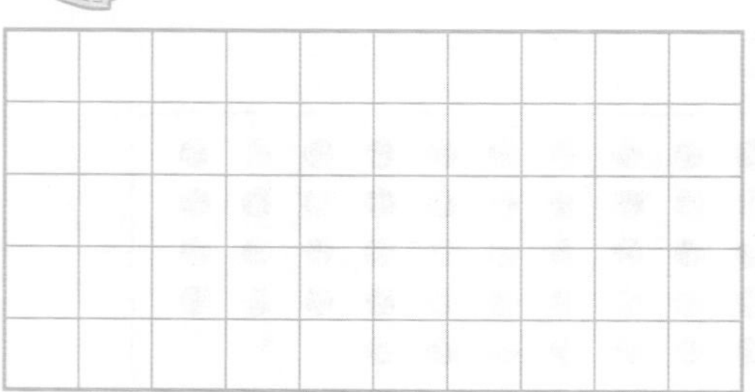

◆ 수를 두 가지 방법으로 읽어 보세요.

23

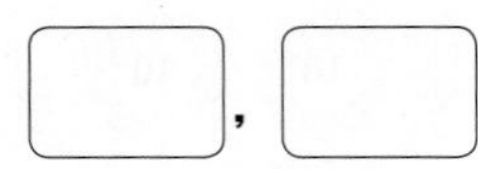

24

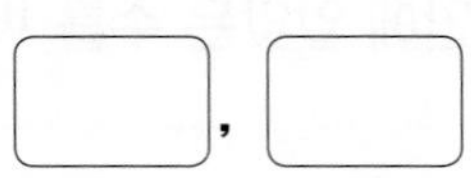

25

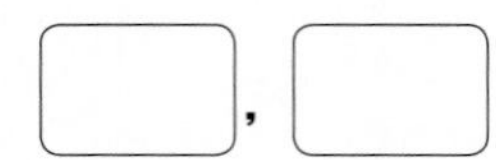

26

☐, ☐

27

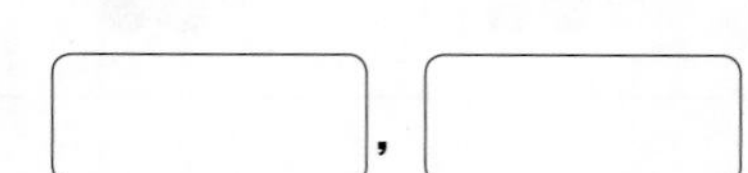

28

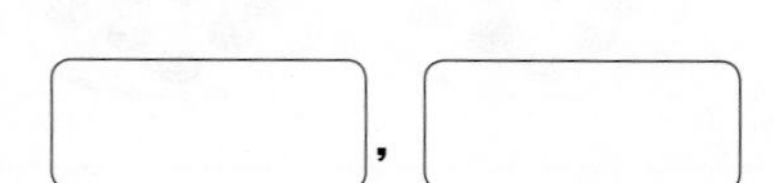

29

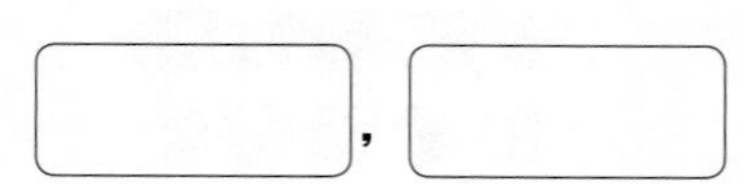

정답 22쪽

◆ 생일 케이크에 꽂은 초의 수를 크기별로 세어 생일인 사람의 나이를 구하세요.

생일 케이크에는 생일인 사람의
나이에 맞게 초를 꽂아.
긴 초는 10살, 짧은 초는 1살을 나타내.

→ 10살 → 1살

30

[ ]살

31

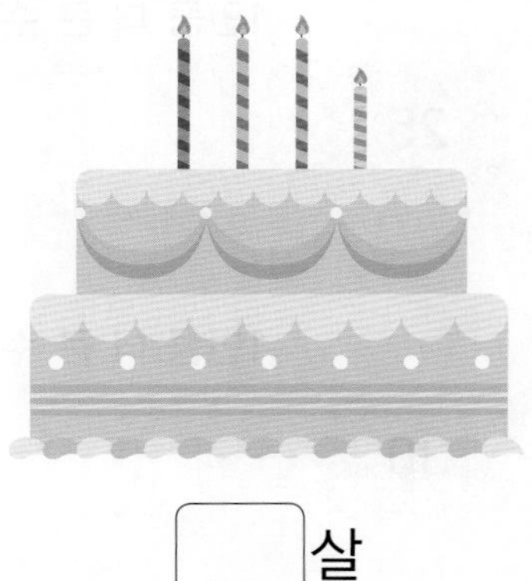

[ ]살

32

[ ]살

33

[ ]살

연산 + 문해력

34 사과가 40개 있습니다. 이 사과를 한 상자에 10개씩 담으면 모두 몇 상자가 될까요?

풀이 전체 사과의 수: [ ] → 10개씩 묶음 [ ]개

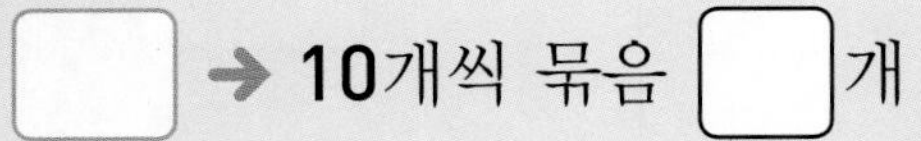

답 사과를 한 상자에 10개씩 담으면 모두 [ ]상자가 됩니다.

개념 50까지 수의 순서

50까지 수의 순서는 다음과 같습니다.

수를 순서대로 썼을 때, 앞으로 가면 1씩 작아지고, 뒤로 가면 1씩 커집니다.

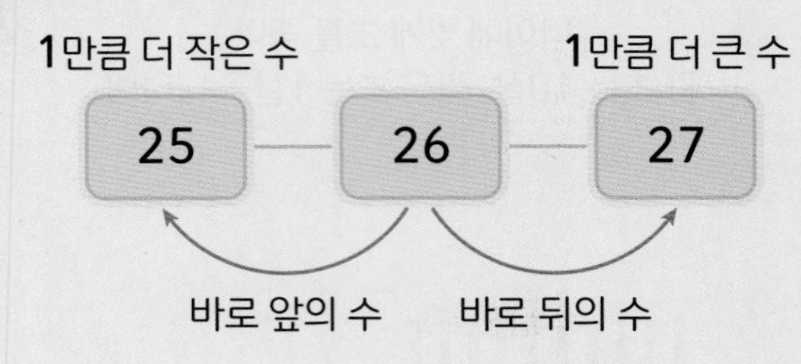

◆ 두 수 사이에 있는 수를 빈칸에 써넣으세요.

1
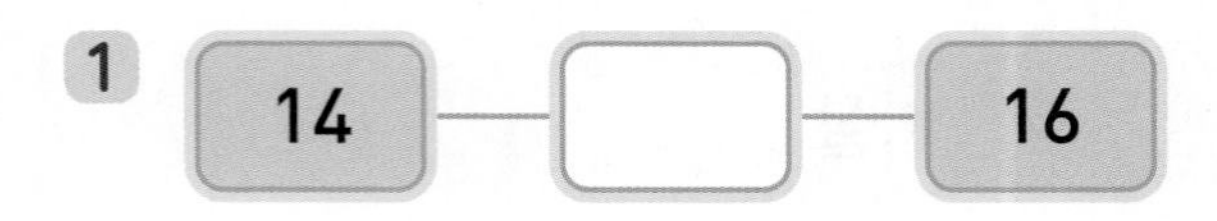

2
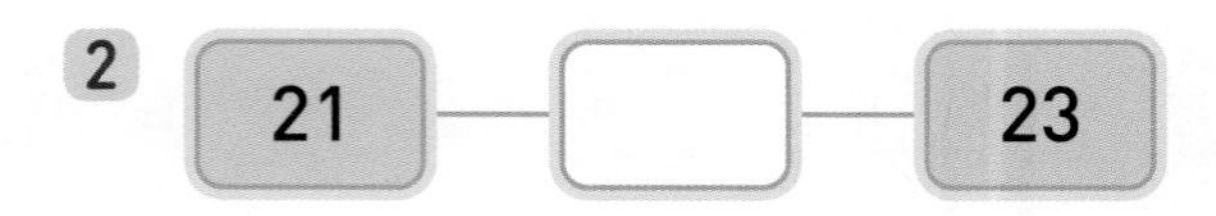

3
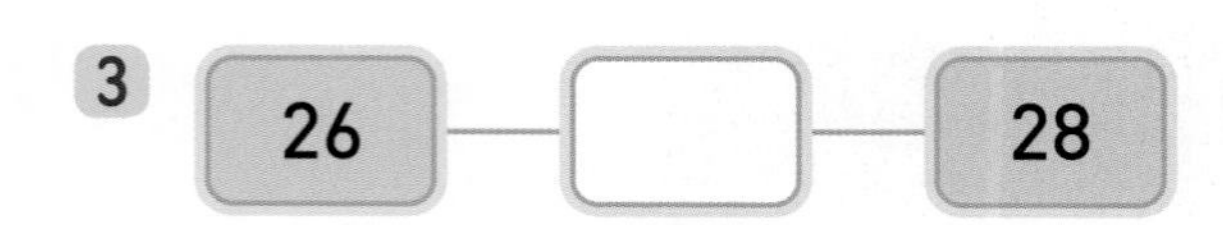

4
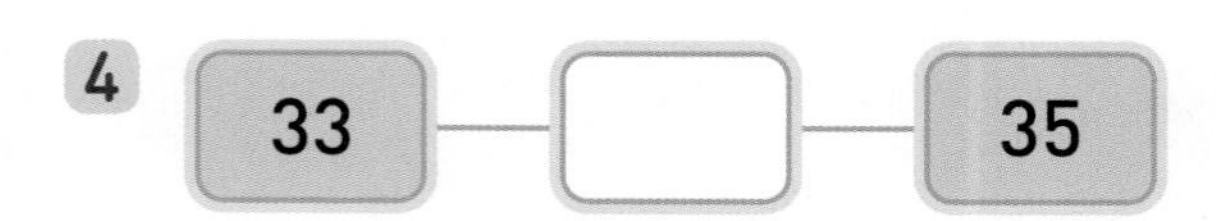

5
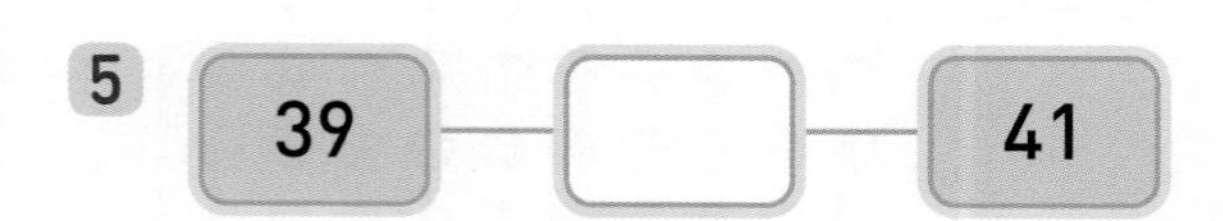

6
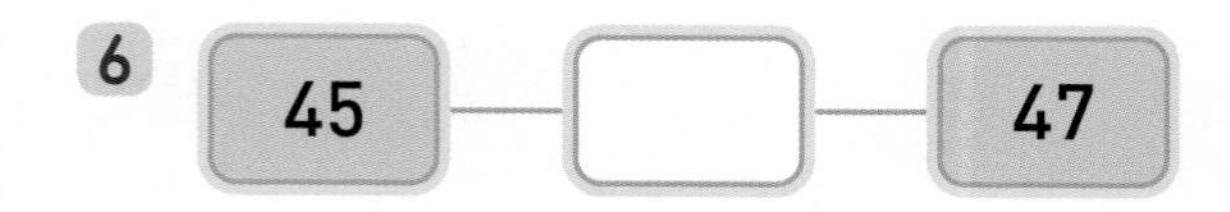

◆ 빈칸에 알맞은 수를 써넣으세요.

7 1만큼 더 작은 수 1만큼 더 큰 수
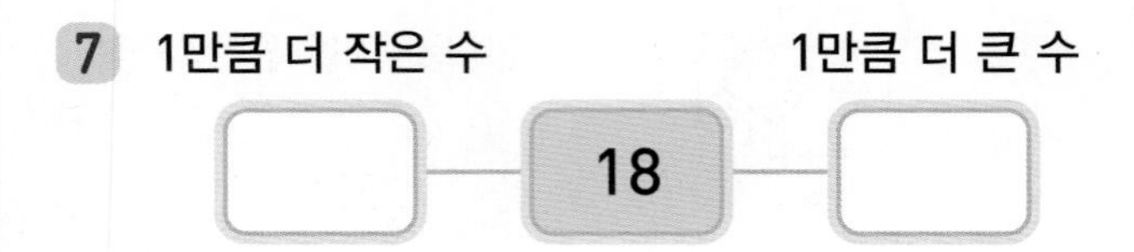

8 1만큼 더 작은 수 1만큼 더 큰 수
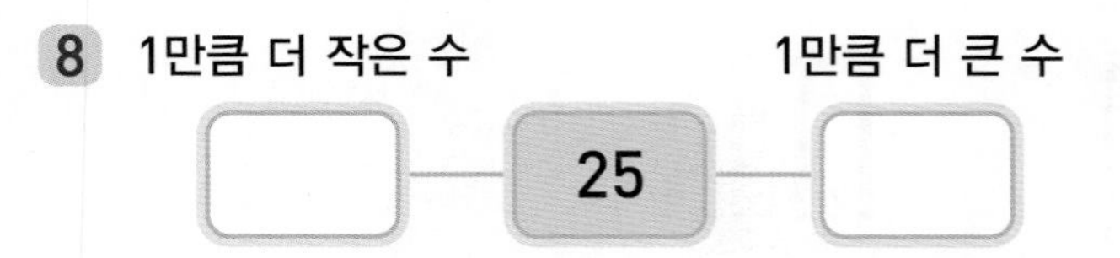

9 1만큼 더 작은 수 1만큼 더 큰 수
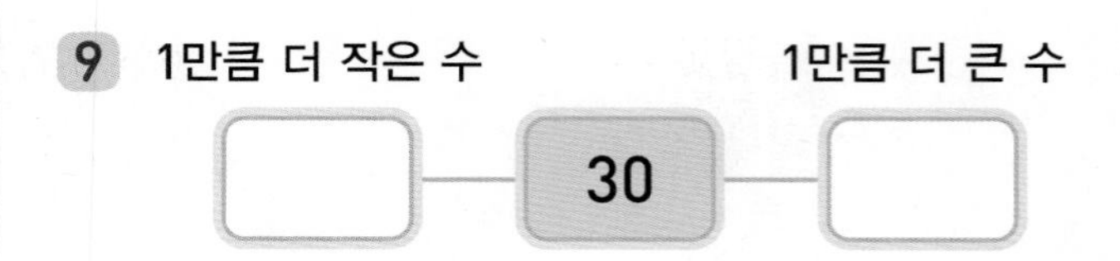

10 1만큼 더 작은 수 1만큼 더 큰 수
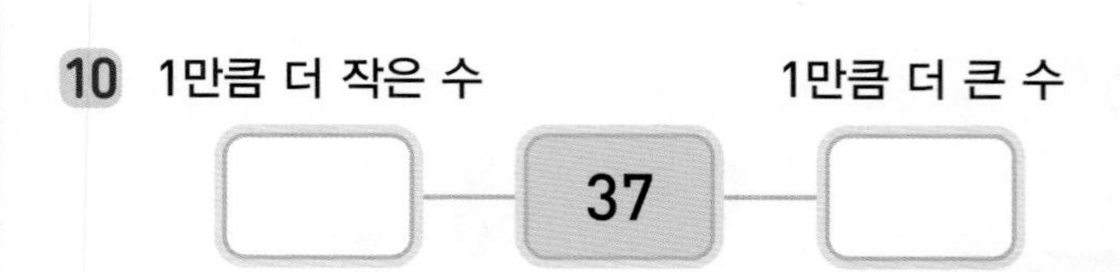

11 1만큼 더 작은 수 1만큼 더 큰 수
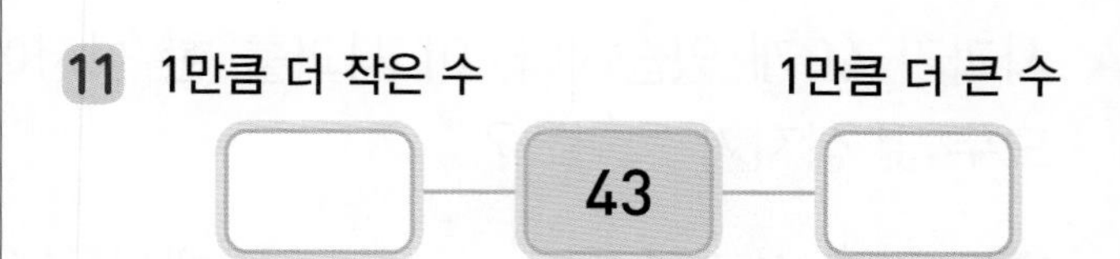

12 1만큼 더 작은 수 1만큼 더 큰 수
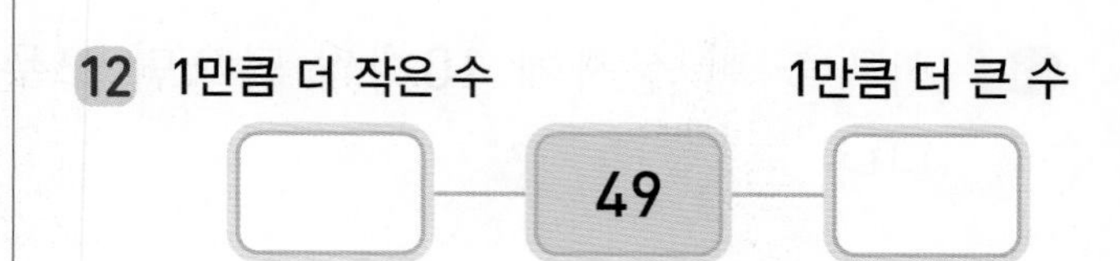

정답 22쪽

◆ 수의 순서에 맞게 빈 곳에 알맞은 수를 써넣으세요.

13
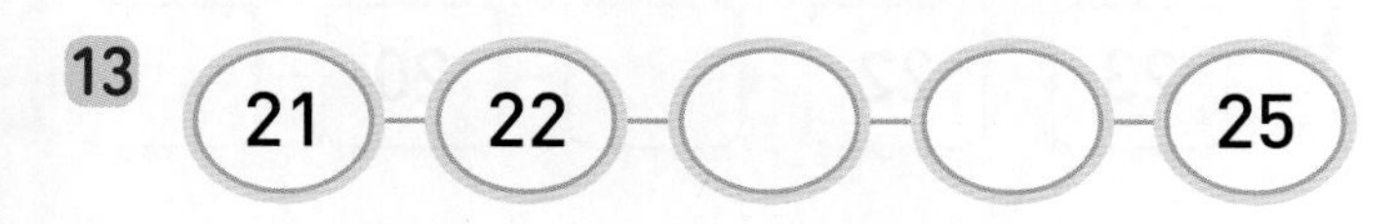

14
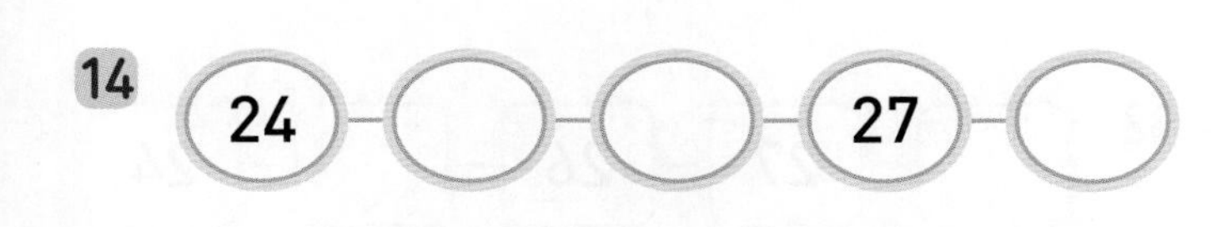

15

16
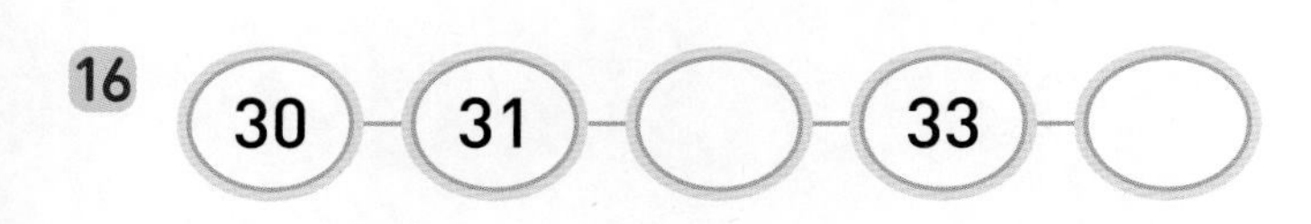

17
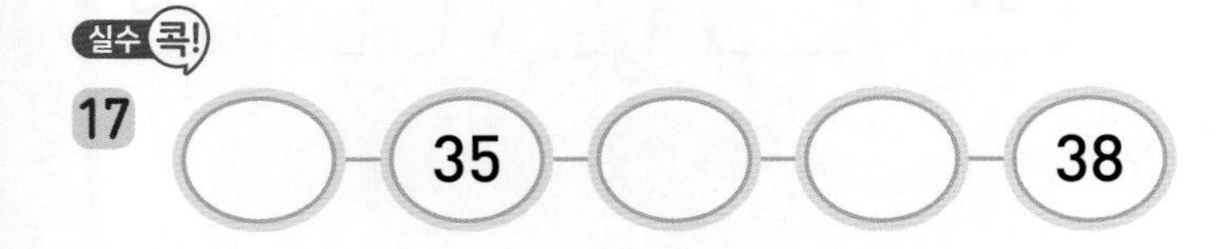

18

실수 콕!

19 44 – ○ – 46 – ○ – 48

◆ 수 배열표의 빈칸에 알맞은 수를 써넣으세요.

20

16	17	18		20
21	22			25
26			29	30
		33	34	

21

31	32			35
36		38		40
	42	43	44	
46				50

22

11	15		23	27
12		20	24	
	17	21		29
14			26	

23

21	27	33		45
22	28			
23			41	
24		36	42	48
	31			49
		38		

✚ 적용 50까지 수의 순서

◆ ☐ 안에 알맞은 수를 써넣으세요.

24

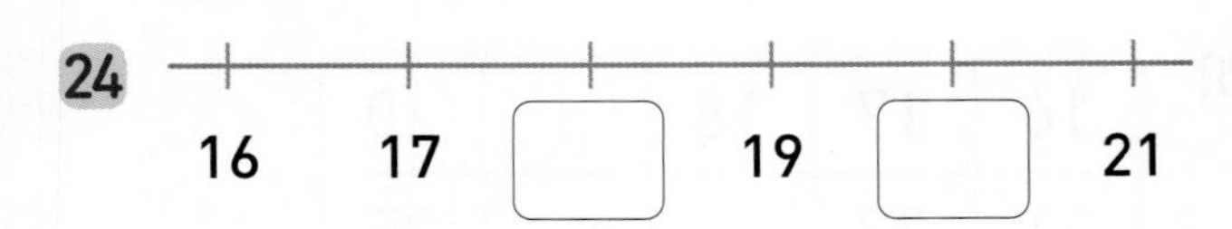

25

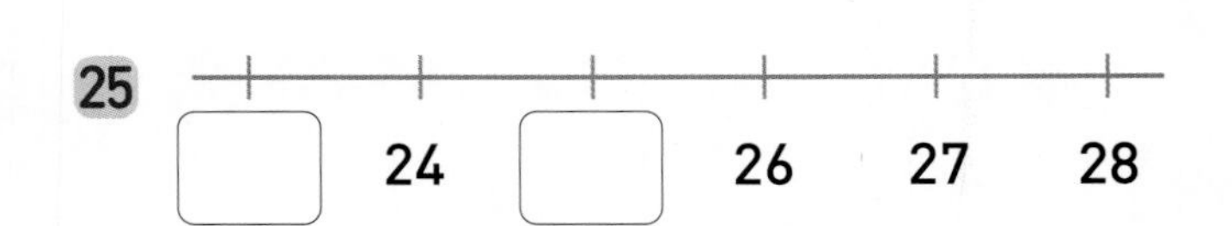

26

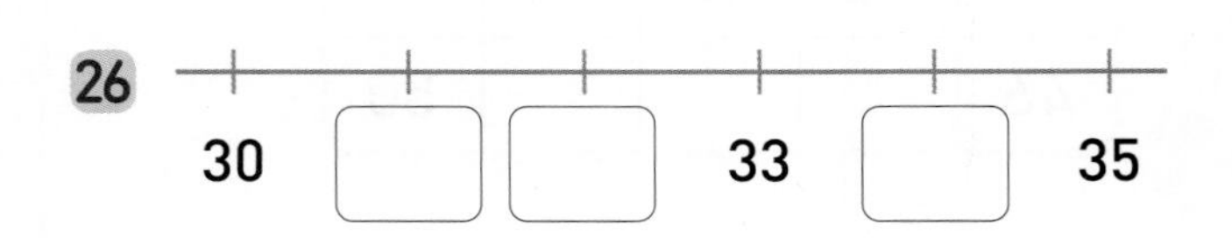

27

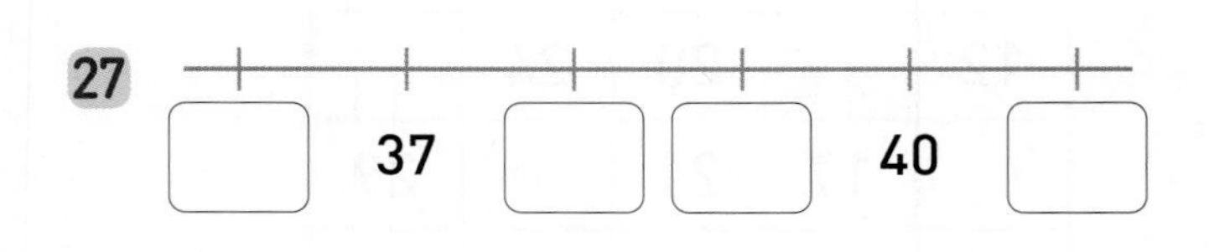

28

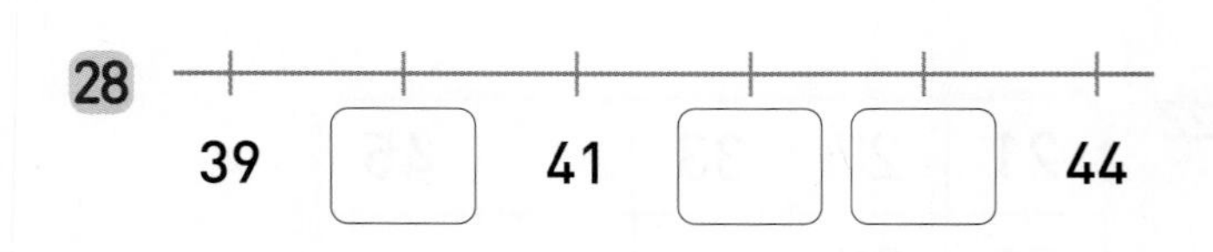

29

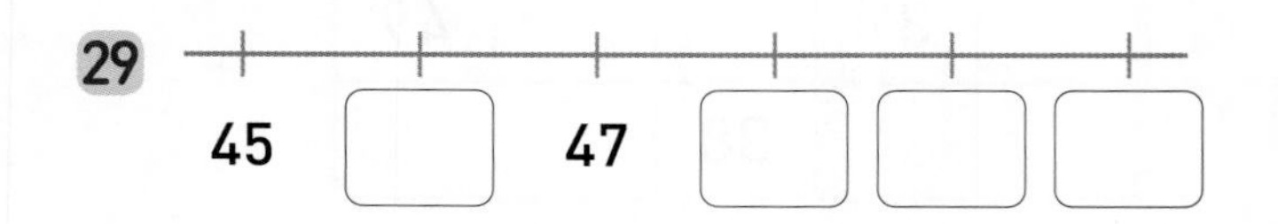

◆ 수를 거꾸로 세어 빈칸에 알맞은 수를 써넣으세요.

30 19 – ☐ – 17 – ☐ – 15

31 23 – 22 – ☐ – 20 – ☐

32 ☐ – 27 – 26 – ☐ – 24

33 31 – 30 – ☐ – ☐ – 27

34 37 – ☐ – ☐ – ☐ – 33

35 ☐ – 40 – 39 – ☐ – ☐

36 50 – ☐ – ☐ – 47 – ☐

정답 23쪽

◆ 친구들이 앉을 영화관 자리에 알맞은 수를 써넣으세요.

37

내 자리는 46보다 1만큼 더 큰 수야.

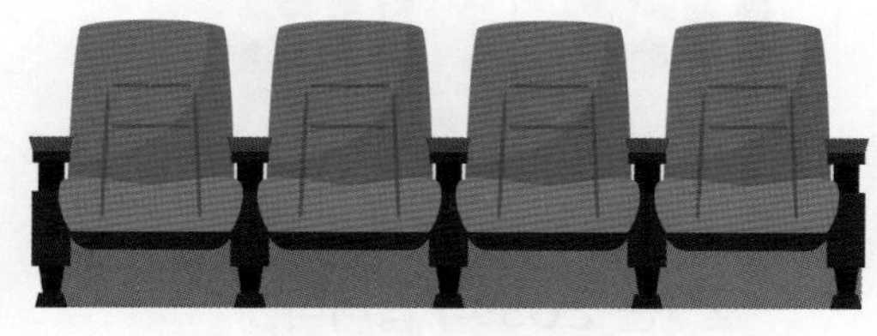

44	45	46	

39

내 자리는 17보다 1만큼 더 작은 수야.

	17	18	19

38

내 자리는 38과 40 사이의 수야.

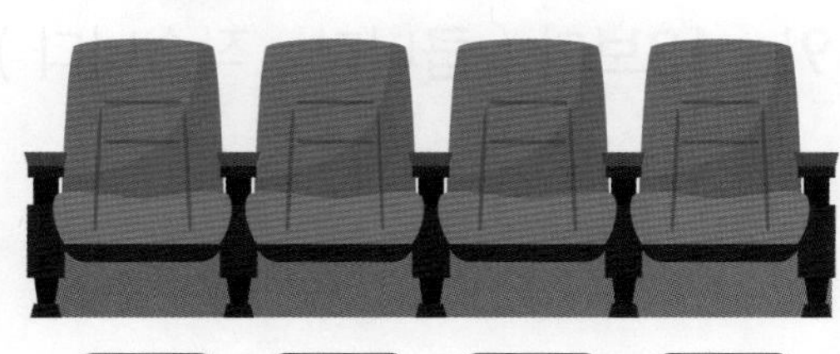

37	38		40

40

내 자리는 29와 31 사이의 수야.

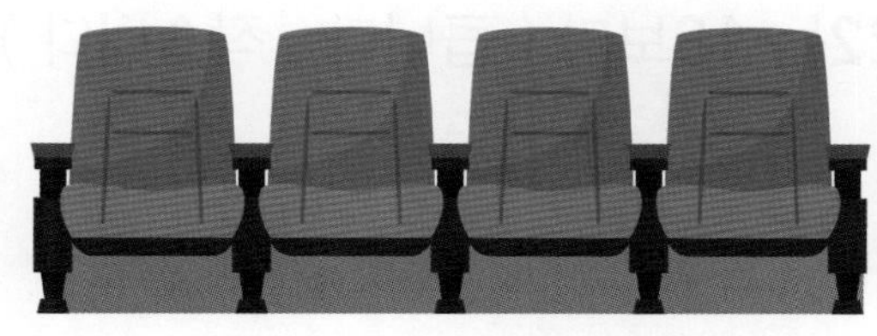

28	29		31

연산 + 문해력

41 책을 번호 순서대로 꽂으려고 합니다. 19번 책과 21번 책 사이에 꽂아야 할 책은 몇 번인가요?

풀이 19부터 21까지의 수: 

답 19번 책과 21번 책 사이에 꽂아야 할 책은 ☐ 번입니다.

5단원 37회

50까지 수의 크기 비교

38회 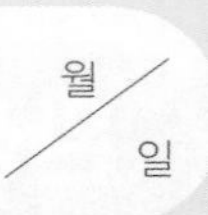

10개씩 묶음의 수가 다르면 10개씩 묶음의 수가 클수록 더 큰 수입니다.

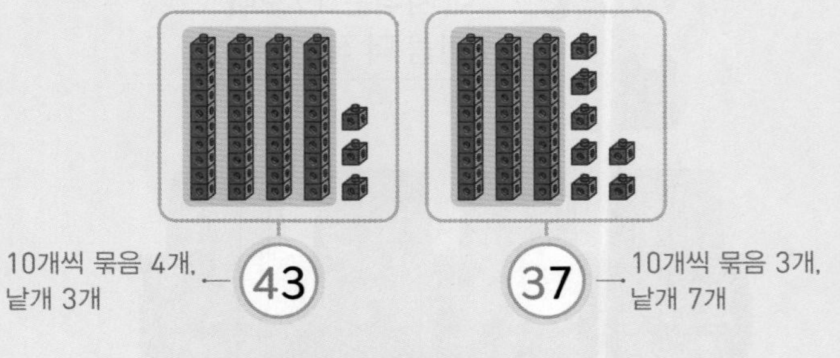

43은 37보다 큽니다.
37은 43보다 작습니다.

10개씩 묶음의 수가 같으면 낱개의 수가 클수록 더 큰 수입니다.

29는 26보다 큽니다.
26은 29보다 작습니다.

◆ 그림을 보고 알맞은 말에 ○표 하세요.

1

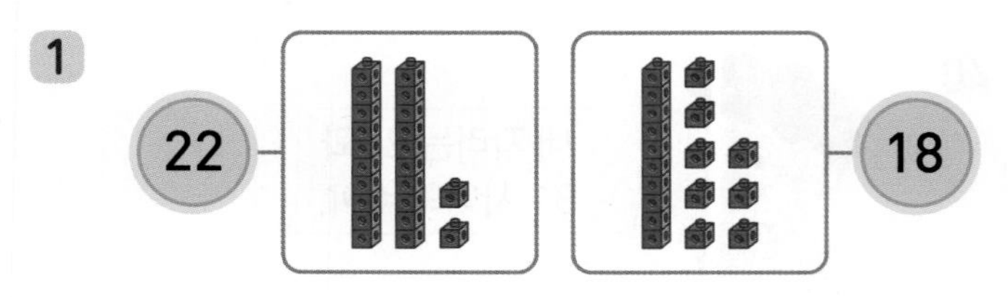

22는 18보다 (큽니다 , 작습니다).

2

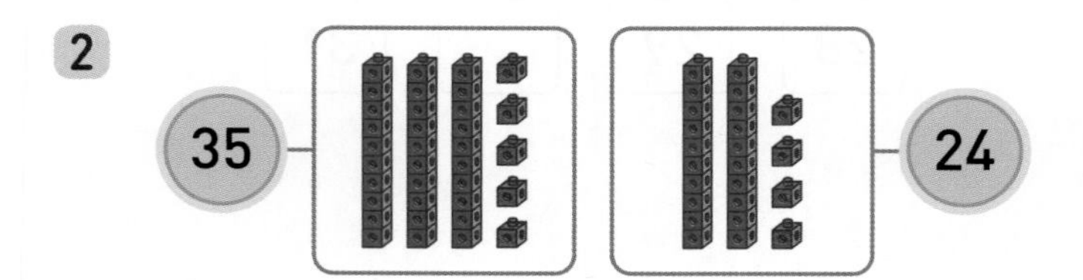

35는 24보다 (큽니다 , 작습니다).

3

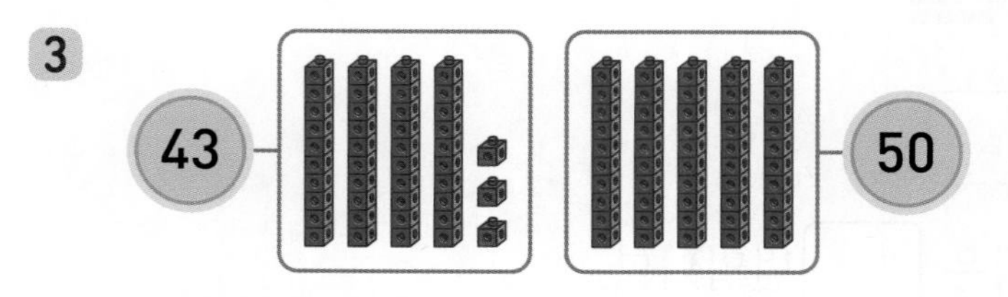

43은 50보다 (큽니다 , 작습니다).

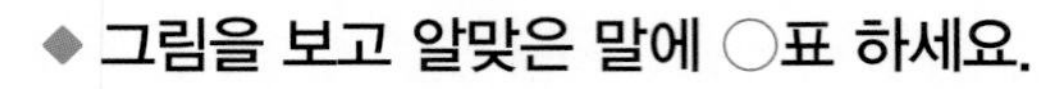

◆ 그림을 보고 알맞은 말에 ○표 하세요.

4

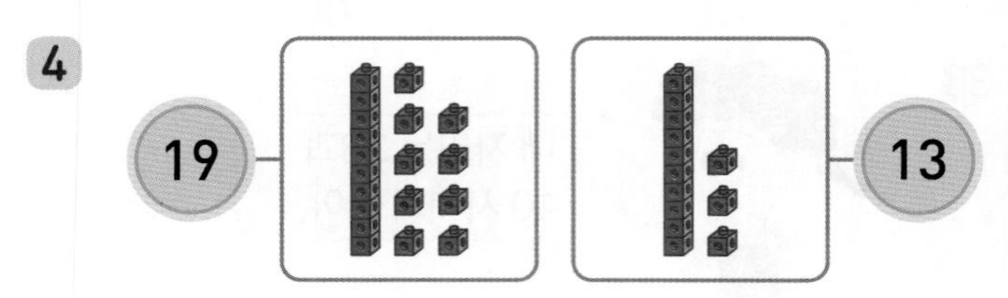

19는 13보다 (큽니다 , 작습니다).

5

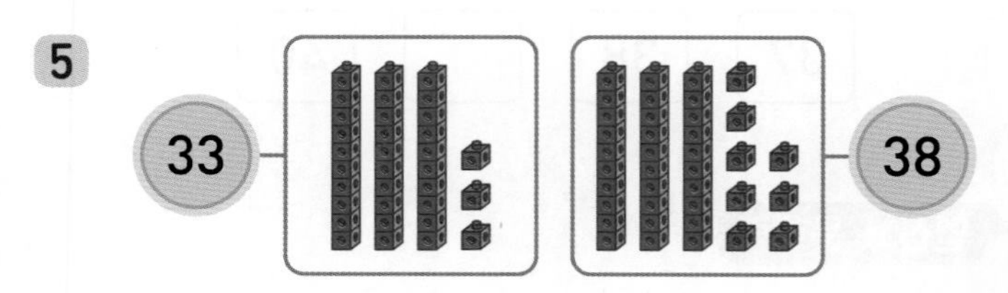

33은 38보다 (큽니다 , 작습니다).

6

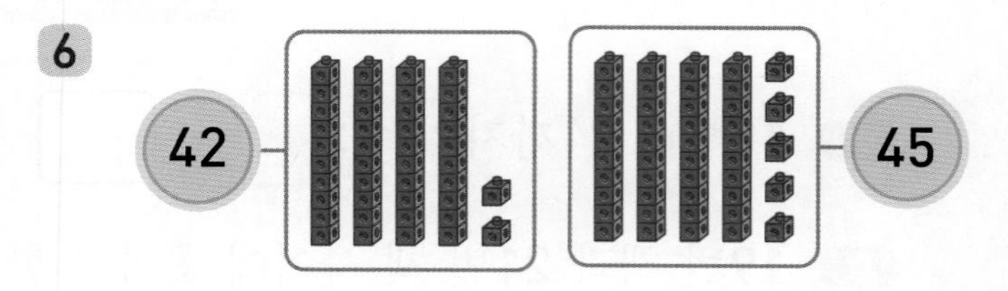

42는 45보다 (큽니다 , 작습니다).

연습 50까지 수의 크기 비교

정답 23쪽

실수 콕! 7~20번 문제

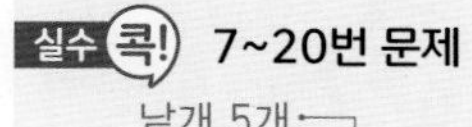

→ 15는 22보다 큽니다. (✕)

낱개의 수만 비교하면 안 돼.

◆ 더 큰 수에 ○표 하세요.

8 ① 23 19 ② 23 28

9 ① 26 18 ② 26 21

10 ① 34 50 ② 34 36

11 ① 37 21 ② 37 39

12 ① 42 25 ② 42 46

◆ 더 작은 수에 △표 하세요.

14 ① 17 22 ② 17 12

15 ① 24 30 ② 24 25

17 ① 30 20 ② 30 36

18 ① 35 16 ② 35 31

19 ① 41 38 ② 41 43

20 ① 48 30 ② 48 49

5단원 38회

적용 50까지 수의 크기 비교

◆ 가장 큰 수에 ○표 하세요.

21 | 16 | 20 | 31

22 | 29 | 35 | 48

23 | 45 | 20 | 37

24 | 19 | 41 | 33

25 | 21 | 12 | 15

26 | 22 | 30 | 34

27 | 45 | 35 | 42

28 | 48 | 44 | 50

◆ 가장 작은 수에 △표 하세요.

29 | 11 | 24 | 43

30 | 42 | 38 | 29

31 | 39 | 15 | 22

32 | 45 | 12 | 33

33 | 17 | 25 | 19

34 | 10 | 11 | 36

35 | 39 | 30 | 44

36 | 49 | 50 | 43

정답 23쪽

★ 완성 50까지 수의 크기 비교

◆ 갈림길의 두 수 중 더 큰 수에 ○표 하고, 크기가 더 큰 수를 따라 길을 찾아보세요.

연산 + 문해력

41 밤 줍기 체험에서 밤을 은채는 37개, 윤호는 41개 주웠습니다. 은채와 윤호 중 밤을 더 적게 주운 사람은 누구인가요?

풀이 은채가 주운 밤의 수: ☐

윤호가 주운 밤의 수: ☐

→ ☐은 ☐보다 (큽니다 , 작습니다).

답 밤을 더 적게 주운 사람은 입니다.

5단원 마무리

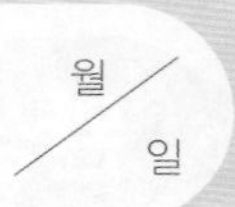

◆ 모으기와 가르기를 해 보세요.

1 ① 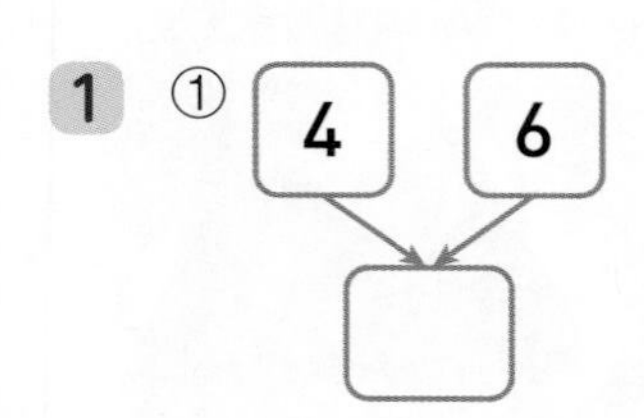

② 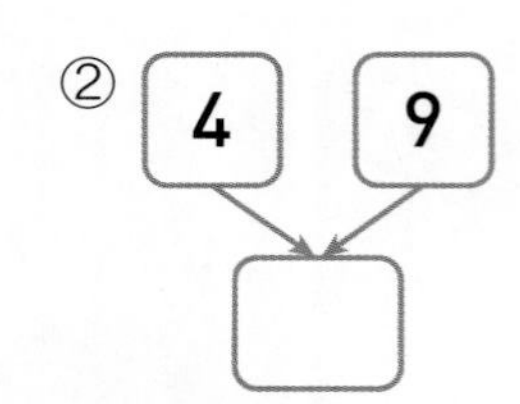

2 ① 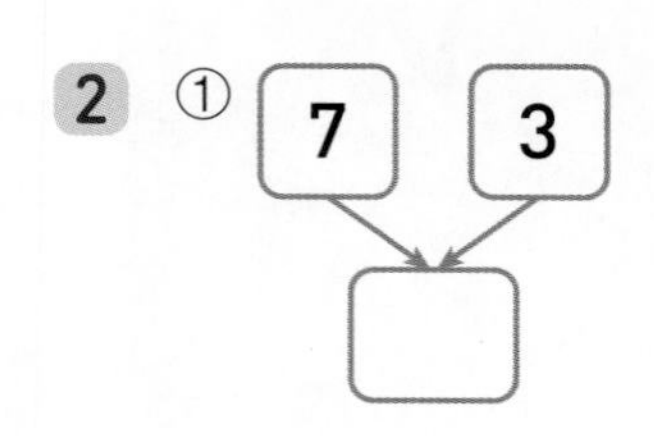

② 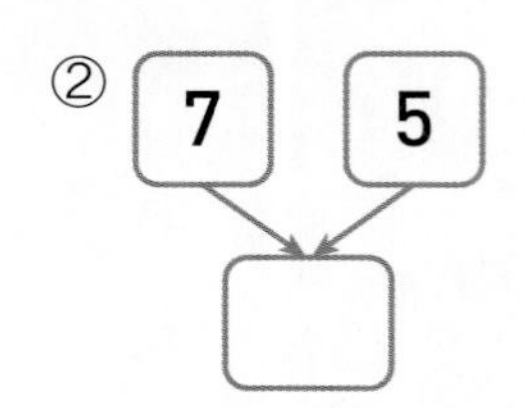

3 ① 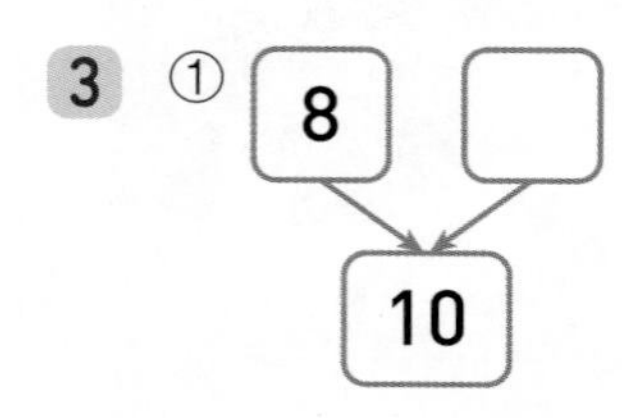

② 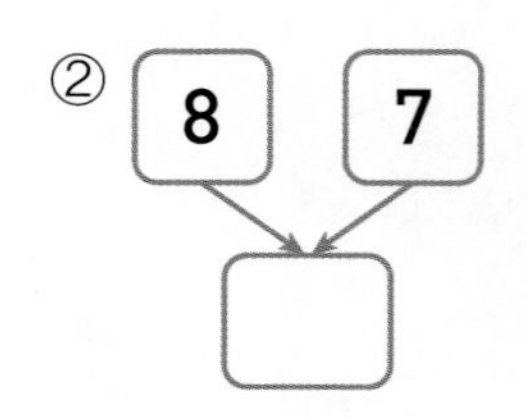

4 ① 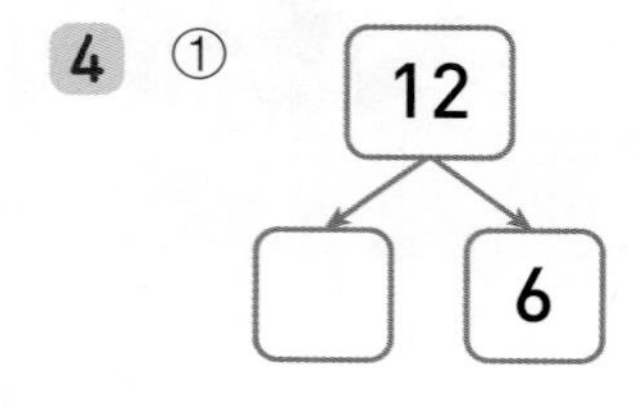

② 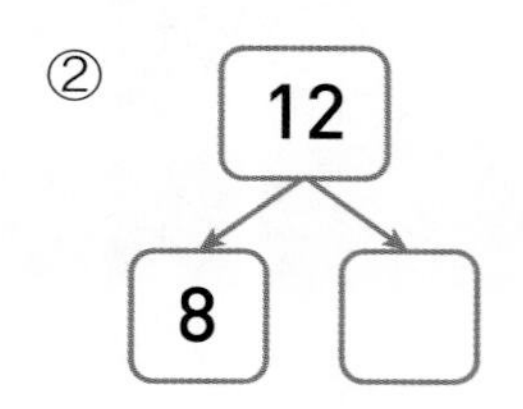

5 ① 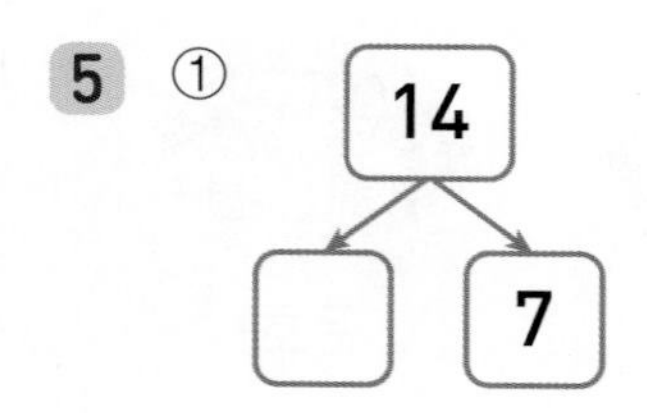

② 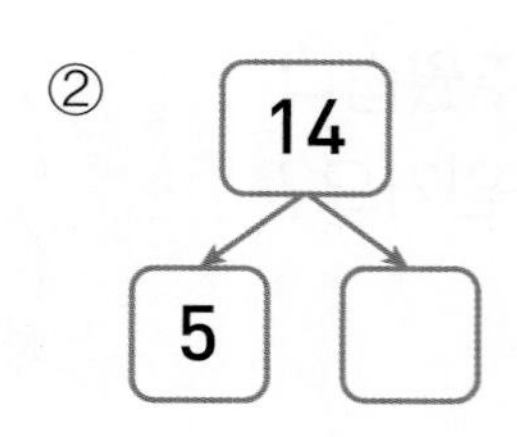

6 ① 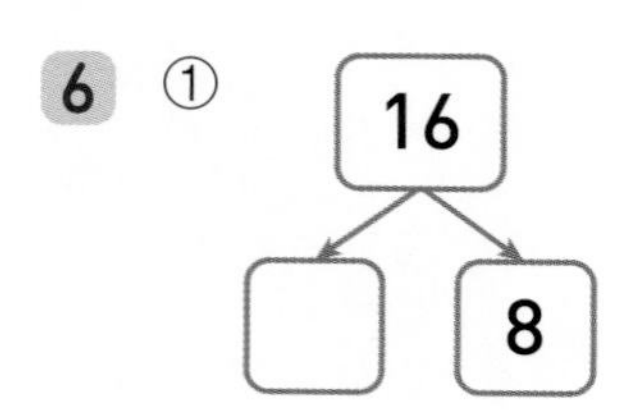

② 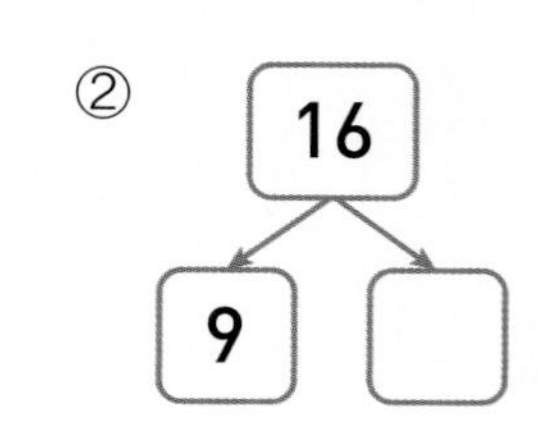

◆ 수를 세어 ☐ 안에 알맞은 수를 써넣으세요.

7 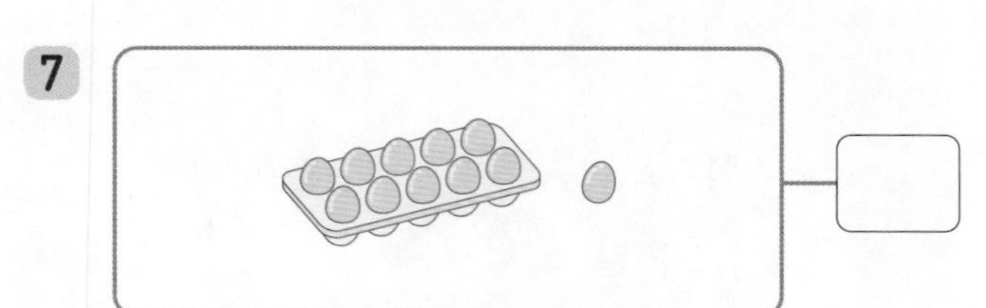

8 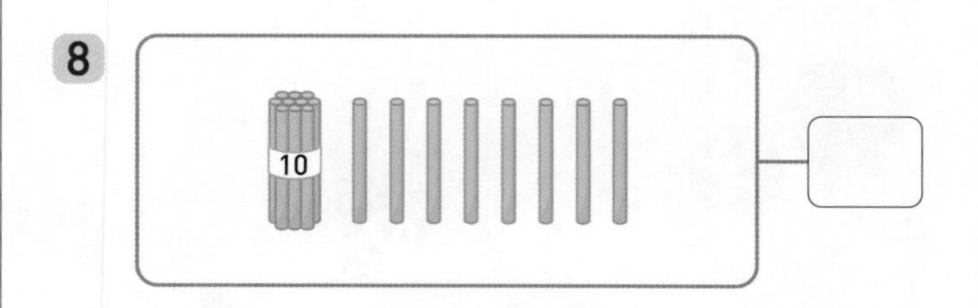

9 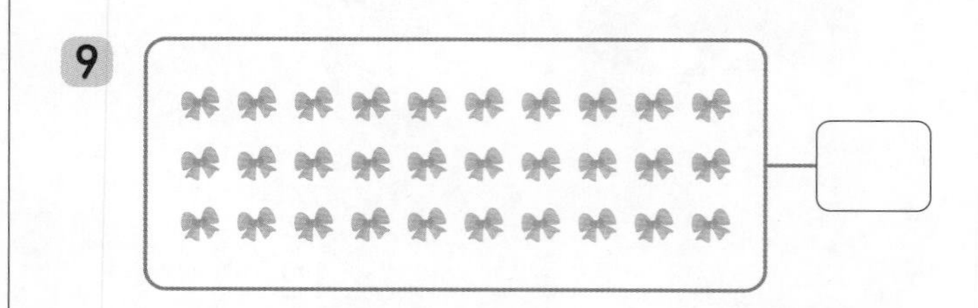

10 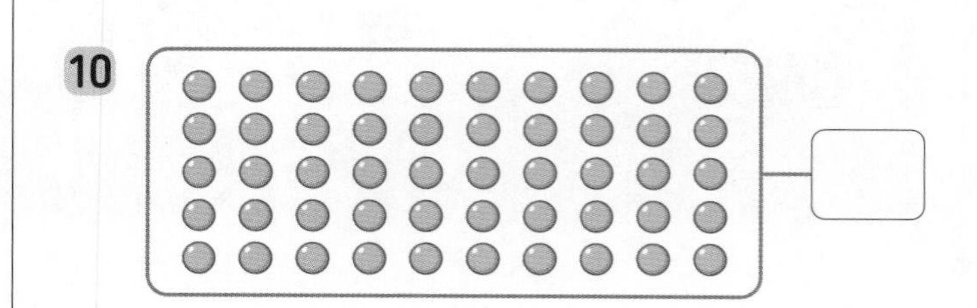

11 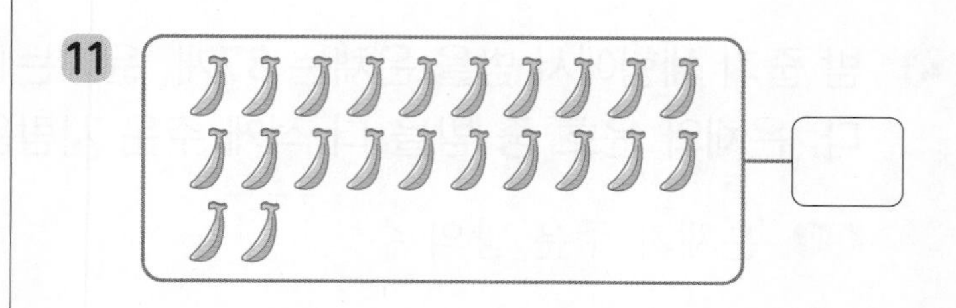

12 

◆ 수의 순서에 맞게 빈 곳에 알맞은 수를 써넣으세요.

13

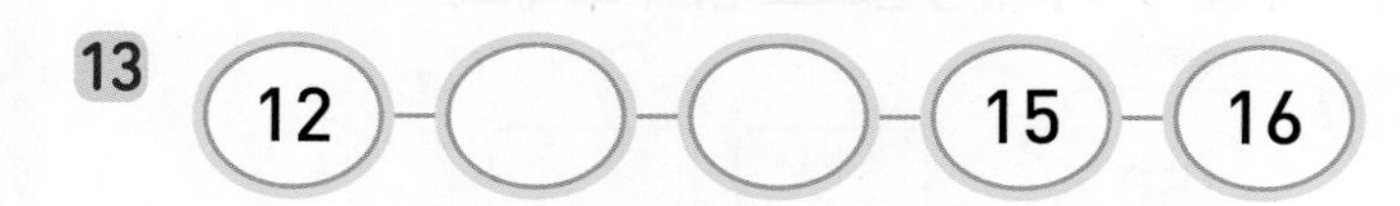

14 18 – 19 – ( ) – ( ) – 22

15 ( ) – 23 – ( ) – 25 – 26

16 26 – ( ) – 28 – ( ) – 30

17 ( ) – 33 – ( ) – 35 – ( )

18 37 – 38 – ( ) – 40 – ( )

19 ( ) – 42 – ( ) – 44 – ( )

20 ( ) – 46 – ( ) – 48 – ( )

◆ 더 큰 수에 ○표 하세요.

21 ① 15 | 34 ② 15 | 11

22 ① 19 | 20 ② 19 | 14

23 ① 22 | 12 ② 22 | 20

24 ① 25 | 33 ② 25 | 29

25 ① 31 | 12 ② 31 | 30

26 ① 36 | 29 ② 36 | 37

27 ① 43 | 50 ② 43 | 40

28 ① 44 | 31 ② 44 | 49

평가 B 5단원 마무리

◆ 빈칸에 알맞은 수를 써넣으세요.

1
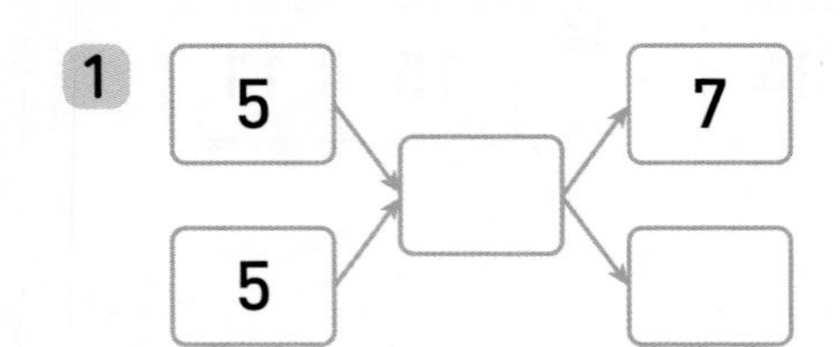

2
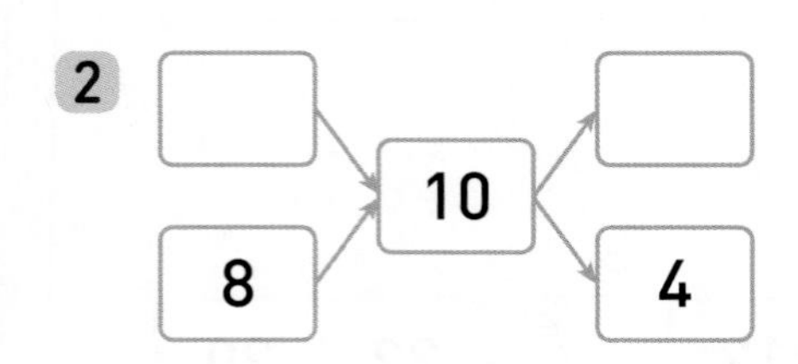

3
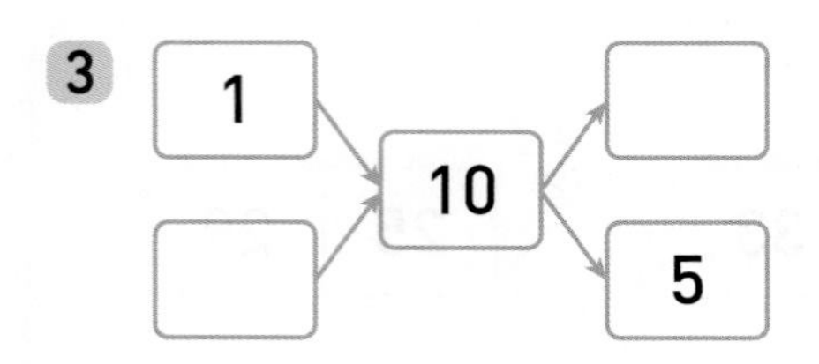

4
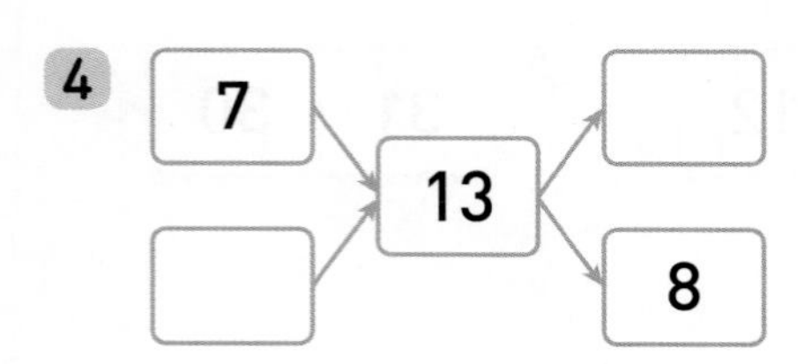

5
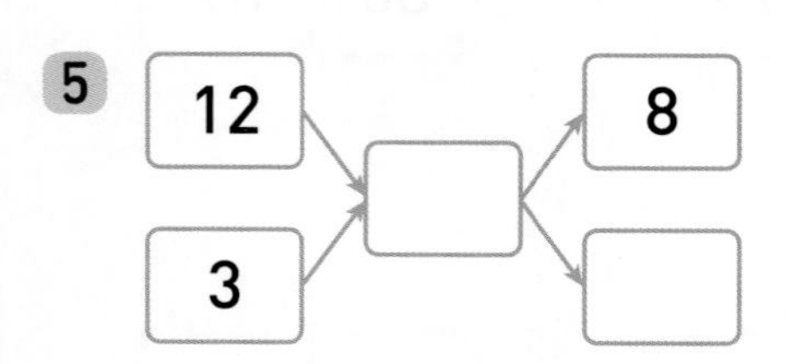

6
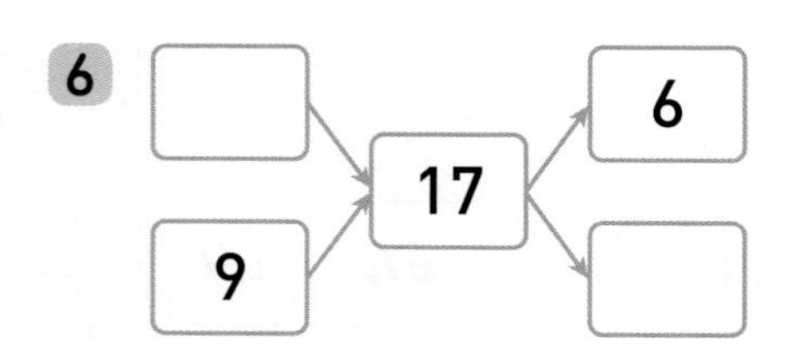

◆ 수를 두 가지 방법으로 읽어 보세요.

7

8

9

10

11

12

◆ 수를 거꾸로 세어 빈칸에 알맞은 수를 써넣으세요.

13

14 □ - □ - 22 - 21 - 20

15 30 - 29 - □ - 27 - □

16 33 - 32 - 31 - □ - □

17 39 - 38 - □ - 36 - □

18 □ - 41 - □ - 39 - 38

19 45 - 44 - □ - 42 - □

◆ 가장 큰 수에 ○표 하세요.

20

21 49 33 12

22 22 15 37

23 36 20 44

24 36 45 42

25 30 24 26

26 50 25 23

◆ 수를 세어 ▢ 안에 알맞은 수를 써넣으세요.

1 ▢

2 ▢

3 ▢

4 ▢

5 ▢

6 ▢

7 ▢

8 ▢

◆ 모양이 같은 것끼리 이어 보세요.

9

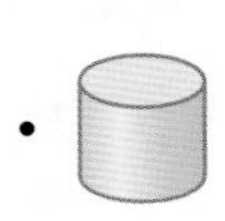

10
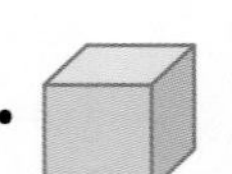
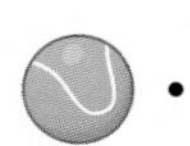
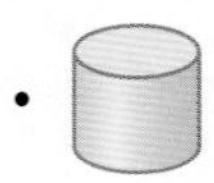
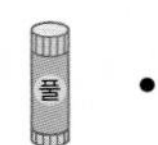

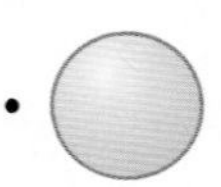

11
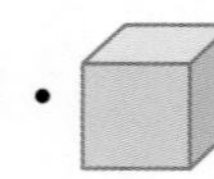

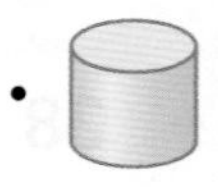
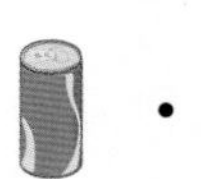
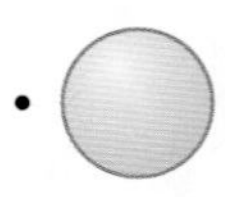

12
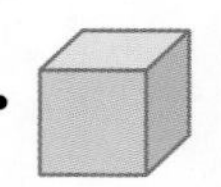
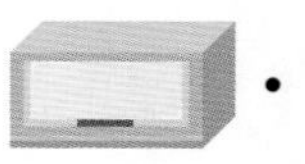
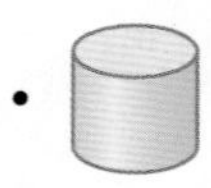

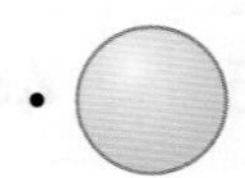

◆ 빈칸에 알맞은 수를 써넣으세요.

13 ⊕ →

3	3	
2	6	

14 ⊕ →

1	6	
5	4	

15 ⊕ →

3	1	
2	3	

16 ⊕ →

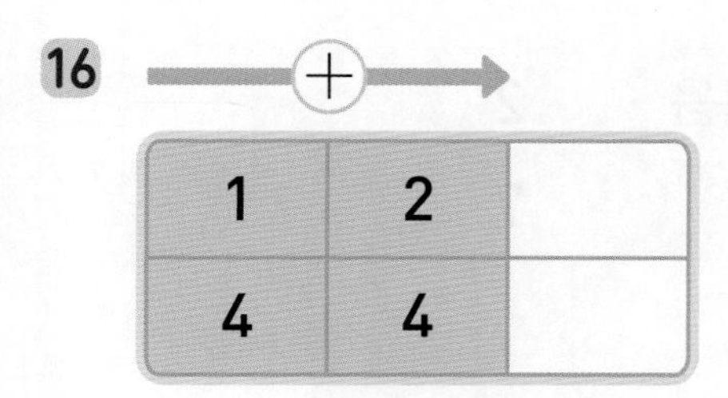

1	2	
4	4	

17 ⊕ →

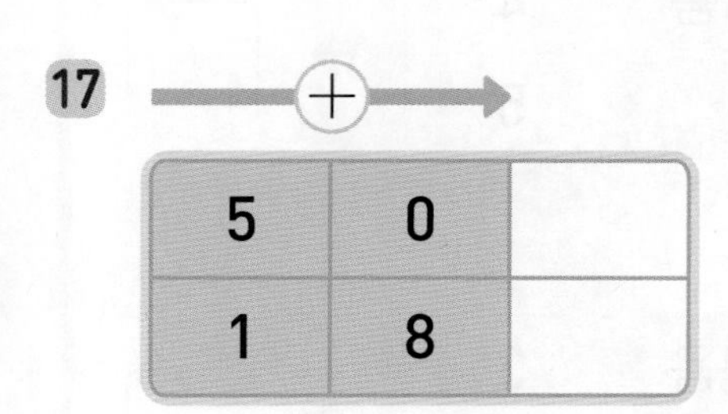

5	0	
1	8	

18 ⊕ →

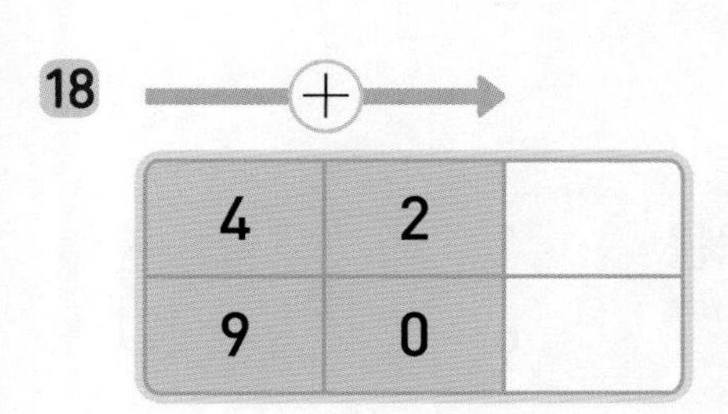

4	2	
9	0	

◆ 빈칸에 알맞은 수를 써넣으세요.

19 ⊖ ↓

7	8	9
1	5	1

20 ⊖ ↓

6	5	9
2	4	7

21 ⊖ ↓

4	2	5
3	0	5

22 ⊖ ↓

5	8	9
1	7	0

23 ⊖ ↓

4	6	9
2	3	5

24 ⊖ ↓

8	2	5
8	1	3

◆ ☐ 안에 알맞게 써넣으세요.

25

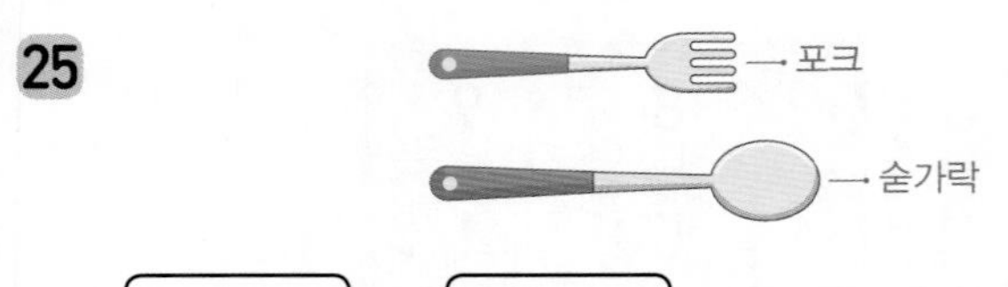

☐이 ☐보다 더 깁니다.

26

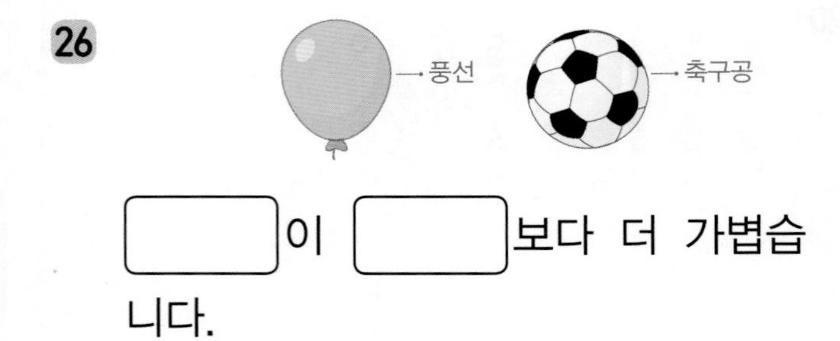

☐이 ☐보다 더 가볍습니다.

27

☐이 ☐보다 더 넓습니다.

28

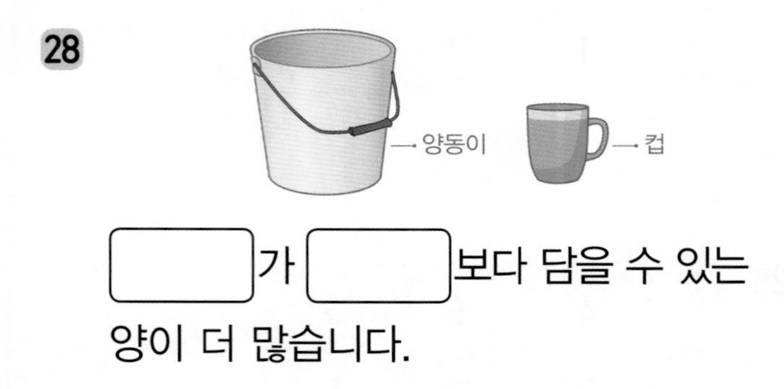

☐가 ☐보다 담을 수 있는 양이 더 많습니다.

29

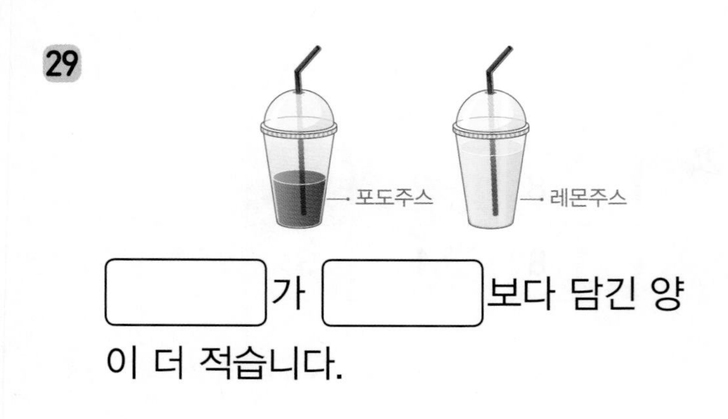

☐가 ☐보다 담긴 양이 더 적습니다.

◆ ☐ 안에 알맞은 수를 써넣으세요.

30

10개씩 묶음	4
낱개	0

→ ☐

31

10개씩 묶음	2
낱개	0

→ ☐

32

10개씩 묶음	5
낱개	0

→ ☐

33

10개씩 묶음	3
낱개	0

→ ☐

34

10개씩 묶음	2
낱개	7

→ ☐

35

10개씩 묶음	4
낱개	5

→ ☐

36

10개씩 묶음	3
낱개	2

→ ☐

37

10개씩 묶음	1
낱개	9

→ ☐

MEMO

MEMO

엄마표 학습 큐브

엄마표 학습, 큐브로 시작!

큡챌린지

수학은 큡

큡챌린지란?

큐브로 6주간 매주 자녀와
학습한 내용을 기록하고,
같은 목표를 가진 엄마들과 소통하며
함께 성장할 수 있는
엄마표 학습단입니다.

학습 태도 변화

학습단 참여 후 우리 아이는
"꾸준히 학습하는 습관이 잡혔어요."
"성취감이 높아졌어요."
"수학에 자신감이 생겼어요."

큡챌린지 이런 점이 좋아요

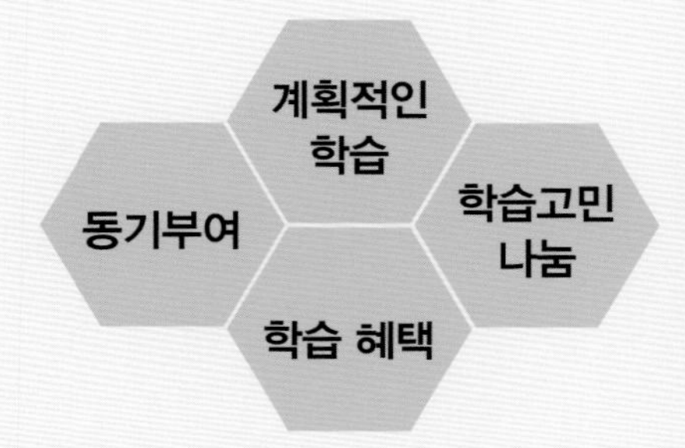

학습 지속률

10명 중 8.3명

학습 스케줄

매일 4쪽씩 학습!

주 5회 매일 4쪽	39%
주 5회 매일 2쪽	15%
1주에 한 단원 끝내기	17%
기타(개별 진도 등)	29%

6주 학습 완주자 →

← 학습단 참여 만족도

학습 참여자 2명 중 1명은

6주 간 1권 끝!

큐브 연산

초등 수학

1·1

모바일 쉽고 편리한 빠른 정답

정답

동아출판

정답

차례

초등 수학 1·1

01회 1부터 5까지의 수

008쪽 | 개념

1 1
2 2
3 3
4 4
5 5
6 둘
7 넷
8 하나
9 오
10 삼

009쪽 | 연습

11 1
12 4
13 5
14 2
15 3
16 4
17 2, 3
18 3, 4
19 1, 5
20 5, 1
21 2, 4
22 4, 2

010쪽 | 적용

23 예) 

24 예) 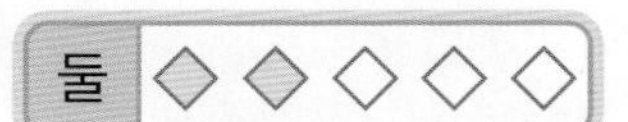

25 

26 예) 

27 예) 

28 예) 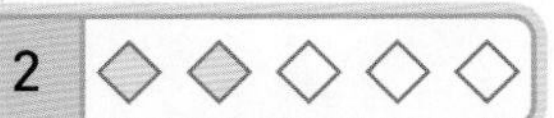

29 예) 1

30 오

31 (×)( )( )
32 ( )(×)( )
33 (×)( )( )
34 ( )( )(×)
35 ( )(×)( )
36 ( )( )(×)

011쪽 | 완성

37

38

39 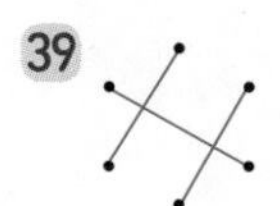

40

연산+문해력

41 가위 / 2 / 2

02회 6부터 9까지의 수

012쪽 | 개념

1 6
2 7
3 8
4 9
5 일곱
6 여섯
7 구
8 팔

013쪽 | 연습

9 6
10 9
11 7
12 8
13 9
14 7
15 여섯, 육
16 일곱, 칠
17 아홉, 구
18 여섯, 육
19 여덟, 팔
20 아홉, 구

014쪽 | 적용

21
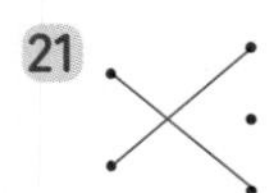

22

23
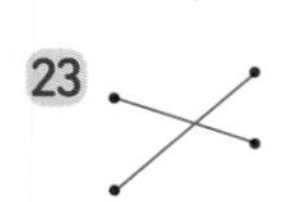

24
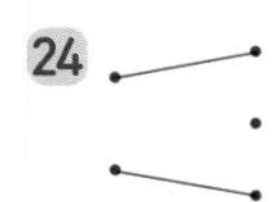

25 예

26 예

27 예

28

29 예

30 예

015쪽 | 완성

31 예
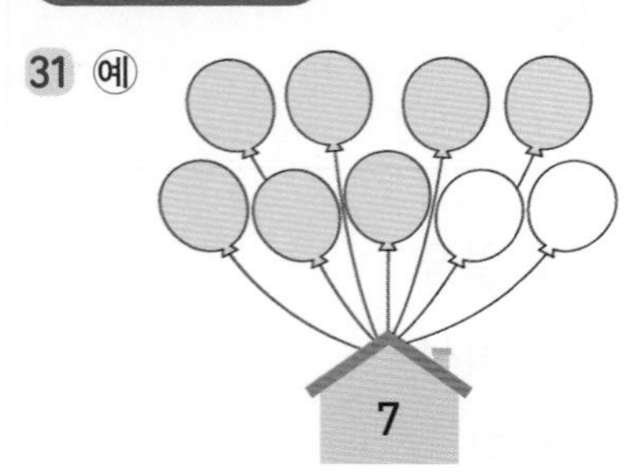

32 예
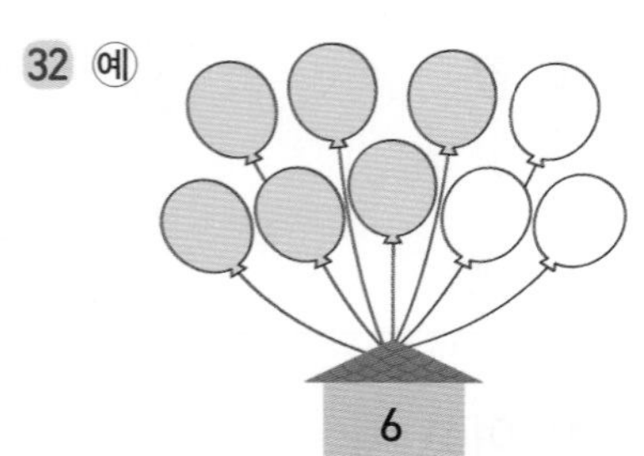

33
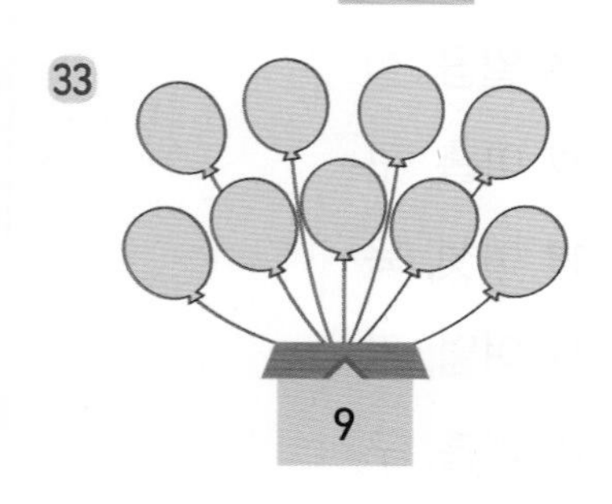

34 예
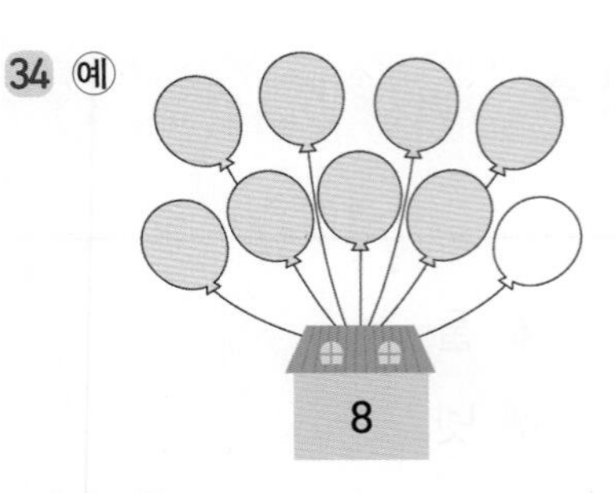

연산+문해력

35 7 / 7

03회 몇째

016쪽 | 개념

1 셋째, 다섯째, 아홉째

2 넷째, 여섯째, 여덟째

3 셋째, 일곱째, 아홉째

4 첫째, 다섯째, 여덟째

5 넷째

6 다섯째

7 셋째

8 여섯째

017쪽 | 연습

9 셋째, 넷째

10 다섯째, 일곱째

11 여섯째, 일곱째

12 첫째, 넷째

13 여섯째, 여덟째

14 넷째, 다섯째

15 다섯째, 여섯째

16 셋째, 여섯째

17

18

5	♥♥♥♥♥♡♡♡♡
다섯째	♡♡♡♡♥♡♡♡♡

19

8	●●●●●●●●○
여덟째	○○○○○○○●○

20

4	★★★★☆☆☆☆☆
넷째	☆☆☆★☆☆☆☆☆

21

6	▲▲▲▲▲▲△△△
여섯째	△△△△△▲△△△

22

7	⬟⬟⬟⬟⬟⬟⬟⬠⬠
일곱째	⬠⬠⬠⬠⬠⬠⬟⬠⬠

018쪽 | 적용

23

24

25

26

27 다섯째

28 넷째

29 셋째

30 일곱째

31 둘째

019쪽 | 완성

32
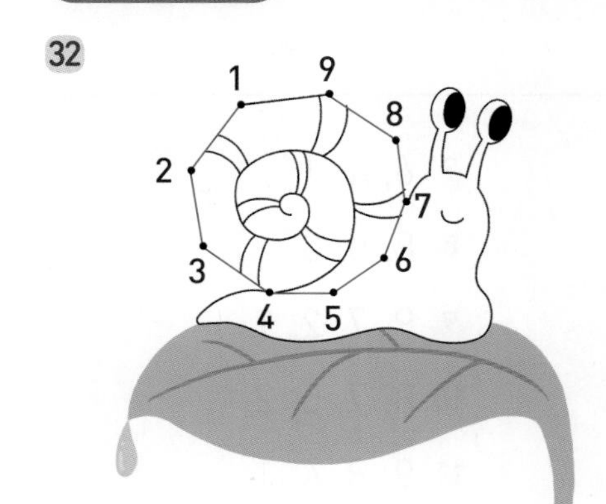

33

34
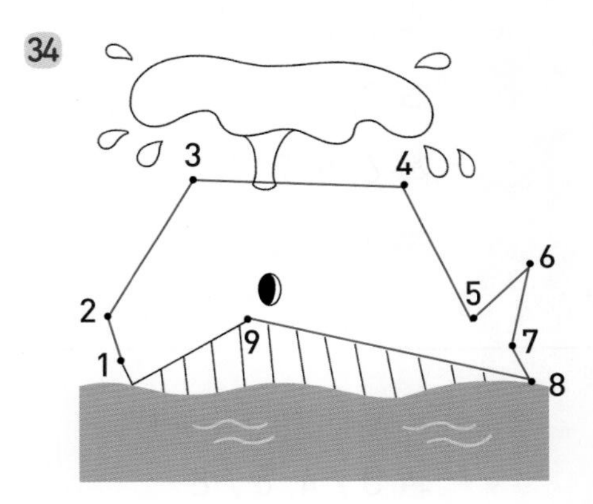

35

연산+문해력

36 넷째 / 다섯째 / 다섯째

04회 9까지 수의 순서

020쪽 | 개념

1 3, 5, 7
2 2, 5, 8
3 3, 4, 6, 9
4 1, 4, 6, 7
5 1, 4, 7, 9
6 1, 2, 5, 8
7 6, 4, 1
8 8, 5, 3
9 9, 7, 2, 1
10 8, 7, 5, 2
11 9, 8, 4, 1
12 9, 6, 4, 3

021쪽 | 연습

13 7, 8, 9
14 2, 4
15 4, 5, 7
16 1, 2, 5
17 2, 4, 5
18 4, 5, 7
19 6, 7
20 6, 5
21 3, 2, 1
22 6, 4, 3
23 6, 4, 3
24 7, 5
25 9, 8, 7
26 6, 5, 2
27 7, 5, 4

022쪽 | 적용

28 (○)
( )
29 ( )
(○)
30 ( )
(○)
31 ( )
(○)
32 (○)
( )
33 ( )
(○)

※ 위에서부터 채점하세요.

34 3 / 4, 6 / 8
35 7 / 5 / 6, 9
36 8, 9 / 5 / 3
37 7 / 8 / 6, 3

023쪽 | 완성

38
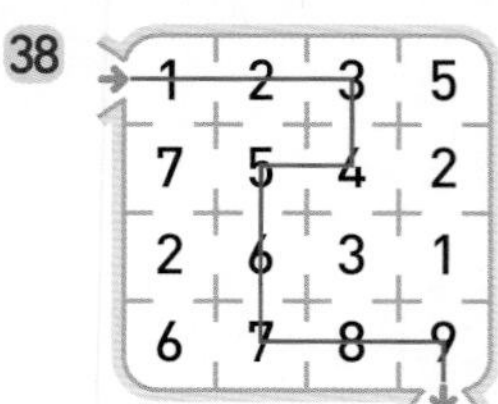

40
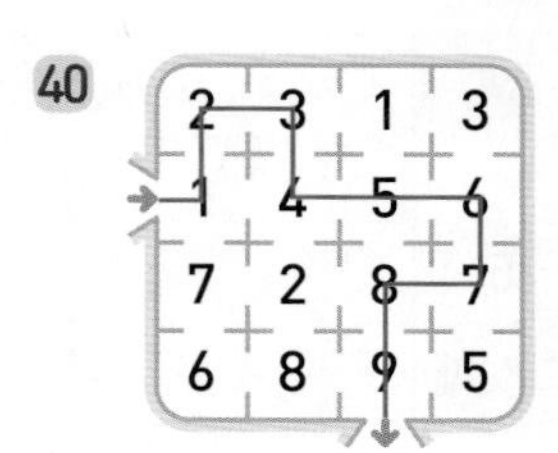

39
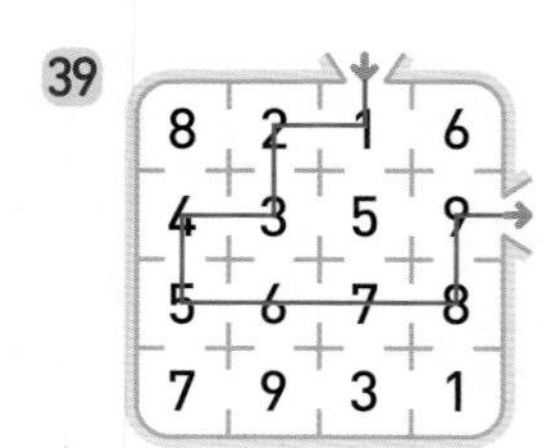

41
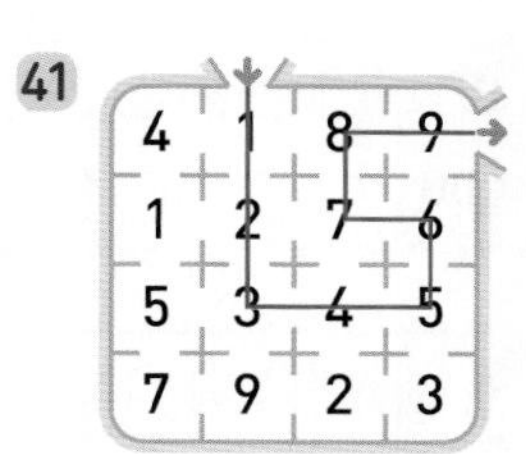

연산+문해력
42 5, 7, 8 / 7

05회 1만큼 더 큰 수와 1만큼 더 작은 수 / 0

024쪽 | 개념

1
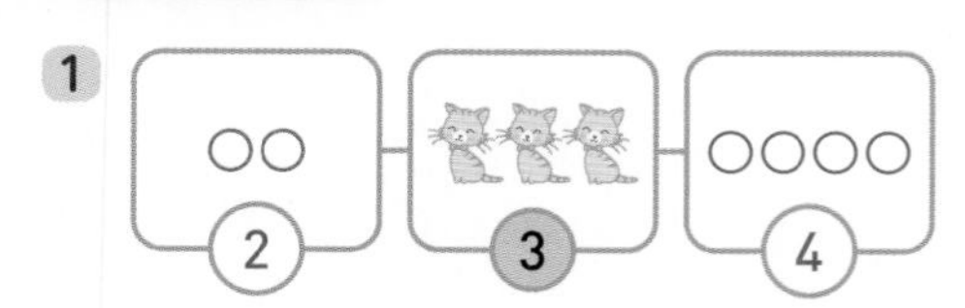

2
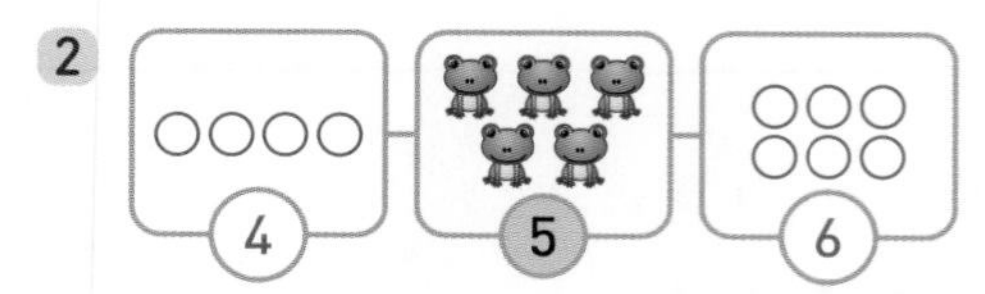

3
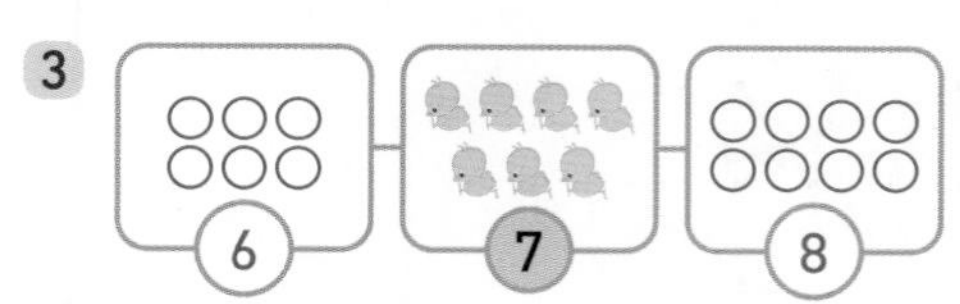

4
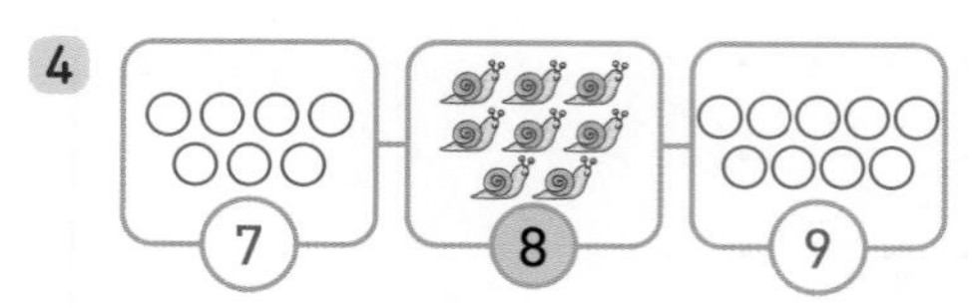

5 1, 0
6 0, 2
7 2, 0
8 4, 3, 1, 0
9 0, 1, 2, 3

025쪽 | 연습

10 7, 9
11 6, 8
12 4, 6
13 3, 5
14 1, 3
15 0, 2
16 1, 3
17 4, 6
18 3, 5
19 6, 8
20 5, 7
21 7, 9

026쪽 | 적용

22 6, 7
23 8, 2
24 3, 8
25 7, 3
26 9, 6
27 4, 0
28 5, 5
29 3에 ○표, 1에 △표
30 5에 ○표, 3에 △표
31 5에 △표, 7에 ○표
32 7에 △표, 9에 ○표
33 4에 △표, 6에 ○표
34 4에 ○표, 2에 △표
35 8에 ○표, 6에 △표
36 2에 ○표, 0에 △표

027쪽 | 완성

37 3, 5
38 8, 7
39 2, 0
40 7, 6

연산+문해력
41 5 / 7 / 5, 7

06회 9까지 수의 크기 비교

028쪽 | 개념

1 2, 1
2 6, 5
3 9, 8
4 1, 5
5 2, 3
6 4, 6
7 7, 8

029쪽 | 연습

8 ① 3 ② 7
9 ① 3 ② 2
10 ① 6 ② 3
11 ① 7 ② 5
12 ① 6 ② 7
13 ① 7 ② 7
14 ① 8 ② 9
15 ① 9 ② 9
16 ① 0 ② 1
17 ① 1 ② 3
18 ① 0 ② 4
19 ① 5 ② 3
20 ① 3 ② 6
21 ① 7 ② 7
22 ① 3 ② 4
23 ① 3 ② 5

030쪽 | 적용

24 6에 ○표, 3에 △표
25 2에 △표, 9에 ○표
26 1에 △표, 8에 ○표
27 0에 △표, 5에 ○표
28 9에 ○표, 1에 △표
29 3에 △표, 7에 ○표
30 8에 ○표, 1에 △표
31 0에 △표, 9에 ○표
32 1, 2, 7
33 0, 3, 9
34 4, 6, 8
35 0, 2, 3, 7
36 4, 5, 6, 8
37 2, 4, 7, 9

031쪽 | 완성

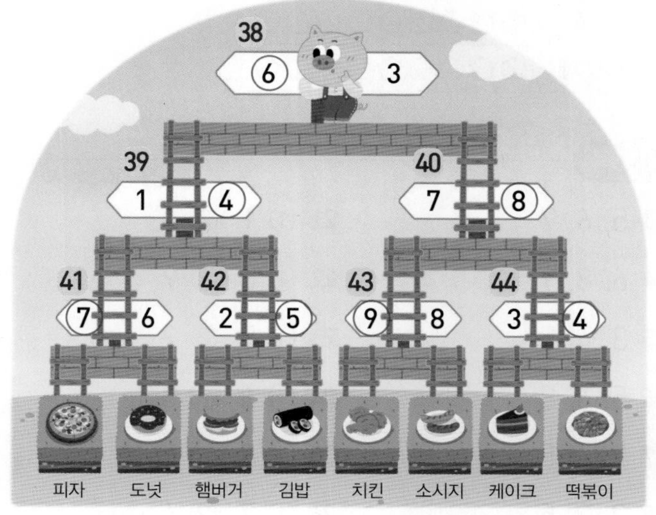

45 김밥

연산+문해력
46 7, 3 / 7, 3 / 민아

1 단원

07회 평가 A

032쪽

1 5

2 1

3 4

4 6

5 8

6 9

7

3	♡♡♡♡♡♡♡♡♡
셋째	♡♡♡♡♡♡♡♡♡

8

9	☆☆☆☆☆☆☆☆☆
아홉째	☆☆☆☆☆☆☆☆☆

9

6	◇◇◇◇◇◇◇◇◇
여섯째	◇◇◇◇◇◇◇◇◇

10

2	○○○○○○○○○
둘째	○○○○○○○○○

11

7	△△△△△△△△△
일곱째	△△△△△△△△△

12

4	⬠⬠⬠⬠⬠⬠⬠⬠⬠
넷째	⬠⬠⬠⬠⬠⬠⬠⬠⬠

033쪽

13 5, 6, 7

14 6, 8, 9

15 3, 4, 5

16 5, 6, 8

17 2, 4, 5

18 2, 3, 5

19 5, 6, 9

20 0, 3, 4

21 ① 1 ② 4

22 ① 6 ② 9

23 ① 5 ② 2

24 ① 6 ② 8

25 ① 8 ② 9

26 ① 7 ② 4

27 ① 5 ② 9

28 ① 7 ② 8

08회 평가 B

034쪽

1 ( )( )(○)

2 (○)( )( )

3 ( )(○)( )

4 ( )( )(○)

5 ( )(○)( )

6 (○)( )( )

7

8

9

10

035쪽

11 2에 ○표, 0에 △표

12 6에 ○표, 4에 △표

13 6에 △표, 8에 ○표

14 2에 △표, 4에 ○표

15 1에 △표, 3에 ○표

16 5에 △표, 7에 ○표

17 7에 △표, 9에 ○표

18 5에 ○표, 3에 △표

19 5, 2, 0

20 9, 4, 1

21 8, 6, 3

22 8, 7, 4, 2

23 9, 6, 5, 3

24 8, 4, 1, 0

09회 여러 가지 모양 찾기

038쪽 | 개념

1 

2  

3 

4 

5 

6 

7 

8 

9 

10 

11 

039쪽 | 연습

12 ( ) ( ) (△)

13 ( ) (△) ( )

14 ( ) ( ) (△)

15 ( ) (△) ( )

16 ( ) (△) ( )

17 (△) ( ) ( )

18 ( ) ( ) (△)

19 ( ) (○)

20 ( ) (○)

21 (○) ( )

22 (○) ( )

040쪽 | 적용

23 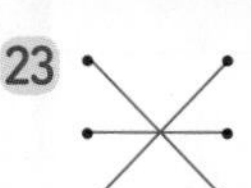

24 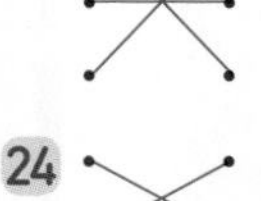

25

26

27 

28

29

30

041쪽 | 완성

31

32

33 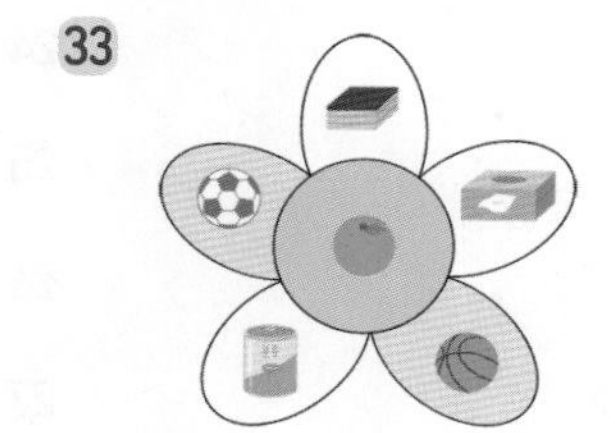

34 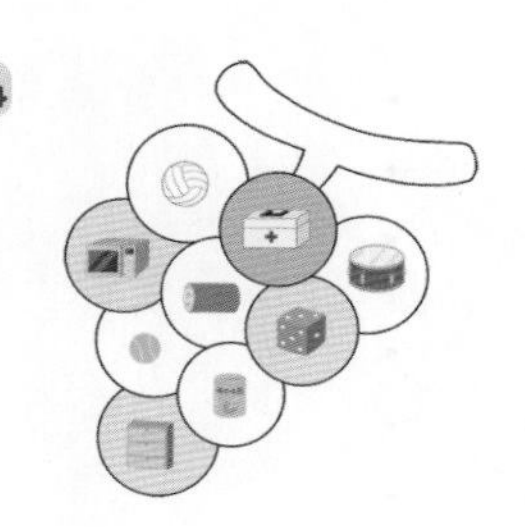

연산+문해력

35 / / / 준수

10회 여러 가지 모양 알아보기

042쪽 | 개념

1 ×, ×, ○

2 ○, ○, ×

3 ○, ×, ○

4

5

6

7

043쪽 | 연습

8

9 

10

11 

12 

13

14

15

16 

17

18

19

2 단원

044쪽 | 적용

20

21

22

23

24 ○, ○, ×

25 ×, ○, ○

26 ×, ○, ○

27 ○, ×, ×

28 ○, ○, ×

045쪽 | 완성

29 ㉢, ㉦, ㉧

30 ㉡, ㉣, ㉤

31 ㉠, ㉥, ㉧, ㉨

연산+문해력

32 / ㉠, ㉡, ㉢ / ㉢

11회 여러 가지 모양으로 만들기

046쪽 | 개념

1 ,

2 ,

3 ,

4 , ,

5 1

6 2

7 3

8 6

047쪽 | 연습

9 1, 1, 4

10 1, 1, 5

11 2, 4, 1

12 1, 2, 2

13 2, 2, 4

14 (   )(○)

15 (○)(   )

16 (   )(○)

17 (   )(○)

18 (○)(   )

19 (○)(   )

048쪽 | 적용

20

21

22

23

24 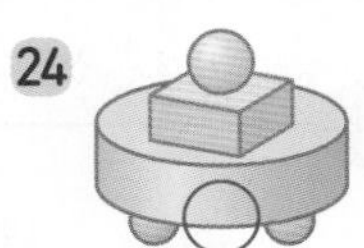

25 

26 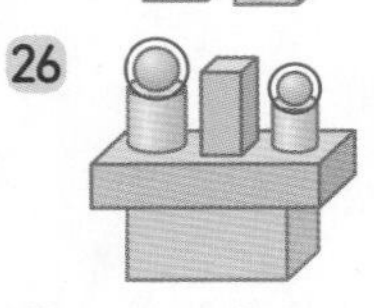

27

049쪽 | 완성

28

29

30

연산+문해력

31 1, 3, 2 / 1, 2, 3 /

12회 평가 A

050쪽

1 (△)(   )(   )

2 (   )(△)(   )

3 (△)(   )(   )

4 (   )(△)(   )

5 (   )(   )(△)

6 (   )(△)(   )

7 (△)(   )(   )

8

9

10

11

12

13

14

051쪽

15 

16

17 

18

19

20 3, 4, 3

21 3, 2, 2

22 1, 2, 5

23 2, 3, 5

24 2, 2, 4

13회 평가 B

052쪽

1 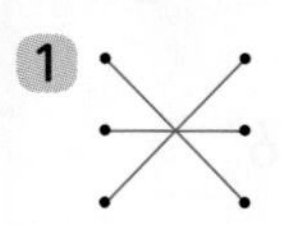

2 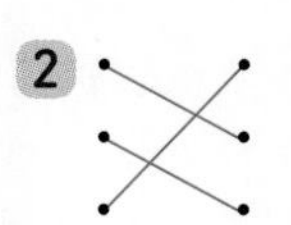

3

4

5 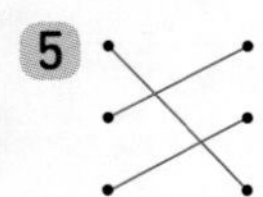

6 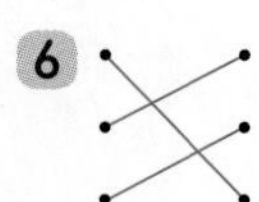

7

8

053쪽

9

10

11

12 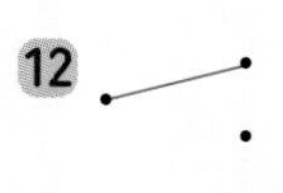

13

14 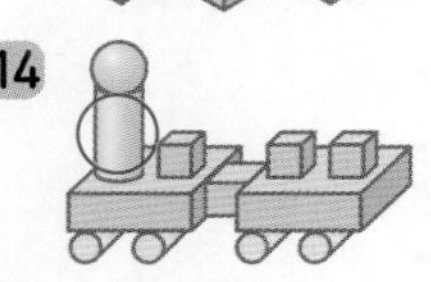

15 

16 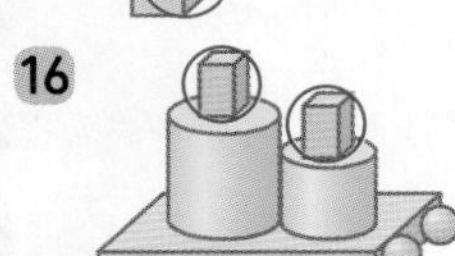

14회 9까지의 수 모으기

056쪽 | 개념

1 ○○○○

2 ○○○○○○

3 ○○○○○○○

4 ○○○○○○○○○

5 3

6 6

7 9

8 8

057쪽 | 연습

※ 위에서부터 채점하세요.

9 3, 4, 7

10 4, 2, 6

11 3, 5, 8

12 5, 2, 7

13 ① 5 ② 8

14 ① 3 ② 9

15 ① 6 ② 8

16 ① 5 ② 6

17 ① 7 ② 8

18 ① 8 ② 9

058쪽 | 적용

19 ① 3 ② 7

20 ① 5 ② 8

21 ① 8 ② 4

22 ① 7 ② 6

23 ① 9 ② 9

24 ① 9 ② 8

※ 위에서부터 채점하세요.

25 2, 5, 7

26 5, 3, 8

27 4, 4, 8

28 5, 3, 8

059쪽 | 완성

29 7

30 5

31 6

32 9

연산+문해력

33 (위에서부터) 2, 4, 6 / 6

15회 9까지의 수 가르기

060쪽 | 개념

1 ○○
2 ○
3 ○○○○
4 ○○○○○
5 1
6 4
7 3
8 4

061쪽 | 연습

9 2
10 5
11 3
12 2
13 ① 1 ② 2
14 ① 1 ② 3
15 ① 2 ② 3
16 ① 6 ② 5
17 ① 5 ② 2
18 ① 1 ② 5

062쪽 | 적용

※ 위에서부터 채점하세요.

19 3, 2, 1
20 2, 5 / 3
21 4 / 3, 2
22 2 / 5, 7
23 3, 2 / 6
24 6, 1, 5
25 3, 4
26 5, 3
27 6, 3
28 3, 1

063쪽 | 완성

※ 위에서부터 채점하세요.

29 6, 4, 2
30 4, 1, 3
31 3, 4, 7
32 1, 4, 6

연산+문해력
33 (위에서부터) 3, 1, 2 / 2

16회 덧셈식으로 나타내기

064쪽 | 개념

1 1, 2
2 2, 3
3 4, 1
4 6, 2
5 2, 4 / 4
6 7 / 3, 4
7 1, 6 / 5, 1, 6
8 7, 9 / 합, 9

065쪽 | 연습

9 $2+5=7$
10 $1+1=2$
11 $4+4=8$
12 $2+7=9$
13 $6+1=7$
14 $7+2=9$
15 $3+3=6$
16 $6+2=8$
17 $3+2=5$
18 $5+3=8$

066쪽 | 적용

19
20
21
22 $8+1=9$
23 $4+4=8$
24 $6+1=7$
25 $3+2=5$
26 $1+5=6$
27 $6+3=9$
28 $7+2=9$

067쪽 | 완성

29 8

30 4, 3, 7

31 3, 2, 5

32 5, 4, 9

연산+문해력

33 4, 2, 6 / 4+2=6 / 4, 2, 6

17회 덧셈 방법 알아보기

068쪽 | 개념

1 4 / 4

2 6 / 6

3 7 / 7

4 9 / 9

5 예

○	○	○	○	○

/ 4, 5

6 예

○	○	○	○	○
○				

/ 2, 6

7 예

○	○	○	○	○
○	○	○	○	

/ 7, 9

069쪽 | 연습

※ 위에서부터 채점하세요.

8 8 / 8

9 4 / 4

10 6 / 5, 1, 6

11 5 / 3, 2, 5

12 9 / 1, 8, 9

13 7 / 5, 2, 7

14 ① 3 ② 7

15 ① 4 ② 8

16 ① 4 ② 7

17 ① 9 ② 5

18 ① 8 ② 9

19 ① 9 ② 8

20 ① 6 ② 8

21 ① 6 ② 7

22 ① 8 ② 9

070쪽 | 적용

23  / 6, 9

24 / 6, 7

25  / 5, 8

26  / 7, 8

27 9

28 7

29 9

30 8

31 5

32 6

071쪽 | 완성

33 5

34 3, 6, 9

35 2, 5, 7

36 3, 5, 8

연산+문해력

37 4, 4, 8 / 8

18회 여러 가지 덧셈하기

072쪽 | 개념

1 5, 6, 7

2 5, 6, 7

3 3, 5, 7

4 9, 9

5 7, 7

6 7, 7

073쪽 | 연습

7 ① 3, 4, 5 ② 7, 8, 9

8 ① 8, 7, 6 ② 7, 6, 5

9 ① 5, 7, 9 ② 4, 6, 8

10 ① 7, 5, 3 ② 6, 4, 2

11 ① 4, 4 ② 3, 3

12 ① 6, 6 ② 6, 6

13 ① 9, 9 ② 9, 9

14 ① 2, 3 ② 4, 1

15 ① 3, 4 ② 2, 5

16 ① 1, 7 ② 6, 2

074쪽 | 적용

17 6, 7, 8
18 7, 8, 9
19 9, 8, 7
20 4, 6, 8
21 8, 6, 4
22 7, 7
23 8, 8
24 5, 5
25 9, 9
26 6, 6
27 8, 8

075쪽 | 완성

※ 위에서부터 채점하세요.

28 5, 8, 6, 7
29 6, 9, 7, 8
30 3, 9, 5, 7
31 6, 9, 7, 8

연산+문해력

32 7, 2, 9 / 2, 7, 9 / 9, 9

19회 뺄셈식으로 나타내기

076쪽 | 개념

1 3, 2
2 4, 1
3 5, 4
4 6, 4
5 1, 1 / 1, 1
6 1, 5 / 6, 1, 5
7 6, 2 / 8, 6, 차
8 9, 5, 4 / 9, 5, 차, 4

077쪽 | 연습

9 6−3=3
10 8−5=3
11 4−3=1
12 7−2=5
13 5−2=3
14 5−3=2
15 7−4=3
16 6−2=4
17 8−4=4
18 9−3=6

078쪽 | 적용

19
20
21
22 3−1=2
23 6−2=4
24 8−1=7
25 9−5=4
26 7−5=2
27 6−3=3
28 4−3=1

079쪽 | 완성

29 2, 3
30 7, 3, 4
31 8, 4, 4
32 9, 6, 3

연산+문해력

33 5, 3, 2 / 5−3=2 / 5, 3, 2

20회 뺄셈 방법 알아보기

080쪽 | 개념

1 1 / 1
2 4 / 4
3 3 / 3
4 2 / 2

5 예

○	○	∅	∅	∅

/ 3, 2

6 예

○	○	○	○	○
○	○	∅	∅	

/ 2, 7

7 예

○	○	○	∅	∅
∅	∅			

/ 4, 3

8 예

○	○	○	∅	∅
∅	∅	∅		

/ 5, 3

081쪽 | 연습

※ 위에서부터 채점하세요.

9 1 / 1
10 4 / 4
11 7 / 9, 2, 7
12 2 / 6, 4, 2
13 4 / 9, 5, 4
14 1 / 5, 4, 1
15 ① 2 ② 1
16 ① 4 ② 5
17 ① 2 ② 6
18 ① 3 ② 6
19 ① 1 ② 6
20 ① 3 ② 2
21 ① 4 ② 2
22 ① 5 ② 7
23 ① 3 ② 1

082쪽 | 적용

24 (그림) / 5, 3
25 (그림) / 5, 1
26 (그림) / 7, 3
27 (그림) / 2, 1
28 1
29 5
30 2
31 1
32 8
33 2

083쪽 | 완성

34 3
35 4, 2
36 2, 3
37 8, 6

연산+문해력

38 5, 1, 4 / 4

21회 여러 가지 뺄셈하기

084쪽 | 개념

1 4, 3, 2
2 4, 3, 2
3 3, 2, 1
4 3, 2, 1
5 4, 3, 2
6 6, 4, 2
7 6, 4, 2

085쪽 | 연습

8 ① 4, 3, 2 ② 3, 2, 1
9 ① 2, 3, 4 ② 3, 4, 5
10 ① 2, 4, 6 ② 3, 5, 7
11 ① 5, 3, 1 ② 6, 4, 2
12 ① 3, 2, 1 ② 4, 3, 2
13 ① 2, 3, 4 ② 3, 4, 5
14 ① 5, 3, 1 ② 8, 6, 4
15 ① 1, 3, 5 ② 2, 4, 6
16 ① 8, 7, 6 ② 5, 4, 3

086쪽 | 적용

17 6, 7, 8
18 3, 2, 1
19 1, 3, 5
20 3, 5, 7
21 5, 3, 1
22 6, 4, 2
23 ㉠
24 ㉢
25 ㉢
26 ㉡
27 ㉠
28 ㉠

087쪽 | 완성

29 4, 5, 6
30 5, 4, 3
31 2, 4, 6
32 6, 4, 2

연산+문해력

33 3, 4 / 4, 3 / 4, 3, 1 / 1

22회 0을 더하거나 빼기

088쪽 | 개념

1 1
2 4
3 3
4 5
5 7
6 2
7 6
8 0
9 0
10 0

089쪽 | 연습

11 ① 3 ② 2
12 ① 6 ② 8
13 ① 4 ② 1
14 ① 9 ② 7
15 ① 2 ② 4
16 ① 8 ② 5
17 ① 1 ② 9
18 ① 7 ② 6
19 ① 5 ② 0
20 ① 6 ② 0
21 ① 3 ② 0
22 ① 9 ② 0
23 ① 2 ② 0
24 ① 7 ② 0
25 ① 4 ② 0
26 ① 1 ② 0
27 ① 8 ② 0

090쪽 | 적용

28 5, 3
29 0, 0
30 2, 7
31 9, 0
32 6, 8
33 0, 1
34 ( )( )(△)
35 (△)( )( )
36 ( )(△)( )
37 ( )( )(△)
38 ( )( )(△)
39 ( )(△)( )

091쪽 | 완성

※ 위에서부터 채점하세요.

40 5, 5, 5, 0
41 3, 3, 3, 0
42 7, 7, 7, 0
43 4, 4, 4, 0

연산+문해력
44 3, 3, 0 / 0

23회 합이 같은 덧셈식 / 차가 같은 뺄셈식

092쪽 | 개념

1 5, 5, 5
2 6, 6, 6
3 7, 7, 7
4 8, 8, 8
5 1, 3 / 2, 3 / 3, 3
6 0, 5 / 1, 5 / 2, 5
7 3, 2 / 2, 2 / 1, 2
8 2, 4 / 1, 4 / 0, 4

093쪽 | 연습

9 ① 0, 1, 2 ② 4, 3, 2
10 ① 1, 2, 3 ② 8, 7, 6
11 ① 5, 4, 3 ② 4, 5, 6
12 ① 3, 2, 1 ② 5, 6, 7
13 ① 7, 6, 5 ② 6, 5, 4
14 ① 4, 5, 6 ② 1, 2, 3
15 ① 9, 8, 7 ② 4, 3, 2
16 ① 7, 8, 9 ② 0, 1, 2
17 ① 8, 7, 6 ② 2, 1, 0

094쪽 | 적용

18 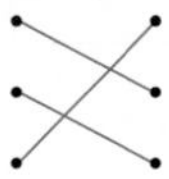
19 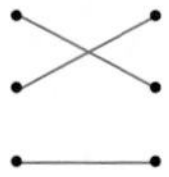
20 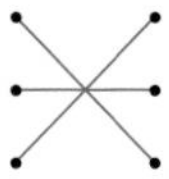
21 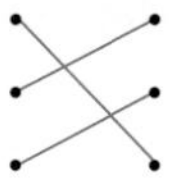
22

23 $1+1$, $2-2$, $3-1$, $3+1$ / 2
24 $2+3$, $3+1$, $2+2$, $3-1$ / 4
25 $7-3$, $6-3$, $4-1$, $5+0$ / 3
26 $5+3$, $6+3$, $8-2$, $9-1$ / 8
27 $2+3$, $3+4$, $7+0$, $7-0$ / 7
28 $6+0$, $6-0$, $8-1$, $7-1$ / 6

095쪽 | 완성

29 ( )(×)( )

30 (×)( )( )

31 ( )( )(×)

연산+문해력

32 1, 3, 4 / 2, 2, 4 / 4, 4

24회 평가 A

096쪽

1 ① 2 ② 8

2 ① 6 ② 7

3 ① 9 ② 7

4 ① 3 ② 2

5 ① 4 ② 1

6 ① 2 ② 4

7 $2+3=5$

8 $6+3=9$

9 $4+1=5$

10 $8-3=5$

11 $7-3=4$

12 $9-5=4$

097쪽

13 ① 5 ② 6

14 ① 8 ② 9

15 ① 4 ② 4

16 ① 8 ② 9

17 ① 1 ② 3

18 ① 1 ② 3

19 ① 7 ② 0

20 ① 2 ② 1

21 ① 6, 7, 8 ② 4, 5, 6

22 ① 2, 3, 4 ② 7, 6, 5

23 ① 5, 4, 3 ② 3, 2, 1

24 ① 3, 5, 7 ② 1, 3, 5

25 ① 2, 1, 0 ② 4, 3, 2

25회 평가 B

098쪽

※ 위에서부터 채점하세요.

1 5, 4, 9

2 3, 6, 9

3 4, 1

4 3, 4

5 1, 3

6

7

8

099쪽

9 7, 8, 9

10 8, 8, 8

11 2, 1, 0

12 7, 7, 7

13 5, 3, 1

14 $4+4$, $4+5$, $2+6$, $3+6$ (9)

15 $1+6$, $2+7$, $7-0$, $7-1$ (7)

16 $4+3$, $3+3$, $7-1$, $6-1$ (6)

17 $1+1$, $0+1$, $2-0$, $1-0$ (1)

18 $1+4$, $2+4$, $8-5$, $9-4$ (5)

19 $0+2$, $1+3$, $5-2$, $6-3$ (3)

26회 길이 비교

102쪽 | 개념

1 깁니다
2 짧습니다
3 짧습니다
4 깁니다
5 짧습니다
6 짧습니다
7 깁니다

103쪽 | 연습

8 (○) ( )
9 ( ) (○)
10 (○) ( )
11 ( ) (△)
12 (△) ( )
13 ( ) (△)
14 (△) (○) ( )
15 ( ) (△) (○)
16 (△) ( ) (○)
17 (○) ( ) (△)
18 ( ) (○) (△)

104쪽 | 적용

19
20
21
22
23
24 (○) ( )
25 ( ) (○)
26 ( ) (○)
27 (○) ( )
28 (○) ( )

105쪽 | 완성

29

31

30

32

연산+문해력
33 초록색 / 현지

27회 무게 비교

106쪽 | 개념

1 ○
2 ×
3 ○
4 ×
5 ○
6 ×
7 ×
8 ○

107쪽 | 연습

9 (○)(　)

10 (○)(　)

11 (　)(△)

12 (△)(　)

13 (　)(△)

14 (○)(△)(　)

15 (△)(○)(　)

16 (○)(　)(△)

17 (△)(○)(　)

18 (　)(△)(○)

19 (△)(○)(　)

108쪽 | 적용

20 오이, 배추

21 코끼리, 햄스터

22 유리컵, 종이컵

23 양말, 코트

24 의자, 책상

25 2, 3, 1

26 1, 3, 2

27 3, 1, 2

28 2, 3, 1

29 1, 2, 3

109쪽 | 완성

30 하마

31 악어

32 코끼리

33 곰

연산+문해력

34 아래로 내려간 쪽 / 막대 사탕

28회 넓이 비교

110쪽 | 개념

1 ○

2 ×

3 ○

4 ×

5 ×

6 ○

7 ○

8 ×

111쪽 | 연습

9 (○)(　)

10 (　)(○)

11 (○)(　)

12 (△)(　)

13 (　)(△)

14 (△)(　)

15 (　)(△)(○)

16 (　)(○)(△)

17 (○)(△)(　)

18 (△)(　)(○)

19 (○)(△)(　)

20 (　)(○)(△)

112쪽 | 적용

21 

22

23

24

25

26

27 (　)(△)

28 (△)(　)

29 (△)(　)

30 (　)(△)

31 (△)(　)

113쪽 | 완성

32 □ ♡ □

33 ♡ □ □

34 □ ♡ □

연산+문해력

35 좁은 것 / 우표 / 우표

4 단원

29회 담을 수 있는 양 비교

114쪽 | 개념

1 적습니다
2 적습니다
3 많습니다
4 많습니다
5 많습니다
6 적습니다
7 적습니다
8 많습니다

115쪽 | 연습

9 ( )(○)
10 ( )(○)
11 (△)( )
12 ( )(△)
13 (△)( )
14 (○)(△)( )
15 (△)(○)( )
16 ( )(△)(○)
17 (△)(○)( )
18 (△)( )(○)

116쪽 | 적용

19 (○)( )
20 ( )(○)
21 (○)( )
22 (○)( )
23 ( )(○)
24 (○)( )
25 2, 3, 1
26 2, 1, 3
27 3, 2, 1
28 3, 2, 1
29 2, 1, 3

117쪽 | 완성

30 ( )(○)
31 (○)( )
32 ( )( )(○)
33 ( )(○)( )

연산+문해력

34 넓은 / 윤아

30회 평가 A

118쪽

1 (○)
( )
2 ( )
(○)
3 ( )
(○)
4 ( )
(○)
5 (○)
( )
6 ( )
(○)
7 (○)( )
8 ( )(○)
9 (○)( )
10 (○)( )
11 ( )(○)
12 ( )(○)

119쪽

13 (○)( )
14 ( )(○)
15 ( )(○)
16 (○)( )
17 ( )(○)
18 ( )(○)
19 (○)( )
20 ( )(○)
21 ( )(○)
22 (○)( )
23 (○)( )
24 ( )(○)

31회 평가 B

120쪽

1 
2 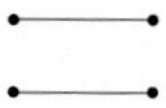
3 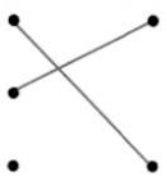
4 
5 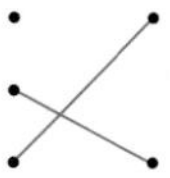
6 1, 3, 2
7 3, 1, 2
8 2, 1, 3
9 2, 3, 1
10 3, 1, 2
11 3, 2, 1

121쪽

12 (○)( )
13 (○)( )
14 ( )(○)
15 (○)( )
16 (○)( )
17 ( )(○)
18 ( )(△)
19 (△)( )
20 ( )(△)
21 ( )(△)
22 (△)( )
23 ( )(△)

32회 10 알아보기

124쪽 | 개념

1 10
2 6
3 5
4 10
5 10
6 10
7 9
8 6

125쪽 | 연습

9 ① 10 ② 2
10 ① 10 ② 5
11 ① 10 ② 1
12 ① 10 ② 3
13 ① 10 ② 4
14 ① 3 ② 6
15 ① 1 ② 5
16 ① 7 ② 8
17 ① 5 ② 9
18 ① 8 ② 3
19 ① 6 ② 1

126쪽 | 적용

20 (○)(○)( )
21 ( )(○)(○)
22 (○)( )(○)
23 ( )(○)(○)
24 (○)( )(○)

※ 왼쪽에서부터 채점하세요.

25 10, 6
26 3, 1
27 2, 5
28 9, 10
29 4, 8

127쪽 | 완성

30 (○)( )
31 ( )(○)
32 (○)( )
33 ( )(○)

연산+문해력
34 (위에서부터) 4, 6, 10 / 10

33회 십몇

128쪽 | 개념

1 2 / 12
2 4 / 14
3 5 / 15
4 8 / 18
5 열하나, 십일
6 열셋, 십삼
7 십오, 열다섯
8 십육, 열여섯
9 십칠, 열일곱

129쪽 | 연습

10 11
11 13
12 14
13 15
14 18
15 12
16 16
17 17
18 19
19 14
20 11

130쪽 | 적용

21 예 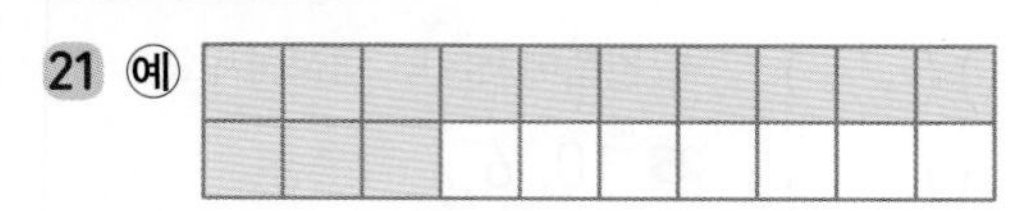

22 예

23 예

24 예

25 예

26 13, 17

27 19, 12

28 18, 15, 14

131쪽 | 완성

29 15, 11

30 18, 16

31 15, 13

32 12, 16

연산+문해력

33 1, 6, 16 / 16

34회 19까지의 수 모으기

132쪽 | 개념

1 11 / 11

2 10, 11 / 11

3 11, 12 / 12

4 12

5 13

6 14

7 18

133쪽 | 연습

※ 위에서부터 채점하세요.

8 13

9 16

10 7, 13

11 9, 2

12 6, 12

13 ① 11 ② 12

14 ① 13 ② 12

15 ① 11 ② 14

16 ① 11 ② 14

17 ① 16 ② 17

18 ① 16 ② 15

134쪽 | 적용

19 ① 13 ② 18

20 ① 14 ② 18

21 ① 16 ② 19

22 ① 15 ② 17

23 ① 12 ② 14

24 ( )(×)( )

25 ( )( )(×)

26 (×)( )( )

27 (×)( )( )

28 ( )( )(×)

29 ( )(×)( )

135쪽 | 완성

30 32

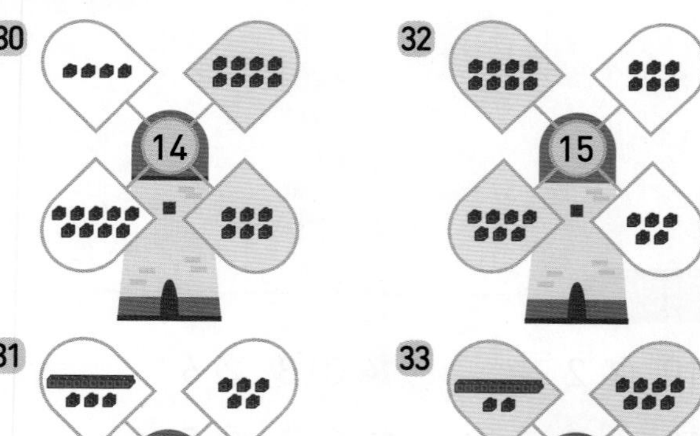

31

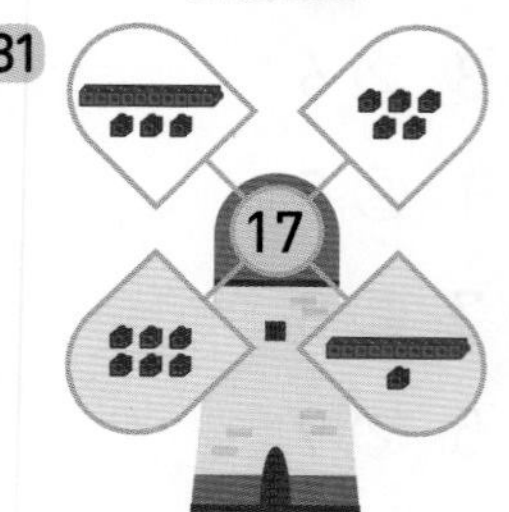

33

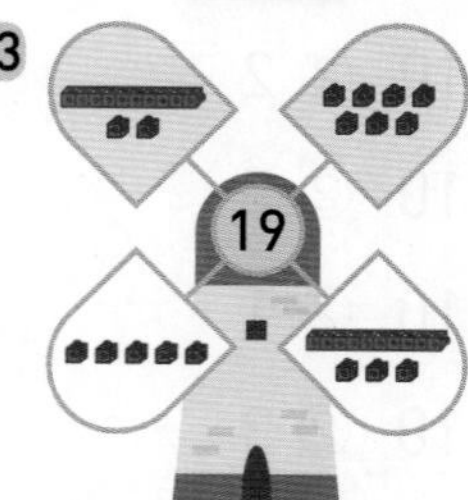

연산+문해력

34 (위에서부터) 6, 9, 15 / 15

35회 19까지의 수 가르기

136쪽 | 개념

1 ○○○○ / 4
2 ○○○○○○○ / 7
3 ○○○○○ / 5
4 6
5 8
6 9
7 9

137쪽 | 연습

8 6, 5
9 9, 5
10 7, 8
11 9, 9
12 ① 4 ② 2
13 ① 8 ② 9
14 ① 9 ② 8
15 ① 6 ② 7
16 ① 7 ② 6
17 ① 9 ② 8

138쪽 | 적용

18 ( ) (○)
19 ( ) (○)
20 (○) ( )
21 (○) ( )
22 ( ) (○)
23 (○) ( )

※ 위에서부터 채점하세요.
24 1 / 4
25 4 / 7, 1
26 5, 6, 2
27 10, 8 / 9
28 9 / 8, 3
29 5, 8, 6
30 11, 5 / 9

139쪽 | 완성

31 예 5, 6 / 8, 3
32 예 7, 7 / 9, 5
33 예 9, 6 / 7, 8
34 예 8, 8 / 7, 9

연산+문해력
35 (위에서부터) 12, 6, 6 / 6

36회 몇십 / 몇십몇

140쪽 | 개념

1 2, 20
2 4, 40
3 3, 30
4 5, 50
5 2, 3 / 23
6 3, 4 / 34
7 4, 5 / 45

141쪽 | 연습

8 30
9 40
10 20
11 22
12 25
13 20
14 40
15 50
16 21
17 33
18 47

142쪽 | 적용

19 예

○	○	○	○	○	○	○	○	○	○
○	○	○	○	○	○	○	○	○	○
○	○	○	○	○	○	○	○	○	○

20

○	○	○	○	○	○	○	○	○	○
○	○	○	○	○	○	○	○	○	○
○	○	○	○	○	○	○	○	○	○
○	○	○	○	○	○	○	○	○	○
○	○	○	○	○	○	○	○	○	○

21 예

○	○	○	○	○	○	○	○	○	○
○	○	○	○	○	○	○	○	○	○
○	○	○	○	○	○				

22 예

○	○	○	○	○	○	○	○	○	○
○	○	○	○	○	○	○	○	○	○
○	○	○	○	○	○	○	○	○	○
○	○	○	○	○	○	○	○	○	○
○	○								

23 사십, 마흔

24 이십, 스물

25 삼십, 서른

26 이십일, 스물하나

27 이십칠, 스물일곱

28 삼십삼, 서른셋

29 사십오, 마흔다섯

143쪽 | 완성

30 28

31 31

32 43

33 40

연산+문해력

34 40, 4 / 4

37회 50까지 수의 순서

144쪽 | 개념

1 15

2 22

3 27

4 34

5 40

6 46

7 17, 19

8 24, 26

9 29, 31

10 36, 38

11 42, 44

12 48, 50

145쪽 | 연습

13 23, 24

14 25, 26, 28

15 29, 30, 33

16 32, 34

17 34, 36, 37

18 38, 40, 42

19 45, 47

20

16	17	18	19	20
21	22	23	24	25
26	27	28	29	30
31	32	33	34	35

21

31	32	33	34	35
36	37	38	39	40
41	42	43	44	45
46	47	48	49	50

22

11	15	19	23	27
12	16	20	24	28
13	17	21	25	29
14	18	22	26	30

23

21	27	33	39	45
22	28	34	40	46
23	29	35	41	47
24	30	36	42	48
25	31	37	43	49
26	32	38	44	50

146쪽 | 적용

24 18, 20
25 23, 25
26 31, 32, 34
27 36, 38, 39, 41
28 40, 42, 43
29 46, 48, 49, 50
30 18, 16
31 21, 19
32 28, 25
33 29, 28
34 36, 35, 34
35 41, 38, 37
36 49, 48, 46

147쪽 | 완성

37 47
38 39
39 16
40 30

연산+문해력
41 19, 20, 21 / 20

38회 50까지 수의 크기 비교

148쪽 | 개념

1 큽니다
2 큽니다
3 작습니다
4 큽니다
5 작습니다
6 작습니다

149쪽 | 연습

7 ① 27 ② 13
8 ① 23 ② 28
9 ① 26 ② 26
10 ① 50 ② 36
11 ① 37 ② 39
12 ① 42 ② 46
13 ① 14 ② 14
14 ① 17 ② 12
15 ① 24 ② 24
16 ① 25 ② 21
17 ① 20 ② 30
18 ① 16 ② 31
19 ① 38 ② 41
20 ① 30 ② 48

150쪽 | 적용

21 31
22 48
23 45
24 41
25 21
26 34
27 45
28 50
29 11
30 29
31 15
32 12
33 17
34 10
35 30
36 43

151쪽 | 완성

연산+문해력
41 37, 41 / 37, 41, 작습니다 / 은채

39회 평가 A

152쪽

1 ① 10 ② 13
2 ① 10 ② 12
3 ① 2 ② 15
4 ① 6 ② 4
5 ① 7 ② 9
6 ① 8 ② 7
7 11
8 18
9 30
10 50
11 22
12 37

153쪽

13 13, 14
14 20, 21
15 22, 24
16 27, 29
17 32, 34, 36
18 39, 41
19 41, 43, 45
20 45, 47, 49
21 ① 34 ② 15
22 ① 20 ② 19
23 ① 22 ② 22
24 ① 33 ② 29
25 ① 31 ② 31
26 ① 36 ② 37
27 ① 50 ② 43
28 ① 44 ② 49

40회 평가 B

154쪽

※ 왼쪽에서부터 채점하세요.

1 10, 3
2 2, 6
3 9, 5
4 6, 5
5 15, 7
6 8, 11
7 오십, 쉰
8 삼십, 서른
9 이십, 스물
10 이십오, 스물다섯
11 삼십육, 서른여섯
12 사십칠, 마흔일곱

155쪽

13 17
14 24, 23
15 28, 26
16 30, 29
17 37, 35
18 42, 40
19 43, 41
20 47
21 49
22 37
23 44
24 45
25 30
26 50

41회 1~5단원 총정리

156쪽

1 5
2 3
3 1
4 2
5 6
6 9
7 8
8 7
9 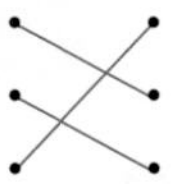
10 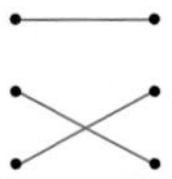
11 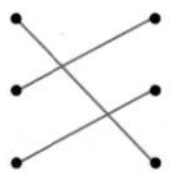
12

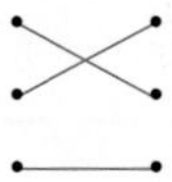

157쪽

13 6, 8
14 7, 9
15 4, 5
16 3, 8
17 5, 9
18 6, 9
19 6, 3, 8
20 4, 1, 2
21 1, 2, 0
22 4, 1, 9
23 2, 3, 4
24 0, 1, 2

158쪽

25 숟가락, 포크
26 풍선, 축구공
27 500원, 100원
28 양동이, 컵
29 포도주스, 레몬주스
30 40
31 20
32 50
33 30
34 27
35 45
36 32
37 19

동아출판

초등 1, 2학년을 위한

추천 라인업

1~2학년 1, 2학기(전 4권)

어휘를 높이는

초능력 맞춤법 + 받아쓰기

- 쉽고 빠르게 배우는 **맞춤법 학습**
- 단계별 낱말과 문장 **바르게 쓰기 연습**
- 학년, 학기별 국어 **교과서 어휘 학습**

+ 선생님이 불러주는 듣기 자료, 맞춤법 원리 학습 동영상 강의

1~2학년 대상

빠르고 재밌게 배우는

초능력 구구단

- 3회 누적 학습으로 **구구단 완벽 암기**
- 기초부터 활용까지 **3단계 학습**
- 개념을 시각화하여 **직관적 구구단 원리 이해**
- 다양한 유형으로 구구단 **유창성과 적용력 향상**

+ 구구단송

1~2학년 대상

원리부터 응용까지

초능력 시계·달력

- 초등 1~3학년에 걸쳐 있는 시계 학습을 **한 권으로 완성**
- 기초부터 활용까지 **3단계 학습**
- 개념을 시각화하여 **시계달력 원리를 쉽게 이해**
- 다양한 유형의 **연습 문제와 실생활 문제로 흥미 유발**

+ 시계·달력 개념 동영상 강의

큐브 연산

정답 | 초등 수학 1·1

연산 | 전 단원 연산을 다잡는 기본서

개념 | 교과서 개념을 다잡는 기본서

유형 | 모든 유형을 다잡는 기본서

큐브 찐-후기

시작만 했을 뿐인데 완북했어요!

시작만 했을 뿐인데 그 끝은 완북으로! 학습할 땐 힘들었지만 큐브 연산으로 기초를 튼튼하게 다지면서 새 학기 때 수학의 자신감은 덤으로 뿜뿜할 수 있을 듯 해요^^

초1중2민지사랑민찬

결과는 대성공! 공부 습관과 함께 자신감 얻었어요!

겨울방학 동안 공부 습관 잡아주고 싶었는데 결과는 대성공이었습니다. 다른 친구들과 함께한다는 느낌 때문인지 아이가 책임감을 느끼고 참여하는 것 같더라고요. 덕분에 공부 습관과 함께 수학 자신감을 얻었어요.

스리마미

아이 스스로 얻은 성취감이 커서 너무 좋습니다!

아이가 방학 중에 개념 공부를 마치고 수학이 세상에서 제일 싫었다가 이제는 좋아졌다고 하네요. 아이 스스로 얻은 성취감이 커서 너무 좋습니다. 자칭 수포자 아이와 함께 이렇게 쉽게 마친 것도 믿어지지 않네요.

초5 초3 유유

엄마표 학습에 동영상 강의가 도움이 되었어요!

동영상 강의가 있어서 설명을 듣고 개념 정리 문제를 풀어보니 보다 쉽게 이해할 수 있었어요. 엄마표로 진행하는 거라 엄마인 저도 막히는 부분이 있었는데 동영상 강의가 많은 도움이 되었네요.

3학년 칭칭맘

자세한 개념 설명 덕분에 부담없이 할 수 있어요!

처음에는 할 수 있을까 욕심을 너무 부리는 건 아닌가 신경 쓰였는데, 선행용, 예습용으로 하기에 입문하기 좋은 난이도와 자세한 개념 설명 덕분에 아이가 부담없이 할 수 있었던 거 같아요~

초5워킹맘

심리적으로 수학과 가까워진 거 같아서 만족해요!

아이는 처음 배우는 개념을 정독한 후 문제를 풀다 보니 부담감 없이 할 수 있었던 것 같아요. 매일 아이가 제일 먼저 공부하는 책이 큐브였어요. 그만큼 심리적으로 수학과 가까워진 거 같아서 만족스러워요.

초2 산들바람

수학 개념을 제대로 잡을 수 있어요!

처음에는 어려웠던 개념들도 차분히 문제를 풀어보면서 자신감을 얻은 거 같아서 아이도 엄마도 즐거웠답니다. 6주 동안 큐브 개념으로 4학년 1학기 수학 개념을 제대로 잡을 수 있어서 너무 뿌듯했어요.

초4초6 너굴사랑